Pero Mićić

Das ZukunftsRadar

Pero Mićić

Das ZukunftsRadar

Die wichtigsten Trends, Technologien und Themen für die Zukunft

GABAL
management

Bibliografische Information der Deutschen Bibliothek

Die Deutsche Bibliothek verzeichnet diese Publikation in der Deutschen Nationalbibliografie; detaillierte bibliografische Informationen sind im Internet über http://dnb.ddb.de abrufbar.

ISBN 978-3-89749-594-4

2. Auflage 2007
Lektorat: Susanne von Ahn, Hasloh
Umschlaggestaltung: +malsy Kommunikation und Gestaltung, Willich
Umschlagfoto: Getty Images, München
Satz und Layout: Das Herstellungsbüro, Hamburg | www.buch-herstellungsbuero.de
Druck und Bindung: Aalexx Druck GmbH, Großburgwedel

www.gabal-verlag.de
www.gabal-shop.de
www.gabal-ist-ueberall.de

Inhalt

1 Zu diesem Buch

Die Zukunft bleibt offen

Was haben die Zukunftsforscher und Wissenschaftler der Menschheit nicht alles versprochen! Alle Bibliotheksbestände online bis 1985, wahlweise fliegende Autos oder den persönlichen Hubschrauber, rollende Bürgersteige, das Videofon in den 1930er-Jahren, die Heilbarkeit von Krebs bis Anfang der 1990er, Weltraumhotels und vieles mehr. Fast könnte man enttäuscht sein, doch spätestens seit den Fortschritten der Chaosforschung wissen wir, dass es im Zukunftsmanagement nur zu einem kleinen und nicht zentralen Teil um das Antizipieren der Zukunft gehen kann. Sie bleibt offen.

Die Faszination des Zukunftsmanagements liegt gerade in der Unsicherheit und Gestaltbarkeit der Zukunft. Wir müssen dafür sorgen, dass wir uns unsere Zukunftsannahmen bewusst machen und so von der Zukunft weniger überrascht werden. Und vor allem hat das Zukunftsmanagement das Ziel, die Chancen der Zukunft frühzeitig zu erkennen und zu nutzen.

1.1 Ziele und Inhalte dieses Buches

Hunderte von Trends schwirren durch die Schriften von Trendforschern, Zukunftsforschern und Experten verschiedenster Couleur. Viele davon sind empirisch belegbar, viele sind hingegen eher kreative Erfindungen. Wie kann man die Kernaussagen aus hundert Zukunftsbüchern und Zukunftsstudien in kurzer Zeit überblicken? Angesichts der notorischen Zeitknappheit unserer Tage verbietet sich die Originallektüre bereits im Ansatz. Wo sich viele Topmanager nur wenige Tage im Jahr Zeit nehmen, um über die langfristige Zukunft von Unternehmen nachzudenken, ist langwieriges Literaturstudium kaum gefragt.

Wo die Zeit und das Wissen für vorausschauendes Denken fehlen, entstehen Zukunftspotenziale für Konkursverwalter.

Zukunftswissen ist »in«

Die Veränderungen unserer Lebens- und Arbeitswelt sind das Ergebnis unzähliger Wirkkräfte in einem nicht überschaubaren und nicht berechenbaren System von Interaktionen. Jeder von uns und insbesondere die Vorstände und Geschäftsführer von Unternehmen und Organisationen werden mit einer schier überwältigenden Menge an Signalen, Szenarien und Projektionen über die Zukunft überschüttet. Zukunftswissen in Form von Trends, Prognosen, Szenarien und Wild Cards ist im Überfluss vorhanden. Es ist in beliebiger Menge, Vielfalt und Qualität preiswert zu kaufen. Man sucht Überblick und Orientierung und bekommt Verwirrung. Die große Vielfalt führt häufig in die Verzettelung. Unsere Aufmerksamkeit für die Zukunft flackert nicht selten hoffnungslos umher wie eine Kerze im Wind. Was ist wesentlich? Was bleibt? Was ist Strohfeuer?

Was dieses Buch bietet

Dieses Buch bietet Ihnen

1. **einen Überblick über die wichtigsten Trends, Technologien und Themen der Zukunft.** Es beschreibt die bedeutendsten Treiber zukünftiger Veränderungen und fußt dabei auf einer historischen Betrachtung der Erklärungsmodelle des Wandels, die Denker in 5000 Jahren entwickelt haben.

2. **eine Anleitung für die Entwicklung und Durchführung Ihres individuellen ZukunftsRadars.** Zusammen mit den Zukunftsfaktoren gibt Ihnen Ihr ZukunftsRadar die Möglichkeit, den Wandel in Ihrem Lebens- und Arbeitsumfeld zu verstehen, ihn – in aller gebotenen Bescheidenheit – zu antizipieren und vor allem, die darin liegenden Chancen zu erkennen.

3. **bleibendes Praxiswissen für Ihr Zukunftsmanagement.**
Die Inhalte dieses Buches können Sie voraussichtlich über die nächsten zehn Jahre hinweg verwenden. Sie haben damit eine Art Metawissen des Zukunftsmanagements, da wir auf die journalistisch-konstruktivistische Beschreibung kurzfristiger Trends verzichtet und uns auf das im praktischen Leben und Arbeiten Wesentliche konzentriert haben.

Dieses Buch ist somit umfassender, realistischer und ehrlicher, methodischer und systematischer, praktischer und handlungsorientierter als viele übliche Trend- und Zukunftsbücher.

Wir folgen Albert Einstein in seiner Maxime, dass alles wissenschaftliche Streben letztlich dem Menschen und seinem täglichen Leben zu dienen habe. Das Konzept für dieses Buch ist aus der Beobachtung praktischer Probleme und Herausforderungen im Umgang mit der Zukunft entstanden, ob in der Führung von Unternehmen und Organisationen oder in der privaten Lebensführung. Es ist unser Ziel, für jede größere Herausforderung im Umgang mit der Zukunft ein Werkzeug anzubieten. Im Mittelpunkt stehen dabei unternehmerische und berufliche Perspektiven.

Fragen, auf die dieses Buch Antworten gibt
1. Wie kann ich mehr von der Zukunft sehen als meine Konkurrenz?
2. Wie entsteht der Wandel und damit die Zukunft? Wie kann ich mir ein umfassendes Bild von den Mechanismen und Formen des Wandels machen?
3. Wie kann ich inmitten der unüberschaubaren Vielfalt an Prognosen und Szenarien einen Überblick über das Wesentliche gewinnen? Wo finde ich eine »Landkarte der Zukunft«, einen Überblick über die wichtigsten Zukunftsfaktoren, also die Trends, Technologien und Themen der Zukunft?
4. Was von all dem Zukunftswissen ist wirklich wichtig für mich? Welches Wissen wird in zehn Jahren (noch) relevant sein?
5. Wie spare ich Zeit bei meiner Recherche? Wie kann ich in kurzer Zeit alles Wesentliche aus einer Vielzahl von Zukunftsbüchern und Zukunftsstudien identifizieren?
6. Wie weiß ich, welche Zukunft ich als wahrscheinlich annehmen soll?

7. Wie könnte mich die Zukunft überraschen?
8. Welche Chancen habe ich in der Zukunft?
9. Wie kann ich ein ZukunftsRadar installieren, um systematisch über zukünftig mögliche und wahrscheinliche Entwicklungen auf dem Laufenden zu bleiben?

Die Ziele dieses Buches lassen sich folgendermaßen zusammenfassen und mit seinen Inhalten verknüpfen:

Ziele und Inhalte dieses Buches

Ziele	Inhalt
Kompakte Einführung ins Zukunftsmanagement	• Die Zukunft ist schon da: zur Bedeutung der S-Kurve im Zukunftsmanagement • Mythen und Wahrheiten über Ziele und Inhalte des Zukunftsmanagements • Das Eltviller Modell als Denk- und Kommunikationsmodell für die Zukunft
Schaffung eines Verständnisses für die jahrtausendealte Diskussion um die Ursachen, Mechanismen und Formen des Wandels	• Schnellkurs in der Philosophie des Wandels • Vorstellung der wichtigsten Erklärungsmodelle des Wandels • Vorstellung des Denkinstruments »Zukunftsfaktor« • Geschichtlich-philosophisch basierte Charakterisierung der wichtigsten Arten von Zukunftsfaktoren • Einordnung der Zukunftsfaktoren in ein Praxismodell
Bereitstellung eines Katalogs wesentlicher Zukunftsfaktoren als Ausgangspunkte für eigene Recherchen und Analysen	• Katalog der wichtigsten Trends, Technologien und Themen, welche als Ursachen und Treiber zukünftiger Veränderung gelten • Kompakte Sammlung von Zahlen, Daten und Fakten zu jedem Zukunftsfaktor
Praktische Anleitung für die Konzeption und Durchführung eines individuellen ZukunftsRadars	• Anleitung für die Auswahl, Ausarbeitung und Analyse Ihrer spezifischen Zukunftsfaktoren sowie zur Früherkennung von Zukunftschancen • Anleitung für die Entwicklung, Durchführung und Institutionalisierung Ihres individuellen ZukunftsRadars • Hinweise auf weiterführende Literatur und Werkzeuge

1.2 Nicht-Ziele

An dieser Stelle wollen wir auch klarmachen, was ausdrücklich *nicht* Ziele dieses Buches sind:

1. **Keine »neuen« Trends und Technologien:** Keiner der hier porträtierten Zukunftsfaktoren wird weltweit zum ersten Mal beschrieben. Es geht bei den Zukunftsfaktoren nicht darum, wie in der Mode ganz schnell »auf einen Trend zu setzen«. Die Tiefe und Breite der Zukunftsfaktoren birgt unendlich viel Neues für Ihre Wirklichkeit in Gegenwart und Zukunft. Die Auswahl in diesem Buch ist das Ergebnis einer kritischen und zurückhaltenden Bestandsaufnahme und Analyse der heute erkennbaren und unserer Annahme nach weiterhin wirksamen Zukunftsfaktoren. Die Chancen liegen weniger in ganz neuen Trends und Technologien als in der kreativen Nutzung der existierenden Faktoren.

Keiner der hier porträtierten Zukunftsfaktoren ist neu für die Welt. Die Tiefe und Breite der Zukunftsfaktoren birgt jedoch unendlich viel Neues für Sie.

2. **Kein Trend- und Technologielexikon:** Es geht uns um die Methodik des ZukunftsRadars und um den generalistischen Überblick über die wichtigsten Zukunftsfaktoren. Zur Vertiefung jedes einzelnen Faktors gibt es Publikationen von Spezialisten.

3. **Keine Zukunftsvision:** Wir halten kein Plädoyer für diese oder jene Zukunft oder sagen sie gar voraus. Dies ist ein durch und durch ehrliches Buch. Wir versprechen keine goldene Zukunft und wir propagieren Zukunftsmanagement auch nicht als Allheilmittel.

4. **Kein Buch für Zukunftsforscher:** Wir wenden uns hier an »Lebensunternehmer«, Unternehmer und an Fach- und Führungskräfte, die praktisches und methodisch fundiertes Zukunftsmanagement zu ihren Aufgaben

Zielgruppe ist der interessierte Laie

und Leidenschaften zählen. Es geht uns nicht darum, die Zukunftsforscher und Experten zu inspirieren.

1.3 Lösungen und Nutzwerte

Wenn Sie das ganze Potenzial dieses Buches heben, werden Sie viel Nutzen ernten und damit viel Gutes für sich, Ihre Mitarbeiter und uns alle bewirken können:

Ihr Zukunftsnutzen

- Sie sehen mehr Chancen zur Verbesserung Ihrer Lebensgrundlagen, Ihrer Erträge und Ihrer Lebensqualität. Dabei ergänzen Sie die übliche »Inside-out«-Perspektive der Chancenfindung durch eine »Outside-in«-Perspektive.
- Sie erkennen Bedrohungen früher und können sich eher auf sie vorbereiten, um Ihre Existenz zu sichern.
- Sie verbessern die Qualität und Solidität *heutiger* Entscheidungen, weil diese auf systematischen Umfeld- und Zukunftsanalysen aufbauen. Bisherige intuitive Vorgehensweisen und Entscheidungen können Sie methodisch fundieren.
- Im Resultat machen Sie sich und/oder Ihr Unternehmen zukunftskompetenter und gewinnen einen enormen Vorteil im Wettbewerb um strategische Voraussicht, sei es als Arbeitnehmer oder als Konzernlenker.

Verschaffen Sie sich mit der folgenden Tabelle einen detaillierten Eindruck von den praktischen Herausforderungen, die von vielen Zukunftsschriften nur unzureichend beantwortet werden, und den dazu in diesem Buch gebotenen Lösungen und Werkzeugen.

Praktische Herausforderungen und Lösungen in diesem Buch

	Herausforderung/unzureichende Lösung	Angebotene Lösungen und Werkzeuge
Zukunftsfaktoren	**Die Zukunft wird meist auf wenige »Mega-Trends« reduziert.** Wenn die Konzentration auf wenige Mega-Trends auch einfach und hilfreich erscheint, so wird damit viel Wirkendes einfach ausgeblendet.	**Sie erhalten einen Überblick über die gesamte Breite** der wichtigsten allgemein relevanten Zukunftsfaktoren. Wir verstehen diesen Schwerpunkt des Buches als eine Landkarte oder einen Katalog, den Sie immer wieder zur Hand nehmen können. Die Zukunftsfaktoren sind ein Auszug aus der FutureBase der FutureManagementGroup AG.
	Zukunftswissen ist Commodity. Es ist in inflationärem Maße vorhanden und kaum noch überschaubar. Was in der Praxis fehlt, ist ein leicht verfügbarer Überblick über die wichtigsten Zukunftsfaktoren als Ausgangspunkt für eventuelle eigene Recherchen.	**Sie können Ihre Aufmerksamkeit auf die Zukunftsfaktoren fokussieren**, die wir als Kristallisationskerne und wesentliche Treiber zukünftiger Veränderungen vorstellen. Diese sind nicht wirklich neu, aber von grundlegendem Nutzen für Sie.
	Die Zukunftsforscher liefern oft wirklichkeitsferne Trend-Kreationen. Weil die Kundschaft nach »neuen Trends« verlangt, wird praktisch im Monatsrhythmus der Anbruch einer neuen Ära ausgerufen, die dann mit empirischem Blick betrachtet häufig nicht den nächsten Jahreswechsel erlebt.	**Sie erhalten fundiertes Wissen über langfristig wirksame Trends, Technologien und Themen.** Wir haben intensiv darauf geachtet, keine der üblichen wirklichkeitsfernen Trend-Erfindungen zu präsentieren. So erhalten Sie dauerhaftes Metawissen für Ihr Zukunftsmanagement.
Methodik des Zukunftsmanagements	**In den Trend- und Zukunftsbüchern vermisst man häufig eine geschichtliche Verankerung.** Zu allen Zeiten haben sich die Menschen mit dem Wandel auseinandergesetzt. In der Zukunftsliteratur kann man selten auf diese Erfahrungen bauen.	**Sie lernen die Erklärungsmodelle des Wandels in einer makrohistorischen Perspektive kennen.** Sie erfahren in kompakter Form, wie sich die großen Denker in 5000 Jahren den Wandel erklärt haben, und lernen ein Praxismodell des Wandels kennen.
	Zukunftsmanagement wird von vielen mit Prognostik verwechselt. Auch wenn jeder um die Unvorhersagbarkeit der Zukunft weiß, hängen doch viele der naiven Sehnsucht nach der sicheren Prognose an und halten dies für die einzig mögliche Mission der Zukunftsmanager.	**Sie erhalten eine kurze Einführung in Ziele und Charakteristik des Zukunftsmanagements.** In zwölf Mythen und Wirklichkeiten wird deutlich, dass Prognostik nur ein kleiner Teil des Zukunftsmanagements ist und sicher nicht der wichtigste. Die besondere Herausforderung liegt darin, Zukunftsfaktoren zu konkreten Chancen, Strategien und schließlich Erfolgen zu verarbeiten.
	Nur das Neue scheint wertvoll. In unserer Zeit, in der fast nur noch die Sensation Aufmerksamkeit bekommt, gieren alle nach »neuen Trends« und spektakulären Prognosen.	**Sie erfahren, dass die Zukunftschancen zu fünf Prozent in Innovation und zu 95 Prozent in Diffusion liegen.** Die Zukunftsfaktoren sind nicht neu, aber sie sind die Zutaten für ein Universum an Innovationen.

Methodik des Zukunftsmanagements	**Es stehen in der Praxis nur sehr knappe Zeitbudgets für Zukunftsmanagement zur Verfügung.** Nur zwei bis fünf Prozent der Zeit werden in den langfristigen Blick investiert, selbst von den Vorständen der größten Unternehmen.	**Die Inhalte und Methoden in diesem Buch haben wir nach Möglichkeit zeitsparend gestaltet.** Es geht nicht darum, mehr Zeit zu investieren, sondern die knappe Zeit produktiver zu nutzen.
	Die Methoden- und Begriffsvielfalt verursacht Missverständnisse. Schon so zentrale Begriffe wie Trend oder Vision werden häufig extrem unterschiedlich definiert.	**Mit dem *Eltviller Modell* erhalten Sie ein umfassendes Denk- und Kommunikationsmodell** für zukünftige Entwicklungen und Zukunftsstrategien, das sich viele Hundert Male in der Praxis bewährt hat.
	Früherkennungssysteme scheitern in der Praxis sehr häufig. Wir haben seit 1991 insgesamt vierzig Gründe des Scheiterns identifiziert.	**Sie erhalten eine Anleitung für Ihr individuelles ZukunftsRadar**, die sich als praktikabel, nützlich und inspirierend bewährt hat. Mit dem ZukunftsRadar können Sie systematisch Ihre Quellen und Netzwerkkontakte anzapfen und auswerten.

2 Zukunftsmanagement: Mehr von der Zukunft sehen als die Konkurrenz

Der Vorstandsvorsitzende der BASF AG, des weltweit größten Chemieunternehmens, Jürgen Hambrecht, antwortete in einem Interview auf die Frage, was ein Vorstandsvorsitzender sein müsse:

1. *»Der Leuchtturm und Fels in der Brandung,*
2. *Gralshüter der Strategie und*
3. *Zukunftsmanager!«*

Der Vorstandsvorsitzende müsse sich als Zukunftsmanager zuallererst um die Chancen der Zukunft kümmern, daraus eine Vision und eine Strategie entwickeln und wenn er dann noch Zeit habe, könne er sich mit den Strukturen für profitables Wachstum befassen. Er rekapitulierte damit aus dem Gedächtnis ein Modell aus unserem Buch *Der ZukunftsManager*, in dem die früh erkannte und genutzte Chance als Grundbaustein aller Zukunftsstrategien dargestellt wird.

Zukunftsmanagement ist Chefsache

Zukunftsmanagement ist die einzige unternehmerische Aufgabe, die selbst ein Vorstandsvorsitzender nicht delegieren kann und darf. Nicht an Mitarbeiter, nicht an Berater und nicht an Computer. Sie können sich zwar Prognosen, Szenarien und Studien über die Zukunft kaufen oder erarbeiten lassen, jedoch kann Ihnen niemand die Verantwortung dafür abnehmen, sich der Entwicklungen, der Bedrohungen und der Chancen der Zukunft bewusst zu werden. Genauso wenig kann jemand anderes für Sie Annahmen über die wahrscheinlichen zukünftigen Entwicklungen bilden, die Sie betreffen. Und erst recht kann Ihnen niemand die Entscheidung abnehmen, welchen Weg Sie in die Zukunft gehen wollen.

Die Einschätzung der Zukunft können Sie nicht delegieren!

Je schneller die Zukunft kommt, je schneller sich die Welt um uns herum verändert, desto notwendiger wird es, Zukunftsfaktoren zu analysieren, Chancen zu erkennen und den eigenen Weg aus unzähligen Optionen zu bestimmen. In diesen turbulenten Zeiten gibt Zukunftsmanagement den Überblick über das Wesentliche. Es vermittelt Ruhe und Souveränität, die man für die strategische Führung eines Unternehmens wie auch eines Lebens benötigt. Und im nächsten Moment kann Zukunftsmanagement eine enorme Bewegungs- und Schaffensenergie entfalten helfen, ohne die jede Idee und jeder Gedanke wertlos bleibt.

2.1 Die Zukunft ist schon da, nur noch nicht gleichmäßig verteilt

Seneca rief vor mehr als zweitausend Jahren aus: *»Es werden Zeiten kommen, in denen sich unsere Nachkommen wundern werden, dass wir so Offenbares nicht gewusst haben.«* Seneca kennzeichnete damit eine Tatsache, die auch der amerikanischen Science-Fiction-Autor William Gibson meinte, als er schrieb: *»Die Zukunft ist schon da, nur noch nicht gleichmäßig verteilt.«*

Die Zukunft wird zu fünf Prozent aus Innovation (Erfindung) und zu 95 Prozent aus Diffusion (Verbreitung) gemacht.

Erinnern Sie sich noch daran, als Sie 1990 in Bahnhöfen und Flughäfen unterwegs waren? Wie viel Prozent der Reisenden haben ihr Gepäck getragen und wie viele hatten Rollen unter ihren Koffern? Die übliche Antwort ist, dass achtzig Prozent ihr Gepäck getragen haben und dass es heutzutage genau umgekehrt ist. Kaum jemand trägt noch ein Gepäckstück, das mehr als fünf Kilogramm wiegt. Wir sparen uns die profane Frage nach dem Erfindungszeitpunkt des Rades und beachten lieber die Tatsache, dass selbst solch einfache Idee sehr lange für ihre Verbreitung brauchte. Die folgende Tabelle zeigt eindrucksvoll, dass viele der Phänomene, die wir heute eher dem Bereich Innovation oder gar Zukunftsforschung zurechnen würden, als Konzept bereits seit Jahrzehnten, Jahrhunderten oder gar Jahrtausenden existieren.

»Uralte« Zukünfte

Die Zukunft ist meistens schon da

Ziele	Inhalt
400 v. Chr.	Erste Realisierung eines »Roboters« in Gestalt der fliegenden Taube von Archytas durch Archytas von Tarent
800	*»Wenn Eisenvögel durch die Luft fliegen, wird der Buddhismus Richtung Westen wandern und in die fernsten Länder kommen.«* (ein buddhistischer Mönch)
1266	*»Wagen sind herstellbar, die von keinem Tier gezogen werden. Und dennoch werden sie sich mit unvorstellbarer Wucht vorwärtsbewegen. Auch Flugvorrichtungen sind konstruierbar. Und zwar so, dass ein Mensch darin sitzt, der eine Maschine rotieren lässt (...). Und es werden Einrichtungen geschaffen werden, um im Meer oder in Flüssen bis auf den Grund hinab und ohne Lebensgefahr umherzustreifen.«* (Roger Bacon)
1838	Entwicklung der Brennstoffzelle durch Christian Friedrich Schönbein
1839	Entdeckung des fotoelektrischen Effekts als Grundlage der Photovoltaik (Solarzellen) durch Alexandre Edmond Becquerel
1860er	Erste Ernährungskonzepte nach dem »Low-Carb«-Prinzip
1894	Idee des Walkman durch Octave Uzanne in *The End of Books*
1902	Bau des ersten Hybrid-Antriebs durch Ferdinand Porsche in Wien
1918	Erste Funktelefone bei der Deutschen Reichsbahn in Berlin
1920er	Erste vegetarische Restaurants und Fitness-Clubs
1925	Idee der Jugendbank als »Childrens Window« durch die Missionssparbank in Los Angeles

1932	Detaillierte Beschreibung der »kommenden Vergreisung« in Form des Wandels von der Bevölkerungspyramide zur Spindel durch Reinhold Lotze im Buch *Volkstod*
1936	Betrieb des ersten Bildtelefons zwischen Berlin und Leipzig
1961	Erste Erwähnung des Wortes »Globalisierung« in einem Lexikon
1970er	Erste Weblogs werden publiziert (Internet-Tagebücher)
1981	Erstes Navigationssystem in einem Pkw von Honda
1982	Einführung des Internet-Standards TCP/IP und der Bezeichnung Internet

Die S-Kurve der Entwicklung

Die S-Kurve (siehe Abbildung auf der gegenüberliegenden Seite) ist im Zukunftsmanagement für vieles zu gebrauchen. Sie illustriert unter anderem:

- Diffusionsmuster (Verbreitungsmuster) von Innovationen, Gerüchten, Informationen, Konzepten, Musikstücken und Wissen,
- Kumulierung von Deckungsbeiträgen über die Existenzzeit des Produkts, der Lösung oder des Geschäftsfeldes,
- Entwicklung der Wachstumsbeiträge von Schlüsselprodukten oder Schlüsseltechnologien,
- Wachstum von Populationen, wie beispielsweise der Weltbevölkerung, der Tierarten oder des HI-Virus.

Wenn Sie im Rahmen Ihres ZukunftsRadars die Zukunftsfaktoren analysieren, verwenden Sie die S-Kurve als hilfreiches Denkmodell. Bedenken Sie aber, dass sie nur eine grobe Vorlage liefert. Wir können nie wissen, wo wir uns auf der S-Kurve gerade befinden, weil sich das Koordinatensystem schnell verschieben kann. So hielt man bereits viele Male die maximale Autopenetration der Haushalte für erreicht. Bekanntlich konnte sich schon Gottlieb Daimler nicht mehr als eine Million Autos vorstellen, weil es ja wohl kaum mehr Chauffeure geben könne.

Die beschriebenen Zukunftsfaktoren befinden sich überwiegend in den ersten drei Phasen der S-Kurve und entfalten damit wahr-

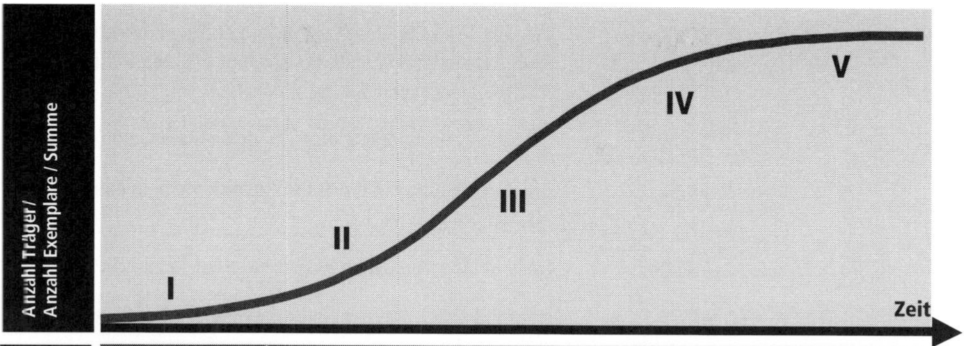

Phase	Ursache Innovation	Beschleunigtes Wachstum	Quasi-lineares Wachstum	Verlangsamtes Wachstum	Stagnation
Wissen	**1932:** Erstes Buch über die Alterung erscheint	**1970–1980:** Wissen um Alterungsprobleme verbreitet sich rasant	**1980–1990:** Wissen um Alterungsprobleme verbreitet sich weiter	**1990–2005:** Wissen erreicht alle potenziellen Empfänger	**2005:** Alterung ist jedem potenziellen Empfänger bewusst
Population	**5 Mio. Jahre v. Chr.:** Vermutete Entstehung des Menschen	**1800–1987:** Verfünffachung von 1 auf 5 Milliarden	**1987–2000:** Wachstum um eine Milliarde	**2000–2050:** Wachstum von 6 auf 9 Milliarden	**2050:** Bevölkerung stagniert bei ca. 9–10 Milliarden
Technik	**1838:** Brennstoffzelle wird erfunden, 1955 Auftrieb mit Raumfahrt	**1985–2020:** Entstehung eines Massenmarktes	**2020–2040:** Konstante Zunahme der Verbreitung	**2040–2060:** Verlangsamte Zunahme der Verbreitung	**2060:** Maximale Verbreitung von Brennstoffzellen
Produkt	**1918:** Funktelefon wird eingeführt	**1996–1999:** Zahl der Handys steigt von 5,6 auf 23,4 Mio. in D.	**1999–2000:** Zahl der Handys steigt von 23,4 auf 48,2 Mio. in D.	**2000–2010:** Zahl der Handys steigt von 48,2 auf 70 Mio. in D.	**2010:** Verbreitung der Handys stagniert bei 70 Mio. (85%) in D.

Abb. 1: Die S-Kurve der Entwicklung

scheinlich in den nächsten zwanzig Jahren weiterhin ihre Wirkung. Immerhin hatte im Jahr 2003 mit 52 Prozent mehr als die Hälfte der Deutschen den Begriff »demografischer Wandel« noch nie gehört (Forsa). Unglaublich, aber wahr.

2.2 Zukunftsmanagement: Zwölf Mythen und Wirklichkeiten

Samstagnachmittag im großen Saal des Wiener Hilton im Stadtpark. Ein Vortrag über die Früherkennung von Zukunftsmärkten rundet die erfolgreiche Konferenz der Führungskräfte-Vereinigung ab. Eifrig stellen die Mutigen unter den Teilnehmern nach dem Vortrag ihre Fragen. Darunter Fragen nach dem Gewinner der nächsten deutschen Bundestagswahl und der Höhe der Zinsen im Jahr 2016. Einer will wissen, wie hoch die Trefferquote der Prognosen wohl sei, ein anderer, wie man denn als Automobilzulieferer der Einkaufsmacht der Großabnehmer entweicht, und schließlich folgt die Frage, welche Großkonzerne ihren Erfolg der Arbeit des Referenten verdanken.

Der Weg zu einem realistischen Verständnis des Zukunftsmanagements ist ganz offenbar ein weiter. Die genannten Fragen offenbaren neben einer sympathischen Naivität auch grundlegende Missverständnisse im Umgang mit der Zukunft und über den Charakter des Zukunftsmanagements. Einige dieser Mythen wollen wir hier als solche entlarven, um ein realitätsnäheres Verständnis zu fördern.

Mythos 1: Zukunftsmanagement ist gleich Zukunftsforschung
Falsch! Zukunftsforschung hat vor allem die Identifikation möglicher und wahrscheinlicher Zukünfte zum Gegenstand. Sie manifestiert sich meist in Szenarien ohne bzw. mit eher niedrigen Eintrittswahrscheinlichkeiten. Der Zukunftsforscher liefert das Rohmaterial für den Zukunftsmanager. Dessen Aufgabe ist es, für einen konkreten Klienten oder eine Fragestellung die wesentlichen Zukunftsfragen zu identifizieren, das verfügbare Zukunftswissen zu strukturieren und zu interpretieren, darin die Zukunftschancen zu erkennen und daraus eine konkrete Zukunftsstrategie zu entwickeln. Zukunftsmanagement ist die Gesamtheit aller Systeme, Methoden und Prozesse zur Früherkennung zukünftiger Entwicklungen und ihrer Einbringung in Strategien.

Zukunftsmanagement ist Management, nicht Forschung

Wirklichkeit: Zukunftsmanagement ist die Brücke zwischen dem strategischen Management und der Zukunftsforschung.

Mythos 2: Aufgabe der Zukunftsmanager ist die Produktion von Prognosen
Falsch! In einem Radiointerview wollte die Redakteurin vom Autor dieses Buches für ihre Zuhörerschaft »dann zum Schluss noch ein paar Prognosen« haben. Der Zukunftsmanager als Prognosemaschine. Zum Wachwerden vier Prognosen vor dem Frühstück und danach mal eben schnell noch sechs Prognosen vor

dem mittäglichen Power-Nap (Mittagsschläfchen), das natürlich insbesondere der Steigerung der Prognoseproduktivität des Zukunftsmanagers dient. Zwei Prognosen pro Stunde stehen im Tarif für angestellte Zukunftsmanager im mittleren Dienst. Eine absurde Vorstellung. Die Aufgaben der Zukunftsmanager sind vielfältig. Sie jedoch primär als Prognoseproduzenten zu sehen wäre in etwa genauso falsch wie die durch oberflächliche Beobachtung nahe liegende Annahme, die Kernaufgabe des Kreuzfahrtkapitäns sei die Unterhaltung der attraktivsten oder ersatzweise reichsten Damen beim Captains Dinner.

Zukunftsmanagement bewertet Prognosen

Wirklichkeit: Selbstverständlich besteht ein Teil der Arbeit eines Zukunftsmanagers aus der Erarbeitung und Verarbeitung von Zukunftswissen. Da es Prognosen und Szenarien in Hülle und Fülle gibt, ist der Zukunftsmanager eher gefordert, die Annahmen von Experten verschiedener Fachgebiete zu evaluieren und die möglichen Konsequenzen frühzeitig zu erkennen. Daraus entwickelt er neue Gestaltungsoptionen, eine strategische Vision und eine Zukunftsstrategie.

Mythos 3: Zukunftsmanager können die Zukunft voraussagen

Falsch! Weder Zukunftsforscher noch Zukunftsmanager noch irgendjemand anders kann die Zukunft vorhersagen. Man sollte nicht glauben, wie viele Menschen sich das trotzdem vorstellen können oder zumindest insgeheim auf die von den Qualen der Unsicherheit und Selbstverantwortung erlösende sichere Prognose hoffen. Man kann über die Zukunft im streng wissenschaftlichen Sinne gesehen nichts »wissen«, denn man kann weder beweisen noch widerlegen, dass eine Aussage über die Zukunft richtig oder falsch ist. Jede Aussage über die Zukunft bleibt eine These darüber, wie die Zukunft werden könnte, nicht mehr und nicht weniger. Wäre die Zukunft vorhersehbar, könnten wir sie nicht mehr gestalten. Seien wir daher froh, dass sie nicht voraussagbar ist.

Wirklichkeit: Zukunftsmanagement ist im Prinzip ein in der Gegenwart stattfindendes Management von auf die Zukunft bezogenen Ideen und Überzeugungen.

Mythos 4: Es gibt ausgefeilte Methoden für sichere Prognosen

Falsch! Es gibt viele Methoden, mit denen man Prognosen erarbeiten kann, und es gibt viele Methoden, mit denen man Prognosen evaluieren kann, um schließlich zu Überzeugungen zu gelangen. Keine Methode gibt jedoch eine Garantie für sichere Prognosen, weder die heute bekannten noch die zukünftig zu entdeckenden, denn die Zukunft bleibt offen. Im Jahr 1984 erfragte die Zeitschrift *Economist* Prognosen für volks- und weltwirtschaftliche Eckwerte von vier verschiedenen Personengruppen. Diese sollten folgende Zahlen für einen Zeitraum von zehn Jahren, also für das Jahr 1994, prognostizieren: die Inflationsrate in den OECD-Staaten, die durchschnittliche Wachstumsrate der OECD-Staaten und den Wechselkurs des britischen Pfunds zum US-Dollar. Die Redakteure befragten ehemalige Finanzminister von OECD-Staaten, Studenten der Wirtschaftswissenschaft in Oxford, Topmanager und die Londoner Müllmänner. Es gehört nun nicht viel Fantasie dazu, zu erraten, wer die besten Prognosen für die geforderten Eckwerte abgab. Richtig, es waren die Müllmänner, zusammen mit den Topmanagern.

Keine Methode prognostiziert sicher die Zukunft

Wirklichkeit: Die Erfahrung lehrt, dass es keinen zwingenden Zusammenhang zwischen der Ausgefeiltheit einer Prognosemethode und ihrer Treffsicherheit gibt. Oftmals sind es gerade die einfachen, intuitiven Prognosen, welche mit hoher Treffsicherheit gesegnet sind.

Mythos Nr. 5: Qualitätsmaßstab für Zukunftsmanager ist die Genauigkeit ihrer Prognosen

Falsch! Ein beliebter Versuch, sich aus der Notwendigkeit der Vorausschau zu befreien, ist die Frage: »Mit wie viel Prozent Ihrer Prognosen lagen Sie denn richtig?« Das Motiv hinter der naiven Sehnsucht nach genauen und objektiven Prognosen ist oftmals die heimliche Hoffnung, sich so der Selbstverantwortung entledigen zu können (denn es ist ja alles vorherbestimmt). Aus der Unvorhersagbarkeit der Zukunft folgt selbstverständlich, dass Prognosegenauigkeit kein angemessener Erfolgsmaßstab ist. Jedes Unternehmen und jedes menschliche Lebenskonzept basiert auf Zukunftsannahmen. Ein Unternehmen entwickelt sich erfolgreich, wenn die Zukunftsannahmen seines Managements einigermaßen mit der tatsächlichen Zukunft übereinstimmen. Folglich müssen diese identifiziert und fundiert, vor allem aber im Zeitverlauf kontrolliert werden. Dies hat weniger prognostischen als diagnostischen Charakter. Unternehmer dürfen Prognosen Dritter nicht einfach zu ihren Annahmen über die Zukunft machen. Sie müssen eingekaufte Expertenaussagen und -prognosen mithilfe ihres Zukunftsmanagers evaluieren und ihre Überzeugung dazu entwickeln. Zukunftsmanagement ist eben nicht delegierbar.

Der frühere Shell-Manager Henry Deterding sagte, es sei unmöglich, die Zukunft vorauszusagen, aber gefährlich, es nicht zu versuchen. Wie so häufig offenbart erst die praktische Zukunftsarbeit den feinen, aber entscheidenden Unterschied zwischen Prognose und Annahme. Die Prognosen zur Entwicklung des Flugverkehrs waren für Boeing und Airbus gleich. Aber sie trafen unterschiedliche Annahmen. Boeing setzte mit dem *Sonic Cruiser* darauf, dass »time will count«, und Airbus mit dem *A380* darauf, dass »cost will count«. Milliarden von Investitionen und Hunderttausende von Arbeitsplätzen hingen nicht von den Prognosen ab, sondern von den bauchbestimmten Zukunftsannahmen zweier Führungsteams auf den beiden Seiten des großen Teichs. Wie diese Milliardenwette ausging, ist bekannt, der *A380* fliegt, während der *Sonic Cruiser* im Konzeptstadium eingestampft wurde. Mit dem *Dreamliner* von Boeing beginnt die Milliardenwette von neuem.

Qualitätsmaßstab ist die Zukunftsstrategie

Wirklichkeit: Ein Zukunftsmanager hat seine Arbeit gut gemacht, wenn er mit seinem Klienten alle wesentlichen Entwicklungen erarbeitet und analysiert hat und die sich daraus ergebenden Konsequenzen in eine strategische Vision und eine Zukunftsstrategie hat einfließen lassen, die zudem noch den potenziell gefährlichen Überraschungen der Zukunft standhält. Die Prognostik ist nur eine von mindestens fünf nötigen Sichtweisen auf die Zukunft. Genauso wichtig sind die Chancenentwicklung, die Visionsentwicklung, die Diskontinuitätenanalyse und die Strategieentwicklung. In jeder Phase kommt es nicht auf die Meinung des Zukunftsmanagers, sondern auf die fundierte Überzeugung der Geschäftsleitung an.

Mythos Nr. 6: Qualitätsmaßstab für Zukunftsmanager ist die Zahl und Größe der Firmen, die sie mit ihrer Genialität groß und reich gemacht haben

Falsch! Für den nachhaltigen Erfolg eines Unternehmens bedarf es Dutzender, wenn nicht gar Hunderter Zutaten. Sicher, wir nehmen in Anspruch, dass die Früherkennung einer Chance und ihre rechtzeitige Umsetzung die Grundlage der meisten Unternehmenserfolge ist. Doch ohne eine mutige, intelligente und konsequente Führung, ohne qualifizierte und selbstmotivierte Mitarbeiter, ohne nützliche und qualitativ hochwertige Produkte, ohne effiziente Prozesse, kurz, ohne all die vielen Erfolgsfaktoren und schließlich ohne Glück ist ein nachhaltiger Unternehmenserfolg kaum denkbar. Die Formel dazu könnte wie folgt aussehen:

Zukunftschance x Wille x Voraussicht x Fähigkeiten x Ressourcen x Aktivität x Fokus x Mut x Timing x Glück = Erfolg

Diese Formel ist ein Produkt, also eine Mal-Rechnung. Wenn auch nur ein einziger Faktor null beträgt, ist das Ergebnis null.

Über Unternehmenserfolg entscheiden Manager und Mitarbeiter

Wirklichkeit: Das Zukunftsmanagement und der Zukunftsmanager sind entscheidende, aber im Vergleich zur Arbeit Hunderter oder gar Zigtausender Mitarbeiter eines Unternehmens sehr kleine Rädchen. Der Zukunftsmanager kann die Zukunftschance liefern und bei der Voraussicht und beim Timing beraten. Tut er dies gut, hat er seine erste Mission erfüllt. Er kann nicht den Umsetzungswillen der Mitarbeiter schaffen, nicht ihre Fähigkeiten entwickeln, nicht die Ressourcen bereitstellen, niemanden zum Jagen tragen und nicht das Glück herbeibefehlen. Der Zukunftsmanager kann zur Erfüllung seiner zweiten Mission, dem nachhaltigen Erfolg seines Klienten, die Saat beitragen. Um erstklassig zu sein, muss er sich darauf spezialisieren. Er bewegt sich außerhalb seiner Kernkompetenzen, wenn er dazu auch noch pflügt, jätet, düngt, erntet, verarbeitet, verkauft und verwaltet.

Mythos Nr. 7: Zukunftsmanager haben geheime Quellen für Zukunftswissen

Falsch! Häufig wird vermutet, dass man nur die richtigen, gut gehüteten Quellen haben müsse, um im Zukunftsmanagement erfolgreich zu sein. In den Zeiten vor dem Internet mag es so etwas wie verborgene Quellen gegeben haben. Heute nicht mehr.

Zukunftsmanager informieren sich aus den gleichen Quellen wie alle

Wirklichkeit: Zukunftsexperten, wenn sie nicht gerade absolute Fachspezialisten sind, entnehmen ihr Zukunftswissen frei verfügbaren Quellen. Die landläufig bekannten Zukunftsautoren machen alle keinen Hehl daraus, dass ihr Zukunftswissen aus der Zeitung und aus dem Internet stammt. Es gibt sehr wohl einige Medien und Websites, die sich auf die Zukunft spezialisiert haben. Aber auch diese beziehen ihr Wissen nicht aus mystischen Orakeln oder verschworenen Geheimzirkeln.

Mythos Nr. 8: Zukunftsmanager sind Fachleute in vielen Disziplinen
Falsch! Manche Zukunftsforscher scheinen zu den letzten Universalgenies unserer Kultur zu gehören, sind sie doch offenbar in der Lage, den Fachleuten in so unterschiedlichen Gebieten wie Pharmaindustrie, Forstwirtschaft, Kosmetik, Verteidigungstechnik oder Nanotechnologie etwas über deren Zukunft zu erzählen. Das ist so lange originell und interessant, solange man nicht selbst Experte in einem dieser Bereiche ist. Für den Laien muten die Zeilen und Bilder des Zukunftsforschers sehr faszinierend an, für den Fachmann sind sie oft kalter Kaffee, der seit vielen Jahren auf Fachkonferenzen ausgeschenkt wird.

Zukunftsmanager sind Generalisten

Wirklichkeit: Hier gilt es wieder zu unterscheiden, ob es um die Antizipation wahrscheinlicher Zukunft geht oder ob das Ziel vielmehr darin besteht, das Denken der Forstwirte, der Rüstungsmanager oder der Nanoforscher zu inspirieren. Für Letzteres sind die Zukunftsexperten und Zukunftsmanager als ausgesprochene Generalisten geradezu prädestiniert, denn ihr eigentlicher Wert liegt in ihrer Interdisziplinarität und in ihrem Methodenwissen. Für Ersteres sind sie hingegen eine peinliche Fehlbesetzung, denn breites Wissen auf vielen Fachgebieten geht zwangsläufig einher mit einer im Vergleich zum Spezialisten frappierenden Flachheit dieser Kenntnisse. Wenn man genau liest, bleibt von vielen Zukunftsprognosen nicht viel mehr übrig als ein warmer Windhauch. Daher nimmt es nicht wunder, dass die »Prognosen« vieler Trend- und Zukunftsforscher so wolkig und mit neuen Wortschöpfungen gespickt sind. Man muss kein Erkenntnistheoretiker sein, um zu wissen, dass solche Aussagen mit Dutzenden von Hintertürchen weder beweisbar noch widerlegbar sind und damit alles andere als Prognosecharakter haben.

Mythos Nr. 9: Zukunft ist das Neue

Falsch! Viele Menschen sind enttäuscht, wenn sie den Kern der Aussage eines Zukunftsexperten bereits kennen. Was denn daran neu sei, tönt der kindisch trotzige Einwurf.

Die Zukunft ist das relativ Neue

Wirklichkeit: Wieder macht die Sichtweise den Unterschied. Sieht der Zukunftsexperte mit der »blauen Brille« in die Zukunft (siehe unten das *Eltviller Modell*, Seite 30), will er die zukünftige Welt möglichst so beschreiben, wie er annimmt, dass sie sein wird. Es kommt ihm nicht darauf an, etwas Neues zu erfinden, sondern Recht zu haben. Da die Vergangenheit durch das den Menschen eigene projektive Denken, wie es Ernst Bloch beschreibt, gewissermaßen die Zukunft kolonisiert, ist der Blick durch die blaue, prognostische Brille vergleichsweise innovations- und überraschungsarm.

Sieht der Zukunftsexperte durch die »grüne« Brille, will er auf die Chancen und Gestaltungsmöglichkeiten hinweisen und so den Denk- und Handlungshorizont seiner Klienten erweitern. Doch auch hier besteht das Ziel nicht in der Produktion patentreifer Erfindungen. Der Ausgangspunkt ist vielmehr die gegenwärtige Realität. Es geht hier um das Phänomen der Innovationsdiffusion, den der S-Kurve folgenden Verbreitungsprozess von Innovationen vom Innovator bis zur Allgemeinheit. Für einen Technologiekonzern ist die Einführung eines Wissensmanagements Teil seiner Geschichte. Für ein mittelständisches Bauunternehmen hingegen stellt die gleiche Chance eine enorme Herausforderung dar. Die Zukunft ist selten das für die Welt absolut Neue, sie ist oft im Keim bereits angelegt; die Zukunft ist viel häufiger das für den Betrachter relativ Neue. Blockieren Sie sich nicht durch die Suche nach revolutionär Neuem. Ausreichend neu ist, was Sie in Ihrem Unternehmen noch nicht umgesetzt haben.

Mythos Nr. 10: Zukunftsmanagement ist Luxus

»Schmuck am Nachthemd« nennen die Schwaben, was ein Angelsachse als »nice to have« bezeichnen würde. So oder ähnlich sieht ein beträchtlicher Teil der Unternehmer und Manager das

Zukunftsmanagement. Ein Vortrag auf der Jahrestagung hier, ein Newsletter dort und bei besonderen Gelegenheiten mal ein Visionsworkshop, der aber möglichst auf ein, zwei Tage zu beschränken ist. Man leistet sich halt auch mal was.

Jedes Unternehmen betreibt Zukunftsmanagement

Wirklichkeit: Lässt man ein beliebiges Publikum den Teil des EBIT (Betriebsergebnis vor Zinsen und Steuern) schätzen, der von der langfristigen Ausrichtung des Unternehmens abhängt, pendeln sich die Werte irgendwo um siebzig Prozent ein. Allerdings werden nach verschiedenen Untersuchungen nur zwei bis fünf Prozent der Managementzeit auf das langfristige Vordenken verwendet. Wenige erkennen, dass jede Unternehmensleitung bereits Zukunftsmanagement betreibt. Nur leider meistens schlecht. Sie haben also gar nicht die Wahl, ob Sie Zukunftsmanagement betreiben sollen. Sie tun es und Sie haben es schon immer getan. Die Frage ist nur, ob Ihr Zukunftsmanagement dem aktuellen Stand der Methodik und Technik entspricht.

Mythos Nr. 11: Den 11. September hätte man vorhersehen müssen

Falsch! Immer wieder überrascht uns die Zukunft, erwischt uns auf dem falschen Fuß. Und schon beginnt die Suche nach den Verantwortlichen oder ersatzweise nach denen, welche die Überraschung doch hätten erkennen müssen.

Folgen, nicht Ereignisse, lassen sich antizipieren

Wirklichkeit: So genannte Wild-Card-Events wie am 11. September 2001 oder am 26. April 1986 (Tschernobyl) sind aus Sicht der strategischen Unternehmensführung praktisch nicht antizipierbar. Wohl aber sind sie vorstellbar. Ein kleiner und dennoch entscheidender Unterschied. Das für die meisten Unternehmen Bedrohliche am 11. September war die daraufhin einsetzende Konsum- und folglich auch Investitionszurückhaltung. Diese Situation muss jedes Unternehmen als möglich antizipieren, denn eine vernünftige Diskontinuitätenanalyse muss immer den Fall eines Umsatzrückgangs um zehn, zwanzig oder gar fünfzig Prozent durchdenken. Es sind weniger die Eigenarten, sondern vielmehr die potenziellen Auswirkungen von Diskontinuitäten, die untersucht und für die in der Folge Präventiv- und Eventualstrategien entwickelt werden müssen.

Mythos Nr. 12: Zukunftsmanager, das sind die Spezialisten
Falsch! Ein weiterer Beitrag aus der Reihe Fluchtversuche aus der Selbstverantwortung.

Wir sind alle Zukunftsmanager

Wirklichkeit: Unterscheiden wir den Zukunftsmanager im engeren Sinne, der für ein Unternehmen das Zukunftsmanagement vorantreibt, vom Zukunftsmanager im weiteren Sinne, nämlich dem Zukunftsmanager in jedem von uns. Als Lebensunternehmer sind wir alle auch Zukunftsmanager. Wir gründen unser Leben auf unseren Annahmen über die zukünftige Entwicklung unseres Berufsfeldes und der Lebensumgebung. Wir erkennen, entwickeln und nutzen berufliche und private Chancen, wir haben eine wenigstens grobe Vision einer gewünschten Zukunft unseres Lebens und wir denken gelegentlich über mögliche Überraschungen nach, durch welche die Zukunft unser Leben durcheinander bringen könnte. Schließlich verfolgen wir mehr oder minder klare Ziele, für deren Verwirklichung wir Projekte und Aufgaben hinter uns bringen. Selbst ein Radar haben wir eingebaut; es besteht aus den Fragen, die wir an unser Leben und unsere Zukunft stellen, und aus den Informationsquellen, die wir gezielt oder nebenbei anzapfen. Im Grunde genommen unterscheidet sich all dies kaum vom Zukunftsmanagement eines internationalen Konzerns, nur dass die Methoden ausgefeilter und die Summen größer sind. Wir alle sind Zukunftsmanager.

2.3 Das Eltviller Modell des Zukunftsmanagements

Das in diesem Buch beschriebene ZukunftsRadar mit den Zukunftsfaktoren und weiteren Ergebnissen ist die erste Arbeitsphase im *Eltviller Modell* des Zukunftsmanagements. Eltville ist der Wohnort des Autors und der Sitz der FutureManagementGroup AG. Das Eltviller Modell beschreibt sowohl die methodischen Schritte wie auch die jeweils dabei zu erzielenden Ergebnisarten. Es ist einfach genug, um in der Praxis einen Denk- und Handlungsrahmen (einen »mentalen Setzkasten«) zu bieten, und komplex genug, um alle wesentlichen Methoden und Ergebnisse des Zukunftsmanagements vollständig zu beinhalten.

Das Eltviller Modell basiert auf unserer grundlegenden Erkenntnis und Überzeugung, dass die üblichen Szenario-Ansätze zu kurz greifen und den unternehmerischen Anforderungen nicht genügen. Das Eltviller Modell besteht aus zwei Teilen, einem Prozessmodell und einem Ergebnismodell.

Sieben Schritte und fünf Brillen	Ziel	Leitfrage	Mindset
ZukunftsRadar	Zukunftswissen beschaffen	Welche Informationen gibt es über Wirkkräfte und mögliche Entwicklungen der Zukunft?	■ aufmerksam ■ suchend ■ neutral
Annahmen-Analyse	**Blaue Brille:** Die wahrscheinliche Zukunft verstehen	Welche Veränderungen kommen wahrscheinlich auf uns zu?	■ analytisch ■ kritisch ■ distanziert
Chancen-Entwicklung	**Grüne Brille:** Die machbare Zukunft erfinden	Welche Zukunftschancen und Handlungsoptionen haben wir?	■ kreativ ■ progressiv ■ fantasievoll
Visions-Entwicklung	**Gelbe Brille:** Die gewünschte Zukunft bestimmen	Welche faszinierende Zukunft wollen wir langfristig verwirklichen?	■ visionär ■ ambitioniert ■ fokussiert
Diskontinuitäten-Analyse	**Rote Brille:** Der überraschenden Zukunft vorbeugen	Wie könnte die Zukunft uns überraschen und wie bereiten wir uns darauf vor?	■ zweck-pessimistisch ■ fantasievoll
Strategie-Entwicklung	**Violette Brille:** Die zu schaffende Zukunft planen	Wie gestalten wir unsere Zukunftsstrategie als Weg zu unserer Vision?	■ realistisch ■ pragmatisch
Institutionalisierung Zukunftsmanagement-System	Zukunftsmanagement in Gang halten	Wie institutionalisieren wir unser Zukunftsmanagement?	■ systemisch ■ ganzheitlich ■ analytisch

Abb. 2: Prozess des Eltviller Modells

Das Modell der fünf Brillen

Oben sehen Sie das Prozessmodell mit seinen sieben Schritten und fünf »Brillen«. Die eigentlich farbigen Brillen symbolisieren die fünf urtypischen Sichtweisen auf die Zukunft. Die sieben Schritte beinhalten die Kernfragen des Zukunftsmanagements, die sich jeder Mensch, jedes Unternehmen und jede Organisation stellen und beantworten muss. Wenn Sie diese Arbeitsschritte durchführen, erhalten Sie das unten dargestellte Ergebnis, wobei jedes einzelne Element des Ergebnismodells exakt einem Arbeitsschritt bzw. einer Brille zugeordnet ist.

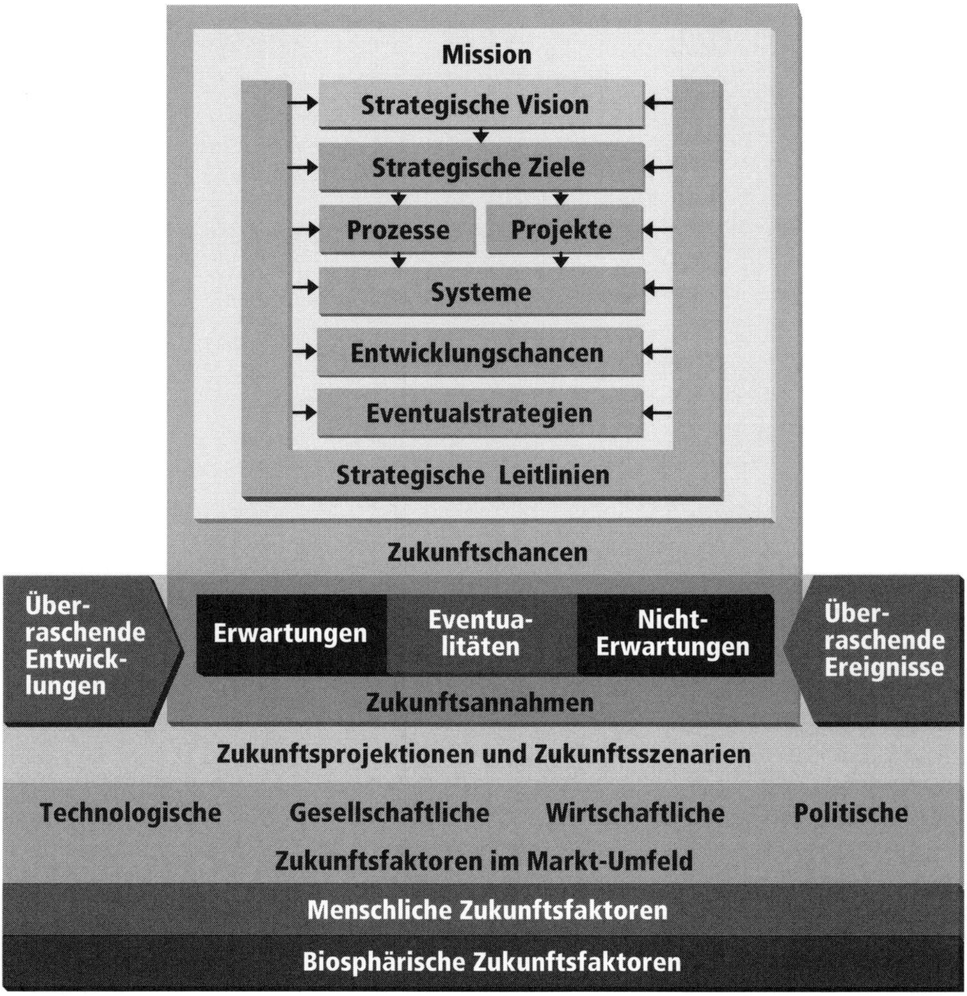

Abb. 3: Eltviller Modell – Ergebnisse

Das Eltviller Modell des Zukunftsmanagements wird Ihnen helfen, den komplexen Denkgegenstand Zukunft mit System und Struktur zu bearbeiten und dabei jederzeit den Überblick zu wahren.

Das Ergebnis des in diesem Buch beschriebenen ZukunftsRadars sind die Elemente im Fundament des Eltviller Modells, also die Zukunftsfaktoren.

Nutzen des Eltviller Modells des Zukunftsmanagements	
Umfassende Zukunftsanalyse	Herkömmliche Methoden und Modelle sind meist nur auf eine oder wenige Perspektiven der Zukunftsanalyse fokussiert, wie etwa Prognosen, Szenarien oder Planung. Das Eltviller Modell basiert auf allen fünf urtypischen Sichtweisen (Brillen) für die Zukunft, vom Scanning und Monitoring von Zukunftsfaktoren und dem analytischen Blick auf das Wahrscheinliche über die kreative Erarbeitung von Ideen und Chancen, die Entscheidungsfindung bei der Vision, die risikoorientierte Betrachtung möglicher Überraschungen bis hin zur Ziel-, Projekt- und Prozessplanung.
Integration von Methode und Ergebnis	Die methodischen Schritte und die dabei erzielten Ergebnisse sind in einem durchkomponierten System vereint.
Vollständiges Denk- und Kommunikationsmodell	Das Eltviller Modell ist aus der Beobachtung und Analyse der von Entscheidern für »die Zukunft« verwendeten Begriffe entstanden. Es integriert alle relevanten externen Beobachtungs- und internen Gestaltungsfelder, von den zukünftigen Umfeldentwicklungen über die Zukunftsannahmen bis zu Projekten, Prozessen und Systemen im Unternehmen. Es gibt Ihnen daher eine einheitliche und umfassende Terminologie für die Kommunikation über zukünftige Umfeldentwicklungen und die eigene Zukunftsstrategie.
Neutralität in den Werkzeugen	In den sieben Arbeitsschritten des Eltviller Modells können je nach individueller Präferenz die verschiedensten Werkzeuge eingesetzt werden, wie beispielsweise Szenarioanalysen, Prognoserechnungen, Kreativtechniken und Entscheidungsmethoden.
Solidität und Zeitvorteil	Wenn Sie das Eltviller Modell für Ihr Zukunftsmanagement übernehmen, bauen Sie damit auf dem Wissen aus unseren zahlreichen Forschungsarbeiten und der Erfahrung aus mehreren Hundert Projekten mit Unternehmen und Organisationen verschiedenster Art und Größe auf. So sparen Sie sich viel Zeitaufwand für die grundsätzliche Entwicklung eines eigenen Modells.

Nutzen des Eltviller Modells

Im Kapitel »Ihr ZukunftsRadar« erhalten Sie eine Anleitung zur Erarbeitung und Analyse Ihrer Zukunftsfaktoren, um Projektionen, Szenarien, potenzielle Überraschungen und vor allem Chancen entwickeln oder ableiten zu können. Dies bildet dann die Grundlage und das Material für die Konzeption Ihrer Zukunftsstrategie. Die Erarbeitung einer ganzheitlichen Zukunftsstrategie nach dem Eltviller Modell haben wir in anderen Werken beschrieben. Im letzten Kapitel erhalten Sie hierzu Literatur- und Quellenempfehlungen.

3 Panta rhei – 5000 Jahre Philosophie des Wandels im praktischen Schnellkurs

Santayana postulierte, dass wer die Geschichte nicht kenne, dazu verdammt sei, sie zu wiederholen. Manche Leser werden sich fragen, warum man denn um Himmels willen die gesamte Geschichte der modernen Zivilisation aufrollen müsse, um die Chancen der nächsten Jahre zu erkennen. Im Verlauf der Jahrhunderte haben einfache Menschen und große Denker viele Theorien und Erklärungsmodelle für den Wandel entwickelt. Die Treiber des Wandels, ihre Vernetzung, ihre Wirkungsmechanismen und die Formen der Veränderung zu kennen und zu verstehen eröffnet die Möglichkeit, die Zukunft in einem gewissen Maße zu erklären und zu antizipieren.

Wer die Geschichte nicht kennt, kann die Zukunft kaum sehen und verstehen.

Der Wandel aus makrohistorischer Sicht

Dabei empfiehlt sich in erster Linie die makrohistorische Perspektive, welche die Entwicklung der Menschheit als Ganzes betrachtet und zu erklären sucht. Die mikrohistorische, auf einzelne Themen, Ereignisse oder Epochen konzentrierte Sichtweise ist hierfür weniger geeignet, denn sie untersucht gleichsam mit einem Mikroskop den Lauf des Flusses und kann daher keine zuverlässige Aussage oder gar Prognose über seine Richtung machen (Kahn und Briggs, 1972).

3.1 Erklärungsmodelle des Wandels

Frühe Gemeinschaften und Gesellschaften hatten keine der heutigen Zeit vergleichbare Vorstellung von einer langfristigen Zukunft. Die Zeit war für sie ein ewiger Kreislauf von Tagen, Mondphasen, Jahreszeiten und jährlichen Sonnenzyklen. Die Zukunft war die Fortsetzung der Vergangenheit, die lediglich durch Diskontinuitäten wie Unfälle, gewaltsame Auseinandersetzungen und Missernten unterbrochen wurde.

Die Sumerer als erste Zukunftsforscher

Den Sumerern in Mesopotamien können wir – mit etwas Wohlwollen – als Ersten eine Art Zukunftsforschung zubilligen. Sie hatten nicht nur um 3900 v. Chr. die ersten Stadtstaaten gebaut und um 3500 v. Chr. das Rad erfunden, sondern um 3000 v. Chr. die Keilschrift und um 2400 v. Chr. den wahrscheinlich ersten Kalender und damit eine Perspektive in die Zukunft entwickelt. Ein noch früherer Beginn ließe sich freilich auf die Anfänge des Ackerbaus vor 14 000 Jahren setzen, als der jährliche Zyklus stärkere Aufmerksamkeit erfuhr.

Gäbe es keinen Wandel, gäbe es keine Zeit und keine ungewisse Zukunft. Heraklit (550–480 v. Chr.) glaubte, dass es im Prinzip keine wirkliche Gegenwart gibt. *»Panta rhei«*, sprach er, *»alles fließt.«* Niemand könne zweimal in den gleichen Fluss springen. Nicht nur das Wasser und der Fluss seien nie wieder gleich, auch der Mensch selbst verändere sich zwischen seinen beiden Sprüngen. Kratylos (450 v. Chr.) glaubte sogar, dass man noch nicht einmal das eine Mal in den Fluss springen und es sich vergegenwärtigen könne, denn der Wandel der Zeit mache es unmöglich, den exakten Zustand eines Momentes der Realität zu erfassen.

Mit den Erklärungsmodellen des Wandels steigen wir auf die Wissens-Schultern Tausender großer Denker und Philosophen.

Kein Königsweg, aber viele Modelle des Wandels

Seit Menschengedenken zermartern sich große Denker den Kopf darüber, wie und warum die Welt sich wohl wandelt. Eines der wichtigsten Motive ist dabei die Annahme, dass sich aus einer genauen Kenntnis der Geschichte und ihrer Zusammenhänge und Mechanismen die Zukunft antizipieren lasse. Wie nicht anders zu erwarten, scheiterte man selbst nach Jahrtausenden des Denkens und Forschens mit dem Vorhaben, eine allgemein akzeptierte Theorie des Wandels als Grundlage der Zukunftsforschung zu entwickeln. Nichtsdestotrotz sind die Denkergebnisse aus 5000 Jahren ein wertvoller Schatz, auch und gerade für den Praktiker. Wir setzen Sie in diesem Kapitel sozusagen auf die Schultern unzähliger Denker. Zu diesem Zweck haben wir die Erklärungsmodelle des Wandels in einer klaren Struktur aufbereitet und sie für die praktische Diskussion handhabbar gemacht. Sie erhalten damit ein wertvolles Konstrukt, mit dem Sie die rein gegenwartsorientierte Diskussion zukünftiger Veränderungen um die Möglichkeiten eines geschichtlichen Hintergrunds ergänzen können. Ganz nebenbei erleben Sie damit auch eine Art Schnellkurs durch die faszinierende Welt der Philosophie des Wandels und der Zukunft.

Abb. 4: Modelle des Wandel

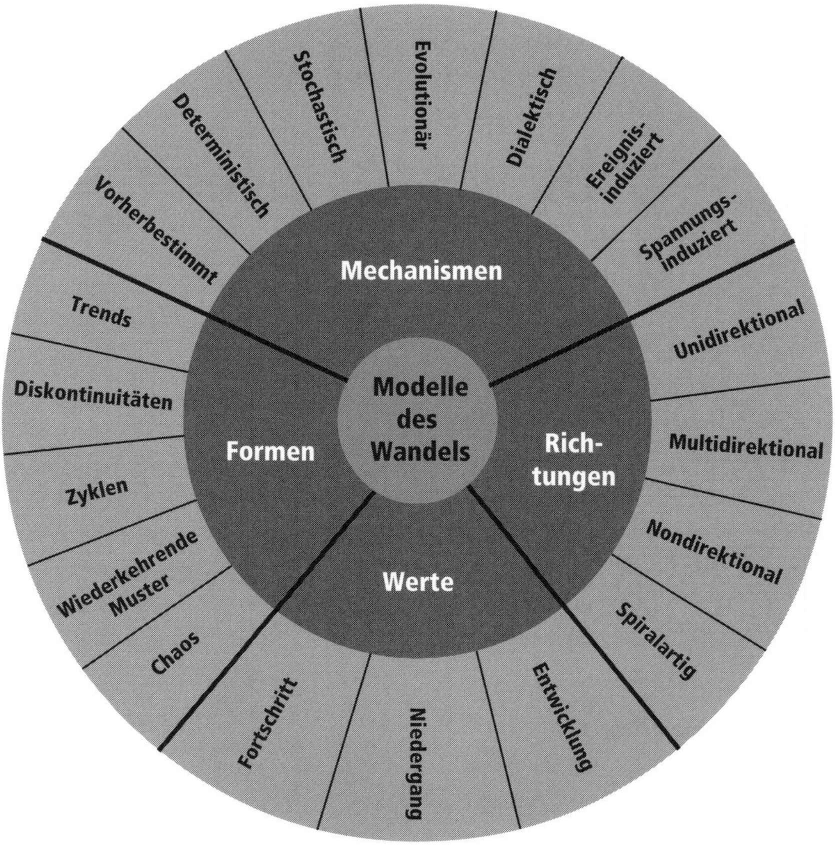

Zunächst sehen wir uns an, welche Richtungen der Wandel einschlagen kann, um sodann die unterschiedlichen Wahrnehmungen von Veränderungen zu erörtern. Ganz besonders interessant wird es, wenn wir die in Jahrtausenden diskutierten Mechanismen des Wandels analysieren und dabei erkennen, wie man sich die Welt einmal als von höheren Mächten gelenkt und ein andermal wie eine Maschine vorstellte, um schließlich zur Einsicht zu gelangen, dass die Welt zwar einer wunderbaren komplexen Ordnung folgt, ihre Veränderung jedoch chaotisch und damit in keiner Weise prognostizierbar ist.

3.2 Richtungen des Wandels

Wenn sich die Welt um uns herum verändert, nehmen wir dies meist als Entwicklung in eine bestimmte Richtung wahr. Es kann sich dabei um verschiedene Richtungen handeln, wie die nachfolgende Tabelle zeigt.

Richtungen des Wandels	
Unidirektional	Der Wandel hat eine eindeutige Entwicklungsrichtung wie im Falle des weltweiten Bevölkerungswachstums oder der zunehmenden Leistungsfähigkeit von Computern.
Multidirektional	Der Wandel hat mehrere Richtungen wie bei der Entwicklung einer Gesellschaft.
Nondirektional	Der Wandel hat keine eindeutige Richtung wie erkennbar am Beispiel der evolutorischen Mutation und Selektion in der Natur.
Zyklisch-direktional (spiralartig)	Der Wandel hat eine eindeutige Richtung, wiederholt sich jedoch langfristig wie im Falle der technologisch-ökonomischen Kondratjev-Wellen.

Unidirektionaler Wandel

Eine Richtung

Die Entwicklung vom religiösen zum säkularen, weltlichen Denken in der westlichen Welt, das globale Bevölkerungswachstum, die Abnahme der weltweit gesprochenen Sprachen und die zunehmende Leistungsfähigkeit von Computern haben alle eines gemeinsam: Sie sind Veränderungen in eine eindeutig identifizierbare Richtung. Je einfacher und eindimensionaler ein System ist und je länger der zeitliche Beobachtungshorizont, desto eher zeigt es eine solche eindeutige Entwicklungsrichtung. Die sozioökonomischen Veränderungen in Deutschland oder Europa können innerhalb eines Jahres als multidirektional erscheinen. Langfristig aber offenbart sich eine eindeutige Richtung zu einem relativ langsamen Wirtschaftswachstum, zu einem Ende der Industrialisierung und zum Beginn der Tertiarisierung und Quartarisierung, also zur Entwicklung einer Dienstleistungs- und Wissenswirtschaft.

Multidirektionaler Wandel

Viele Richtungen

Die häufigste Art des Wandels ist multidirektional. Die Transformation ehemals zentral geplanter Volkswirtschaften zu Marktwirtschaften, die Evolution der Musikstile oder die Entwicklung einer Gesellschaft und ihrer Kultur sind solche multidirektionalen Prozesse.

Zyklisch-direktionaler (spiralartiger) Wandel

Bewegung in Schleifen

In einem späteren Abschnitt zu den Formen des Wandels werden wir uns noch einmal intensiver mit Zyklen und Wellen beschäftigen (siehe Seite 51). In der Realität tritt die Eigenschaft eines spiralartigen oder zyklisch-direktionalen Wandels in einer ganzen Reihe von Arten auf. Er kann dergestalt erfolgen, dass das System wie im Falle von Wirtschaftszyklen zu früheren Zuständen (Wachstumsraten) zurückkehrt oder wie im Falle der Kondratjev-Wellen oder der von Sorokin (1957) beschriebenen politischen Zyklen von Materialismus und Idealismus immer wieder frühere Muster und Entwicklungsstufen wiederholt. Da die meisten zyklischen Veränderungen im Gesamtergebnis eine Entwicklungsrichtung beibehalten, ist es angebracht, von einem spiralartigen oder helixförmigen Wandel zu sprechen.

Nondirektionaler Wandel

Keine Richtung

Gould (1977), Baumann (1992) und andere verwenden den Begriff des nondirektionalen Wandels, um evolutionäre Entwicklungen und die Häufung von Einzelereignissen in stochastischen Prozessen zu beschreiben. Solcher Wandel habe keine identifizierbare Richtung, solange man nicht sehr lange Betrachtungszeiträume oder große Fallzahlen zugrunde legt. Wir führen diesen Betrachtungswinkel der Vollständigkeit halber auf. Für die Praxis ist er jedoch wenig relevant, denn schließlich soll es uns hier um langfristige Perspektiven gehen.

3.3 Werte des Wandels

Ganz gleich, wie und wohin sich unsere Umwelt verändert, meistens wird die Veränderung entweder begrüßt oder verflucht. Mitunter stehen wir ihr auch gleichgültig gegenüber. Dies wäre wenig bedeutsam, wenn wir uns nicht so oft darüber wundern müssten, dass andere die gleiche Veränderung grundlegend anders beurteilen als wir selbst. Zwar gibt es nicht selten einen kulturellen Kanon über den Wert einer Veränderung, wie im Falle der Alterung oder der zunehmenden Konkurrenz durch die neuen Wachstumsweltmeister in Asien. Aber schon die Globalisierung wird in ihrem Wert und ihrer Bedeutung denkbar unterschiedlich beurteilt. Das jeweilige Wertesystem entscheidet darüber, was wir als Fortschritt willkommen heißen oder als Niedergang verdammen.

Werte des Wandels	
Fortschritt	Der Wandel wird wie im Beispiel dauerhaft reduzierter Armut als positiv empfunden.
Niedergang	Der Wandel wird wie im Falle der zunehmenden Staatsverschuldung als negativ empfunden.
Entwicklung	Der Wandel wird wie bei der Globalisierung in der Summe als neutral empfunden.

Fortschritt – wird alles immer besser?

Aristoteles wie auch Auguste Comte (1851) und der Zukunftsforschungspionier Herman Kahn (1972) waren der Überzeugung, dass der Fortschritt ein Naturgesetz und eine für die Menschheit charakteristische Tendenz ist. Fortschritt sahen sie als die Kumulation unzähliger kleiner, aber gezielter Innovationen, die im Resultat eine zunehmende Fähigkeit des Menschen zur Gestaltung seiner Umwelt gemäß seinen Zielen bedeute. Gezielte Innovationen sollten aus dieser Warte die Welt langfristig in eine begrüßenswerte Richtung verändern. Die absichtliche Verbesserung der Lebensumstände verursache sozialen und technologischen Wandel, der von seinen Protagonisten als Fortschritt empfunden werde. Weniger sind es demnach die großen Technologien und Trends als die fortschreitende Verbesserung der Lebensbedingungen eines jeden Menschen, also die soziale Innovation, die den Wandel begründet.

Comtes Dreistadiengesetz

Comte, der »Vater der Soziologie« (Jonas, 1968), beschrieb in seinem »Dreistadiengesetz« die Entwicklung der Menschheit. Jedes Stadium ist durch zwei Eigenschaften bestimmt, nämlich durch seine Wissensquellen und die sozial verbindende Kraft (Bishop, 2002). Im ersten, theologischen Stadium wurde der Gang der Welt als von einem übernatürlichen (göttlichen) Willen gelenkt betrachtet. Die Kleriker waren die Wissensquelle und das Militär war die Kraft zur Durchsetzung der von ihnen gewünschten Zustände. Im zweiten, metaphysischen Stadium dienten die Philosophen als Quelle des Wissens und die Juristen als Mediatoren der Konflikte. Im dritten und letzten, wissenschaftlichen Stadium sind Theorie und Praxis vereint. Die Menschen erklären sich die Phänomene ihrer Umwelt mit Gesetzen, die sie aus Beobachtungen und Experimenten ableiten. Nur noch die beweisbaren Tatsachen sind hier relevant. Die Wissenschaftler sind die Quelle des Wissens und die Märkte bestimmen, wer Recht hat und wer nicht. Ein ähnliches Fortschrittsmodell entwickelte Sophie Germain 1833. Der Marquis de Condorcet (1795) beschrieb den Fortschritt des menschlichen Geistes in Gestalt von neun historischen und einem zukünftigen Stadium. Die primitive Ära markiert hier den Beginn und die letzte, zehnte Ära die durch zunehmende Bildung erreichte perfekte Zukunft.

Im nichtwestlichen und nichtabendländischen Teil der Welt mutet das Konzept des Fortschritts eher befremdlich an. Hier ist man mehr von einer zyklischen Entwicklung der Welt überzeugt, wie sie in den Formen und Richtungen des Wandels weiter unten beschrieben wird.

Niedergang – wird alles immer schlimmer?

Der Wahrnehmung des Wandels als Fortschritt steht die Wahrnehmung desselben als Niedergang gegenüber. Viele Menschen empfinden die zunehmende Staatsverschuldung, die wachsende Isolation großer Bevölkerungsteile, die Abnahme der Biodiversität und die Waldvernichtung oder auch die finanziell bedingte Verarmung der Theaterszene als negative Entwicklung. Herrscht in diesen Fällen die Ablehnung vor, sind andere Veränderungen durchaus umstritten. Strittig ist beispielsweise, ob ein sinkendes Bruttoinlandsprodukt nun Fortschritt oder Niedergang spiegelt. Als Niedergang nimmt man es wahr, wenn die sinkenden Einkommen und damit die Verschlechterung der materiellen Lebensgrundlagen im Vordergrund stehen. Als Fortschritt lässt es sich interpretieren, wenn die Zunahme einer gewissen Work-Life-Balance der Bevölkerung sowie die geringere Inanspruchnahme der Umweltressourcen bedacht werden.

Subjektive Reaktionen auf Veränderungen

Die in den letzten beiden Jahrzehnten verstärkt geführte Diskussion über den Wohlfahrtsstaat dokumentiert die Subjektivität der Empfindung jeglichen Wandels. Der Aufbau und die Festigung des Sozialstaates wird vom linken politischen Spektrum als Fortschritt gefeiert, weil sich die Gesellschaft auf diese Weise von der rauen Wirklichkeit früherer Zeiten entfernt habe. Der rechte politische Flügel hingegen hält den Sozialstaat für immer weniger finanzierbar und nicht nachhaltig, da zukünftige Generationen mit einer rasant wachsenden Schuldenlast zu kämpfen haben würden. Im globalisierten Wettbewerb gebe es im Unterschied zu den 1970er-Jahren keine großen Wohltaten mehr zu verteilen, wenn die Unternehmen als Träger des Wohlstands konkurrenzfähig bleiben sollen. Das liberale Lager sieht Steuersenkungen und Deregulierung als Fortschritt für die Wettbewerbsfähigkeit des Landes, während linke Politiker darin die Wiederkehr des extremliberalen Kapitalismus erkennen. Ähnlich verhält es sich mit der Globalisierung, die von den einen als willkommener Aufholprozess der Entwicklungs- und Schwellenländer und von den anderen als zunehmende Verwestlichung und Vernichtung anderer Kulturen wahrgenommen wird.

Entwicklung – ist alles nur wertneutraler Wandel?

Ist der Wandel einprogrammiert?

Manche Veränderungen können weder eindeutig als Fortschritt noch als Niedergang beurteilt werden. Das Ergebnis des Wandels ist lediglich anders als der Ausgangszustand, sodass wir schlicht von einer Entwicklung sprechen. Ferdinand Tönnies (1887) beschrieb die Veränderung menschlichen Zusammenlebens als praktisch unvermeidliche Transformation von den Gemeinschaften zu Gesellschaften, als Prozess zunehmender Urbanisierung. Im Gedanken und im Wort von der Entwicklung steckt immer auch die Vermutung, dass der Wandel bereits im ursprünglichen Zustand einprogrammiert sei und es sich praktisch um die Entfaltung bereits vorherbestimmter Prozesse handle. Diese Ansicht könnte beispielsweise bei der Zunahme der Rechenleistung von Mikrochips angebracht sein.

3.4 Mechanismen des Wandels

Wie erfolgen Veränderungen?

Die Mechanismen des Wandels beschreiben, *wie* Veränderungen sich durch die Interaktion von Zukunftsfaktoren vollziehen.

Mechanismen des Wandels	
Vorbestimmter Wandel	Eine allmächtige Kraft wie Gott bestimmt den Gang der Welt, zum Beispiel durch den Jüngsten Tag.
Deterministischer Wandel	Alles hat klare und eindeutige Ursachen und Wirkungen. Die Welt funktioniert wie eine Maschine, die beispielsweise berechenbar auf Leitzinsveränderungen der Zentralbanken reagiert.
Stochastischer Wandel	Der Wandel ist eine Zufallsfunktion der Zeit, die etwa die Zahl der jährlichen Flugzeugabstürze durch Zufälle erklärt.
Evolutionärer Wandel	Der Wandel erfolgt durch Variation, mit der das Neue entsteht, und folgender Selektion, mit der das Überlebensfähige identifiziert wird. Wichtige Beispiele sind die natürliche Evolution wie auch das Entstehen und Verschwinden von Unternehmen.
Dialektischer und konfliktinduzierter Wandel	Der Wandel ist das Resultat von Konflikten und dialektischen Auseinandersetzungen. Dies betrifft sowohl Kriege als auch Verhandlungen zwischen politischen und wirtschaftlichen Akteuren.

Ereignisinduzierter Wandel	Der Wandel wird durch mehr oder minder überraschende Ereignisse verursacht, wie beispielsweise durch Terroranschläge, Tsunamis oder die Pille zur Empfängnisverhütung.
Spannungsinduzierter Wandel	Der Wandel entsteht durch Spannungen in Systemen und Gesellschaften, die an einem Punkt überkritischer Spannung (Kritikalität) eine Kettenreaktion auslösen. Beispiele sind Revolutionen und Aufstände.

Vorherbestimmter Wandel – die höhere Macht ist schuld

Die einfachste Theorie über den Gang der Welt ist der Glaube an die Vorsehung. Die jahrtausendealte Akzeptanz der Wahrsagerei verschiedenster Art und Herkunft zeugt von diesem Glauben an die weitgehende Vorherbestimmung des Wandels und seine Verursachung durch eine höhere und zumeist göttliche Autorität. Nach wie vor geht ein nicht unerheblicher Teil der Menschen davon aus, dass die Zukunft des Einzelnen wie auch der Menschheit vorherbestimmt ist und dass wir daher nichts oder nur sehr wenig daran ändern können. Dies gilt für die Zahl der zukünftigen Kinder und für das voraussichtliche Lebensalter genauso wie für große Kriege und Katastrophen bis hin zum Jüngsten Gericht – alles ist in den Augen von Priestern, Mantikern oder Astrologen und denjenigen, die ihnen vertrauen, mehr oder minder vorherbestimmt.

Von Aristoteles bis zu Rosenberg – Anhänger der »causa«

Aristoteles (384–322 v. Chr.) sah den Wandel durch die »causa« als höherer Macht verursacht. In der mittelalterlichen Scholastik wurde dieser Gedanke dergestalt weiterentwickelt, dass ein heiliger Schöpfer als »causa efficiens« gleichsam die »causa finalis« war und somit die beiden Pole menschlicher und weltlicher Entwicklung bildete (Hegel, 1833). Wie im Christentum wird auch im Islam, was im Arabischen Unterwerfung oder Hingabe zu Gott heißt, der Wille Allahs als unabänderlich und unergründlich akzeptiert. Die beiden größten Weltreligionen sind geprägt von der Vorherbestimmung des Wandels, jedoch nicht ohne dem Menschen durch sein Handeln eine gewisse Einflussnahme auf das eigene Schicksal zuzubilligen. Epiktet (um 50 – um 140) nahm an, dass der Mensch nur einen Teil seines Lebens selbst gestalten könne und im Übrigen weder in der Lage sei, sein Schicksal zu erkennen noch es zu beeinflussen. Man solle daher von jeglichen Versuchen absehen, sein Schicksal zu ändern, und sich vielmehr demütig und eben »stoisch« (Stoiker) in die eigene Machtlosigkeit fügen. In jüngerer Vergangenheit haben die Diskussionen um den »Bibel-Code« dem Glauben an die Vorherbestimmung der Welt neue Nahrung gegeben. Michael Drosnin (1997) berichtete über die Forschungen der Mathematiker Witztum, Rips und Rosenberg (1994) zu mathematisch codierten Vorsehungen in der Thora, den ersten fünf Büchern Mose. Geschichte, Gegenwart und Zukunft seien dort exakt kodifiziert, lautete die These.

Trotz Bibel-Code und numerologischen Auffälligkeiten, die im Zusammenhang mit dem 11. September 2001 in großer Zahl identifiziert und interpretiert wurden, dürfen wir im unternehmerischen Zukunftsmanagement von der Offenheit und Gestaltbarkeit der Zukunft ausgehen.

Deterministischer Wandel – die Welt ist eine Maschine

Im Determinismus gibt es keinen Zufall. Die Ergebnisse eines Software-Algorithmus, einer Maschine wie auch einer Uhr bleiben in jedem Funktionszyklus gleich, solange keine Funktionsstörungen auftreten. Determinismus ist die Überzeugung, dass alle Ereignisse in der Natur, der Gesellschaft und im Menschen eindeutige Ursachen und Wirkungen haben. Der Determinismus nimmt an, dass jedes Ereignis und jeder Systemzustand eine unvermeidliche und definitive Funktion von vorher existierenden und identifizierbaren Ursachen ist. Könnte man alle Bedingungen und Funktionen eindeutig erfassen, ließe sich jedes zukünftige Ereignis und jeder Zustand vorhersagen. Laplace (1814) nannte den zu dieser Rechenleistung Fähigen den »Dämon« und fasste seine deterministische Ansicht im Satz *»die Welt ist eine Maschine«* zusammen.

Trotz Quantenphysik und Chaostheorie und ihrer Erkenntnisse über den indeterministischen Charakter der Welt werden Strategien, Maßnahmen und Handlungen in Staaten, Gesellschaften, Organisationen und Unternehmen nach wie vor weitgehend mit deterministischen Funktionsannahmen entwickelt und durchgeführt. Eine Erhöhung der Leitzinsen durch die Zentralbanken soll die Inflation unterdrücken und die Währung stärken. Neustrukturierungen sollen die Effizienz in Unternehmen erhöhen und die Kosten senken und neue Strategien die Wettbewerbsposition verbessern. Entwicklungshilfeprojekte sollen die selbstständige Lebensfähigkeit der Empfänger sicherstellen. Schade nur, dass solche Maßnahmen oftmals das Gegenteil des Gewollten bewirken. Deterministische Denkweisen sind zwangsläufig reduktionistisch, da die Komplexität der Realität nie vollständig berücksichtigt und damit auch nie exakt berechnet werden kann. Das Modell des zu steuernden Systems wird so weit vereinfacht und um wesentliche Faktoren gekürzt, dass sein simuliertes Verhalten drastisch von dem Verhalten des realen Systems abweichen muss.

Die kommunistischen Zentralplanungswirtschaften zeigten einen starken Glauben an den sozialen und ökonomischen Determinismus. Sie förderten die Schwerindustrie, weil sie diese für die Voraussetzung wirtschaftlichen Wachstums und damit für das Fortkommen des Sozialismus und des Kommunismus hielten. Mao Zedong startete 1958 ein wirtschaftliches Entwicklungsprogramm mit dem Namen *Der große Sprung vorwärts*. Das große, ehrgeizige Ziel bestand darin, innerhalb von 15 Jahren die USA und Großbritannien im Industrialisierungsgrad zu überholen. Zunächst wurde die Landwirtschaft weitgehend kollektiviert und in Spitzenzeiten wurden bis zu neunzig Millionen Menschen für die dezentrale Produktion von Stahl mit Kleinsthochöfen abkommandiert. Enorme Mengensteigerungen in kürzester Zeit versperrten den Blick auf die Tatsache, dass die Kleinsthochöfen nur sehr minderwertigen Stahl produzieren konnten. Gleichzeitig fehlte es an Arbeitskräften zur Nahrungsmittelproduktion. Zwanzig Millionen Hungertote waren das schreckliche Resultat des deterministischen Denkens eines einzelnen Mannes und seiner Getreuen.

Stochastischer Wandel – alles ist Zufall

Der Zufall ist berechenbar

Das stochastische Erklärungsmodell des Wandels geht davon aus, dass jegliche Veränderung ein stochastischer Prozess, also eine Zufallsfunktion der Zeit, ist. Diesem Modell nach ist der Wandel teilweise oder im Fall so genannter Markov-Prozesse gänzlich unabhängig von vorhergehenden Zuständen des Systems. Die Ergebnisse natürlicher stochastischer Prozesse, wie Mutationen, und anthropogener (vom Menschen verursachter) Prozesse, wie Verkehrsunfälle oder Reaktorunfälle, sind Elemente eines so genannten Wahrscheinlichkeitsraums (Dieckmann und Law, 1996). Während das Ergebnis eines einzelnen Prozesses, etwa einer Autofahrt oder eines Reaktorbetriebstages, unvorhersehbar ist, erlauben größere Zahlen von Prozessen die Modellierung in Wahrscheinlichkeitsverteilungen nach Gauß, Bernoulli oder Poisson. So können beispielsweise trotz des stochastischen Charakters des Wandels Prämien für Unfall-, Kranken- und Feuerversicherungen kalkuliert werden. Vom chaotischen Verhalten eines Systems (Seite 57 ff.) unterscheidet sich der stochastische Wandel dadurch, dass er indeterministisch ist, während das Chaos im Grundsatz deterministischen Prinzipien unterliegt.

Evolutionärer Wandel – das Stärkere und Bessere überlebt

Spencer (1876–1896) wendete die Prinzipien der natürlichen Evolution mit seinem Konzept der sozialen Evolution auch auf Gesellschaften und Märkte an. Veränderung entsteht diesem Ansatz zufolge durch Variation bzw. Mutation und Selektion, die zum Überleben der am besten geeigneten Konzepte führen (Darwin, 1837). Variationen von Werten, Märkten und Konzepten entstehen sowohl durch gezieltes Verhalten wie auch durch stochastische, also zufallsbestimmte Prozesse.

Meme – das kulturelle Äquivalent zu Genen

Nicht nur Gene, Organismen und Organisationen unterliegen der Evolution, sondern auch Ideen und Konzepte. Die Theorie der Memetik (Aunger, 2002 und Dawkins, 1976) beschreibt, wie sich Ideen von Person zu Person »fortpflanzen« und Veränderungen ihrer Umwelt bewirken. Dawkins definiert Meme als das kulturelle Äquivalent von Genen, als Mittel sozialer Transmission. Das Wort »Meme« kombiniert die Begriffe »Memory« und »Gen« und beschreibt eine Informationseinheit, die sich nach den gleichen Gesetzmäßigkeiten wie ein Gen entwickelt. Beispiele für Meme sind Ideen, Konzepte, Produkte, Überzeugungen, aber auch Musikstücke, Mode oder Literatur. Manche Meme »sterben« und andere »überleben«, weil sie von mehr Menschen angenommen, verstanden, weitergegeben, imitiert oder weiterentwickelt werden.

Evolution findet meist graduell statt und kumuliert ihre Wirkungen im Verlauf der Zeit. Sie kann jedoch auch in Form eines »punktuierten Gleichgewichts« (siehe Seite 49) erfolgen, indem sich überwiegend statische Verhältnisse durch ein Ereignis schnell ändern, bevor sie wieder ein neues Plateau der Stabilität erreichen (Eldredge und Gould, 1972). Im Unterschied zur vordarwinistischen Katastrophentheorie gehen Eldredge und Gould von relativ kleinen, graduellen Veränderungen zwischen zwei Gleichgewichtszuständen aus. Die Veränderung parteipolitischer Landschaften durch umwälzende Ereignisse und letztlich auch durch Wahlen sowie das plötzliche Auftreten eines neuen Wettbewerbers am Markt sind bedeutende Beispiele.

Dialektischer Wandel – das Neue entsteht aus dem Konflikt

Dialektik ist das griechische Wort für die Kunst der Konversation. Während evolutionärer Wandel eher zufällig einem wenig direkt beeinflussbaren impliziten Mechanismus folgt, ist dialektischer Wandel bestimmt durch direkte und absichtsgeleitete Auseinandersetzungen von Individuen und Organisationen mit widerstreitenden Interessen, wie etwa im marktwirtschaftlichen Wettbewerb und in militärischen Konflikten.

Ablauf dialektischer Prozesse

Sokrates, Plato und Aristoteles entwickelten jeweils ihre eigenen Definitionen von Dialektik und bezeichneten damit in erster Linie die Gesprächskunst. Hegel entwickelte die Dialektik zu einem philosophischen System, demzufolge neue Ideen und Gedanken aus einem Prozess entstehen. Zwei antithetische Konzepte (These und Antithese) stehen so lange im Widerstreit, bis sich der Konflikt durch eine verbindende Synthese löst, die anschließend die neue These darstellt, die wiederum durch eine neue Antithese angegriffen wird. Hegel war überzeugt, dass Dialektik das Schlüsselprinzip des Wandels ist (Hegel, 1833). Marx und Engels übernahmen Hegels Theorie der Dialektik, nahmen für sich jedoch in Anspruch, sie vom idealistischen Kopf auf die materiellen Füße gestellt zu haben. Sie entwickelten ihr Konzept des dialektischen Materialismus, um den Konflikt zwischen dem Proletariat und der Bourgeoisie zu erklären. Die aus ihrer Sicht im eigentlichen Sinne des Wortes notwendige sozialisierte Produktion (These) sahen sie als unvereinbar mit der kapitalistischen Idee des Privateigentums (Antithese). Marx und Engels gingen daher davon aus, dass dieser Konflikt in Form einer Revolution zu einer Lösung (Synthese) führen würde, nämlich zur kommunistischen Gesellschaft (Marx, 1867 und Engels, 1878).

Kant (1781) kritisierte das Konzept der Dialektik auf das Schärfste und nannte es trügerisch. Popper (1962) lehnte nicht nur das

Konzept der Dialektik, sondern sogar die Philosophie als Ganzes als Grundlage für wissenschaftliche Prinzipien ab. Doch trotz dieser begründeten Kritik ist die Dialektik bzw. der Konflikt ein nachvollziehbarer Mechanismus vergangenen, gegenwärtigen und zukünftigen Wandels.

Konflikte aller Art folgen der Dialektik. Konflikte sind nötig und prinzipiell auch begrüßenswert, solange sie in einem ethischen Rahmen ablaufen (obschon auch Ethik ein strittiges Konzept sein kann). Ohne Konflikte findet selten ein Fortschritt statt. Fortschritt sei nur möglich, wenn man intelligent gegen die Regeln verstoße, schrieb der Theaterregisseur Boleslaw Barlog. Gesellschaften und Organisationen sind umso stabiler und nachhaltiger, je besser sie es verstehen, interne Konflikte im Rahmen von allgemein akzeptierten Regeln zu erlauben und zu beherrschen. Wo Konflikte unterdrückt werden, entstehen Spannungen, die sich früher oder später in spannungsinduziertem Wandel (Seite 49) Raum verschaffen.

Ereignisinduzierter Wandel – die Zukunft als Ereigniskette

Ereignisse wie Erdbeben, ein Börsencrash, Terroranschläge wie die vom 11. September 2001, politische Diskontinuitäten wie der Fall der Berliner Mauer im Jahr 1989 oder Reaktorunfälle wie in Tschernobyl 1986 verursachen einen beträchtlichen Wandel des Zustands oder der Struktur praktisch aller Lebensbereiche. Von der Pest im 14. Jahrhundert nimmt man an, dass sie neben einer dramatischen Todeswelle auch die Krise des Feudalsystems ausgelöst hat. Je überraschender ein Ereignis ist und je verletzlicher das von ihm betroffene System, desto wahrscheinlicher sind tiefgreifende Veränderungen. Innovationen aller Art sind absichtlich herbeigeführte Ereignisse, die eine Organisation oder eine Gesellschaft verändern sollen. Eine Reihe von Theorien verwendet Ereignisse als einen Mechanismus des Wandels:

Ereignisorientierte Veränderungstheorien

- Die Katastrophentheorie von Thom (1989), welche dieser in den 1960er-Jahren entwickelte und 1972 zum ersten Mal veröffentlichte, beschreibt Mechanismen, nach denen sich das Verhalten eines dynamischen Systems durch kleinere Ereignisse im Sinne von Variationen der Umstände verändert. Obwohl weite Teile dieser Theorie als widerlegt gelten, kann sie hilfreich sein, die Folgen überraschender und tiefgreifender Ereignisse zu verstehen.

- Die Theorie des punktuierten Gleichgewichts, entwickelt von Eldredge und Gould (1972), versucht die Evolution auf einem makroskopischen Niveau mit Ereignissen zu erklären, die nach langen Perioden praktisch konstanter Umstände kurze Perioden schneller Veränderung einer Spezies verursachen. Mit einigen Einschränkungen ist diese Theorie auch auf Märkte und Gesellschaften anwendbar. So wäre auch hier der Eintritt eines neuen Wettbewerbers in einen verteilten Markt ein Beispiel für den Mechanismus des punktuierten Gleichgewichts. Dieser Theorie stehen gradualistische Theorien entgegen, die eher von einem konstanten Fluss mikroskopisch kleiner Veränderungen als der treibenden Kraft und dem Mechanismus für natürliche und soziale Evolution ausgehen.

- Die Theorie der kreativen Zerstörung, die Joseph Schumpeter 1942 veröffentlichte, schreibt den Innovationen von Unternehmern die Rolle als treibende Kraft wirtschaftlichen Wachstums zu. Die Innovationen führten zu einer absichtlichen Zerstörung bestehender Produkte, Systeme, Methoden oder Prozesse, um auf diese Weise neues Wachstum und neue Werte zu schaffen. Das auslösende Ereignis ist in dieser Theorie die absichtliche Innovation.

Spannungsinduzierter Wandel – alles will ins Gleichgewicht

Spannungen sind häufig Signale und Vorläufer für Veränderungen. Zunehmend unzufriedene Kunden und Mitarbeiter, eine steigende Verschuldung, die nahende Knappheit des Erdöls wie auch politische Spannungen sind Beispiele für Situationen, in denen sich die Spannung ab einem gewissen Zeitpunkt plötzlich durch eine Kettenreaktion löst. Ein minimales Ereignis bringt das unter Spannung stehende System zum Einsturz wie der berühmte Tropfen, der die Oberflächenspannung des Wassers im vollen Fass aufbricht und es zum Überlaufen bringt. Der Sturm auf die Pariser

Bastille am 14. Juli 1789 zählt zu den historischen Ereignissen, die als Entladung einer zunehmenden Spannung gelten dürfen, obschon bereits im Vorfeld Gewalt angewendet wurde. In der Systemtheorie und in der Physik wird dieser Moment des schnellen Wandels Kritikalität genannt. In der Reaktortechnik ist die Kritikalität der Punkt, an dem eine nukleare Kettenreaktion beginnt. Eine Kritikalität ist ein Systemzustand, an dem eine Qualität, eine Eigenschaft oder ein Phänomen des Systems einen definitiven Wandel erfährt. An einem gewissen Punkt ist die Spannung so groß, dass sie sich selbst durch ein kleines letztes Ereignis in einer Kettenreaktion löst.

Am kritischen Punkt löst ein kleines Ereignis eine Kettenreaktion aus

Vom ereignisinduzierten Wandel unterscheidet sich der spannungsinduzierte Wandel dadurch, dass das letzte kleine Ereignis weder überraschend noch irregulär noch gravierend sein muss und dass das System vor dem spannungsinduzierten Wandel im Ungleichgewicht ist. So kann ein Kunde über lange Zeit die mangelnde Produktqualität seines Stammlieferanten ertragen und dabei eine gewisse innere Spannung aufbauen. Zu einem Zeitpunkt der höchsten Spannung löst die ganz normale letzte Lieferung seinen Entschluss aus, nie wieder bei diesem Lieferanten zu kaufen und einen anderen zu wählen. Im Jahr 2003 scheiterte der in Ostdeutschland für die 35-Stunden-Woche geführte Streik der Gewerkschaften. Im Osten sollte »die Sonne aufgehen«. Die Spannung zwischen einem zunehmend internationalisierten und globalisierten Wettbewerb auf der einen Seite und einem zweihundert Jahre währenden Trend zur Arbeitszeitverkürzung löste sich in einer plötzlichen Verweigerung der eigentlich als Begünstigte gemeinten Arbeitnehmer. Dabei begann sich die Spannung bereits zehn Jahre zuvor aufzubauen, als die ersten Unternehmen in Deutschland ihre Arbeitszeiten erstmals wieder verlängerten.

Wolfgang Mewes, ein deutscher Pionier der Strategielehre, beschrieb in den 1970er-Jahren Spannungen als die Vorläufer jeglichen menschlichen Handelns. Er sah in ihnen die Ängste, Hoffnungen, Disharmonien und Erwartungen, die jeder Veränderung vorangehen (Mewes, 1991).

3.5 Formen des Wandels

Die Mechanismen des Wandels beschreiben, *wie* sich die Welt verändert. Die Formen des Wandels sollen zeigen, *in welcher Form* der Wandel stattfindet. Je besser Sie sich vorstellen und beurteilen können, in welcher Gestalt eine mögliche zukünftige Veränderung auftritt, desto besser können Sie sich darauf vorbereiten und Ihre Strategie entsprechend ausrichten.

Übersicht: Formen des Wandels

Formen des Wandels	
Trends	Eine Variable verändert sich in eine bestimmte Richtung, wie beispielsweise das Bevölkerungswachstum oder der zunehmende Gebrauch der englischen Sprache.
Diskontinuitäten	Eine Variable oder ein ganzes System verändert sich plötzlich, ausgelöst durch ein Ereignis wie die Pest oder einen Terroranschlag.
Zyklen	Der Wandel erfolgt in kontinuierlich wiederkehrenden Mustern, beispielsweise in Konjunkturzyklen oder Kondratjev-Wellen.
Wiederkehrende Muster	Veränderungen vollziehen sich in disjunkten (nicht aufeinander folgenden) Mustern, so wie der Verlauf von Kriegen oder Hypes.
Chaos	Der Wandel ist deterministisch, aber langfristig nicht berechen- und prognostizierbar, wie beispielsweise das Wetter oder die Entwicklung von Märkten.

Trends – Zukunft als Fortsetzung gegenwärtiger Strömungen

Trends als Form des Wandels beschreiben eine eindeutig gerichtete Entwicklung einer Variablen im Verlauf der Zeit. Die Alterung, die Individualisierung oder die wachsende Weltbevölkerung sind Beispiele langfristiger Trends. Anhand demografischer Trends wird die Schrumpfung der Bevölkerung in zahlreichen Ländern wie Italien, Japan, Deutschland und Russland prognostiziert. Ebenso wird für China, Indien, Pakistan, die USA und viele andere Länder anhand heutiger Trends ein starkes Bevölkerungswachstum vorhergesehen. Das Moore'sche Gesetz ist ein bekanntes Beispiel eines technologischen Trends. Es besagt, dass sich die Leistungsfähigkeit integrierter Schaltkreise bei gleichem Preis ungefähr alle zwölf bis 18 Monate verdoppelt (Moore, 1965). Es wurde vor mehr als vierzig Jahren aufgestellt und erweist sich als erstaunlich treffsicher, nicht zuletzt, weil sich die Produzenten von Mikrochips und Software selbst an dieser Quasi-Vorgabe orientieren.

Trends sind Spiegel und Treiber des Wandels

Trends als die offensichtlichste Form des Wandels sind zumeist selbst auch ein Treiber von Veränderungen in mit ihnen verbundenen Sphären. So ist der Trend zur Alterung vieler hoch entwickelter Gesellschaften die Ursache für zunehmende Staatsverschuldung, Schrumpfungsprozesse in einzelnen Regionen genauso wie für ethisch-moralische Reifungsprozesse dieser Gesellschaften. Ganz gleich, welchen Betrachtungsgegenstand man wählt, praktisch alles unterliegt einer Reihe von Trends, sodass sich insbesondere in deren Verschränkungen und Kreuzungen (»crosscuts« laut Petersen, 1999) interessante Fragen und Erkenntnisse mit hohem Unsicherheitsgrad ergeben. Es gibt eine Vielzahl von Trendformen, die wir später noch genauer erörtern werden.

Die meisten der in diesem Buch präsentierten Zukunftsfaktoren sind von ihrer Charakteristik her Trends, im Unterschied zu Technologien und Themen (siehe Seite 69). Zur Erklärung des Wandels als Ergebnis makrohistorischer Trends bieten Kahn und Briggs aus der Sicht der frühen 70er-Jahre des 20. Jahrhunderts eine Reihe von Einzeltrends der westlichen Kultur an, die sie zu einem ganzen »Multifold-Trend« zusammenfügten. Wir haben diese Trends aktualisiert und für den Gebrauch im Zukunftsmanagement überarbeitet. Eine Auswahl:

Makrohistorische Trends nach Kahn und Briggs

1. zunehmende Weltlichkeit und Sinnlichkeit der Kultur (empirisch, diesseits, säkular, humanistisch, pragmatisch, handhabend, rational, nutzenorientiert, genussorientiert) im Gegensatz zur Metaphysik,
2. Zunahme des Wissens,
3. zunehmende Zerstörungsmacht des Militärs,
4. Verwestlichung (»Westernization«),
5. wachsender Wohlstand,
6. immer mehr Freizeit,
7. Bevölkerungswachstum,
8. Urbanisierung,

9. Zunahme tertiärer und quartärer Wirtschaftsbereiche,
10. Beschleunigung des Wandels.

Es fällt auf, dass bereits vor mehr als 35 Jahren viele der auch heute wesentlichen Trends erkannt wurden. Einige Trends wie die von Kahn und Briggs postulierte »zunehmende Zentralisierung und Konzentration wirtschaftlicher und politischer Macht« haben sich allerdings unseres Erachtens seit den 1970er-Jahren deutlich relativiert, andere wie die »zunehmende Rolle der Intellektuellen« halten wir für übertrieben beziehungsweise mit der Zunahme des Wissens für abgedeckt. Auch die wachsende Freizeit relativiert sich in unseren Breiten durch mittlerweile verlängerte Arbeitszeiten.

Diskontinuitäten – Zukunft als Ergebnis von Überraschungen

Diskontinuitäten sind einzelne Momente des plötzlichen gravierenden Wandels, die bis dahin als wenig wahrscheinlich galten (Armstrong, 2001). Die Anschläge am 11. September 2001 verursachten eine Diskontinuität in der globalen politischen Landschaft, die Erfindung und Verbreitung der Eisenbahn verursachte eine enorme Beschleunigung des bis dahin vergleichsweise geringen wirtschaftlichen Wachstums. Nachdem das mittelalterliche Europa eine mehrhundertjährige Phase von Kontinuität im Stillstand erlebt hatte, sowohl technologisch wie auch ideell und gesellschaftlich, raffte die Pest-Pandemie im 14. Jahrhundert 25 Millionen Menschen dahin, ein Drittel der damaligen europäischen Bevölkerung. Im alten China, zu Zeiten der »heiligen Inquisition« und besonders im »Dritten Reich« wurde die Zunahme des Wissens jäh unterbrochen, indem zumindest symbolisch Wissen vernichtet wurde, etwa dergestalt, dass man »weltbürgerlich-jüdisch-bolschewistische Zersetzungsliteratur« öffentlich verbrannte.

Diskontinuitäten sind Folge von Ereignissen

Diskontinuitäten als Form des Wandels sind mehr oder minder plötzliche Veränderungen des Niveaus oder der Richtung einer Entwicklung, während Ereignisse als Mechanismen des Wandels den Auslöser beschreiben, der zur Diskontinuität führt. Der Begriff Diskontinuität wird häufig sowohl für den Auslöser wie auch für die Folge des Auslösers verwendet. Im mathematischen Sinne bedeutet der Begriff der Diskontinuität einen Punkt in einer Funktion, bei dem eine kleine Veränderung der Input-Variablen einen plötzlichen starken Sprung der Output-Variablen verursacht.

Diskontinuitäten werden meist in ihrer negativen Form wahrgenommen, was nicht zwingend der Fall sein muss. Viele Religionen und philosophische Systeme kennen das Konzept einer zukünftigen positiven Diskontinuität, sei es die Rückkehr des Messias oder die erfolgreiche Revolution (Stearns, 1996). Im Grunde führt jede bedeutende Erfindung, wie etwa diejenige eines lange gesuchten Medikaments wie der Verhütungspille, und jede Entdeckung, wie die Entschlüsselung des menschlichen Erbguts, zu einer im Wesentlichen positiven Diskontinuität. Dass hier eine Wertediskussion angebracht ist, steht auf einem anderen Blatt.

Zyklen – Zukunft als die ewige Wiederkehr des Gleichen

Die meisten abendländischen Philosophen der Neuzeit, von Comte über Hegel und Marx bis zu Max Weber, beschreiben den Wandel als einen linearen Prozess mit eindeutiger Richtung. Im Gegensatz zu ihnen erklären die historischen und zeitgenössischen Denker des Nahen, Mittleren und insbesondere des Fernen Ostens den Wandel bevorzugt in der Form von Zyklen und Spiralen (Galtung und Inayatullah, 1997). Hierzu zählen im Westen praktisch unbekannte Philosophen wie Ssu-Ma Ch'ien aus China (145–90 v. Chr.), Ibn Khaldun aus Arabien (1406–1332 v. Chr.) und Prabhat Rainjan Sarkar aus Indien (1921–1990). Der Kreis und die Spirale sind auf dem ganzen Globus Leitbilder des Wandels, sei es bei den nordamerikanischen Indianern, den mittelamerikanischen Maya mit ihren fast 5000-jährigen Zyklen, den vielfältigen alten Kulturen Afrikas, wie den Dogon in Mali, die ihre Geschichte in 60-jährigen Zyklen erleben, oder den Aborigines Australiens. In den Urgemeinschaften glich ein Tag prinzipiell dem anderen, sah ein Mondzyklus wie der andere aus und präsentierte sich jede vierte Jahreszeit wie diejenige davor. Die Vorstellung einer zyklischen Welt, in der die Zukunft weitgehend eine Wiederholung der Vergangenheit ist, ist tief in den Kulturen verwurzelt. Zyklische Erklärungsmodelle beschreiben sowohl einen Mechanismus wie auch eine Form des Wandels, wobei die Kennzeichnung der Wirkungen und damit die Form unseres Erachtens überwiegt.

Trotz weitgehender Ignoranz hat die Form des Zyklus Eingang in die Erklärungsmodelle des Westens gefunden. Oswald Spengler beschrieb im Lichte des Ersten Weltkriegs in *Der Untergang des Abendlandes* (1918), dass und wie die westliche Zivilisation seiner Zeit ebenso im Niedergehen begriffen sei, wie es in der Antike das Schicksal von Babylon, Karthago, Theben und Rom war. Er nahm einen der menschlichen und pflanzlichen Genese ähnlichen dreistufigen Prozess aus Blühen, Reifen und Welken an. Schon vor Spengler erklärte der italienische Philosoph Giovanni Batista Vico den Wandel als einen geschichtszyklischen Prozess. Auch Nietzsche ging von der ewigen Wiederkehr des Gleichen aus.

Wirtschaftstheoretische Zyklusmodelle

Die moderne Wirtschaftstheorie kennt eine Vielzahl zyklischer Modelle, angefangen vom kurzfristigen Konjunkturzyklus bis zu den bekannten Kondratjev-Wellen, einem in der Zukunftsforschung weit verbreiteten Modell. Kondratjev (1926) erläuterte, wie Technologien, Kriege, Entdeckungen und sogar das Wetter miteinander interagieren und auf diese Weise langfristige technisch-ökonomische Zyklen mit einer durchschnittlichen Dauer von 53 Jahren verursachen (Nefiodow, 2001). Kondratjev hat die Depression der 1930er-Jahre und die ihr vorausgehende Spekulationsblase vorausgesagt (von Baranov, 2003). Ähnlich zyklisch dachte Schumpeter mit seiner Idee der kreativen Zerstörung.

Die einem Zyklus zugrunde liegenden Mechanismen sind vielgestaltig. Ein Teilmodell des Zyklus ist die Fluktuation. Pitrim Sorokin (1957) erklärte politische Zyklen als alternierenden Prozess zwischen ideellen Phasen, in denen die Menschen an eine bessere Zukunft glauben, und materiellen (»sensate«) Phasen, in denen die Gegenwart als so belastend empfunden wird, dass ein mehr oder minder gravierender politischer Wandel wieder zu einer neuen ideellen Phase führt. Der amerikanische Soziologe Neil Smelser (1970) kennzeichnete den sozialen Wandel als einen Prozess aus sich abwechselnder Differenzierung und Integration. Je differenzierter und damit vielfältiger eine Gesellschaft werde, desto stärker werde der Wunsch nach Integration, die im Resultat die Verhältnisse wieder übersichtlicher und einfacher macht. Diesem Modell zufolge erfährt auch der uralte Trend zur Individualisierung immer wieder Relativierungen durch integrierende Gegentrends.

Wiederkehrende Muster – Zukunft als wiederholte Geschichte

Der gravierende Börsencrash nach der Jahrtausendwende verlief nach einer so genannten Hype-Kurve. Nach einem rasanten Anstieg folgte ein noch schnellerer Fall, der dann in ein langsames nachhaltiges Wachstum mündete. Ähnliche Hypes wurden in der Geschichte vielfach beobachtet. Beispiele sind der Tulpenzwiebel-Boom in Holland (McKay, 1841), die Mississippi-Blase in Frankreich zwischen 1719 und 1720 und die Südseeblase in England, ebenfalls im Jahr 1720 (Leuschel und Vogt, 2004).

Unregelmäßige Wiederholungen

Während Zyklen direkt aufeinander folgen, finden wiederkehrende Muster in der Regel disjunkt, in unregelmäßigen Wiederholungen, statt. Oft vergehen mehrere Jahrzehnte oder gar Jahrhunderte, bis das gleiche Muster wieder auftritt. Im Unterschied zu den recht einfachen Zyklen können wiederkehrende Muster sehr komplexe Strukturen besitzen. Die Geschichte der Wirtschaft, der Gesellschaft und des Militärs wird überwiegend aus dem Grund studiert, um aus den historischen Verläufen Schlüsse für gegenwärtige und zukünftige Entscheidungen ziehen zu können. Machiavelli (1532) empfahl dem Fürsten, der sich mit einer kritischen Situation konfrontiert sieht, frühere Situationen und Entscheidungen anderer Herrscher zu analysieren. In den 1970er-Jahren zogen US-Politiker angesichts der Rohöl-Verknappung die Analogie zur durch die Japaner verursachten Verknappung von Gummi im Zweiten Weltkrieg. So wie Letztere zur Entwicklung künstlichen Gummis geführt hatte, versuchte man sich in der Herstellung künstlichen Öls (Stearns, 1996). Das Scheitern der Annäherungspolitik an Hitler im Jahr 1938 veranlasste die USA zu einer extrem unnachgiebigen Haltung in den Kriegen in Korea und Vietnam. Ebenso wurde die Nato-Intervention im früheren Jugoslawien mit Analogien zum Genozid an den Juden in Nazi-Deutschland begründet.

3.6 Komplexität und Chaos

Der Chaosforschung, dem jüngsten der dargestellten Erklärungsversuche, widmen wir besondere Aufmerksamkeit. Ihr Modell legt uns im Ergebnis nahe, jeglichen Versuch aufzugeben, den gegenwärtigen Wandel vollständig nachzuvollziehen oder gar zukünftigen Wandel zu prognostizieren. Zwar seien Märkte und Gesellschaften von recht klaren Gesetzmäßigkeiten geprägt und nach ihnen organisiert, aber aufgrund ihrer komplexen Struktur verhielten sie sich in der Regel chaotisch, also nicht vollständig nachvollziehbar und prognostizierbar (Ruthen, 1993). Gleick (1987) definiert Chaos daher als *»Ordnung, die sich als Zufall maskiert«*.

Komplizierte und komplexe Systeme

Ein elektronischer Schaltkreis ist nach gewöhnlichem Ermessen ein ziemlich *kompliziertes System*. Vorausgesetzt, dass keine Störung auftritt, liefert er immer das gleiche Ergebnis, ganz gleich, wie oft er seine Funktionen erfüllt. Und er behält seine Struktur bei.

Komplexes System – die Elemente erklären nicht das Ganze

Auch die Kugel im Flipperspiel unterliegt vollständig bekannten Gesetzmäßigkeiten. Alles ist messbar und erfassbar, sei es ihr Gewicht oder ihre Masse, die Ein- und Ausfallwinkel, die Stärke des Startstoßes, die Dynamik der sie anstoßenden Aktivelemente, die Reaktionsgeschwindigkeit des Spielers und so weiter. Und doch ist es nicht möglich, genau zu prognostizieren, wohin die Kugel letztlich rollen wird. Das System kann nicht durch die Beschreibung seiner Elemente und ihrer Funktionen hinreichend erklärt werden. Das Flipperspiel ist ein *komplexes System* und seine Entwicklung damit nicht vorhersehbar. Es liefert bei jedem Durchgang eben nicht das gleiche Ergebnis, sondern führt zu unerwarteten, überraschenden Resultaten, genau wie das Wetter, der Herzschlag oder das Lotto-Ziehungsgerät, das Begierdeobjekt aller naiven Prognoseträume. Mit dem berühmten Schmetterlingseffekt illustrierte Edward Lorenz (1963) das chaotische (nicht prognostizierbare) Verhalten komplexer Systeme. Der Flügelschlag eines Schmetterlings könne auf einem anderen Kontinent einen schweren Sturm verursachen.

Systemeigenschaft und Prognostizierbarkeit			
System-Art	**Kompliziertes System**	**Komplexes System**	**Komplexes adaptives System**
Beispiele	Maschine mechanische Uhr Schaltkreis	Wetter Flipper Lottogerät	Gemeinschaft Gesellschaft Markt und Börse
Charakter	Das System bleibt konstant und produziert immer wieder das gleiche Ergebnis	Das System bleibt im Wesentlichen konstant und produziert überraschende Ergebnisse	Das System und seine interagierenden Akteure passen sich selbstständig den Umfeld- und Systemveränderungen an
Verhalten	deterministisch und linear	nichtlinear und chaotisch	nichtlinear und chaotisch
Prognostizierbarkeit (langfristig)	hoch	minimal bis keine	keine

Komplexe adaptive Systeme

Stellen wir uns nun vor, die Kugel im Flipperspiel oder im Lotto-Ziehungsgerät hätte einen eigenen Willen, sei dem Menschen gleich von einem sich ständig ändernden Hormon-Cocktail geleitet, würde sich irren, würde mal depressiv und mal euphorisch sein. Ihr Verhalten wäre noch sehr viel weniger vorhersagbar. Und nun stellen wir uns Millionen solcher emotionsgeleiteter Kugeln in einem Spiel vor und wir sind nahe an dem, was ein Markt ist, nämlich ein so genanntes *komplexes adaptives System*, das sich erst recht jeglicher Prognostizierbarkeit entzieht. Adaptiv heißt, dass die einzelnen Akteure (die Menschen) selbst komplexe Systeme sind, die sich selbstständig nach eigenem Ermessen an Veränderungen ihres Umfelds anpassen (Holland, 1998 und Gell-Mann, 1994).

Komplexes adaptives System – die Elemente verändern sich selbst

Vor der Entdeckung der Prinzipien chaotischen Verhaltens durch Forscher wie Lorenz (1963), Gleick (1987) sowie Holland (1998) und Gell-Mann (1995) nahmen die meisten Wissenschaftler an, dass die Welt im Prinzip deterministisch berechenbar sei. Es sei nur schwierig und kompliziert, alle mitwirkenden Faktoren zu erfassen und zu berücksichtigen. Die Chaoslehre geht nun davon aus, dass, selbst wenn alle mitwirkenden Kräfte und Gesetze bekannt und vollständig verstanden wären, ein System wie das Wetter oder ein Markt dennoch nicht exakt prognostizierbar wäre. Die Ursache ist die so genannte sensitive (empfindliche) Abhängigkeit der Auswirkungen von den Anfangsbedingungen, der berühmte Schmetterlingseffekt von Lorenz. Es ist jedoch ein gewisser Zweifel angebracht, ob es denn überhaupt nur theoretisch möglich wäre, das so genannte deterministische Chaos zu erfassen und zu berechnen. So genau wir die Ausgangssituation eines Marktes oder einer Gesellschaft auch erkennen könnten, schon minimale Abweichungen auf atomarer Ebene würden in unterschiedlichen Situationen immer zu vollständig verschiedenen Ergebnissen führen. Heisenberg beschreibt mit der Unschärferelation das Prinzip, nach dem man ein Quantum entweder als Teilchen an seinem Ort oder als Welle mit ihrer Frequenz messen kann. Wenn dies wahr bleibt, wovon auszugehen ist, wird man niemals in der Lage sein, die Entwicklung eines Marktes oder auch nur den Verlauf einer Flipperkugel exakt zu berechnen.

Chaotisches Verhalten bedeutet Unprognostizierbarkeit

Das Wort Chaos versteht man für gewöhnlich als Unordnung und unüberschaubares Durcheinander. Chaotisch meint in diesem Zusammenhang aber vor allem die Eigenschaft der Unvorhersagbarkeit. Komplexe und komplexe adaptive Systeme verhalten sich in der Regel so, dass die Ergebnisse ihres Verhaltens nicht vorhersehbar oder anders ausgedrückt eben chaotisch sind. Wenn noch nicht einmal das Verhalten solch einfacher Systeme wie eines Flipperspiels voraussagbar ist, gibt es genügend Gründe für die nüchterne Einsicht, dass von all den wichtigen Verhältnissen in unserem Umfeld praktisch nichts prognostizierbar ist!

»Seltsame Attraktoren« als Hoffnungsträger

Attraktoren – vorübergehend konstante Zustände

Chaotisches Verhalten tendiert zu Zuständen vorübergehender Konstanz, die man Attraktoren (genauer »seltsame Attraktoren«) nennt (Lorenz, 1963 und Mandelbrot, 2004). Diese sind beispielsweise der Grund dafür, dass die Wirtschaftsleistung einer Volkswirtschaft ohne größere Diskontinuitäten trotz ihres chaotischen Verhaltens in jedem Jahr annähernd den gleichen Wert erreicht. Wenn Sie Ihrem Unternehmen oder sich selbst ein Ziel vorgeben, schaffen Sie ebenfalls einen solchen Attraktor, um den herum sich die Aufmerksamkeit und im besten Falle auch die Ergebnisse gruppieren. So werden komplexe adaptive Systeme mit ihrem chaotischen Verhalten in einem gewissen Maße steuerbar und beherrschbar. Zumindest gibt es nennenswerte Gründe zu dieser Annahme.

3.7 Konsequenzen aus 5000 Jahren Erforschung des Wandels

Die vorhergehenden Abschnitte dienten im Wesentlichen einem einzigen Zweck. Sie sollten das Gefühl und so weit wie möglich auch die Gewissheit erzeugen, dass selbst die größten Denker, Wissenschaftler und Philosophen es in 5000 Jahren Geschichte nicht geschafft haben, ein allgemein gültiges Modell für die Erklärung und damit die Prognose des Wandels zu erarbeiten.

Die Gründe sind vielfältig. Zum einen war es schlicht Unwissenheit über wesentliche Aspekte der Realität. Vor dem 20. Jahrhundert mit Erkenntnissen wie der Relativität von Zeit und Raum und der Unschärfe von Materie und Energie war es schlechterdings unmöglich, das Verhalten von Gesellschaften und Märkten so gut zu verstehen, wie wir das in engen Grenzen heute können. Zum Zweiten unterlagen die historischen Denker wie auch wir heute allerlei Wahrnehmungs- und Denkstörungen. Der menschliche Geist ist ab einer bestimmten Komplexität einfach überfordert. Dass dies für Computer auch (noch) gilt, mag ein gewisser Trost sein. Und zum Dritten spielten zu allen Zeiten auch ideologische und psychologische Denkbarrieren eine erhebliche Rolle. Man könnte angesichts dieser vergeblichen Mühen der Versuchung erliegen, jegliches Nachdenken über die Zukunft bleiben zu lassen und einfach die auftretenden Probleme nacheinander zu lösen, wie es Karl Popper einmal gefordert hat. Dennoch gilt:

Die Zukunft ist im gleichen Maße gestaltbar, wie sie nicht vorhersagbar ist!

Wir sind durch viele Erfolgsbeispiele aus unserer Arbeit, aus der Arbeit von Kollegen wie auch aus der Geschichte felsenfest davon überzeugt, dass derjenige, der sich die nächste Ära seines Lebens oder seines Geschäfts besser und früher vorstellen kann als andere, die wichtigste Voraussetzung für eine bessere Zukunft erfüllt. Um die dafür nötige Haltung zu beschreiben, fassen wir die Lehren und Konsequenzen aus 5000 Jahren Erforschung des Wandels wie folgt zusammen:

Balance zwischen Gestalten und Vorhersagen

Konsequenzen aus 5000 Jahren Erforschung des Wandels
Seien wir bescheiden! Wir müssen der Tatsache Rechnung tragen, dass die Zukunft nur in sehr engen Grenzen antizipierbar ist. Es ist selbst den größten Denkern in 5000 Jahren nicht gelungen, ein Modell zu entwickeln, das den Wandel und die Zukunft vollständig erklärt und prognostiziert.
Seien wir vernünftig! Wir sollten uns die Zeit sparen, unsere Gesellschaft oder unsere Märkte berechnen zu wollen, und wir müssen unsere naive Sehnsucht nach Gurus oder Methoden, an die wir unsere Verantwortung für die richtige Einschätzung der Zukunft delegieren könnten, aufgeben.
Treiben wir Zukunftsmanagement statt Zukunftsforschung! Wir müssen Zukunftsmanagement als Brücke von der Gegenwart zur Zukunft und wieder zurück bauen und nutzen. So erschließen wir uns in der Praxis die Zukunftsforschung als Ressource für Inspiration, Innovation und Orientierung.
Treiben wir Zukunftsmanagement in der Gegenwart! Wir müssen einsehen, dass wir im Zukunftsmanagement weniger die Zukunft managen als vielmehr unser heute real existierendes Wissen über die Zukunft und mit ihm unsere Annahmen, Überzeugungen, Ängste, Hoffnungen, Visionen und Ziele.
Blicken wir auf das Wesentliche! Wir müssen uns auf die wirklich wichtigen Kräfte konzentrieren und erkennen, dass mit wolkig-blumiger Sprache beschriebene kurzfristige Erscheinungen nichts mit ernsthaften Zukunftsentwicklungen zu tun haben.
Schauen wir aus der Makroperspektive! Wir müssen die treibenden Kräfte, die Mechanismen, Formen und Richtungen des Wandels kennen und studieren, um gegenwärtigen und zukünftigen Wandel besser verstehen zu können.

Seien wir aufmerksam für Zukunftsfaktoren und Signale!

Wir müssen aufmerksam die Zukunftsfaktoren und die schwachen Signale in unserem Umfeld beobachten, sich andeutende Entwicklungen frühzeitig identifizieren und beschreiben. Die Zukunftsfaktoren in diesem Buch sind ein guter Ausgangspunkt für Ihr ZukunftsRadar.

Entwickeln wir ein ZukunftsRadar mit Methode!

Wir müssen eine praktikable Methode entwickeln, mit der wir die Treiber der Veränderung erfassen, strukturieren und auf ihre Konsequenzen hin untersuchen können. Die Anleitung in diesem Buch gibt Ihnen eine Vorlage für die Entwicklung eines individuellen Systems.

Machen wir Zukunftsannahmen statt Zukunftsprognosen!

Wir müssen unsere Annahmen über die Zukunft, auf deren Richtigkeit wir unsere Existenz verwetten, an die Oberfläche bringen. Wir müssen sie uns bewusst machen und ihre Richtigkeit permanent überprüfen. Wenn wir auch die Zukunft nicht kennen können, so können wir dennoch frühzeitig erkennen, ob wir mit unseren Annahmen möglicherweise falsch liegen. Diagnose statt Prognose ist das Motto.

Konzentrieren wir uns auf unsere Chancen!

Wir müssen die Zukunft als Gestaltungsaufgabe begreifen. Eine uralte Einsicht, die durch den Schleier illusionären Prognoseglaubens leider immer wieder vergessen wird. Neben der Annahmenanalyse ist die Chancenentwicklung ein Kernziel des Zukunftsmanagements. Mit der Früherkennung von Chancen wird die Unprognostizierbarkeit der Zukunft zum Segen. Mit den Zukunftschancen beginnt jeder Erfolg.

Entwickeln wir eine strategische Vision als Puzzlevorlage!

Wir müssen uns selbst und unserem Unternehmen eine Vorlage für das tägliche Puzzle geben. Niemand würde mit Hunderten oder Tausenden Menschen ein Puzzle zusammensetzen wollen, ohne eine Vorlage zu haben. Diese aberwitzige Situation schafft jedoch, wer keine strategische Vision als konkretes Bild einer faszinierenden, gemeinsam erstrebten und realisierbaren Zukunft entwickelt und kommuniziert.

Nehmen wir Überraschungen vorweg!

Wir müssen die möglichen Überraschungen der Zukunft vordenken, um uns mit Präventiv- und Eventualstrategien quasi gegen sie impfen zu können. Ziel unserer Zukunftsarbeit muss es unter anderem sein, von der unerwarteten Zukunft weniger überrascht zu werden.

4 Das System der Zukunftsfaktoren

In der praktischen Arbeit mit Topmanagement-Teams hat sich das Konzept der Zukunftsfaktoren als sehr hilfreich und befruchtend erwiesen.

4.1 Was sind Zukunftsfaktoren?

Wie können wir die Kernaussagen aus hundert Zukunftsbüchern und Zukunftsstudien in einer angemessenen Zeit überblicken? In diesem Zusammenhang müssen wir uns zwei Fragen stellen und beantworten:

1. Wie können wir angesichts der unüberschaubaren Vielfalt an Trends, Prognosen und Szenarien im Rahmen eines knappen Zeitbudgets einen Überblick über das Wesentliche gewinnen?
2. Wie können wir die Komplexität der Zukunft auf ein verarbeitbares Maß reduzieren, ohne Wesentliches auszublenden und ohne komplexe Rechenmodelle aufbauen zu müssen?

Zukunftsfaktoren – die Treiber des Wandels

Mit unserem einfachen Konstrukt des Zukunftsfaktors als Antwort auf diese herausfordernden Fragen haben wir in der Praxis gute Erfahrungen gemacht. In der Auseinandersetzung mit Zukunftsfaktoren kann es Ihnen gelingen, unterschiedlichste Phänomene wie Trends, Schlüsseltechnologien, Themen, Gesetzmäßigkeiten des Wandels und menschliche Triebkräfte in einem einzigen gedanklichen Konstrukt zu erfassen. Dies mag als gewagtes und reduktionistisch anmutendes Ansinnen erscheinen, aber es hat sich in der praktischen Arbeit mit Topmanagement-Teams und anderen Entscheidungsträgern als hilfreich und befruchtend erwiesen. Den Begriff »Zukunftsfaktor« verwenden wir hier als Synonym und Ersatz für das, was in der Soziologie und Zukunftsforschung oft als »change factor«, »driving force« oder »Mega-Trend« bezeichnet wird.

Wir definieren Zukunftsfaktoren wie folgt:

Zukunftsfaktoren sind Trends, Technologien und Themen, die als treibende Kräfte zukünftiger Veränderungen wirken.

Man könnte auch populärer sagen, dass Zukunftsfaktoren die Zutaten sind, aus denen der Zukunftskuchen gebacken wird. Einige Beispiele für Zukunftsfaktoren, die wir im Schwerpunkt dieses Buches in Form eines Kataloges porträtieren, sind:

- **Globalisierung** als weltweiter Prozess wirtschaftlicher, kultureller und politischer Annäherung,
- **Feminisierung** als wachsende wirtschaftliche, soziale und politische Bedeutung der Frauen,
- **Nanotechnologie** als ein interdisziplinäres Technologiefeld, das zahlreiche neue und oft ungeahnte Möglichkeiten eröffnet,
- **Interdisziplinarisierung** als Verstärkung strukturübergreifender Zusammenarbeit und Verwischung von Fach- und Branchengrenzen.

Arten von Zukunftsfaktoren

In der Zukunftsforschung sind zahlreiche Strukturierungsmodelle der Unternehmensumwelt entstanden. Die Einteilungen spiegeln die Verschiedenartigkeit der Weltbilder der Autoren wider:

Einteilung der Zukunftsfaktoren

1. STEEP (Social, Technological, Economic, Ecologic, Political) von Weiner und Brown aus den 1970er-Jahren (davor STEP, ohne Ecologic, aus den 1960er-Jahren),

2. SEPT (Social, Economic, Political, Technological) von Fahey and Randall (1998),
3. PESTEL (Political, Economical, Social, Technological, Ecological, Legal), erste Quelle unbekannt,
4. DEGEST (Demography, Economy, Government, Environment, Society, Technology) von Cornish (2004),
5. Customer, Competitor, Economy, Technology, Society, Politics, Legal, Geophysical von Albrecht (2000),
6. Biosphere, Sociosphere, Technosphere, Econosphere, Politosphere, Futuresphere and Unisphere von der World Future Society (1998),
7. Sociosphere, Bodysphere, Mindsphere, Knowledgesphere, Technosphere, Consumersphere, Econosphere, Politosphere von Horx (2000) und viele andere mehr.

Jede Unterteilung des unternehmerischen Umfeldes in verschiedene Bereiche ist zu einem beträchtlichen Teil willkürlich. Die Komplexität der realen Welt lässt es nicht zu, eindeutig ein gesellschaftliches oder ein technologisches Umfeld zu definieren. Zukunftsfaktoren sind meist mehreren Umfeldbereichen zuzuordnen, können jedoch nichtsdestotrotz in erster Linie einem Gebiet zugeteilt werden. Letztlich bleibt jede Klassifizierung unvollständig. Sie dient lediglich der Strukturierung und dem leichteren Verständnis der Einfluss- und Beobachtungsfelder. Wir haben in unserem nachfolgend dargestellten Modell auf eine einfache Form zurückgegriffen. Wir wollen unseren Fokus auf die wirklich weltbewegenden Faktoren richten und die aus Sicht ernsthafter Lebens- wie Unternehmensführung weit überbewerteten oder temporären Randphänomene, die viele Trendforscher beschreiben, beiseite lassen.

Arten von Zukunftsfaktoren	
Menschliche Zukunftsfaktoren (Bedürfnisfaktoren)	Grundmotive des Menschen, die ihn dazu antreiben, Ideen, Technologien und Werkzeuge zu entwickeln, zu wirtschaften und sich in Gemeinschaften und Gesellschaften zu organisieren
Biosphärische Zukunftsfaktoren	Veränderungen biosphärischer Verhältnisse wie die abnehmende Biodiversität, die globale Erwärmung, Tsunamis oder auch die Vernichtung von Regenwäldern

Technologische Zukunftsfaktoren	Technologisch-methodische Entwicklungen und Innovationen wie Mikrochips, das Internet, der Pflug, Kernkraft, Eisenbahn oder Gentechnologie
Politische Zukunftsfaktoren	Veränderungen der Machtverhältnisse wie im Beispiel der Machtergreifung der Nationalsozialisten, Entwicklung von Terrorismus, zunehmender internationaler Kooperation oder Europäisierung
Wirtschaftliche Zukunftsfaktoren	Veränderung der Strategien, Systeme und Praktiken zur Befriedigung menschlicher Bedürfnisse wie die Globalisierung und Polarisierung der Märkte
Gesellschaftliche Zukunftsfaktoren	Veränderungen gesellschaftlicher Verhältnisse, Kulturen und Ideale, beispielsweise Individualisierung, Wissenswachstum, Beschleunigung oder auch die Alterung

Ein Praxismodell der Zukunftsfaktoren

Unser nebenstehendes Modell der Zukunftsfaktoren ist nicht mehr als ein in aller gebotenen Bescheidenheit unternommener Versuch, Ordnung in die Faktoren und ihre Zusammenhänge zu bringen. Ein Praxismodell nennen wir es deshalb, weil es kein den Wandel der Welt gänzlich erklärendes Faktorenmodell geben kann. Dieses Modell soll Ihnen als Praktiker helfen, das System der Zukunftsfaktoren für sich oder Ihr Unternehmen anzuwenden. Wir schätzen die strategische Regel, nur solche Spiele zu spielen, die man auch gewinnen kann, und räumen ein, dass das nachfolgende Modell weder den vergangenen noch den zukünftigen Wandel vollständig erfassen und deuten kann. Es bietet lediglich einen Denkrahmen und damit eine Erklärungs- und Argumentationsstruktur an. Verstehen Sie es als eine Art Checkliste zur Diskussion zukünftiger Umfeldentwicklungen.

Grundlegende Zukunftsfaktoren

Die Zukunftsfaktoren wirken auf einer Vielzahl von Ebenen. Zum Teil sind sie allgemein gültig und allgegenwärtig wie die in Abb. 5 links stehenden grundlegenden Zukunftsfaktoren. Ihnen messen wir eine besondere Bedeutung zu, da sich ihr Wesenskern dem direkten Einfluss des Individuums am stärksten entzieht. Sie sind die unabhängigen Größen in der Weltformel. Die überwiegend anthropogenen, vom Menschen verursachten, Veränderungen

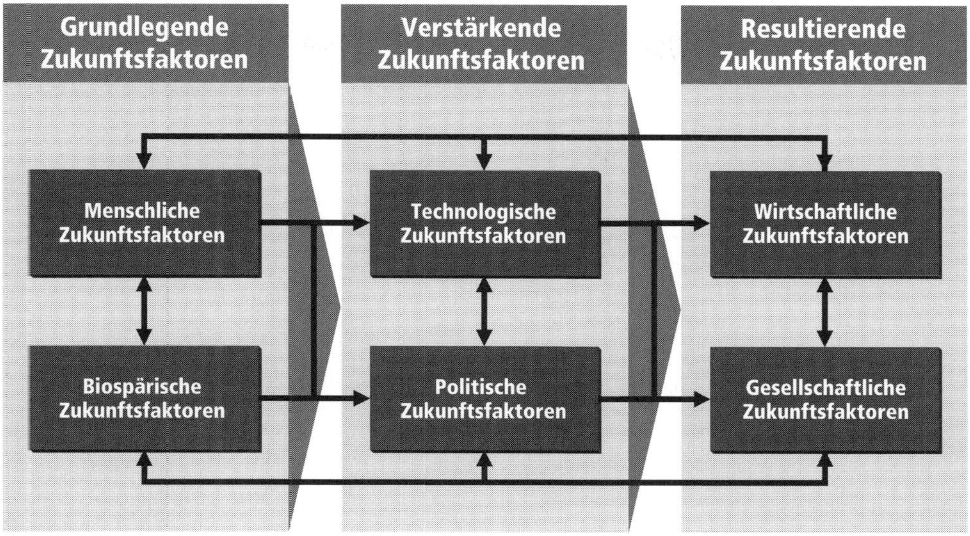

Abb. 5: Praxismodell der Zukunftsfaktoren

der Biosphäre in Form des Klimawandels, der schrumpfenden Biodiversität oder der Waldvernichtung dürfen uns nicht darüber hinwegtäuschen, dass sich die Natur als Lebensgrundlage der Menschheit recht wenig um unser Schicksal schert. Als einzelner Mensch oder einzelnes Unternehmen haben wir praktisch keinen Einfluss auf sie. Nur wenn wir uns in internationalen Organisationen zusammentun und – endlich – unser aberwitziges und selbstzerstörendes Verhalten ändern, können wir etwas Gutes ausrichten. Ähnlich verhält es sich mit den menschlichen Bedürfnisfaktoren. Auch die genetisch verankerten Triebe und Motive des Menschen können wir auf einer individuellen Ebene kaum ändern. Zwar sind wir mit einem gewissen Selbstmanagement in der Lage, unsere Wirklichkeit unseren persönlichen Idealen anzugleichen, aber schon unseren Partner oder Nachbarn ändern wir damit noch lange nicht, geschweige denn unsere Mitarbeiter und Kunden oder gar »die Gesellschaft«. Die grundlegenden Zukunftsfaktoren treiben makrohistorisch betrachtet den Gang der Welt an.

Verstärkende Zukunftsfaktoren

Wer Macht hat, sei sie politisch oder wirtschaftlich, kann seine Interessen besser durchsetzen als andere. Wer zudem noch über Technologien verfügt, mit denen er seine körperlichen und geistigen Fähigkeiten erweitert, setzt gleich zwei Arten verstärkender Zukunftsfaktoren für die Erreichung seiner Ziele ein. In den späteren Abschnitten, in denen wir die Charakteristik der verschiedenen Arten von Zukunftsfaktoren im Detail beleuchten, werden wir sehen, wie diese beiden Arten verstärkender Zukunftsfaktoren unsere Welt in Vergangenheit, Gegenwart und Zukunft verändern.

Resultierende Zukunftsfaktoren

Als resultierend bezeichnen wir diejenigen Zukunftsfaktoren, die im Wesentlichen aus der Interaktion der grundlegenden mit den verstärkenden Faktoren entstehen. Die wahrnehmbare Veränderung der gesellschaftlichen und wirtschaftlichen Verhältnisse ist in einem reduzierten Denkmodell die Folge dessen, was uns die Natur ermöglicht, welche Grundmotive wir als Menschen zu befriedigen suchen, wer welche Macht hat, seine Interessen durchzusetzen, und welche Technologien für die Befriedigung menschlicher Grundmotive eingesetzt werden können. Die resultierenden Zukunftsfaktoren sind wiederum Ursachen des Wandels in individuellen Umfeldern, also in Ihrem Markt bzw. Ihrem Leben.

Es wäre angesichts der über 5000 Jahre geführten Diskussion mehr als naiv, den Gang der Welt mit einem solch einfachen Kausalmodell erklären zu wollen. Wir haben daher alle Faktoren wieder miteinander verbunden. So tragen wir der Tatsache Rechnung, dass im Grunde alles miteinander zusammenhängt und folglich alles auf alles wirkt. Spätestens seit Forresters *System Dynamics* (1968) wissen wir, dass es in jedem System Elemente gibt, die aktiver als andere sind. Sie beeinflussen andere Systemelemente in einem stärkeren Maße, als sie selbst von diesen beeinflusst werden. Hierzu zählen sicher die grundlegenden Zukunftsfaktoren. Nicht zuletzt deshalb haben wir ihnen diese Bezeichnung gegeben. Die passiven Systemelemente in unserem Modell sind die resultierenden gesellschaftlichen und wirtschaftlichen Zukunftsfaktoren. Sie werden von den grundlegenden und verstärkenden Faktoren mehr beeinflusst, als dass sie diese selbst beeinflussen. Nichtsdestotrotz: So einfach und verführerisch es wäre, die Welt auf diese Weise kalkulieren zu wollen, unsere Welt bleibt ein komplexes adaptives System, für dessen Berechnung und Prognose uns wahrscheinlich auf ewig jegliches Instrumentarium fehlen wird.

Morphologie der Zukunftsfaktoren

Hier beleuchten wir das Konstrukt Zukunftsfaktor von mehreren Seiten, um seine Gestalt deutlicher werden zu lassen. Diese Charakterisierung ist ein Vorschlag, auf dessen Grundlage Sie Ihr eigenes vertieftes Verständnis für die Anatomie und den Charakter von Zukunftsfaktoren entwickeln können. Die verschiedenen Ausprägungen sind zeilenweise zu lesen (siehe folgende Seite).

Drei Arten von Zukunftsfaktoren: Trends, Technologien, Themen

Im Begriff des Zukunftsfaktors sind Trends, Technologien und Themen zusammengefasst. Diese im Grunde unterschiedlichen Phänomene werden von ihrer Funktion her betrachtet und gemeinsam als Faktoren zukünftiger Veränderungen gesehen.

Technologien als Zukunftsfaktoren

Technologische Zukunftsfaktoren, die wir in einem späteren Abschnitt ausführlich porträtieren, sind praktische Anwendungen von Wissen in Form von Werkzeugen und Methoden zur Erweiterung menschlicher Fähigkeiten. Technologien sind sehr offensichtliche Zukunftsfaktoren. Ihre Verbreitung erfolgt in der Form eines Trends. In welchen Trends sich eine Technologie allerdings manifestiert, ist in ihrem frühen Entwicklungsstadium meist unklar, sodass wir die technologischen Zukunftsfaktoren auch als multidirektional bezeichnen.

Themen als Zukunftsfaktoren

Der Begriff »Thema« ist weitgehend gleichbedeutend mit dem englischen »issue« gemeint. Bestimmte Themen wie der globale Klimawandel sind zwar Zukunftsfaktoren, weil die im Zusammenhang mit ihnen geführte Diskussion Veränderungen erzeugt, aber sie sind weder Technologien noch im eigentlichen Sinne Trends. Für den Begriff Thema bzw. Issue gibt es unterschiedliche Definitionen. Ansoff (1975), Coates (1986) und Liebl (2000) verwenden die Bezeichnung Issue für alle kontrovers diskutierten Themen, die aus Sicht eines Betrachtes relevant sind. Dazu gehören dann allerdings auch Trends und Technologien. An anderer Stelle unterscheidet Liebl (2000) wie auch Gutjahr (2005) Issues klar von Trends. Im Deutschen gibt es leider keinen Begriff, der das von den englischsprachigen Pionieren des Issue-Managements verwendete Wort Issue exakt abdeckt. Wir wollen daher wie Liebl und andere beim Begriff Thema bleiben und ihn definieren als »Zukunftsfaktor, der weder eine Technologie noch einen Trend

Morphologie der Zukunftsfaktoren (ZF)

Art des ZF	Biospärisch	Menschlich (Bedürfnisfaktor)	Technologisch	Politisch	Wirtschaftlich	Gesellschaftlich
Charakter	**Trend** Der ZF beschreibt eine eindeutige Entwicklung in eine bestimmte Richtung (Alterung, Bevölkerungswachstum, Informatisierung).		**Technologie** Der ZF beschreibt eine Technologie oder eine Methode, welche die Möglichkeiten der Menschen zur Erreichung ihrer Ziele erweitert (Nanotechnologie, Photonik, Human-Machine-Interfaces).		**Thema (Issue)** Der ZF beschreibt ein Phänomen, das zukünftige Veränderungen in mehrere Richtungen verursacht (globaler Klimawandel, religiöse Konflikte).	
Effekt-Richtung	**Zunahme** Der ZF verursacht die Erhöhung bestimmter Größen oder ermöglicht eine bestimmte Entwicklung (zunehmende Computerleistung).		**Abnahme** Der ZF verursacht die Verringerung bestimmter Größen oder verhindert eine bestimmte Entwicklung (Finanzprobleme der Staaten).		**Mehrdimensionale Veränderung** Der ZF verursacht Veränderungen, die in mehrere Richtungen gehen, ohne dass eine davon eindeutig überwiegt (Klimaveränderung).	
Effekt-Art	**Absehbare kontinuierliche Veränderung**			**Überraschende diskontinuierliche Veränderung**		
Lebensdauer	**Langfristig** Der ZF existiert voraussichtlich über zwanzig und mehr Jahre (Individualisierung, Erdölknappheit).		**Mittelfristig** Der ZF existiert voraussichtlich zehn bis zwanzig Jahre (digitales Geld).		**Kurzfristig** Der ZF existiert voraussichtlich nur maximal noch zehn Jahre (Polarisierung der Märkte?).	
Relevanz	**Primärer Zukunftsfaktor** Der ZF beeinflusst das relevante individuelle Umfeld sehr stark.		**Sekundärer Zukunftsfaktor** Der ZF beeinflusst das relevante individuelle Umfeld in erkennbarem Maße.		**Tertiärer Zukunftsfaktor** Der ZF beeinflusst das relevante individuelle Umfeld geringfügig.	
Bedeutung	**Erste Kausalebene** Der ZF beeinflusst viele andere ZF (Internetisierung).	**Zweite Kausalebene** Der ZF beeinflusst einige andere ZF (Asien-Boom).		**Dritte Kausalebene** Der ZF beeinflusst nur das individuelle Umfeld.	**n-te Kausalebene** Der ZF beeinflusst nur Teile des individuellen Umfelds.	
Lebenszyklus	**Entstehung** Der ZF beginnt zu wirken (Künstliche Intelligenz).	**Wachstum** Die Wirkung des ZF nimmt in Zukunft zu (Biotechnologie).		**Stagnation** Die Wirkung des ZF ist in Zukunft relativ konstant (Europäisierung).	**Rückgang** Die Wirkung des ZF nimmt in Zukunft ab (neue Familien?).	

beschreibt«. Jacques kommt diesem Verständnis mit der Formel »problem + impact = issue« recht nahe (Jacques, 2004). Ein Thema als Zukunftsfaktor unterscheidet sich in mehrfacher Hinsicht von einem Trend:

- Es entsteht aus einem Trend oder einer Technologie, ist also ein Folgefaktor.
- Es hat keine eindeutige Entwicklungsrichtung.
- Es hängt stark vom Wertesystem des Betrachters ab.
- Es beschreibt immer einen Konflikt von Interessen und Werten.
- Es kann nur schwer definiert und abgegrenzt werden.

Wie Technologien sind auch Themen als Zukunftsfaktoren multidirektional, das heißt, es gibt in einer frühen Phase keine eindeutige Entwicklungsrichtung.

Trends als Zukunftsfaktoren

Trend ist das am häufigsten verwendete Wort, wenn es um die Zukunft geht. Gleichzeitig wird der Begriff »Trend« in unvorstellbar vielfältiger Art und Weise verstanden, was weder der Reputation der Trend- und Zukunftsforscher noch der Anwendung von Trendwissen in der Praxis zuträglich ist. Gerade im deutschen Sprachraum muss das Wort Trend für alle möglichen Erscheinungen herhalten.

Aus der vielfältigen Literatur und unserer praktischen Arbeit mit Führungsteams großer und mittlerer Unternehmen haben wir vier Verständnisbilder für den Begriff Trend identifiziert und strukturiert (siehe Tabelle folgende Seite).

Trends – Definitionsversuche

Das mathematisch-statistische Trendverständnis ist die Grundlage jeder fundierten Trendanalyse. Für sich alleine ist es jedoch für gewöhnlich nicht ausreichend, um ein komplexes Phänomen zu beschreiben. Das sozioökonomische Verständnis ist dasjenige, das wir in unserer Arbeit mit Führungsteams bevorzugen. Dabei kommt es weniger auf das Neue als auf das Wirksame an. Das sozioökonomische Verständnis von Trends beschreibt kumulative, sich aus einer großen Zahl ähnlicher Entscheidungen und Bewegungen zusammensetzende Ereignisse und Entwicklungen. Beispiele sind die wachsende Zahl selbstständig und selbstverant-

Verständnisbilder des Begriffes »Trend«				
Aspekt	**Mathematisches Trend-Verständnis**	**Sozioökonomisches Trend-Verständnis**	**Phänomenales Trend-Verständnis**	**Populäres Trend-Verständnis**
Beschreibung	Ein Trend ist eine Zeitreihe von Zahlen, die sich in eine klare Richtung entwickeln.	Ein Trend ist ein gerichteter Wandel des sozio-ökonomischen Umfelds.	Ein Trend ist ein neues Muster oder eine neue Kombination von Knoten in der mentalen Matrix der Gesellschaft.	Ein Trend ist etwas Neues, dessen zukünftige Verbreitung man annimmt.
Beispiele	• Zunahme von Rechenleistung in MIPS • Abnahme der Zahl von Verkehrstoten	• Zunahme der Scheidungsrate • Zunahme der Internet-Nutzung	• Aufklärung • Downshifting • Geiz-Mentalität • neuer Hedonismus	• neues Produkt • neue Dienstleistung • ungewöhnliches Verhalten Einzelner
Dauerhaftigkeit	• je nach Betrachtungszeitraum	• mittel bis lang, je nach Trend	• kurz bis lang, je nach Autor	• kurz bis lang, je nach Autor
Methoden	• empirische Forschung • Statistik	• Beobachtung • empirische Forschung • Statistik	• Beobachtung (Scanning, Monitoring, Scouting) • Kreativität	• Beobachtung (Scanning, Monitoring, Scouting) • Kreativität
Quellenauszug	• Armstrong, 2001 • Martino, 1993	• Opaschowski, 2004 • Nefiodow, 2001 • Coates, Mahaffie und Hines, 1997 • Horx, 1993	• Liebl, 2001 • Horx, 1996 • Meinert und Baumann, 1996	• Matathia und Salzman, 1998 • Horx, 1996 • Popcorn, 1991

wortlich arbeitender Menschen (Entrepreneurisierung) oder die Zunahme der sich bewusst für das Leben als Single entscheidenden Personen, die einhergeht mit Millionen von Einzelschicksalen unfreiwilligen Alleinseins, die unter einem Trend »Singleisierung« oder besser »Individualisierung« zusammengefasst werden können. In begrenztem Maße lässt sich auch das phänomenale Verständnis nutzen, obschon es naturgemäß sehr subjektiv und interpretationsfähig ist. Manche Trendforscher stellen sogar infrage, dass Trends überhaupt eine Richtung haben (Liebl, 2001), obwohl das Wort Trend nun ganz gewiss genau das aussagt.

Populäres Trendverständnis

Vom populären Trendverständnis nehmen wir wie auch unsere Klienten in der Praxis meist Abstand. Streng semantisch geht es im populären Trendverständnis gar nicht um Trends. Die auf diese Weise beschriebenen Beobachtungen von Innovationen sind allenfalls Signale, die auf einen echten Trend hinweisen können, aber nicht müssen. Bei näherer Betrachtung konzentriert sich das populäre wie auch das phänomenale Verständnis von Trends viel stärker auf die Gegenwart als auf die Zukunft.

Trends als Zukunftsfaktoren sind prozessdeskriptiv. Sie beschreiben beobachtbare Entwicklungen in eine vergleichsweise eindeutige Richtung. Dieses Trendverständnis macht es Ihnen möglich, greifbaren Nutzen zu ernten.

Ein Trend im Sinne eines Zukunftsfaktors ist eine gerichtete Veränderung einer oder mehrerer Variablen eines Umfeldbereiches.

Die Tabelle auf der folgenden Seite gibt Ihnen einen Überblick über typische Komponenten des Bedeutungsverlaufs von Zukunftsfaktoren. Von Komponenten sprechen wir hier, da ein realer Trend praktisch immer eine Kombination mehrerer Trendkomponenten ist und nur selten in der hier gezeigten Reinform auftritt.

Strukturelemente eines Zukunftsfaktors

Die im fünften Kapitel dargestellten Zukunftsfaktoren haben wir einheitlich strukturiert, was Ihnen die praktische Verwendung in Ihrem Zukunftsmanagement erleichtern soll. Nur die allgemeinen Strukturelemente (Name, Kurzbeschreibung und allgemeine

Typische Komponenten des Bedeutungsverlaufs von Zukunftsfaktoren über einen Zeitraum

Grafik	Verlauf und Erläuterung	Beispiel (dunkle Kurve)
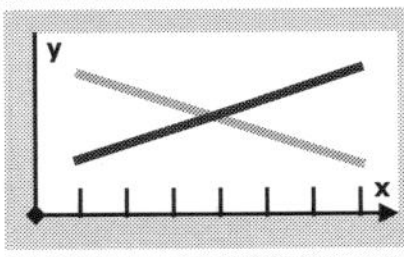	**Linear** Die absolute Veränderungsrate ist konstant.	Zunahme der Summe der weltweiten Bruttoinlandsprodukte
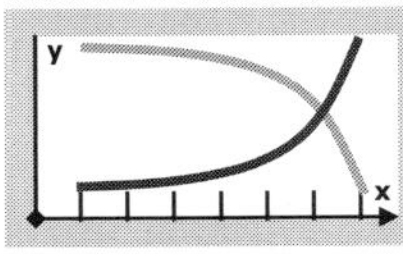	**Exponentiell** Die relative Veränderungsrate ist konstant.	Zunahme der Rechenleistung integrierter Schaltkreise
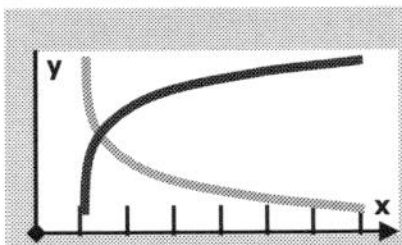	**Logarithmisch** Die relative Veränderungsrate ist konstant (Umkehrung des exponentiellen Verlaufs).	Zunahme der Zahl der Toten nach einem nuklearen GAU
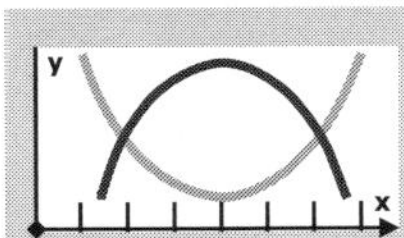	**Parabolisch** Die Veränderungsrate ist zunächst abnehmend positiv und wird dann zunehmend negativ.	Helle Linie: Entwicklung der Spiritualisierung, gemessen an der Anzahl der Horoskopeleser in den letzten Jahren
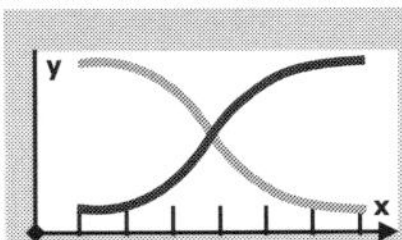	**Logistisch** Nach exponentieller Veränderung folgt eine logarithmische Veränderung bis zur Stagnation.	Wachsende Gesamtzahl der Nutzer von Mobiltelefonen in einer bestimmten Region
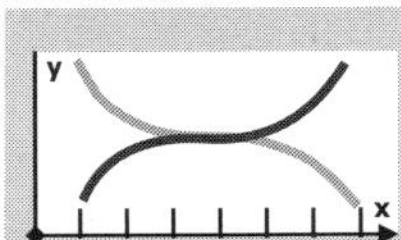	**Kubisch (x^3)** Die Veränderungsrate ist abnehmend positiv und wird dann zunehmend positiv.	Entwicklung der Robotik in drei Jahrzehnten mit einem Plateau in den 1990er-Jahren
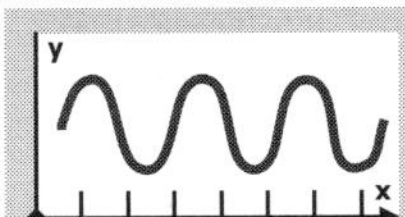	**Sinusförmig** Die Wachstumsrate wechselt ständig zwischen positiv und negativ.	Zahl der im Bereich künstliche Intelligenz vergebenen Patente
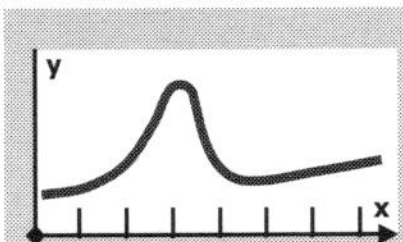	**Hypeförmig** Erst exponentielles Wachstum, fällt dann drastisch, dreht wieder in langsames Wachstum.	Verlauf der Bedeutung von Wissenssystemen und Wissensmanagement in der Fachdiskussion
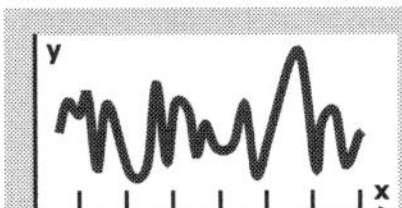	**Zufällig** Im Trendverlauf ist keine offensichtliche Regelmäßigkeit zu erkennen.	Bedeutungsverlauf der Liberalisierungsgesetzgebung

Signale und Fakten) können in diesem Buch behandelt werden. Die individuellen Strukturelemente müssen für jeden Menschen, jede Organisation und jedes Unternehmen individuell erarbeitet werden. Hierzu geben wir Ihnen im später folgenden Kapitel zum ZukunftsRadar eine konkrete Anleitung.

Strukturelemente eines Zukunftsfaktors und seiner Analyse		
Allgemeine Strukturelemente (in diesem Buch)	**Name**	Kurze, prägnante und möglichst leicht zu merkende Bezeichnung
	Kurzbeschreibung	Die wesentlichen Charakteristika des Zukunftsfaktors in wenigen Zeilen
	Allgemeine Fakten	Sammlung von bereichsübergreifenden Zahlen, Daten und Fakten, welche die Existenz und Wirksamkeit des Zukunftsfaktors untermauern
Individuelle Strukturelemente (individuell zu erarbeiten)	**Zukunftsfragen**	Fragen nach den zukünftigen Entwicklungen, nach Zukunftschancen und nach möglichen Überraschungen, welche die Zukunftsfaktoren für Ihr Leben bzw. Ihr Unternehmen bereithalten
	Spezielle Fakten	Sammlung von Zahlen, Daten und Fakten aus Ihrem Markt oder Lebensumfeld, welche die Existenz und Wirksamkeit des Zukunftsfaktors untermauern
	Spezielle Signale	Sammlung von frühen Signalen, die auf mögliche, aber in ihren Details noch nicht absehbare Veränderungen im Zusammenhang mit dem Zukunftsfaktor hinweisen
	Zukunftsprojektionen und Zukunftsszenarien	Antworten auf die Zukunftsfragen in Form konkreter Aussagen über wahrscheinliche und mögliche zukünftige Entwicklungen, die von diesem Zukunftsfaktor ausgelöst werden können; die Antworten können die Form einfacher Projektionen oder Projektionsgruppen (Szenarien) haben
	Überraschungen	Antworten auf die Zukunftsfragen in Form konkreter Aussagen über überraschende, unwahrscheinliche, aber bedeutsame Ereignisse und Entwicklungen, die im Zusammenhang mit dem Zukunftsfaktor eintreten können (so genannte Wild Cards)
	Zukunftschancen	Erfolg versprechende Geschäftsfelder der Zukunft sowie mögliche sinnvolle Handlungsoptionen im Zusammenhang mit dem Zukunftsfaktor

Vorteile der Arbeit mit Zukunftsfaktoren

Lassen Sie uns die Vorteile der Arbeit mit dem Konstrukt Zukunftsfaktor gegenüber konventionellen Trendanalysen wie folgt zusammenfassen:

Betrachtung von Trends, Technologien und Themen in einem

Die verschiedenen Formen von Treibern zukünftiger Entwicklungen können in einem einzigen Konstrukt und Begriff erfasst werden. Das erleichtert ihre methodische Handhabung und das Verständnis.

Mehrwert durch Konkretisierung

Die Trendbeschreibungen vieler Trend- und Zukunftsforscher klingen gut und schön, sind aber zumeist recht erratisch, wolkig und blumig und haben zudem oft epische Länge. Die zerstreute und nicht selten gar verwirrende Sprache lenkt von Beweisbarkeit und Empirie ab. So kann die Existenz eines Trends oder das Zutreffen einer prognostischen Aussage auf der Grundlage eines Trends nie wirklich überprüft werden. Man darf vermuten, dass ein beträchtlicher Teil an Absicht dahintersteckt. Viele unserer Klienten wundern sich mit uns, wo man denn so manchen der angeblichen Trends in der Realität beobachten könne. Die Zusammenfassung wesentlicher Umfeldkräfte in Form kompakt beschriebener und mit Fakten untermauerter Zukunftsfaktoren, wie wir sie in diesem Buch vorgenommen haben, schafft einen bedeutenden Mehrwert.

Effizienz durch Verringerung der »tiefen« Komplexität

In Zukunftsprojekten ist es erfolgsentscheidend, in kurzer Zeit das Wesentliche einer Einflussgröße zu erfassen. Die großen komplexen Wirkkräfte zukünftiger Entwicklungen fassen wir daher zu handhabbaren Zukunftsfaktoren zusammen. So kann die »tiefe« oder »vertikale« Komplexität reduziert werden, ohne jedoch die für das Verständnis einer komplexen Welt unabdingbare »breite« oder »horizontale« Komplexität zu beeinträchtigen. Zukunftsfaktoren sind hoch aggregiertes Zukunftswissen. Statt dicke Studien zu Einzelthemen wie der zukünftigen demografischen Entwicklung zu wälzen, genügt es für eine erste Zukunftsanalyse zumeist, die Basisentwicklungen wie Alterung, Bevölkerungsschrumpfung in den entwickelten Ländern und Interkulturisierung mit wenigen Daten und Fakten heranzuziehen. Der zwangsläufig höhere Abstraktionsgrad ist der Preis für die durch Komplexitätsreduktion erreichte Zeitersparnis und Effizienz.

Ganzheitlichkeit durch Erhöhung der »breiten« Komplexität

Durch den hohen Aggregationsgrad der Zukunftsfaktoren wird es deutlich leichter, alle relevanten großen Wirkkräfte zukünftiger Veränderungen mit einem vertretbaren Zeitaufwand zu berücksichtigen, zu überschauen und auf diese Weise nichts Entscheidendes außer Acht zu lassen. Mit einem auf Ihre Situation abgestimmten Satz von Zukunftsfaktoren können Sie das Wissen aus Hunderten von Zukunftsstudien und Zukunftsbüchern binnen kurzer Zeit verarbeiten und auf diese Weise die benötigte »breite« bzw. »horizontale« Komplexität sicherstellen.

Mehr Kreativität durch Erweiterung des Denkhorizonts

Um Zukunftschancen zu erkennen muss der Denkhorizont über die bekannten Themen und Wirkkräfte hinaus erweitert werden. Statt einer epischen Auseinandersetzung mit wenigen Standard-Trends wie Globalisierung, Individualisierung und Alterung können Dutzende Zukunftsfaktoren in vertretbarer Zeit auf ihre Konsequenzen und Chancen hin untersucht werden. So wird eine sinnvolle Art von breiter Komplexität erreicht, welche die Fähigkeit zur Vorstellung, Darstellung und Erklärung insbesondere von Chancen und wünschenswerten Zukünften gerade in den Interaktionen der Zukunftsfaktoren erweitert.

Effektivere Kommunikation durch Konsens

Für die Erarbeitung, Weiterentwicklung und vor allem für die Umsetzung einer Zukunftsstrategie ist ein gemeinsam getragenes Verständnis der treibenden Faktoren erfolgsentscheidend. Gemeinsam definierte Zukunftsfaktoren, wie etwa »Salutogenese« als Bezeichnung für die wachsende Gesundheitsorientierung, bilden eine Konsensbasis und können deutlich einfacher, präziser, schneller und effektiver kommuniziert werden als ausführliche Markt- und Trendanalysen. Dies gilt nicht nur für die Kommunikation im Führungsteam, sondern für die gesamte interdisziplinäre Kommunikation im Unternehmen oder in jeder anderen Organisation. Diskussionen über die unendlichen Wechselwirkungen der Zukunftsthemen werden deutlich sachlicher und strukturierter geführt, wenn sich die Mitgestalter auf einen Satz akzeptierter Zukunftsfaktoren geeinigt haben.

Vereinfachung interdisziplinärer Kommunikation

In den Unternehmen und Organisationen nimmt der Grad der Spezialisierung ständig zu. Kaum jemand ist noch in der Lage, die Entwicklungen aller relevanten Fachgebiete seiner Arbeit zu kennen und zu verstehen. Mit einem unternehmensspezifisch gültigen und akzeptieren Satz von Zukunftsfaktoren wird es für die Techniker leichter, die Trends im Markt und im Vertrieb zu verstehen, und umgekehrt werden die Marketingleute ihren Kunden eher kommunizieren können, was sich in Zukunft technisch verändern wird. Die Geschäftsleitung bzw. der Vorstand schließlich wird mit dem unternehmensspezifischen Satz von Zukunftsfaktoren sämtliche Entwicklungen überblicken, verstehen und an interne Gesprächspartner und externe Stakeholder kommunizieren können, auch wenn man die Details nicht kennt.

Verstärkte Attraktion von Zukunftsinformationen

Mithilfe der Zukunftsfaktoren können Ihre Mitarbeiter in der täglichen Arbeit deutlich leichter und produktiver relevante Zukunftsinformationen aus dem Unternehmensumfeld wahrnehmen. Zukunftsfaktoren schaffen Wahrnehmungskategorien und Anknüpfungspunkte und sind somit Attraktoren (Anziehungspunkte) für neue Zukunftsinformationen. Den Zukunftsfaktoren wird generell eine höhere Aufmerksamkeit zuteil als unstrukturierten Zukunftsbeschreibungen. Wer um einen Zukunftsfaktor wie »Entrepreneurisierung« weiß, wird dazu leichter passende Informationen erkennen und integrieren können, als wenn er lediglich eine unbestimmte Ahnung von einer Entwicklung zu mehr Selbstständigkeit und Selbstverantwortung hat.

4.2 Menschliche Bedürfnisse als Zukunftsfaktoren

Die Triebe und Motive des Menschen bestimmen in einem gewissen Maße alle zukünftigen Entwicklungen. Wir entwickeln Technologien, um unsere Bedürfnisse besser und leichter befriedigen zu können. Aus dem gleichen Grund wirtschaften wir und bilden Gemeinschaften und Gesellschaften. Selbst einen nicht unerheblichen Teil des biosphärischen Wandels verursachen wir mit unserem Streben nach materiellem Wohlstand und nehmen dafür in unserer Kurzsichtigkeit immense und zum Teil irreparable Schäden in Kauf.

Die 16 Grundmotive des Menschen

Der amerikanische Psychologe Steven Reiss (1998, 2002) hat aus einer anfänglichen Sammlung von rund 500 und dann 328 Faktoren bzw. »Items« 128 Items und 16 Grundmotive herausgefiltert, die er »basic desires« nennt. Seine Arbeit gründet Reiss auf mehrere internationale Studien mit 7000 Probanden. Die 16 überwiegend genetisch bedingten Grundmotive sind nach Reiss die Bausteine aller menschlichen Motive in ihrer gesamten Komplexität. Während die Grundmotive selbst sehr einfach und transparent erscheinen, ist die Art, wir sie im individuellen Leben befriedigen, denkbar mannigfaltig. Die Befriedigung dieser Grundmotive ist für sich erfüllend, sie ist Selbstzweck menschlichen Verhaltens.

Übersicht der Grundmotive nach Reiss

Die folgende Übersicht gibt die 16 Grundmotive und ihre Schlüsselbegriffe wieder. Das Profil der Intensitäten, mit denen die jeweiligen Grundmotive vom einzelnen Menschen empfunden werden, ist hochgradig personenabhängig. Das Grundmotiv selbst, etwa Unabhängigkeit oder Neugier, ist konstant, aber seine Ausprägung ist individuell. So kann sowohl der Anlehnungsbedürftige wie auch der Autist mithilfe der 16 Grundmotive charakterisiert werden. Wir verwenden hier die englischen Bezeichnungen, um übersetzungsbedingte Verständnisabweichungen zu vermeiden.

Ziele in Anlehnung an Fuchs und Huber (2002)

Die 16 Grundmotive des Menschen nach Reiss

Motiv	Ziel	Motiv	Ziel
1. Power	Erfolg, Einfluss, Führung, Dominanz, Kompetenz	9. Social Contact	Zugehörigkeit, Geborgenheit, Spaß
2. Independence	Freiheit, Autonomie, Integrität	10. Family	Kinder, Liebe, Gemeinschaft
3. Curiosity	Wissen, Wahrheit, Sicherheit	11. Social Status	Wohlstand, Aufmerksamkeit, Wichtigsein
4. Acceptance	Positives Selbstbild, Selbstvertrauen	12. Vengeance	Sieg, Agression, Hass, Vergeltung
5. Order	Stabilität, Sauberkeit, Perfektion, Regeln	13. Romance	Erotik, Sex, Schönheit, Kunst
6. Saving	Besitz, Vorrat, Sicherheit	14. Eating	Nahrung, Überleben, Jagd
7. Honor	Moral, Loyalität, Charakter, Regeltreue	15. Physical Activity	Gesundheit, Fitness, Lebenskraft
8. Idealism	Gerechtigkeit, Mitgefühl, Altruismus	16. Tranquility	Entspannung, Sicherheit, Frieden

Da sich menschliche Bedürfnisse als solche nicht grundlegend, sondern nur in ihrer gesellschaftlichen und individuellen Priorisierung ändern, verzichten wir auf eine umfassende Darstellung ihrer historischen und zukünftigen Entwicklung und führen sie nicht in unserem Katalog der Zukunftsfaktoren auf. Allein die Existenz der Grundmotive und ihre genetisch verwurzelte Verfolgung im Alltag qualifiziert sie zu treibenden Kräften zukünftigen Wandels. Menschen haben in der Geschichte Technologien und Strategien entwickelt und angewendet, um ihre Grundbedürfnisse zu befriedigen, und werden dies auch in Zukunft tun.

Wertprioritäten als Faktoren des Wandels

Das im Hinblick auf die Zukunft häufig gebrauchte Wort vom »Wertewandel« meint bei näherer Betrachtung weniger eine wirkliche Wandlung der Werte als eine Veränderung der Priorisierungen. Im *World Values Survey* und den *European Values Surveys* wurden zwischen 1981 und 2001 achtzig Gesellschaften, die über achtzig Prozent der Weltbevölkerung umfassen, auf ihre Werteprioritäten hin analysiert (Inglehart, 2003). Untersucht wurde beispielsweise die Toleranz gegenüber Homosexualität, Scheidungen, starken Führern, geschlechtlicher Gleichberechtigung in ihren Korrelationen zueinander und zu einigen Grundtypen von Gesellschaften wie etwa protestantische, katholische, islamische, christlich-orthodoxe, mitteleuropäische bzw. ex-kommunistische, konfuzianische und lateinamerikanische Gesellschaften. Trotz sehr unterschiedlicher Datenlage in den einzelnen Ländern konnte als Kernaussage extrahiert werden, dass bestimmte Werte zwar überall existieren, aber denkbar unterschiedliche Prioritäten genießen. Insbesondere der Vergleich christlich-westlicher mit islamischen Gesellschaften zeugt von unvorstellbar großen Unterschieden der jeweiligen Wertesysteme. Wenig überraschend, aber eindrucksvoll konnte beispielsweise eine starke Korrelation zwischen Demokratisierung und den typischen Toleranzwerten gegenüber geschlechtlicher Gleichberechtigung oder freier individueller Entfaltung nachgewiesen werden.

Für unser Modell der Zukunftsfaktoren kann aus den zahlreichen Werteanalysen die Schlussfolgerung gezogen werden, dass sich der Trend zur Demokratisierung und die Entfaltung von Toleranzwerten gegenseitig bedingen und verstärken, ohne dass im

Einzelfall eindeutig zwischen ursächlichem und resultierendem Faktor unterschieden werden könnte. In unserem Modell gehen wir davon aus, dass die Veränderung von Wertepriorítäten ein Produkt der urmenschlichen Bedürfnisfaktoren ist, die durch biosphärische, technologische, politische, wirtschaftliche und gesellschaftliche Faktoren geschwächt oder verstärkt werden. Wir gehen davon aus, dass die menschlichen Bedürfnisfaktoren praktisch konstant sind, dass sich aber die Wertepriorítäten als gesellschaftliche Zukunftsfaktoren laufend verändern und regional wie kulturell unterschiedlich sind. Daher unterscheiden wir so klar zwischen den menschlichen Bedürfnisfaktoren und den gesellschaftlichen Zukunftsfaktoren.

4.3 Biosphärische Zukunftsfaktoren

Die Biosphäre ist das globale Ökosystem aus lebenden Organismen und unbelebten Umweltelementen, von denen die Organismen ihre Energie beziehen. Beispiele biosphärischer Zukunftsfaktoren sind Zyklen, wie globale Klimaerwärmungen und -abkühlungen, Trends, wie die schrumpfende Biodiversität durch Artensterben, die Bodenerosion, die Abholzung des Regenwalds, zunehmende Trinkwasserknappheit, und Diskontinuitäten, wie Erdbeben und Meteoriteneinschläge. Der Einschlag eines Meteoriten auf der mexikanischen Halbinsel Yucatán vor 65 Millionen Jahren, der die damalige Flora und Fauna einschließlich der Dinosaurier dramatisch veränderte, fand eindeutig ohne menschliches Zutun statt. Die meisten der heute wirksamen biosphärischen Zukunftsfaktoren sind hingegen anthropogen. Dies gilt etwa für einen wesentlichen Teil des Klimawandels, der durch Emissionen verschiedenster Art verursacht oder zumindest begünstigt wird.

Grenzen des Wachstums?

Im Jahr 1972 veröffentlichte der Club of Rome unter Leitung von Dennis Meadows die Studie *Grenzen des Wachstums*. Die viel zitierte und viel kritisierte Arbeit resultierte in der Projektion, dass um das Jahr 2030 ein jähes Ende des wirtschaftlichen Wachstums bis hin zum Zusammenbruch eintreten werde. Einschneidende Maßnahmen im Umweltschutz und zur Geburtenkontrolle seien Voraussetzungen, um eine nachhaltige Entwicklung der Menschheit und des Ökosystems mit einer Weltbevölkerung um vier Milliarden zu ermöglichen. 2004 erschien ein »30-year-update« mit neuen Daten. Die prognostische These vom wirtschaftlichen Zusammenbruch wurde aufrechterhalten. Zwischen 2030 und 2100, je nach Szenario, sei ohne drastische Maßnahmen das Ende des Wachstums zu erwarten. Meadows und seine Kollegen sehen kaum noch realistische Chancen zur Verhinderung dieses Zusammenbruchs. Nur ein Mix schärfster und radikalster Maßnahmen könne ein Fortbestehen des Wachstums sichern. Bei den Zukunftsprojektionen des Club of Rome handelt es sich nicht um Prognosen, sondern um Szenarien, also um alternative Zukünfte. Daher ist die Kritik unberechtigt, dass die Projektionen von 1972 bisher nicht eingetreten seien. Letztlich hat wahrscheinlich gerade die Publikation von *Limits to Growth* zur paradigmatischen Wende hin zu nachhaltigen Wirtschaftsmodellen und -philosophien geführt, die heute selbst von den meisten Großkonzernen verfolgt werden. Zwar dürfen wir darauf vertrauen, dass in den nächsten Jahrzehnten Lösungen für eine Vielzahl ökologischer Probleme gefunden werden. Daraus aber zu schließen, wir könnten uns noch Zeit mit dem Umsteuern lassen, wie es die US-Regierung und ein großer Teil der Menschen in ihrem praktischen Verhalten erkennen lassen, ist grundfalsch und gefährdet die Existenz der Menschheit.

Die Natur als Vorbild

Wenn uns die Natur als Vorbild dienen darf, und das ist sie in immer mehr Feldern auch über die Technologie hinaus, müssen wir uns darüber klar werden, dass diese kein ewiges Wachstum kennt. Selbst Krebszellen, die oft als Gegenbeispiel angeführt werden, müssen ihr Wachstum mit dem Tod des Organismus beenden. Kann die Wirtschaft also ewig wachsen? Starke Zweifel sind angebracht. Produktivitätsfortschritte schaffen nur dann keine Arbeitslosigkeit, wenn die Wirtschaft in gleichem Maße wächst, sagt die Theorie. Wie aber sieht eine Wirtschaftswelt ohne Wachstum aus, wenn Produktivitätssteigerungen im offenbar ewigen Fortschrittsdrang des Menschen verankert sind? Qualitatives Wachstum, hochgradig energieeffiziente Geräte, Maschinen und Systeme, nachhaltige bzw. regenerative Energiequellen und Dematerialisierung sind Stichworte, die auf der Suche nach einer Antwort genannt werden. Eine Patentlösung wird man vergeblich suchen. Bevor die Menschheit im Interesse des Wachstums den Tod von Milliarden in Kauf nimmt, ironischerweise um dann wieder wachsen zu können, müssen wir in vielen kleinen Entscheidungen und Maßnahmen der Tatsache Rechnung tragen, dass nur nachhaltige Lösungen und Wirtschaftsweisen das langfristige Wohl der Erde und der Menschheit sichern.

Das nachhaltige Umdenken ist in vollem Gang

Zweifelsohne führen Veränderungen der Biosphäre früher oder später zu Veränderungen kultureller Werte, politischer Machtverhältnisse wie auch technologischer Entwicklungen. Die zunehmende Knappheit des Erdöls hat in den ersten Jahren nach der Jahrtausendwende unzählige Veränderungen angestoßen, so etwa das Umdenken von Unternehmen wie BP, das sich mit einem Blick über einhundert Jahre in die Zukunft von *British Petrol* in *Beyond Petrol* (jenseits des Erdöls) umbenannte und Milliardeninvestitionen in alternative und regenerative Energien ankündigte. Der globale Klimawandel hat im Jahr 2005 viele US-amerikanische Unternehmen und Organisationen veranlasst, sich von der umweltschädlichen Haltung ihrer Regierung abzuwenden und eigene Initiativen zur Reduktion ihrer Emissionen zu starten. Schon seit den 1970er-Jahren hat das zunehmende Bewusstsein für die Schädigungen der Umwelt und ihre Folgen die politische Landschaft zunächst um die grünen, ökologisch orientierten Parteien bereichert, um ökologische Politik später zu einem Mainstream-Phänomen selbst der konservativsten Parteien zu machen.

4.4 Technologische Zukunftsfaktoren

Technologie ist praktische Anwendung von Wissen in Form von Hardware (Maschinen, Produkte usw.) und Software (Prozesse, Methoden usw.) zur Erweiterung menschlicher Fähigkeiten, um Ziele zu erreichen. Technologische Zukunftsfaktoren beschreiben Werkzeuge, Instrumente und Methoden, mit denen Menschen ihre Ziele besser oder leichter erreichen können. Hierzu zählen nach unserer Definition Grundlagentechnologien, wie etwa der Laser oder die Nanotechnologie, wie auch technisch-prozessuale Methoden, wie E-Learning. Dabei ist es prinzipiell unerheblich, ob es sich um neue oder bereits seit längerem existente Technologien handelt. Was in der Geschichte der Pflug, die Druckmaschine, das Schießpulver, die Elektrizität, die Eisenbahn oder Uhren waren, sind heute Faktoren wie zunehmende Computerleistung, Kernkraft, Internet, künstliche Intelligenz, regenerative Energien oder Biotechnologien, wie etwa pränatale Diagnostik. Sie und viele andere technologische Zukunftsfaktoren verändern das menschliche Leben.

Technologien bestimmen das Schicksal von Ideen

Technologische Entwicklung in Wellen

Der Zukunftsforscher Alvin Toffler beschrieb in *The Third Wave* (1980), wie die Menschheit sich auf der Basis von Schlüsseltechnologien in drei Wellen entwickelt hat. Die erste Welle wurde durch den Pflug und die Entwicklung der systematischen Landwirtschaft ausgelöst. Sie wandelte die menschlichen Gemeinschaften von Jägern und Sammlern zu sesshaften Landwirten. Die zweite Welle von der Agrarwirtschaft zur Industriegesellschaft wurde von der Dampfmaschine und der Eisenbahn angestoßen. Die noch im Gang befindliche dritte Welle schließlich gründet auf der Informationstechnologie, welche die Industriegesellschaft zur Informations- und Wissensgesellschaft transformiert. Praktisch jeder Aspekt menschlichen Lebens wird durch die Computerisierung und Internetisierung grundlegend verändert, seien es Unternehmensführung, Arbeit und Produktion, soziale Strukturen oder Lebenspartnerschaften. Die weichen kulturellen Faktoren hecheln häufig den von Technologien verursachten Veränderungen hinterher.

Marx' Verständnis von Technologie

Marx untersuchte und beschrieb in *Das Kapital* (1867) sehr ausführlich die Folgen technologischen Wandels. Technologie sei das Mittel zur Transformation menschlicher Arbeit in Arbeit von Werkzeugen, Maschinen und Geräten zur Befreiung des Menschen von harter und schwerer Tätigkeit. Wie erwähnt, beanspruchten Marx und Engels für sich, den Idealismus Hegels vom Kopf auf die materialistischen Füße gestellt zu haben, womit sie bildlich ihre Ansicht ausdrückten, dass Hegel die Bedeutung der Technologie für die Entwicklung von Ideen übersehen habe. Marx gründete seine späteren Arbeiten auf der materialistischen Annahme, dass das Leben nicht durch das Bewusstsein, sondern das Bewusstsein durch das Leben bestimmt sei. Die materiellen und technologischen Lebensbedingungen seien das Fundament der individuellen wie kollektiven menschlichen Entwicklung. Da die Einführung von Technologien die komparativen Preise maschineller Arbeit immer stärker unter die Preise menschlicher Arbeit fallen ließe, werde menschliche Arbeit langfristig nur am Rande des Existenzminimums bezahlt werden. Die Freizeit reiche gerade noch zur Erholung. Wer kein oder wenig materielles Vermögen bzw. Produktionsmittel habe, sei darauf angewiesen, einen großen Teil seiner Lebenszeit als Arbeitszeit zu verkaufen, und habe keine Zeit und keine Mittel zur geistigen Entwicklung und zur Produktion von Wissen, Ideen, Theorien und Philosophien. Da Wissen Macht ist, wie Francis Bacon schon 1597 schrieb, würde die materielle und geistige Lücke zwischen den Eigentümern und Nicht-Eigentümern von Produktionsmitteln immer größer, was schließlich zwangsläufig zur proletarischen Revolution und zur Vergesellschaftung der Produktionsmittel führen müsse.

Zukunftsfaktor Buchdruck

Die Ideen der Renaissance waren bereits rund 2000 Jahre zuvor von den Griechen entwickelt, aber viele Jahrhunderte lang mehr oder minder gezielt ignoriert worden. Schon 1383 übersetzte der Engländer John Wyclif die Bibel aus dem Lateinischen ins Englische, also rund 140 Jahre vor Luther. Aber erst der Buchdruck schaffte theologische und wissenschaftliche Revolutionen. Gutenbergs praktische Umsetzung bereits vorhandener Ideen zum Buchdruck bereitete den Weg für eine bis dahin beispiellose Wissensrevolution, die in der Verstärkung und möglicherweise auch Auslösung der Reformation ihren frühen Höhepunkt fand. Mit dem auf wieder verwendbaren Metall-Lettern basierenden Buchdruck konnte Wissen leicht in einem bis dahin unbekannten Maße verbreitet werden. Technologie und Wissen verbanden sich gleich einer sich selbst verstärkenden Feedback-Schleife, in deren Folge immer mehr Menschen an der Produktion von Wissen teilhaben konnten.

Schlüsseltechnologien der Neuzeit

Francis Bacon (1605) ging davon aus, dass neben dem Buchdruck zwei weitere Technologien die Welt des 15. und 16. Jahrhunderts maßgeblich verändert haben: das Schießpulver und der Magnet. Das Schießpulver veränderte die Regeln des Krieges und machte alte Strategien, Strukturen und Waffen obsolet. Der Magnet war die Schlüsselinnovation für den Kompass, der es den seefahrenden Nationen wesentlich erleichterte, die Ozeane zu befahren und neue Passagen zu entdecken. Die Medici aus Florenz gelangten so zu unvorstellbarem Reichtum, der sie letztlich auch zur päpstlichen Tiara und somit zu großem politischem Einfluss führte. Der amerikanische Architekt und Philosoph Lewis Mumford (1934) hielt die zunächst relativ unbedeutend erscheinende Erfindung der mechanischen Uhr für die Schlüsselerfindung der Industrialisierung, da sie die sekundengenaue Synchronisierung und Steuerung von Handgriffen, Arbeitsprozessen und Arbeitskräften in Fabriken wesentlich erleichterte und die Abstraktion der Zeit als eine zentrale Grundlage moderner Gesellschaften möglich machte.

Die Zukunft des Menschen liegt in der Zukunft seiner Werkzeuge

Was der Buchdruck für die Renaissance war, ist das Internet für die Gegenwart. Zukünftig werden ähnlich umwälzende Auswirkungen durch visuelle Technologien wie die Holographie oder CUI (Conversational User Interfaces) erwartet. Das CUI wird es in rund zwei bis drei Jahrzehnten möglich machen, dass unsere Computer nicht nur unsere Sprache verstehen, sondern über die Erfassung unserer Mimik, Gestik und Sprachmelodie auch unsere Stimmungslage erkennen und intelligent darauf reagieren können. Jeder sprechende Mensch wird in der Lage sein, die Potenziale des Computers und seiner wissensunterstützenden Funktionen zu nutzen. Die Nachteile der rein sequenziellen textlichen Weitergabe von Wissen können überwunden und damit die Voraussetzung für eine ganzheitlichere, schnellere und umfassendere Wissensvermittlung geschaffen werden (Bailey, 1998).

4.5 Politische Zukunftsfaktoren

Politische Zukunftsfaktoren sind gestaltende Eingriffe von übergeordneten Instanzen wie den Nationalstaaten, aber auch von Nichtregierungsorganisationen und Verbänden, in Form von Gesetzen, Normen und Regularien. Politische und ökonomische Macht verstärkt oder schwächt die Realisierungsmöglichkeiten von Zielen, die aus ideellen Zukunftsfaktoren resultieren. Machiavelli (1532) war einer der frühen Autoren der Neuzeit, die

Macht als Ursache für Wandel und Stabilität ansahen. Macht ist die Fähigkeit, die eigenen Interessen und Ideen auch gegen den Willen anderer durchzusetzen und die Umsetzung fremder Ideen und Ziele zu verhindern. Macht fördert oder verhindert Veränderungen, seien sie positiv oder negativ. Macht beginnt beim Patriarchen, der seine Familie regiert, betrifft den Vorstand, der sein Unternehmen nach seinem Willen durch die Märkte navigiert, und endet bei Regierungschefs, die globale Initiativen und Kriege durchsetzen.

Politische Macht bremst oft den Wandel

Politische Macht basiert nicht nur auf in Wahlen ausgedrücktem Vertrauen, militärischen Mitteln und moralisch-religiöser Autorität wie im Falle des Papstes oder des Dalai Lama. Sie kann ebenso auf wirtschaftlicher Leistungs- und Handlungsfähigkeit gründen, wie im 15. und 16. Jahrhundert die Augsburger Familie Fugger und in der Gegenwart multinationale Konzerne beweisen. Zu den politischen Zukunftsfaktoren gehören daher militärische Machtverhältnisse ebenso wie die zunehmende politische Bedeutung von Unternehmen und supranationalen Organisationen. Politisch induzierter Wandel ist häufig nicht fortschrittlich, sondern oftmals konservierend und rückwärts gewandt. So nutzen viele politische Akteure ihre Macht dazu, die Behandlung gesellschaftlicher oder biosphärischer Probleme von der politischen Agenda zu streichen oder Gegner an der Ausführung ihnen zuwider laufender Handlungen zu hindern.

Es spielt für die Praxis keine Rolle, ob politische Zukunftsfaktoren wie im Falle der Liberalisierung durch gezielte Eingriffe geschaffen werden oder ob sie wie die Finanznot öffentlicher Haushalte aus unerwünschten Entwicklungen resultieren. Politische Zukunftsfaktoren bezeichnen vergleichsweise inkonstante Phänomene, da kurzfristige politische Strömungen und zufallsbedingte Ereignisse Auslöser für wesentliche Veränderungen sein können. Beispiele hierfür sind militärische Konflikte wie auch überraschende Wahlausgänge oder kurzfristig notwendig gewordene politische Initiativen wie Importverbote.

Der »Zukunftsindex« ist positiv

Dass die Zukunft Chancen birgt und dass sie besser sein kann als die Gegenwart und die Geschichte, verspricht unter anderem der SOFI, der »State of the Future Index« des Millennium-Project der

Vereinten Nationen. Seit Jahren zeigt er konsequent nach oben. Die Zahl der Völkermorde ist zwischen 1988 und 2001 um achtzig Prozent gesunken, die Zahl bewaffneter Konflikte seit den frühen 1990er-Jahren weltweit um vierzig Prozent. Zwischen 1981 und 2001 gab es siebzig Prozent weniger internationale Krisen und der Dollarwert des internationalen Waffenhandels schrumpfte zwischen 1990 und 2003 um ein Drittel. Um ganze 45 Prozent ist von 1992 auf 2003 die Zahl der Flüchtlinge gesunken (Glenn und Gordon, 2005).

4.6 Wirtschaftliche Zukunftsfaktoren

Grundlegende ideelle und biosphärische Zukunftsfaktoren verursachen zusammen mit den verstärkenden politischen und technologischen Faktoren gesellschaftliche und damit auch wirtschaftliche Veränderungen, die selbst wiederum als Zukunftsfaktoren wirken können. Sie schaffen Rahmenbedingungen, vor deren Hintergrund Menschen und Organisationen Ziele und Strategien für die Befriedigung ihrer Bedürfnisse entwickeln. Ein Beispiel ist die Polarisierung der Märkte. Das Ideal des Individualismus schuf, verstärkt durch politische Wegebnung seitens der westlichen Demokratien und durch Technologien wie PC und Internet, die Voraussetzungen für die Fragmentierung und Spezialisierung der Märkte bis hin zum »Eins-zu-eins-Marketing«.

Ideologie und Wirtschaft

Wir alle sind »die Wirtschaft«

Wir präsentieren die wirtschaftlichen und die gesellschaftlichen Zukunftsfaktoren in zwei getrennten Abschnitten, um den kleinen Unterschied in ihrer jeweiligen Charakteristik zu dokumentieren. In Wirklichkeit aber lassen sich die gesellschaftlichen Zukunftsfaktoren kaum von den wirtschaftlichen trennen. Spricht man üblicherweise von »der Wirtschaft« und meint damit vor allem die großen Unternehmen, verschleiert man damit die Tatsache, dass Wirtschaft nichts anderes ist als die Organisation der Befriedigung menschlicher Bedürfnisse. George Bernhard Shaw fasste es treffend zusammen: *»Ökonomie ist die Kunst, das Beste aus dem Leben zu machen.«* Gary S. Becker erhielt 1992 den Nobelpreis für Wirtschaftswissenschaften für seine Arbeiten an der These, dass im Grunde jegliches menschliches Verhalten durch ökonomische Erwägungen und Strategien bestimmt sei, von der Partnerwahl über die Kriminalität bis hin zum Altruismus (Becker, 1993). Die in Politik und Gesellschaft beobachtbare paradigmatische Separation der Wirtschaft von Bereichen wie »Soziales« (womit dann meist nur der Wohlfahrtsstaat gemeint ist) oder »Kultur« und »Familie« führt fast zwangsläufig zu Fehlannahmen über die Funktionsweise der Wirtschaft. Die 2005 im Zuge der Regierungsbildung in Deutschland vorgenommene (Wieder-)Abtrennung des Arbeitsministeriums vom Wirtschaftsministerium zeugt von dieser grundfalschen und gefährlichen Weltanschauung (und von der Bedeutung egozentrischer und kurzsichtiger politischer Motive einzelner Akteure). Die Wirtschaft stellt sich in dieser Anschauung nur als Kollektiv geldgieriger Manager und Unternehmer dar. Es ist kein Wunder, dass die illusionären Forderungen wieder Nahrung erhalten, man müsse die Wirtschaft an ihre soziale Verantwortung erinnern und sie durch hohe Steuern und eine restriktive Arbeitsgesetzgebung zur Wahrnehmung derselben zwingen. Genauso gut oder schlecht könnte man an das »Soziale« appellieren, es möge seinen Pflichten nachkommen. Die aus systemischer Sicht durchaus sinnvolle vollständige Befreiung juristischer Personen von jeglicher Steuerpflicht erscheint demjenigen, der die Wirtschaft als eine separate gesellschaftliche Gruppe sieht, als der ultimative Schritt zur totalen kapitalistischen Ausbeutung. Eine realistische Betrachtungsweise hingegen würde zeigen, dass letztlich nur natürliche Personen Einkommen erzielen können und sich durch die Abschaffung der Steuern für Kapitalgesellschaften, außer einer gewaltigen Vereinfachung, praktisch kaum eine Änderung der sozialen und fiskalischen Verhältnisse ergeben würde. Die Unternehmen und Organisationen würden gerade ihre Funktion als Motor wirtschaftlicher Entwicklung befreiter und erfolgreicher erfüllen können und somit die Grundlage für eine starke Unterstützung der wirklich Bedürftigen schaffen können. Wir erkennen hier ein weiteres Beispiel für den Einfluss von Ideen oder besser Ideologien auf die Entwicklung der Welt. Wir alle sind die Wirtschaft, in jedem Moment unseres Lebens: Greenpeace, die Vereinten Nationen, der TÜV, die Stiftung Warentest, die Bundesanstalt für Finanzdienstleistungsaufsicht und die Bundesregierung sind ebenso Teile der Wirtschaft wie Siemens, DaimlerChrysler, der Bäcker um die Ecke und die Reinigungsfachkraft.

Wirtschaftliche Zukunftsfaktoren schaffen neue Realitäten

Selbstständigkeit ist wieder gefragt

Noch heute gilt die »Arbeitsstelle« als das selbstverständliche Konzept der Erwerbsarbeit. Viele Millionen Menschen gründen ihr Berufsleben auf der unausgesprochenen und meist auch unbewussten Annahme, dass andere schon dafür sorgen werden, ihnen eine sinnvolle bezahlte Beschäftigung zu bieten. Findet man keine »Stelle«, gibt es eben keine. Sollen doch die Politiker die Unternehmen zur Erhaltung und Schaffung von Arbeitsplätzen zwingen. Das natürliche Lebens- und Erwerbskonzept der Selbstständigkeit ist im Zuge der Industrialisierung größtenteils hinter dem Schleier der abhängigen Beschäftigung verschwunden. Die massenhafte Entstehung von zeitabhängig bezahlter unselbstständiger Arbeit und mit ihr einhergehend der Aufbau von auf Umverteilung gründenden Sozialsystemen hat nicht nur in den so genannten entwickelten Ländern zu einer in geschichtlicher Perspektive schier unglaublichen Unselbstständigkeit und Abhängigkeit geführt. Vor der Industrialisierung war der Grad wirtschaftlicher Selbstständigkeit beträchtlich höher, so wie es heute noch in unterentwickelten Regionen zu beobachten ist. Technologische Zukunftsfaktoren wie die zunehmende Computerleistung und Internetisierung, wirtschaftliche Zukunftsfaktoren wie die Globalisierung und das Wirtschaftswachstum der Entwicklungs- und Schwellenländer sowie politische Zukunftsfaktoren wie der anstehende Zusammenbruch der Sozialsysteme führen zu einer rasant steigenden Entrepreneurisierung. So wollen wir hier die wieder wachsende Bedeutung der Selbstständigkeit nennen. Der illusionäre Schleier verschwindet allmählich wieder. Vielen wird bewusst werden (müssen), dass Angestellte in Wirklichkeit Selbstständige mit nur einem einzigen Kunden sind. Selbstständigkeit sei hier in zweierlei Sinn verstanden: einmal im engeren Sinne als selbstständige Erwerbsarbeit; andererseits vor allem aber auch im weiteren Sinne als zunehmende Selbstverantwortung in Bereichen wie der Altersvorsorge, der Aus- und Weiterbildung und der Gesundheitsvorsorge. Das Konzept des Arbeitsplatzes lässt an die natürliche Knappheit desselben glauben. Angesichts der jedem marktwirtschaftlichen System inhärenten wirtschaftlichen Dynamik ist die Zahl potenzieller selbstständiger Tätigkeiten im Prinzip jedoch nur durch das Maß menschlicher Bedürfnisse unter nachhaltiger Beanspruchung natürlicher Ressourcen begrenzt. Und menschliche Bedürfnisse sind bekanntlich grenzenlos. Sich selbst seinen Arbeitsplatz zu schaffen, das erscheint vielen angesichts der gegenwärtigen Realitäten illusionär und utopisch. Und doch ist eine wirtschaftliche Situation denkbar und zu erwarten, in der nicht nur rund zehn Prozent, sondern dreißig Prozent der Erwerbstätigen selbstständig sind. Ohnehin sinkt die Zahl der so genannten beitragspflichtigen Normalarbeitsplätze kontinuierlich auf mittlerweile nur noch rund 25 Millionen in Deutschland. Langfristig gibt es kaum eine Alternative zur Entkopplung des Erwerbs und der Altersvorsorge vom festen Normalarbeitsverhältnis. Wenn, etwa durch die später porträtierten Zukunftsfaktoren, wie einige Zukunftsforscher behaupten, die nächsten zwanzig Jahre so viel Veränderung wie die letzten 200 Jahre für uns bereithalten, liegen darin unermessliche Chancen, zu deren Erschließung es allerdings Fantasie, Kreativität und Mut zum Risiko braucht.

Globalisierung als Ausgleichsprozess

Die Globalisierung, die je nach Weltanschauung und Wahrnehmung bereits im Zuge der Renaissance ab dem 14. Jahrhundert oder erst nach dem Zweiten Weltkrieg als »globales Dorf« mit dem von McLuhan proklamierten Abschied vom Buchzeitalter (McLuhan, 1962) ihren Anfang nahm, ist unter den wirtschaftlichen Zukunftsfaktoren bekanntlich einer der mächtigsten. Die Menschen in den entwickelten Ländern gewöhnen sich nur langsam an die Realität, dass die Unternehmen Chinas, Indiens oder Brasiliens nunmehr nicht lediglich die verlängerte Werkbank mit begrenzter Intelligenz sind. In der makrohistorischen Perspektive ist die wirtschaftliche Globalisierung ein Ausgleichsprozess, der im Ergebnis zu einer Erhöhung der globalen ökonomischen Gerechtigkeit führt. Wer hierzulande nach Arbeitsplatzgarantie und Gerechtigkeit ruft (und meist nur finanzielle Umverteilung meint), sollte sich bewusst machen, dass unsere wirtschaftliche Krise das äußere Symptom eines Prozesses ist, in dessen Verlauf die so genannten Entwicklungs- und Schwellenländer einen kleinen Teil dessen zurückerhalten, was ihnen in den letzten Jahrhunderten oftmals genommen und vorenthalten wurde. Nur wenigen würde es heute noch einfallen, den Bayern und Baden-Württembergern ihren relativen wirtschaftlichen Erfolg zu neiden und den staatlichen Schutz des eigenen Arbeitsplatzes im eigenen Bundesland zu fordern. Die Einsicht jedoch, dass der ängstlich neidische Blick auf China und andere Wachstumsweltmeister genauso wenig

Sinn hat, scheint derweil für viele noch jenseits der Vorstellungskraft zu liegen.

Globalisierung an sich ist wertneutral

Das Wort vom »Globalisierungsgegner« dokumentiert ein fragwürdiges Verständnis von der Natur der Globalisierung. Wem sie als Waffe der internationalen Konzerne im selbst- und gewinnsüchtigen Kampf gegen die Nationalstaaten, die Kulturen, die Volkswirtschaften und die Natur erscheint, mag sich als edelmütiger Feind solch verwerflicher Ansinnen verstehen. Wer die Globalisierung hingegen im Horizont des gesamten 21. Jahrhunderts betrachtet und sie als den oben dargestellten und zumindest mit demokratischen und rechtsstaatlichen Mitteln unumkehrbaren wirtschaftlichen Ausgleichsprozess versteht, wird erkennen, dass mit ihr in hoher Geschwindigkeit eine Welt entsteht, die im Resultat für alle Beteiligten wirtschaftliche Vorteile und mehr Gerechtigkeit bringt. Nicht die Globalisierung selbst, sondern ihre negativen Begleiterscheinungen gilt es zu bekämpfen. Muss die Globalisierung zwangsläufig zu kultureller Monotonie und Erschöpfung unserer natürlichen Ressourcen führen? Sicher nicht. Dass sie es tut, ist in weiten Teilen unbestreitbar. In wenigen Jahren bzw. Jahrzehnten werden China, Indien, Pakistan und andere bevölkerungsreiche Länder in der Nähe des wirtschaftlichen Entwicklungsniveaus der OECD-Länder angekommen sein. Wenn wir in den entwickelten Ländern unser geradezu selbstmörderisches System der Energiegewinnung und Biosphärenbeanspruchung nicht sehr schnell ändern, wird dies zu irreparablen Schäden an der Biosphäre und damit an der Lebensgrundlage der Menschheit führen. Der westliche Lebensstil ist, leider, das Vorbild der Menschen in Entwicklungs- und Schwellenländern, das sie täglich über Satellit im Wohnzimmer sehen. Wir können von ihnen keine Nachhaltigkeit einfordern, wenn wir sie selbst nicht vorleben. Ähnliches gilt für die Wahrung kultureller Vielfalt und Identität. Es ist zu hoffen und zu unterstützen, dass die neuen starken Mitspieler auf den Weltmärkten sich ihrer kulturellen Besonderheiten und Identitäten bewusst bleiben und sie geradezu als Wettbewerbsvorteil einsetzen werden.

4.7 Gesellschaftliche Zukunftsfaktoren

Viele Theorien des Wandels sehen in den Veränderungen von Idealen, Werten, Motiven, Bedürfnissen und Zielen der Menschen die wesentliche Ursache für gesellschaftliche und wirtschaftliche Veränderung.

Ideen verändern die Welt

Die Zukunft wird zu einem großen Teil aus Ideen gemacht, wobei in diesem Zusammenhang ein erweiterter Begriff der Idee angebracht erscheint. In seinem berühmten Aphorismus betonte Victor Hugo, dass nichts mächtiger sei, als eine Idee, deren Zeit gekommen ist. Plato (428–348) hielt die Ideale des Menschen für ewig und im Grunde für das einzig reale Phänomen. Nur die materielle Welt sei Gegenstand des Wandels, nicht aber die menschlichen Ideale. Der Philosoph Hegel folgte ihm in gewisser Weise, indem er zu Anfang des 19. Jahrhunderts schrieb, dass die Idee das Absolute und alles Wirkliche nur die Realisierung der Idee sei. Die Entwicklung der Welt sei geprägt durch den Widerstreit der These, einer behauptenden Idee, der Antithese, der bestreitenden Idee, und schließlich der Synthese, der vereinenden Idee, die wiederum als These gilt. Auch Pitrim Sorokin sah die Bedeutung des ideellen (»ideational«) für den materiellen (»sensate«) Wandel. Der Idee im weiteren Sinne wird zu allen Zeiten eine große Bedeutung für Philosophie, Wissenschaft und Alltag beigemessen. Gesellschaftliche Zukunftsfaktoren wie Individualisierung, Spiritualisierung, Salutogenese (Gesundheitsorientierung) verändern täglich unsere Realität und schaffen den Kontext und die Voraussetzung für die Verbreitung von Konzepten und Technologien – oder verhindern sie.

Die Aufklärung wirkt bis heute

Die Renaissance, die Reformation oder die Aufklärung können weder mit technologischem Fortschritt noch mit Machtverschiebungen allein erklärt werden. Die altgriechischen Visionen vom idealen Menschen und vom idealen Staat, die kommunistischen Theorien von Marx und Engels über materielle Gleichheit, die protestantische Ethik, die nationalsozialistischen Visionen und die zeitgenössischen Ideale der Individualisierung haben die Welt verändert. *»Sapere aude«* (»Mensch, habe den Mut, deinen Verstand zu gebrauchen«) – so fasste Immanuel Kant 1784 die Idee der Aufklärung in einer Art zweitem kategorischen Imperativ zusammen. Man möge der eigenen Wahrnehmung und Logik mehr als den herrschenden Autoritäten trauen. So selbstverständlich dieser Imperativ heute klingt, so revolutionär sind Idee und Auswirkungen der Aufklärung in ihrer Zeit und für die folgenden Epochen. Der Postmodernismus relativierte später als Antithese die Ideale der Aufklärung, indem er dem Zweifel an der Annahme, dass man überhaupt etwas wirklich wissen könne, großen Raum gab. Nichts könne als bewiesen und sicher gelten. Aufklärung wie Postmodernismus wurden zu mächtigen Zukunftsfaktoren, deren Segnungen und Herausforderungen uns noch mehr als zwei- bis dreihundert Jahre nach dem Höhepunkt der Aufklärung beschäftigen.

Die Bedeutung der protestantischen Arbeitsethik

Lange vor der Industrialisierung schafften die Ideen des Protestantismus, so Max Weber (1919), überhaupt erst die Voraussetzung für die Entstehung einer kapitalistischen Gesellschaft. Bis dahin wurde das Streben nach Materiellem durch religiöse Regeln gehemmt, so etwa durch die Jesus Christus zugeschriebene Aussage, dass eher ein Kamel (in anderer Übersetzung ein Seil) durchs Nadelöhr gehe, als dass ein Reicher in den Himmel komme. Die protestantische Ethik befreite die Menschen vom schlechten Gewissen, indem sie nur die irrationale verschwenderische, nicht aber die sparsame und wohltätige Verwendung der Güter ablehnte. Diese gleichzeitig zum Schaffen wie zur Askese ermutigende Weltanschauung der Protestanten bedeutete die Entfesselung des Erwerbsstrebens und die Einschnürung des Konsums. Das Resultat war die zwangsläufige Bildung von Kapital, das es erstmals in der Geschichte in großem Maße produktiv zu investieren galt. Eine einzelne Idee hat, so Weber, den Kapitalismus und unsere heutige Wirtschaft und Gesellschaft entstehen lassen.

Paradigmen – Linsen für die Wirklichkeit

Thomas Kuhn führte 1962 das Konzept des Paradigmas in die wissenschaftliche Diskussion ein. Er machte in seinem Werk *Struktur wissenschaftlicher Revolutionen* bewusst, welche limitierende Macht ein herrschendes Wissenschaftsparadigma haben kann. Das griechische Wort »Paradigma« bedeutet Beispiel, Beweis, Vorbild oder Urbild. Ein Paradigma ist ein vorherrschendes, erkenntnisleitendes Bild. Paradigmen sind für Kuhn Linsen, durch die wir die Welt sehen. Sie sind die weitgehend verborgenen Grundannahmen über die Funktionsweise unserer Umwelt, gleich einer sozialen Matrix, wie er Paradigmen später auch nennt. Einstein äußert zuvor einen ähnlichen Gedanken, als er postuliert, dass die Theorie bestimme, was wir entdecken können.

Paradigmenwechsel leiten den Fortschritt

Das neue Paradigma setzt zahlreiche Innovations- und Veränderungsprozesse in Gang. Kuhn führte als Beispiel den Paradigmenwechsel von der Newton'schen zur Einstein'schen Physik ins Feld, in dessen Folge einige ehemals eherne Grundsätze der Physik, wie die Absolutheit von Zeit und Raum, umgeschrieben werden mussten. Erst die Einstein'sche Relativitätstheorie führte die Regeln ein, nach denen Bewegung den Ablauf der Zeit beeinflusst, Materie und Energie in den jeweils anderen Zustand überführt werden können und Schwerkraft eine Krümmung des Raum-Zeit-Kontinuums ist. Erst mit diesen Regeln wurde die Bewegung des Lichts darstellbar und erklärbar, was durch die Newton'sche Physik noch unmöglich war. Selbst der Fall des berühmten Newton'schen Apfels war nun vollständig erklärbar. Bereits Jahrhunderte zuvor fand mit der Ablösung des ptolemäischen Weltbildes mit der Erde als Zentrum des Universums (Geozentrik) durch das Paradigma des kopernikanischen Weltbildes mit der Sonne als zentralem Gestirn (Heliozentrik) ein anderer großer Paradigmenwechsel statt.

Außenseiter bereiten den Paradigmenwechsel vor

Erst wenn das Paradigma einer wachsenden Zahl von Anomalien, das heißt Widersprüchen und Gegenargumenten, nicht mehr standhalten kann, wird es nach Kuhn geradezu sprunghaft (»paradigm shift«) in Form einer wissenschaftlichen Revolution gegen ein neues Paradigma ausgetauscht. Das neue Paradigma kann dann sowohl das alte Paradigma wie auch weitgehend seine Anomalien erklären. Die Entwicklung der Wissenschaft folgt nach Kuhn einer zyklischen Struktur. Während des finalen Prozesses der Infragestellung wehren sich die Vertreter des alten Paradigmas mit zunehmender Intensität gegen seine Veränderung. Neue Erkenntnisse sind im Grundsatz nur innerhalb des herrschenden Paradigmas möglich. Es kann nur von innen aufgelöst werden. Wie in der Psychotherapie scheinen Menschen ihr Verhalten nur dann zu ändern, wenn sie dessen Anomalien im Wege der Selbstentdeckung erkennen. Externe können nur die Anstöße liefern. Die Infragestellung erfolgt durch die Vertreter, die sich am Rande des herrschenden Paradigmas bewegen. Diese Außenseiter wissen häufig mehr über die Wahrheit des nächsten kommenden Paradigmas, da sie sich stärker mit fremden Gebieten beschäftigen und so auf Anomalien aufmerksam werden. Paradigmen sind per Definition gemeinsame soziale Bilder und Annahmen. Es fällt uns daher schwer, den Außenseitern zu vertrauen. Wir können meist nicht unterscheiden, ob sie wirklich das nächste Paradigma einläuten oder ob sie ein ganz eigenes Paradigma entwickelt haben und so aus Sicht der im Mainstream Schwimmenden sogar als geisteskrank erscheinen.

Es gibt nach Kuhn keine Möglichkeit, ein Paradigma zu beweisen oder zu widerlegen. Daher sind Paradigmen auch nicht vergleichbar, denn sie integrieren sich gegenseitig, wie die Paradigmen der Darwinisten und der Schöpfungsgläubigen oder die der westlichen und der extrem-islamistischen Weltsicht einer Al-Qaida. Jeder erklärt für sich die Welt des anderen, sodass Anhänger unterschiedlicher Paradigmen im Grunde nicht miteinander kommunizieren können. Für Thomas Kuhn schließen sich Paradigmen gegenseitig aus. Ein Paradigma könne nicht gleichzeitig neben dem folgenden Paradigma existieren. Steven Weinberg, Nobelpreisträger und zeitweiliger Kollege von Kuhn, vertritt hingegen ein weniger strenges Konzept und geht davon aus, dass Menschen zwischen den Paradigmen wechseln können.

Für die tägliche unternehmerische Arbeit und das Alltagsleben sind geschichtsrevolutionäre Paradigmenwechsel wie der zum Sozialismus und Kommunismus und wieder zum Kapitalismus oder auch der vom kalten Krieg zur friedlichen Koexistenz der ehemaligen Supermächte eher die Ausnahme. Ein für Kuhns Paradigmendefinition zu einfaches, aber für die Praxis hilfreiches Beispiel ist der zweifache ökonomische Paradigmenwechsel zum Börsen-Hype um die Jahrtausendwende. Der Glaube an die Bedeutung der Kapitalrendite gegenüber der nachfrageorientierten Wertsteigerung als Wertmaßstab einer Aktie wurde durch die Anomalie immer höherer Kurse hochdefizitärer Unternehmen quasi außer Kraft gesetzt. Kurz darauf häuften sich jedoch wieder gegenläufige Anomalien in Form von Konkursen und Kurseinbrüchen, mit der Folge, dass das alte ökonomische Paradigma wieder in Kraft gesetzt wurde.

Die immense Bedeutung auch kleiner Paradigmenwechsel für den Alltag ist uns selten bewusst. In den 1970er-Jahren warben Kurorte mit besonders ozonreicher Luft. Das Sterben des größten Teils der europäischen Wälder bis zum Jahr 2000 galt 1980 als unabwendbare Tatsache. Noch Mitte der 1990er-Jahre konnte man mit einem Mobiltelefon leicht zum Angeber abgestempelt werden. Die Medizin wendet sich allmählich der Prävention und Salutogenese, der Lehre vom Gesundsein, zu. Ehemals heilende Medikamente wie das Parkinson-Präparat Levodopa werden mittlerweile von Schülern und Studenten zur Leistungssteigerung beim Lernen zweckentfremdet, mit beachtlichen Erfolgen. Kosmetische chirurgische Eingriffe, die früher nur entstellten Unfallopfern eine neue Lebensperspektive gaben, werden heute wie selbstverständlich eingesetzt, um dem eigenen oder gesellschaftlichen Schönheitsideal zu entsprechen.

Paradigmenwechsel im Alltag

5 Der Katalog der Zukunftsfaktoren: Die wichtigsten Treiber zukünftigen Wandels

5.1 Die Chancen der nächsten Ära sehen

Dieses Kapitel bietet Ihnen einen Überblick über die wichtigsten Trends, Technologien und Themen der Zukunft. Einige Zukunftsfaktoren haben enorme globale Bedeutung, wie etwa die Alterung, während andere *nur* große Konsumtrends beschreiben. Sie werden Zukunftsfaktoren aus Ihrer täglichen Arbeit finden wie auch solche, von deren Inhalt und Bedeutung Sie nur eine vage Vorstellung haben.

Wir haben uns bei der Auswahl der Zukunftsfaktoren auf das Wesentliche konzentriert und von der Beschreibung vorübergehender modischer Phänomene abgesehen. Die Reihenfolge der Faktoren innerhalb der Umfeldbereiche richtet sich grob nach dem Prinzip »vom Allgemeinen zum Besonderen« oder nach Themengruppen. Soweit möglich, werden dabei erst die ursächlichen und dann die resultierenden Zukunftsfaktoren dargestellt. Im Technologiekapitel sind beispielsweise zunächst einzelne Technologien erläutert, anschließend dann Querschnittsfaktoren wie Logistik- oder Medizininnovationen, die verschiedene Technologien aufgreifen.

Wir glauben, dass es in der Zukunft bewegendere Herausforderungen gibt als marginale Konsum-

phänomene oder journalistisch-medial herbeikonstruierte Befindlichkeitskrisen.

Mancher Leser wird das eine oder andere Thema vermissen. Jede Auswahl von treibenden Kräften der Zukunft ist gefärbt von der Erfahrungs- und Überzeugungswelt des Autors und zwangsläufig subjektiv und unvollständig. Zwar konnten wir nicht alle Zukunftsfaktoren verarbeiten, die wir am Werk sehen, aber wir sind überzeugt, dass die hier beschriebenen einen sehr umfassenden Überblick bieten.

Beispiele: Unternehmen setzen erfolgreich auf Zukunftsfaktoren

Unzählige Unternehmen sind gescheitert, weil sie die Bedeutung von Zukunftsfaktoren unterschätzt oder auch überschätzt haben. Viele bekannte Unternehmen gründen ihren Erfolg ganz offensichtlich auf einige der hier beschriebenen Zukunftsfaktoren, wie die folgenden Beispiele zeigen:

1. The Body Shop positioniert sich konsequent mit den Zukunftsfaktoren Salutogenese, Ethisierung und Nachhaltigkeit bis hin zur Kooperation mit Greenpeace zur Rettung der Wale im Jahr 1986. Body Shop betreibt über 1900 Läden in mehr als fünfzig Ländern und genießt ein sehr hohes Vertrauen seiner Kunden.

2. Das Geschäftsmodell von Ebay basiert auf den Zukunftsfaktoren Internetisierung, Entrepreneurisierung und Erlebnisorientierung. Ebay hat mehrere Märkte revolutioniert, vom Einzelhandel über Auktionshäuser bis zur Anzeigenpresse. Ebay hat in Millionen Angestellten den Unternehmer geweckt und ebenso vielen den Spaß am kleinen Handel zwischendurch beigebracht.

3. Der Musikmarkt wurde von einigen Jugendlichen, die vor dem Wind der Internetisierung und Dematerialisierung segelten, in seiner Existenz gefährdet und schließlich revolutioniert. Napster, Kazaa und Kollegen waren die halbkriminellen Pioniere für ein Geschäftsmodell, das für Apple mit *iTunes*, T-Online mit *Musicload* und andere zum ernsthaften Businessfeld wurde. Apple verkauft mehr als eine Million Musikdateien pro Tag.

4. Mobilisierung und Erlebnisorientierung sind die treibenden Kräfte hinter dem eher zufälligen Erfolg der damals schon über achtzig Jahre alten Idee des Walkmans von Sony und natürlich auch hinter den Handys und all den anderen portablen elektronischen Freunden.

5. Das singapurische Unternehmen Flextronics, das hierzulande kaum jemand kennt, gründet seine rund 16 Milliarden Dollar Umsatz auf den Zukunftsfaktoren Globalisierung und Netzwerkwirtschaft. Flextronics hat sich als Vertragshersteller für große Markenanbieter in so verschiedenen Branchen wie Automobile, Medizin und Elektronik spezialisiert. Microsofts *Xbox* und Mobiltelefone von Nokia stammen von Flextronics.

6. Zeitarbeitsunternehmen zählen mittlerweile zu den größten Arbeitgebern der Welt. Flexibilisierung ist ein nach wie vor wirksamer Zukunftsfaktor, der in den turbulenten Verhältnissen heutiger Märkte von vielen Firmen gesucht wird. Zeitarbeitsunternehmen wie Randstad, Adecco oder Manpower und mit ihnen 4500 andere gibt es allein im deutschen Markt.

Entdecken Sie Ihre Zukunftschancen

Auch für Sie persönlich und für Ihr Unternehmen bieten die Zukunftsfaktoren schier unerschöpfliche Chancen. Gehen Sie davon aus, dass in jedem Zukunftsfaktor, ganz gleich in welchem, das Potenzial zur positiven Revolution Ihrer Branche steckt. Sie müssen es nur entdecken. Nutzen Sie diese Ressource. Seien Sie derjenige, der die nächste Ära Ihrer Branche als Erster sieht und gestaltet.

5.2 Biosphärische Zukunftsfaktoren

5.2.1 Klimaveränderung

Ob nun alleine vom Menschen oder durch natürliche Faktoren mit verursacht: Die globale Klimaveränderung ist eine der größten Herausforderungen des 21. Jahrhunderts. Wesentliches Kennzeichen ist die Erwärmung der Erdatmosphäre. Von 1902 bis 2002 ist die durchschnittliche Lufttemperatur weltweit von -0,36 auf 0,55 Grad Celsius gestiegen. Nach verschiedenen Szenarien könnte sie bis 2100 um weitere 1,4 bis 5,8 Grad ansteigen. Selbst bei Eintreten des günstigsten Szenarios wären die Folgen verheerend. Durch Abschmelzen der Gebirgsgletscher und des Polareises würde der Meeresspiegel ansteigen und viele Küstenregionen überfluten, die Desertifikation würde schneller voranschreiten, extreme Wetterschwankungen sowie Stürme und Überflutungen würden sich häufen. Die Folgekosten der Erderwärmung könnten nach UN-Angaben in fünfzig Jahren mehr als 300 Milliarden Euro jährlich betragen. Letztlich sind Klimaschäden jedoch unbezahlbar.

Treibhauseffekt

Eines der Hauptkennzeichen für die globale Klimaveränderung ist der durchschnittliche Anstieg der Lufttemperatur. Auslöser ist der Treibhauseffekt: Kurzwellige Sonneneinstrahlung auf die Erde dringt weitgehend ungehindert durch die Atmosphäre, während die längerwellige Strahlung von der Erde zum Teil durch Treibhausgase wie Wasserdampf, Kohlenstoffdioxid und Methan absorbiert und in den Weltraum zurückgestrahlt wird. Die Temperatur der unteren Atmosphäre, der Troposphäre, erhöht sich.

Anstieg des CO_2-Gehalts

Insbesondere durch den Anstieg des Treibgases Kohlenstoffdioxid in der Atmosphäre im Zuge der zunehmenden Industrialisierung wird der natürliche Treibhauseffekt angeheizt. In den letzten zweihundert Jahren ist die CO_2-Konzentration von 280 Teilen pro Million Teile (ppm) auf 368 Teile um etwa 31 Prozent gestiegen (IPCC, 2001). Der Trend setzt sich ungemindert fort. 2004 zum Beispiel erreichte der globale CO_2-Ausstoß mit 27,5 Milliarden Tonnen einen neuen Rekordwert, ein Viertel mehr als noch 1990 (Standard, 2005 a).

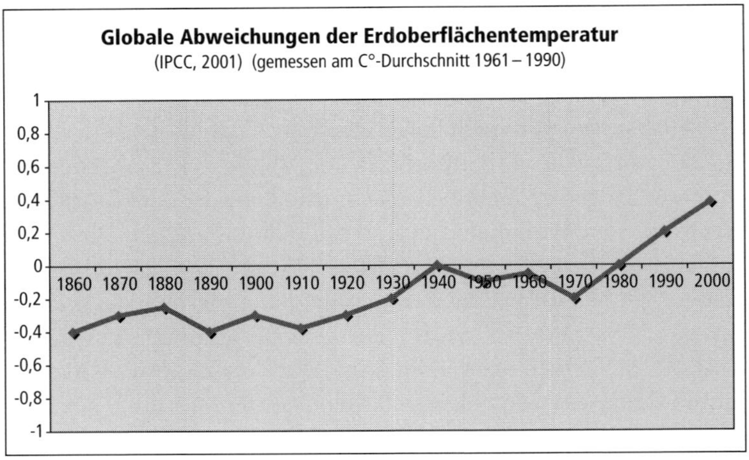

Abb. 6: Globale Abweichungen der Erdoberflächentemperatur

Indikatoren

Zu den Indikatoren der globalen Klimaveränderung gehört der Anstieg der mittleren globalen Oberflächentemperatur im 20. Jahrhundert um 0,6 Grad. Die Schwankung in Messungen und zwischen den Regionen beträgt 0,2 Grad. In der Nordhemisphäre ist sie so stark angewachsen wie seit 1000 Jahren nicht mehr. In den letzten Jahrzehnten wurde in einigen Regionen eine wachsende Häufigkeit und Intensität von Dürren beobachtet, vor allem in Asien und Afrika. Kalt- und Frosttage haben in fast allen Landregionen abgenommen. Seit Beginn der globalen Satellitenbeobachtung in den 1960er-Jahren ist die Fläche der Schneebedeckung um zehn Prozent gesunken. (IPCC, 2001)

Anstieg des Meeresspiegels

Im 20. Jahrhundert ist der mittlere globale Meeresspiegel pro Jahr um durchschnittlich ein bis zwei Millimeter angestiegen (IPCC, 2001). Nach Berechnungen des Hamburger Max-Planck-Instituts für Meteorologie könnte der Meeresspiegel bis 2100 um durchschnittlich weitere dreißig Zentimeter steigen (Standard, 2005b). Würde das Eis der Westantarktis oder Grönlands komplett schmelzen, könnte der Meeresspiegel nach anderen Schätzungen um bis zu sieben Meter ansteigen (vgl. Aley et al., 2005).

Global dimming

Als nach dem 11. September 2001 zivile Flugzeuge in den USA für drei Tage praktisch nicht fliegen durften, wurden die Tage wärmer, die Nächte kälter (Daily Mail, 2005) und die durchschnittliche Temperatur erhöhte sich um rund ein Grad. Das Phänomen des »global dimming«, der »globalen Verdunklung«, wird durch Kondensstreifen von hoch fliegenden Flugzeugen sowie durch die Verschmutzung der Erdatmosphäre mit Abgasen, Ruß, Asche und anderen Kleinstpartikeln verursacht. Die Folge ist ein künstliches Wachstum der Wolkendecke, durch die die Sonneneinstrahlung auf der Erdoberfläche um zwei bis vier Prozent pro Jahrzehnt abgenommen hat (BBC, 2005). Experten gehen deshalb davon aus, dass der Treibhauseffekt durch das »global dimming« verringert wird. Fortschritte in der Verringerung der Umweltverschmutzung führen daher zur Verstärkung der globalen Erwärmung. US-Forscher malen Szenarien, nach denen es bis zum Jahr 2100 in den USA und Europa bis zu zehn Grad wärmer werden könnte (BBC, 2005). Das kommt dem heutigen Klima Nordafrikas gleich.

Nordpol ab 2060 eisfrei?

Die von Treibeis bedeckte Region der Arktis nimmt nach Erkenntnissen des National Snow and Ice Data Center (NSIDC) in Boulder/Colorado weiter dramatisch ab. Im September 2005 haben die Werte einen neuen Jahrhundert-Tiefststand erreicht. Würde die Eisschmelze mit gleicher Geschwindigkeit voranschreiten, werde es im Sommer 2060 kein Eis mehr am Nordpol geben, so die NSIDC-Forscher. Das dunkle Schmelzwasser des nördlichen Eismeers werde die Erwärmung weiter anheizen, da die dunkle Wasserfläche die Wärme besser absorbiere als das helle Eis. (Standard, 2005c)

Gletscher schmelzen

Das Abschmelzen der Gletscher weltweit ist ein weiteres Zeichen des Klimawandels. Seit den 1970er-Jahren ist die Fläche der Alpengletscher nach Schätzungen des World Glacier Monitoring Service (WGMS) um ein Viertel zurückgegangen, auf dem Gebiet der Schweiz sogar um etwa ein Drittel. Bis 2050 könnten die Alpen bei Fortsetzung des Trends weitgehend entgletschert sein (dpa, 2002). In den letzten dreißig Jahren hat sich auch die Fläche der Gletscher im Himalaya-Gebirge verringert – um 17 Prozent. Der Anstieg der Durchschnittstemperatur in der Region in den letzten fünf Jahrzehnten um 0,88 Grad Celsius habe massive Auswirkungen, so eine Studie der chinesischen Akademie der

Wissenschaften (taz, 2005). Auch der Zerfall von Gletschern und schwimmendem Schelfeis in Grönland und der Antarktis setzt sich rapide fort (vgl. Aley et al., 2005).

5.2.2 Schrumpfende Biodiversität

Das Ökosystem der Erde hat in Milliarden von Jahren einen enormen biologischen Reichtum geschaffen. Diese Artenvielfalt ist einer der größten Werte und Aktivposten der Menschheit, ob im biologischen Sinne, für die Medizin oder als Wirtschaftsfaktor. Psychologische und ästhetische Aspekte tragen darüber hinaus zu ihrem Wert bei. In den letzten Jahrzehnten ist die weltweite Artenvielfalt einem dramatischen Massensterben ausgesetzt. Unzählige Tier- und Pflanzenarten sind bereits ausgelöscht, Zehntausende akut vom Aussterben bedroht. Die Zerstörung von Ökosystemen durch Bevölkerungswachstum, Urbanisierung, Abholzung der Waldflächen, die Ausbreitung der vom Menschen genutzten Flächen allgemein sowie die Einführung gebietsfremder Arten führen zur massiven Reduktion der Überlebensmöglichkeiten von Flora und Fauna.

Artenvielfalt der Erde

Die Anzahl der verschiedenen Arten von Pflanzen, Tieren und Mikroorganismen auf der Erde ist nicht genau bekannt. 1,75 Millionen Arten werden nach UN-Angaben von 2002 beschrieben (UNEP, 2002), die World Conversation Union (IUCN) geht von 1,9 Millionen beschriebenen Spezies aus (IUCN, 2004). Das UN-Umweltprogramm schätzt, dass es insgesamt 14 Millionen Arten gibt (UNEP, 2002). Pro Woche werden ein bis zwei neue Arten entdeckt (Generalanzeiger, 2005).

Bedeutung der Arten

Das Funktionieren der Ökosysteme hängt vielfach mit der Existenz bestimmter Lebewesen und Organismen zusammen. So tragen sie zum Beispiel zur Regulierung der Wasser- und Klimakreisläufe sowie der Gaszusammensetzung der Atmosphäre, zur Generierung und Erhaltung fruchtbarer Böden sowie zur Zersetzung von Schadstoffen und zur Bestäubung von Feldfrüchten bei. Das menschliche Wohlergehen ist somit direkt an die Biodiversität gekoppelt (UNEP, 2002).

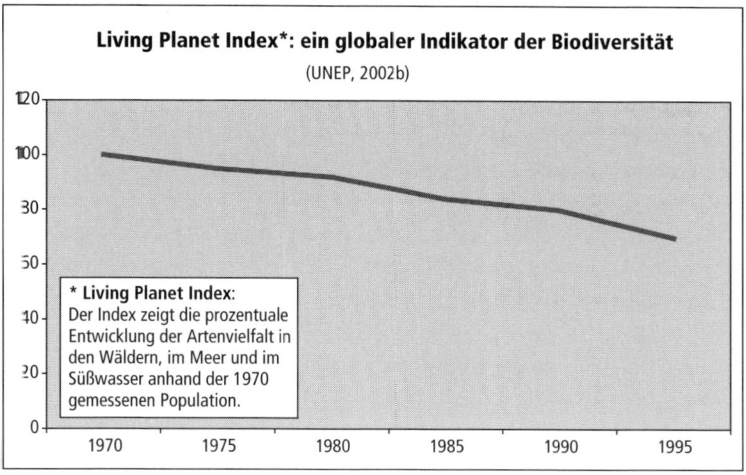

Abb. 7: Indikator der Biodiversität

Massensterben unbestreitbar

Brasilianische Forscher haben 372 wissenschaftliche Veröffentlichungen aus den letzten 13 Jahren verglichen und untersucht, ob der Rückgang der Biodiversität im Gesamtbild tatsächlich so dramatisch ist, wie allgemein dargestellt. Ihre Folgerung: Tendenziöse Übertreibungen sind nicht ersichtlich (NZZ, 2005). Je nach Studie sind die Zahlen zur durch menschliche Eingriffe abnehmenden Biodiversität unterschiedlich, der Trend ist jedoch übereinstimmend dramatisch. Nach der »roten Liste« der World Conservation Union (IUCN) von 2004 sind 15 589 Spezies akut vom Aussterben bedroht. Die IUCN weist allerdings darauf hin, dass diese Zahl tatsächlich nicht alle bedrohten Arten erfasst, da sie auf einer Untersuchung von weniger als drei Prozent der bekannten Lebewesen basiert. Nach dieser Untersuchung sind zwölf Prozent aller Vogelarten, 23 Prozent aller Säugetierarten und 32 Prozent aller Reptilienarten vom Aussterben bedroht. 784 Fälle von bereits ausgestorbenen Arten hat das IUCN dokumentiert (IUCN, 2004). Nach dem Living Planet Index des World Wide Fund for Nature (WWF) ist die natürliche Wirbeltierpopulation im Meer, an Land und in Süßwassersystemen von 1970 bis 2000 um vierzig Prozent gesunken (WWF, 2004). Teilnehmer eines Umweltsymposiums des ZDF und der Stiftung Euronatur wiesen im Januar 2002 darauf hin, dass stündlich weltweit drei Arten von Tieren oder Pflanzen aussterben. Jedes Jahr verschwinden demnach statistisch etwa 26 300 Arten. Rund 75 Prozent aller Nutzpflanzensorten seien seit Mitte des 19. Jahrhunderts ausgestorben. Früher habe sich der Mensch von mehreren Tausend Pflanzen ernährt, heute seien es nur noch etwa 150. In Indien habe die »grüne Revolution« dafür gesorgt, dass von ehemals 10 000 Reissorten heute nur noch zehn genutzt würden (dpa, 2002).

Regenerationskapazität überschritten

Der Index *Ecological Footprint* (»ökologischer Fußabdruck«) des World Wide Fund for Nature (WWF, 2004) misst den Verbrauch natürlicher Ressourcen durch den Menschen. Der »Abdruck« eines Landes ist die Gesamtfläche, die zur Produktion der konsumierten Nahrungsmittel und zur Aufnahme aller Rückstände sowie zur Bereitstellung der Infrastruktur benötigt wird. Die biologisch regenerationsfähige nutzbare Fläche der Erde wird theoretisch auf 11,3 Milliarden Hektar geschätzt. Von 1961 bis 2001 ist der Index mit 160 Prozent wesentlicher schneller als die Weltbevölkerung gestiegen, die sich im gleichen Zeitraum »nur« verdoppelt hat. Mit 13,5 Milliarden Hektar überstieg 2001 die vom Menschen genutzte Index-Fläche die verfügbare Fläche um mittlerweile 21 Prozent. Dies bedeutet, dass entsprechend mehr genutzt wird, als die Ökosysteme regenerieren können. (WWF, 2004)

5.2.3 Bodenerosion und Wüstenbildung

Die nutzbare Bodenfläche der Erde wird durch Bodenerosion zunehmend beeinträchtigt. Begünstigt oder ausgelöst durch menschliche Aktivitäten führen Wind- und Wassereinflüsse vielerorts zur Verarmung oder gar zur vollständigen Zerstörung der fruchtbaren Bodenschicht. Eine besondere Form der Bodenerosion ist die Wüstenbildung in ariden (trockenen), semiariden (halbtrockenen) und subhumiden (halbfeuchten) Klimazonen. Die Verarmung des Bodens führt dort zur immer stärkeren Ausdehnung der Wüste und wüstenähnlicher Vegetationen. Schätzungsweise 23 Prozent der nutzbaren Bodenfläche und eine Milliarde Menschen sind inzwischen von Bodenerosion direkt betroffen. Fast 43 Prozent der Landoberfläche der Erde bestehen aus Trockengebieten mit niedrigen Niederschlägen. Die Konsequenzen für Atmosphäre und Ernährung können drastisch werden.

Verarmte Böden weltweit

Nach Schätzungen der UN sind mit zwanzig Millionen Quadratkilometern etwa 14 Prozent der gesamten Bodenfläche der Erde bereits durch menschliche Eingriffe verarmt. Hauptursache ist die Bodenerosion, zu 57 Prozent durch Wasser und zu 28 Prozent durch Wind. Darüber hinaus wurde die betroffene Bodenfläche zu zwölf Prozent durch Chemikalien und zu vier Prozent durch physikalische Eingriffe geschädigt. Hauptursachen der Bodenverarmung sind Überweidung (35 Prozent), Entwaldung (dreißig Prozent), landwirtschaftliche Tätigkeit (27 Prozent), Übernutzung der Vegetation (sieben Prozent) und industrielle Aktivitäten (ein Prozent). (UNEP, 2002)

Beobachtung noch unterentwickelt

Trotz der großen Bedeutung und der deutlichen Warnsignale gibt es noch keine etablierten Instrumente und Methoden zur weltweiten und langfristigen Beobachtung der quantitativen und qualitativen Bodendegradation, etwa vergleichbar mit der internationalen Beobachtung der Waldbestände (UNEP, 2002).

Weltrisiko Wüstenbildung

Herausragende Bedeutung bei der Bodenerosion kommt der Wüstenbildung zu. Weltweit stehen etwa 1,7 Millionen Quadratkilometer Landfläche unter einem zumindest geringen Risiko durch Menschen herbeigeführter Wüstenbildung, 8,6 Millionen Quadratkilometer werden mit mittlerem Risiko eingestuft, 15,6 Millionen Quadratkilometer mit hohem Risiko und 11,9 Millionen Quadratkilometer mit sehr hohem Risiko (Eswaran et al., 2001). Von der Landoberfläche der Erde – etwa 144,5 Millionen Quadratkilometer – sind damit 25 Prozent dem Risiko der Wüstenbildung ausgesetzt, 8,5 Prozent davon akut. In diesen Gebieten leben schätzungsweise 46 Prozent der Menschheit, in den Gebieten mit hohem und sehr hohem Wüstenrisiko 648 Millionen Menschen (Eswaran et al., 2001). Jährlich fallen der Wüste weltweit etwa 150 000 Quadratkilometer Landfläche zum Opfer (Reuters, 2005).

Merkmale der Wüstenbildung

Ökologische Merkmale der Wüstenbildung sind Verlust an Flora und Fauna, Austrocknung von Binnenseen, Verschwinden organischen Mutterbodens, zurückgehender Grundwasserspiegel, steigender Salzgehalt des Wassers und eine größere Häufigkeit von Sandstürmen und -verwehungen. Flüsse tragen mehr Wasser und Überflutungen werden wahrscheinlicher. Ökonomisch wird die Wüstenbildung etwa durch sinkende Ernten, Verlust an Farm- und Weideland, Rückgang der landwirtschaftlichen Betriebe sowie durch Beeinträchtigungen der Verkehrsinfrastruktur durch Verwehungen spürbar. (UNCCD, 2001)

Konfliktauslöser Bodenerosion

Schwere soziale und politische Konflikte, Migrationsströme und humanitäre Krisen sind im Zusammenhang mit der voranschreitenden Bodenerosion und insbesondere der Wüstenbildung zu erwarten. Millionen Menschen werden das von ihnen genutzte Land an die Wüste verlieren und eine neue Heimat suchen. Die Landwirtschaft gerät unter Druck, Nahrungsmittelprobleme entstehen und die Wasserversorgung wird schlechter. Schon heute sind zahlreiche Konflikte durch derartige Probleme mit verursacht, so etwa die anhaltenden schweren Menschenrechtsverletzungen in der westsudanesischen Region Darfur.

Umweltflüchtlinge

Nach aktuellen Schätzungen wird es 2010 etwa fünfzig Millionen Umweltflüchtlinge geben, viele davon aufgrund der Desertifikation in China, Afrika und anderen Regionen (UNU, 2005). Der Flüchtlingsdruck auf Europa wird weiter zunehmen.

5.2.4 Waldvernichtung

Die weltweite Waldfläche nimmt dramatisch ab, seit der vorlandwirtschaftlichen Zeit um zwanzig bis fünfzig Prozent. Ungebremst holzt der Mensch jedes Jahr riesige Waldgebiete ab – wegen Ackerbau und Viehzucht, wegen Brennholzbedarfs, zur industriellen Nutzung sowie aufgrund rücksichtslosen Rohstoffabbaus und großer Infrastrukturprojekte. In zwei Jahrzehnten könnte der ohnehin bereits radikal dezimierte Waldbestand noch einmal um die Hälfte geschrumpft sein. Zusammenhängende Regenwaldgebiete, wie wir sie heute noch kennen, könnte es bald nicht mehr geben. Nicht nur die Urwaldflächen des Südens sind betroffen, auch die Wälder Kanadas oder die sibirische Taiga. Dabei sind die Wälder wichtiger

Sauerstofflieferant, bergen die größte Artenvielfalt, filtern Luft, speichern und reinigen Wasser und liefern wertvolle Rohstoffe. Die Abholzung resultiert oftmals in unaufhaltsamer Bodenerosion und führt damit zur grundsätzlichen Zerstörung von Vegetationsflächen.

Waldzerstörung in Zahlen

Je nach Berechnung werden jährlich zwischen 50 000 und 170 000 Quadratkilometer Waldfläche zerstört (WRI, 2000). Das sind 14 bis 48 Fußballfelder in der Minute. Unter Berücksichtigung von Aufforstungsmaßnahmen und natürlicher Ausbreitung von Wäldern kommt die UNO auf einen Nettoverlust an Waldfläche von 94 000 Quadratkilometern jährlich (FAO, 2000). Mit einem Prozent Waldverlust pro Jahr sind die tropischen Wälder besonders stark betroffen (ebd.). Seit 1990 gingen damit weltweit insgesamt etwa 1,5 Millionen Quadratkilometer Wald verloren – eine Fläche, fünfmal so groß wie Deutschland.

Beschleunigtes Verschwinden des Urwalds

Rund zwei Drittel der ehemaligen Urwaldflächen existieren bereits nicht mehr. Nur rund ein Fünftel des Restbestands besteht aus großen zusammenhängenden Gebieten. In den kommenden zwei Jahrzehnten werden nach Schätzung des Global Forest Watch (GFW) vermutlich nochmals vierzig Prozent aller derzeit intakten Waldregionen verschwunden sein (Telepolis, 2002). Allen Schutzbemühungen zum Trotz ist der durchschnittliche Waldverlust im Amazonasgebiet von etwa 18 000 Quadratkilometern 2001 auf durchschnittlich über 23 000 Quadratkilometer in den Jahren von 2002 bis 2004 gestiegen (Greenpeace, 2005). Zwischen 1987 und 1997 betrug der durchschnittliche Waldverlust in Indonesien etwa 17 000 Quadratkilometer. Bis 2003 ist die Zahl auf 21 000 Quadratkilometer gestiegen (Santilli et al., 2005). Siebzig Prozent der Holzgewinnung stammen aus illegalen Rodungen. In den vergangenen fünfzig Jahren schrumpfte die gesamte indonesische Waldfläche von 1,62 Millionen Quadratkilometern auf unter eine Million (vgl. Telepolis, 2002).

Artenvielfalt bedroht

Die Abholzung und Schädigung des Waldes trägt besonders gravierend zur schrumpfenden Biodiversität bei (siehe Seite 104).

Zwei Drittel aller landlebenden Tier- und Pflanzenarten haben ihren Lebensraum im Wald. (WRI, 2000)

CO_2-Emissionen durch Brandrodungen
Die Pflanzen und Bodenorganismen der Erde absorbieren das für den Treibhauseffekt mitverantwortliche Kohlenstoffdioxid. In den Wäldern sind rund vierzig Prozent des Kohlenstoffs in terrestrischen Ökosystemen gebunden (WRI, 2000). Durch die weit verbreiteten Brandrodungen etwa zur Nutzung der Waldfläche für die Landwirtschaft wird es als CO_2 in die Atmosphäre freigesetzt. Solche Brandrodungen verursachen nach Schätzungen zehn bis 25 Prozent des anthropogenen CO_2-Ausstoßes – mit steigender Tendenz (Santilli et al., 2005).

Direkte Klimaeffekte durch Brandrodungen
Forscherteams haben nachgewiesen, dass die durch Feuer freigesetzten Rußpartikel die Niederschlagsmengen im Amazonasgürtel und anderen von Brandrodung betroffenen Regenwäldern reduzieren und natürliche Wolkenbildung verhindern. Dies hat stark destabilisierende Effekte auf das Regenwald-Ökosystem (SciDev, 2004). Die Jahrhundertdürre am Amazonas im Sommer 2005 wird unter anderem auf diesen Effekt zurückgeführt (Agencia Brasil, 2005).

5.2.5 Trinkwasserknappheit

Trinkwasser ist in einigen Regionen der Erde schon heute sehr knapp. Über eine Milliarde Menschen haben keinen Zugang zu sauberem Trinkwasser. Viele müssen dafür tagtäglich weite Strecken zurücklegen. Durch Bevölkerungswachstum und Urbanisierung steigt der Bedarf weiter massiv an. Sorgloser Umgang, Verschmutzung, intensive Landwirtschaft, beschädigte Verteilungsnetze und Übernutzung der natürlichen Vorräte, etwa des Grundwassers, verschärfen das Problem. Um 2030 wird bei Fortsetzung gegenwärtiger Trends die Hälfte der Weltbevölkerung in Gebieten mit akutem Wassermangel leben. Der Wassermangel wird die wirtschaftliche und soziale Entwicklung bremsen. Entsalzungstechniken zur Gewinnung von Trinkwasser aus dem Meer sind trotz Weiterentwicklungen nach wie vor teuer und weisen eine negative Ökobilanz auf. Geopolitische Konflikte um den Zugang zu Wasservorräten sind wahrscheinlich.

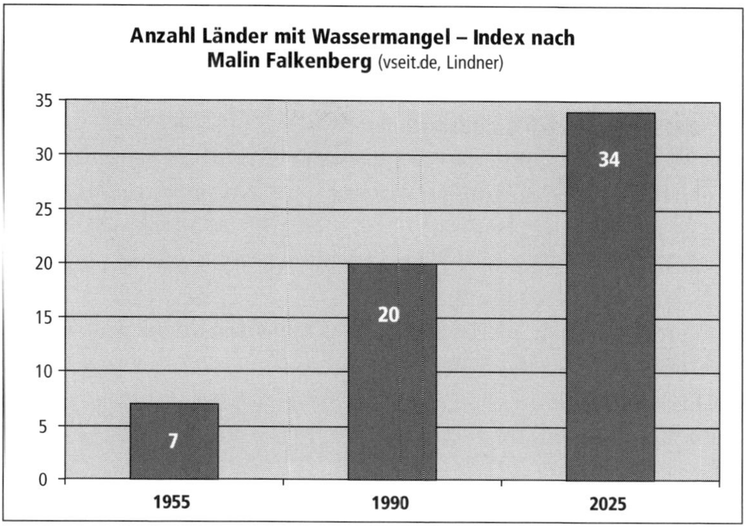

Abb. 8: Trinkwasserqualität

Süßwasservorkommen

Wasser bedeutet Leben und ist für das Funktionieren und den Erhalt der Ökosysteme fundamental. Auf der Erde gibt es rund 1400 Millionen Kubikkilometer Wasser. Etwa 2,5 Prozent des Wassers auf der Erde ist Süßwasser, das zum tierischen, pflanzlichen und menschlichen Gebrauch geeignet ist. Es ist zum überwiegenden Teil in den Eismassen der Antarktis und Grönlands gebunden. Nur ein Prozent des Süßwassers – 0,025 Prozent der gesamten Wasservorkommen der Erde – befindet sich frei in den Ökosystemen – in Bächen, Flüssen, Grundwasser und Seen. (UNEP, 2002)

Wasserknappheit vor allem in den Entwicklungsländern

Mehr als zwei Milliarden Menschen in über vierzig Ländern sind schon heute von Wasserknappheit betroffen. 1,1 Milliarden haben nicht genug Trinkwasser, 2,4 Milliarden haben keinen Zugang zu Sanitäranlagen, was gravierende hygienische und gesundheitliche Probleme mit sich bringt. Die Hälfte der Menschen in den Entwicklungsländern lebt in Wasserarmut. Nach den günstigsten Prognosen wird 2050 ein Viertel aller Menschen in Ländern leben, in denen chronische oder häufig wiederkehrende Trinkwasserknappheit herrscht (UN/WWAP, 2003). Nach dem schlimmsten Szenario werden 2050 sieben von dann etwa neun Milliarden Menschen ein Leben in Wasserknappheit führen (ebd.).

Verschmutzung

Selbst wo der Zugang zu Wasser möglich ist, sind Flüsse, Seen und Grundwasser zunehmend verschmutzt und verseucht, das Wasser entsprechend nur unter Gesundheitsgefahren oder gar nicht genießbar. Müll und Abfälle, industrielle und chemische Stoffe sowie Pestizide und Dünger sind die häufigste Ursache. Fäkalien, Säuren, Schwermetalle und Phosphate sind Beispiele. Jeden Tag werden zwei Millionen Tonnen Müll in Wasserläufe entsorgt. (UN/WWAP, 2003)

Steigender Bedarf und Übernutzung

Von 1961 bis 2001 hat sich der globale Wasserverbrauch verdoppelt, ein jährlicher Zuwachs von durchschnittlich 1,7 Prozent. Der Anstieg verteilt sich auf landwirtschaftliche Nutzung, industrielle Nutzung und häuslichen Gebrauch. Die Ökosysteme geraten unter starken Druck. Viele Länder verbrauchen über hundert Prozent der jährlich durch den natürlichen Kreislauf verfügbaren Wasserressourcen, indem sie nicht erneuerbare unterirdische Vorkommen abzapfen. (WWF, 2004)

Wassermangel in den Städten

Die weltweite Verstädterung, insbesondere in den Schwellen- und Entwicklungsländern, macht ein kostengünstiges, technisch effektives Frischwasser- und Abwassermanagement immer komplizierter und teurer. Etwa 300 Millionen Stadtbewohner hatten Ende 1994 keinen Zugang zu sicherer Wasserversorgung, 600 Millionen keine angemessene Sanitärversorgung (UNEP, 2002). Untersuchungen gehen davon aus, dass etwa in Peking schon im Jahr 2005 800 Millionen Kubikmeter Wasser fehlten und bis 2010 1,2 Milliarden Kubikmeter fehlen werden (Telepolis, 2001).

Wasser als globaler Konfliktherd

Der Zugang zu Wasserressourcen gilt wegen der zunehmenden Verknappung als sehr wahrscheinliche Ursache für zukünftige zwischen- und innerstaatliche Konflikte. Die Infrastruktur der Wasserversorgung ist zudem ein potenzielles Ziel für militärische und terroristische Angriffe. Schon zwischen 1945 und 2004 können etwa hundert Beispiele für Wasser als Konfliktgegenstand gezählt werden (Gleick, 2004). Die Wasservorkommen erstrecken sich überwiegend über nationale, regionale und ethnische Grenzen hinweg. So fließen weltweit 261 Flüsse durch zwei oder mehr Staaten (UNEP, 2002). Internationale Kooperation zur Nutzung dieser Ressourcen wird dadurch unumgänglich.

Verbesserte Wasserleitungssysteme notwendig

Statt vorhandene Wasservorkommen immer stärker zu nutzen und immer weitere zu erschließen, wird zunehmend erkannt, dass eine effizientere und ökologischere Handhabung ein Teil der Problemlösung ist. Die Wasserleitungssysteme weltweit sind in einer kritischen Verfassung. In den meisten Ländern gehen etwa dreißig Prozent des Trinkwassers durch Lecks in den veralteten und schlecht gewarteten Leitungen verloren, bevor es überhaupt den Verbraucher erreichen kann. In manchen Städten sind es siebzig bis achtzig Prozent (UN/ECE, 1998).

5.2.6 Erdölknappheit

Erdöl ist der menschlichen Zivilisation die zurzeit wichtigste Energiequelle – neben der Sonne. Die Weltwirtschaft ist in einem prekären Maße auf die Versorgung mit Erdöl angewiesen. Fast alle Industrieländer müssen den Brennstoff importieren, um ihren Bedarf zu decken. Versorgungsengpässe können schnell zu Wirtschaftskrisen führen. Während der weltweite Verbrauch rasant wächst, schwinden die förderfähigen Vorkommen dahin. Wie lange die Ölreserven noch ausreichen werden, ist umstritten. Sicher ist aber, dass das schwarze Gold in Zukunft immer knapper und damit auch immer teurer wird. Bremsende Effekte auf die Konjunktur sind kaum zu vermeiden. Andererseits fördert das durch höhere Preise geschaffene Bewusstsein für die Knappheit die Suche und Erforschung von Energiealternativen und Verfahren zur effizienteren Nutzung der verbleibenden Erdölreserven.

Weiterhin hoher Anteil fossiler Energien

In Deutschland stammen rund 36 Prozent des Primärenergieverbrauchs aus Mineralöl, elf Prozent aus Braunkohle, 13 Prozent aus Steinkohle und über 22 Prozent aus dem noch in bis zu 170 Jahren verfügbaren Erdgas. Insgesamt werden damit noch rund 82 Prozent der Energie aus fossilen Brennstoffen gewonnen. Die regenerativen Energien haben nur einen Anteil von 3,6 Prozent (im Jahr 2004). Die Differenz zwischen Primärenergieverbrauch und Endenergieverbrauch (9,3 Prozent) ergibt sich aus den enor-

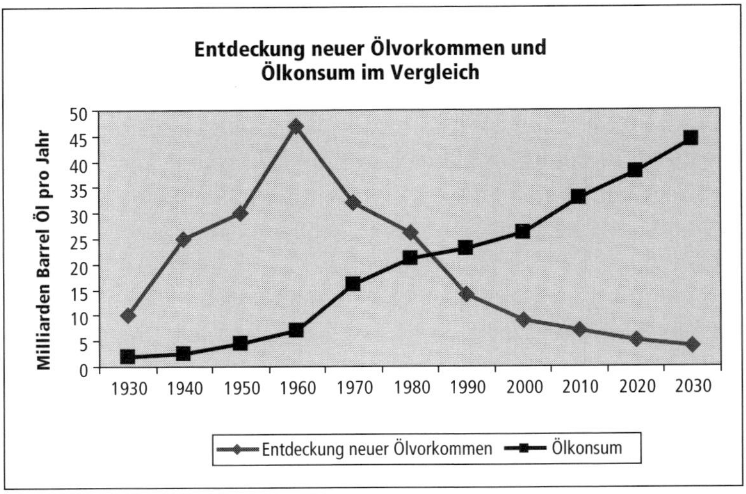

Abb. 9: Erdölvorkommen und Erdölverbrauch im Vergleich

men Verlusten bei der Umwandlung im Kraftwerk und beim Transport bis zum Energieverbraucher.

Erdöl ist seit den 1960er-Jahren wichtigster Rohstoff

Kohle hat ihre lange Vorherrschaft Ende der 1960er-Jahre an das Erdöl abgetreten. Kohle wird jedoch weiterhin vorrangig bei der Stromerzeugung genutzt. Erdöl ist wichtigster Rohstoff für den Transportsektor, welcher heute nahezu vollständig davon abhängig ist. Dadurch, dass einige der bereits identifizierten Ressourcenvorräte mit der aktuellen Technologie noch nicht gewinnbringend gehoben werden können und weitere unentdeckte Quellen vermutet werden, ist nicht mit einer baldigen vollkommenen Erschöpfung der fossilen Energiequelle Erdöl zu rechnen (Fues, 2003). Die Knappheit des Erdöls bezieht sich weniger auf die tatsächlich in der Erde vorhandene Menge als darauf, dass die Gewinnung von Erdöl immer teurer wird. Die mit geringem Aufwand zugänglichen Quellen schmelzen dahin. Die weltweiten Ölreserven liegen derzeit bei etwa 165 Milliarden Tonnen. Dies ist die Menge, die bei einem Preis von dreißig US-Dollar je Barrel (159 Liter) gewinnbringend gefördert werden kann. Die tatsächlich in der Erde versteckten Ressourcen sind deutlich höher als die ausgewiesene Menge. Diese sind jedoch entweder noch gar nicht identifiziert oder aber unter heutigen Technologie- und Kostenaspekten nicht förderbar (Abendblatt, 2003).

Rekordpreise

Im Juni 2005 überstieg der Ölpreis die 60-Dollar-Marke. Noch 1972 lag der Preis für ein Barrel bei rund 2,70 US-Dollar. Ein hoher Ölpreis schwächt die Konjunktur und treibt die Lebenshaltungskosten nach oben. Unternehmen (insbesondere in energieintensiven Branchen) sowie Endverbraucher haben hierunter zu leiden und die Börsen reagieren mit sinkenden Aktienkursen. Treiber der zunehmenden Nachfrage sind die USA und insbesondere China, welches sein enormes Wachstum mit immer mehr Energie in Schwung halten muss. Arme Länder hingegen sind die Verlierer, da ihnen das Kapital fehlt, Öl auf dem Weltmarkt einzukaufen. Laut Expertenschätzungen führt ein dauerhafter Anstieg der Ölpreise um zehn US-Dollar pro Barrel zu einem um ein Prozent niedrigeren Wirtschaftswachstum und einer höheren Inflation von 1,5 Prozent. In Deutschland hat sich der erhöhte Ölpreis auch bei den Staatseinnahmen bemerkbar gemacht. Im Mai 2005 sanken zum Beispiel die Einnahmen des Bundes aus der Mineralölsteuer um nahezu zehn Prozent, da die Deutschen weniger Auto fuhren (Welt, 06/2005). Laut einer Gemeinschaftsstudie des Hamburgischen Weltwirtschafts-Instituts (HWWI) und der Berenberg Bank könnte der Ölpreis im Jahre 2030 bei 120 US-Dollar stehen, vorausgesetzt, die Weltwirtschaft wächst jährlich mit circa 2,8 Prozent (Welt, 07/2005).

Konsequenzen knappen und teuren Erdöls

Bei dauerhaft überhöhten Preisen wird die Nachfrage nach Öl sinken. Andere Energieträger werden stärker in den bisher von Öl bestimmten Gebieten Einzug erhalten. Im Transportsektor wird die Nachfrage jedoch konstant bleiben oder gar steigen, da Treibstoff nicht ohne weiteres ersetzt werden kann. Selbst für die Erdöl produzierenden Länder könnten sich langfristig hohe Preise als Eigentor erweisen, wenn Nicht-OPEC-Staaten durch die hohen Margen dazu verlockt werden, ebenfalls in die Erdölproduktion einzusteigen bzw. ihre Förderung auszuweiten (Welt, 06/2004).

Heiz-Armut – Beispiel Großbritannien

Für ärmere Bevölkerungsschichten hat der hohe Ölpreis fatale Folgen. Großbritannien verzeichnet in Westeuropa die höchste Rate von Todesfällen aufgrund von Winterkälte. Es gibt dort derzeit circa zwei Millionen Haushalte, die es sich aufgrund der hohen Kosten nicht leisten können, ihre Wohnungen in vernünftiger Weise zu heizen. Es wird geschätzt, dass im Winter 2005 24 000 ältere Menschen aufgrund von »fuel poverty« umgekommen sind (Asher, 2005).

5.3 Technologische Zukunftsfaktoren

5.3.1 Wachsende Computerleistung

Steigende Prozessorgeschwindigkeiten und wachsende Speicherkapazitäten von Computern sind der technologische Treiber der Informationsgesellschaft. In dem Maße, in dem die Rechenleistung steigt, bewältigen Computer immer größere Informationsmengen und kommen in immer mehr Bereichen zum Einsatz. Zahlreiche potenzielle Massenanwendungen warten fast nur noch auf die nötige Hardwareleistung, so etwa viele Simulationen, Natural Language Processing oder Handschrifterkennung. Nach wie vor gilt das Moore'sche Gesetz, nach dem sich die technologisch mögliche Computerleistung etwa alle zwölf bis 18 Monate verdoppelt. Dabei bleibt es aber nur, wenn die durch die Silikontechnik gesetzten Grenzen überwunden werden können. Andernfalls ist zwischen 2015 und 2020 das Ende der Miniaturisierung siliziumbasierter Chips zu erwarten. Holographische Speicherverfahren und Quantencomputer gehören zu den Bereichen, an denen geforscht wird.

Moore'sches Gesetz

Intel-Gründer Gordon Moore stellte im Jahr 1965 die These auf, dass die Dichte der Transistoren auf einer integrierten Schaltung mit der Zeit exponentiell ansteigen und sich so die Rechenleistung von Computern etwa alle zwölf bis 18 Monate verdoppeln würde. Die Presse nannte diese Regelmäßigkeit fortan das Moore'sche Gesetz, das als Faustformel bis heute ein Orientierungspunkt für die Produktzyklen der Computerindustrie ist. Schon oft sagten Experten das Ende des Moore'schen Gesetzes voraus, aber die prognostizierten Hürden konnten überwunden werden, noch bevor sie wirklich relevant wurden (wikipedia.org). Heutige Armbanduhren können mehr Rechenleistung erbringen, als der gesamten Welt vor 1961 zur Verfügung stand. Die leistungsfähigsten

Supercomputer hatten Mitte der 1970er-Jahre weniger Rechenkapazität als heutige PDAs (Personal Digital Assistants) und Videospielgeräte (Molitor, 2003). Würde man das Entwicklungstempo der Informationstechnologie der letzten 25 Jahre auf die Luftfahrt übertragen, dann würde die Flugzeit von New York nach Skandinavien im Jahre 2024 anstatt acht Stunden weniger als eine Sekunde betragen und der Ticketpreis auf unter einen Dollar-Cent geschrumpft sein (Ridderstrale und Nordström, 2002).

Kurzweil'sche Vision

Auf der Grundlage des Moore'schen Gesetzes und eigener Überlegungen geht der amerikanische Zukunftsforscher und Unternehmer Ray Kurzweil davon aus, dass wir im Jahr 2059 für einen Cent einen Computer kaufen können, dessen Rechenkapazität derjenigen aller zu diesem Zeitpunkt auf der Erde lebender Menschenhirne entspricht.

Prognosen von Rechenleistung und Preisen für Computerchips nach Ray Kurzweil

Jahr	Zahl menschlicher Gehirne	Kapazität in Operationen/sec	Preis in US-Dollar
2023	1	2 * 1016	1000
2037	1	2 * 1016	0,01
2049	10 Milliarden	1010 * 2 * 1016	1000
2059	10 Milliarden	1010 * 2 * 1016	0,01

Kurzweil geht dabei davon aus, dass ein menschliches Hirn hundert Milliarden Neuronen, tausend Verbindungen pro Neuron und 200 Kalkulationen pro Verbindung und Sekunde hat. Das sind 2 * 1016 Rechenoperationen pro Sekunde (Kurzweil, 2005).

Nach dem Silizium

Sind die Miniaturisierungspotenziale der Siliziumcomputer ausgeschöpft, sollen andere Computer für das weitere Wachstum der Rechenkapazität sorgen. Entwickelt werden zum Beispiel Biocomputer (DNA-Computer), optische Computer und Quantencomputer. Letztere werden vom Unternehmen D-Wafe Systems in Vancouver bereits in Prototypen für 2006 und als erste fertige Maschinen auf der Basis von Supraleiter-Chips bis 2008 angekündigt (Technology Review, 8/2005).

Holographische Speicher-Revolution

Durch Speichern von Hologrammen in Kristallen kann die Holographie zur Datenspeicherung genutzt werden. Im Volumen einer DVD könnten mit diesem Verfahren circa 10 000 Gigabyte an Daten abgespeichert werden, also die 2000fache Datenmenge von herkömmlichen DVDs (fünf Gigabyte) (Lossau, 2005). Von dieser Revolution der Datenspeicherung profitieren insbesondere speicherintensive Bereiche wie die Entertainmentbranche. Würfelstückgroße Speicher ermöglichen es, Daten mit einer Geschwindigkeit von über einem Gigabyte pro Sekunde auszulesen. Die Zugriffszeit soll unter einer Millisekunde liegen und die Haltbarkeit der auf holographischen Würfeln gespeicherten Daten soll circa tausend Jahre betragen. Die bisherigen Probleme der Beschaffung geeigneter Kristalle gehören bald der Vergangenheit an. Neuartige Polymere eignen sich nicht nur hervorragend zur optischen Datenspeicherung, sondern sind darüber hinaus günstig in der Herstellung (Blum, 2005). Bayer MaterialScience hat entscheidende Meilensteine hin zu einem neuen Speichermaterial geschaffen, welches eine Datenspeicherung durch Holographie auf Makrofol-ID-Polycarbonfolie ermöglicht. In Zukunft könnte es sogar Memorysticks, Scheckkarten oder programmierbare Schlüssel mit holographischen Folien zur Datenspeicherung geben (Paschek, 2004). Daher werden wohl optische Computer die Nachfolge der Siliziumrechner antreten. Sie sind leistungsstärker und bieten nahezu unbegrenzten Platz zur Speicherung von Informationen.

Nanospeicher könnten den Computer revolutionieren

Eine Studie des Forschungsinstituts Frost & Sullivan stellt Entwicklungssprünge der Speicher- und Prozessortechnik in Aussicht. Transistoren aus Kohlenstoff-Nanoröhren könnten die derzeitigen Silizium-Transistoren in ihrer Leistungsfähigkeit um Längen schlagen. Spintronik nennt sich die Entwicklung molekularer Speicher. Hierbei werden Informationen nicht mehr mittels elektrischer Ladung, sondern per Nanotechnik (siehe Seite 165 ff.) durch Veränderungen der Magnetisierungsrichtung auf dem Chip gespeichert. Nanotech-Filme gelten als zukunftsweisende Speichermedien, magnetische Nanoskala-Sensoren sollen die Speicherkapazität von Festplattenlaufwerken um das Tausendfache erhöhen. Viel Hoffnung setzt man in die Kombination von Nanotechnik mit Quantencomputern. Eine Zukunftsvision, die einmal den heutigen Computer ersetzen könnte. (Gerhardt, 2003)

Zukunftsannahmen des Feldafinger Kreises

Der so genannte Feldafinger Kreis wurde 2001 vom Bundesverband der Deutschen Industrie (BDI) und Wissenschaftsorganisationen wie dem Deutschen Forschungszentrum für Künstliche Intelligenz ins Leben gerufen. Die rund hundert Experten aus Wirtschaft und Wissenschaft haben im August 2005 über die wichtigsten Trends in der Informationstechnik beraten. Folgende sechs Trends wurden identifiziert (Feldafinger Kreis, 2005):

- **Sich selbst organisierende Systeme mit strategischer Bedeutung:** Die Komplexität von Software überfordert zunehmend selbst die Experten. Die Systeme wenden ihre Intelligenz zukünftig auf sich selbst an und organisieren, reparieren und warten sich selbst.
- **Intelligente Software-Agenten übernehmen Routine-Aufgaben:** Lernende Software-Agenten integrieren, beobachten und analysieren komplexe Umgebungen und Prozesse. Sie helfen uns zu planen und zu entscheiden. Die Globalisierung, die Entwicklung zur Dienstleistungs- und Wissenswirtschaft sowie kürzere Entwicklungszeiten schaffen einen größeren Bedarf an schnellen, flexiblen und autonomen Entscheidungsprozessen.
- **Web-Services für die prozessorientierte Integration und Automation von Prozessen:** Der Traum vom integrierten E-Business rückt näher. Bei Sicherheit und Authentifizierung gebe es zwar noch Nachholbedarf, der jedoch sukzessive verringert werde.
- **RFID (Radio Frequency Identification,** siehe Seiten 141, 182**) ermöglicht eingebettete Internet-Dienste:** RFID ist eine Technik zur Datenübertragung per Funk mithilfe extrem kleiner und flacher Computerchips, die in Etiketten

(Smart Labels) eingearbeitet werden können. Mit diesen Smart Labels ist jeder Container, jede Palette und sogar jedes einzelne Produkt praktisch permanent mit dem Internet verbunden. Es entsteht das so genannte Internet der Dinge. Die Daten der Produkte zu managen wird zu einem eigenen Geschäft. Vor allem im Einzelhandel und in der Logistik liegen vielfältige Einsatzmöglichkeiten.

- **Grid-Computing wird ökonomisch nutzbar:** Das Computernetz (grid = englisch Netz) ist mehr als seine Teile. Rechnerleistung wird on Demand im benötigten Umfang genutzt. Das System koordiniert die Ressourcen selbstständig. Die zunehmende weltweite Arbeitsteilung und der verstärkte Einsatz von Computersimulationen treiben das Wachstum des Grid-Computing an.
- **Peer-to-Peer (P2P) als neues Kommunikationsparadigma:** »Zusammen sind wir das Internet.« Was mit Tauschbörsen für Musik und Videos begann, schafft neue Möglichkeiten für den internetbasierten Austausch und die Verknüpfung von Inhalten, Objekten und Kontexten. Erste Massenanwendungen sind in der Internet-Telefonie und Internet-Videofonie zu beobachten.

5.3.2 Leistungsfähigere Datenübertragungssysteme

> Die Ausbreitung von Internet, Computer und digitalen Medien auf der Nachfrageseite und die immer kürzeren Innovationszyklen auf der Anbieterseite ziehen eine zunehmende Erhöhung der Bandbreiten für die Datenübertragung nach sich. Durch gleichzeitig fallende Preise nimmt die Nachfrage nach Breitbandanschlüssen weiter zu. Neue Übertragungstechnologien werden den Datentransfer dabei in absehbarer Zeit weiter enorm beschleunigen. Viele Online-Anwendungen und -Dienste wie »Video on Demand« oder Videofonie werden dadurch erst möglich. Nach dem Gilder'schen Gesetz (gilder's law nach George Gilder) verdreifacht sich die verfügbare Bandbreite jedes Jahr.

Steigendes Übertragungsvolumen

Das Datenvolumen, das übertragen werden kann, steigt auch zukünftig weiter an. Die Terabit-Grenze wird bereits innerhalb der nächsten Jahre überschritten werden. Durch Verbesserung und Austausch der Sende-, Empfangs- und Verstärkerelektronik kann die Leistungsfähigkeit der vorhandenen Kabel- und Funkverbindungen deutlich ausgeweitet werden. (Zarschizky, 2003)

Breitband- und Wirtschaftswachstum bedingen sich gegenseitig

Als kritischer Faktor für die Entwicklung der Internetwirtschaft hat sich die Verbreitung von Breitbandanschlüssen in den Haushalten herausgestellt. Sie ist ein starker Treiber für angrenzende Branchen und sorgt für gesunde Dynamik im Markt. Ein wichtiger Aspekt dabei ist aber auch die Medienkompetenz der Anwender. Erst durch eine hohe Affinität zum Internet steigt der Bedarf an Breitbandlösungen, der wiederum die Angebotsvielfalt auslöst und damit neuen Bedarf generiert (Welfens, 2004). Schätzungen der OECD zufolge wird die Breitbandtechnologie bis 2011 ein Drittel zum Produktivitätsanstieg in den Industriestaaten beigetragen haben. Schnelle Datenverbindungen sind ähnlich bedeutsam für die wirtschaftliche Entwicklung wie ehemals das Schienennetz (Welt, 03/2005).

Zwei Szenarien

Im Auftrag des Bundesministeriums für Wirtschaft hat das Europäische Institut für internationale Wirtschaftsbeziehungen (EIIW) in Zusammenarbeit mit dem Fraunhofer-Institut für Systemtechnik und Innovationsforschung (ISI) die Forschungsstudie *Internetwirtschaft 2010 – Perspektiven und Auswirkungen* vorgelegt. Darin werden zwei Hauptszenarien gebildet: »Verhaltenes Wachstum« und »Durchbruch«.

- Im Szenario »Verhaltenes Wachstum« setzt sich Breitband-Internet als DSL-Variante durch und wird vornehmlich von erfahrenen Anwendern, so genannten Heavy Usern, genutzt. Die Konsumenten betrachten DSL als Synonym für einen schnellen, immer verfügbaren Internetzugang. Es verbreitet sich rascher als andere Breitband-Technologien und schafft eine Monokultur bei den Highspeed-Zugängen in Deutschland. Als ergänzende Technik für mobile breitbandige Zugänge werden private WLAN-Netze genutzt. UMTS- und 4G-Anwendungen haben den Weg zu einem Massenprodukt noch nicht gefunden und werden hauptsächlich im professionellen Umfeld eingesetzt.

- Im Gegensatz-Szenario »Durchbruch« konzentriert sich die Breitband-Entwicklung nur in den ersten Jahren auf DSL. Daneben senken bald alternative Highspeed-Internettechnologien die Zugangskosten und setzen eine Angebotsvielfalt im Breitbandbereich in Gang. Zu diesen gehören hochbitratige Internetverbindungen über das TV-Kabelnetz, über das UMTS- bzw. 4G-Netz, per WLAN und VSAT-Satellitenverbindung. Neue Internetnutzer können sich inzwischen gar nicht mehr vorstellen, wie Einwahlverbindungen über das Telefonnetz oder über ISDN funktionieren. Ein gesunder Wettbewerb zwischen den TK-Netzbetreibern und den verschiedenen Providern (Telefonfest-, Kabel-TV-, Mobilfunk-, digitales terrestrisches Sendenetz, WLAN-Satellitenverbindungen usw.) entsteht und sorgt nicht nur für attraktive Preise, sondern auch für eine Vielfalt an Angeboten und Services. (Welfens, 2004)

5.3.3 Display-Innovationen

Rapide steigende Auflösungen, immer schmalere und unempfindlichere Gehäuse und sinkende Preise sorgen zukünftig für die Allgegenwart von Displays. Es wird an hochauflösenden Displays geforscht, mit denen sich beliebig geformte Objekte beschichten lassen. Zusammenrollbare Bildschirme, so dünn wie Papier oder Karton, werden in Zukunft den Durchbruch schaffen. Ob als Moderationstafel im Büro, als Videoleinwand, als Kochschulungsmonitor in der Küche oder als E-Book: Sie werden uns überall begleiten, was ihre Bedeutung als Zukunftsfaktor verdeutlicht. Interaktionsfähige dreidimensionale virtuelle Umgebungen werden als Simulations- und Kommunikationsräume weitere Entwicklungsstufen möglich machen.

Organische Displays

Eine neue Bildschirmgeneration entsteht, die OLEDs (Organic Light Emitting Diodes). Geräte mit dieser organischen Leuchtdiode können weitaus kostengünstiger hergestellt werden als anorganische LEDs. Sie dienen als Bildschirme und zur Beleuchtung. OLEDs bieten große Blickwinkel von bis zu 170 Grad, hohe Leuchtdichte und sehr kurze Bildaufbauzeiten. Wegen ihres geringen Energiebedarfs sind sie besonders geeignet für mobile Geräte wie

Handys oder Handhelds. Ihr Vorteil gegenüber herkömmlichen Flüssigkristallbildschirmen ist, dass sie ohne Hintergrundbeleuchtung auskommen. Das Display ist so dünn und biegsam wie eine Plastikfolie. Die erste Digitalkamera der Welt mit einem OLED-Display wurde auf der Messe der Photo Marketing Association im März 2003 von Kodak vorgestellt. 2004 umfasste der weltweite OLED-Markt etwa 408 Millionen US-Dollar. Für 2008 sagen Analysten ein Marktvolumen zwischen drei und acht Milliarden US-Dollar voraus. (wikipedia.org, a und wikipedia.org, b)

Electronic Paper Display

Das nach eigenen Angaben erste farbige und biegsame elektronische Papier (EPD = Electronic Paper Display) hat Fujitsu vorgestellt. Es behält seinen Bildinhalt auch ohne Stromzufuhr. Durch Verzicht auf Farbfilter oder Polarisatoren verspricht Fujitsu kräftigere Farben als bei üblichen LCDs. Mögliche Anwendungsgebiete sind nicht nur Bildschirme für PDAs oder Handys, sondern auch Werbeschilder, Informationsbildschirme, Speisekarten in Restaurants sowie einfache Preisschilder an Supermarktregalen. (heise online, 07/2005).

Beispiel: Uhr aus elektronischem Papier

Der japanische Uhrenhersteller Citizen kündigte eine erste praktische Anwendung des elektronischen Papiers an: die gebogene Citizen-Digitaluhr. Das elektronische Papier soll gegenüber herkömmlichen Displays enorme Vorteile bieten. Man kann es in jede gewünschte Form bringen, es weist einen hohen, winkelunabhängigen Kontrast auf und speichert die Bildinformation auch ohne angelegte Spannung. (heise online, 06/2005)

Plasmabildschirme

Neben den gängigen LCD/TFT-Lösungen und den zukunftsträchtigen OLEDs bieten Plasmabildschirme eine weitere interessante Technologie. Sie zünden Edelgase zum Aufleuchten. Wegen ihrer Leuchtkraft sind Plasmabildschirme insbesondere für große Displays geeignet. Aufgrund des hohen Stromverbrauchs und schlechter Eignung für kleine Displays sind sie im mobilen Bereich aber keine Konkurrenz. Wegen ihrer derzeit noch zu schnell verblassenden Farben haben Plasmabildschirme eine eingeschränkte Lebensdauer. Es wird wohl noch eine Weile dauern, bis Plasmadisplays eine Alternative für PC-Bildschirme darstellen. Dennoch sind sich Forscher einig, dass Produkte der Plasmaforschung einen Zukunftsmarkt darstellen. Das Deutsche Bundesministerium für Bildung und Forschung schätzt das Marktvolumen für 2005 auf fünfzig Milliarden Euro. (wikipedia.org, c und wikipedia.org, d).

Nano-Displays

Auch bei den Bildschirmen hält die Nanotechnologie (siehe Seite 165) Einzug. Motorola will die Flachbildschirm-Industrie mit Kohlenstoff-Nanoröhrchen revolutionieren und hat den Prototypen eines Feldemissions-Displays vorgestellt. Es soll einige Vorteile gegenüber herkömmlichen Flüssigkristall-Bildschirmen bieten, nämlich höhere Qualität, längere Lebenszeit und deutlich niedrigere Produktionskosten. Außerdem kann der Stromverbrauch um mehr als die Hälfte gesenkt werden. (Vereeken, 2005)

Bildschirm auf der Cornflakes-Packung

Siemens hat günstige Displays entwickelt, die man einfach auf eine Verpackung aus Folie oder Papier aufdrucken kann. Diese sind vor allem für Werbetreibende interessant, insbesondere in Kombination mit RFID (siehe Seiten 141, 182). Die Produkte im Einkaufswagen könnten sich gegenseitig überprüfen und auf das Geschmacksprofil des Kunden eingehen. Hochwertige Lebensmittel in Kombination mit Fisch führen dann vielleicht zum Hinweis: »Zu Fisch servieren Sie am besten einen Sauvignon Blanc der Marke XYZ!« Weitere Anwendungsmöglichkeiten sind Echtheits-Zertifikate auf Software, Geldscheinen oder Eintrittskarten sowie mehrsprachige Beipackzettel in Pillenschachteln oder Gebrauchsanleitungen mit 3-D-Anzeige. (Rentrop, 2005)

Holographische Kommunikation

Mittels Holographie verwischen die Grenzen zwischen Illusion und Wirklichkeit. Holographie könnte für einen Schub bei interaktiven Dienstleistungen sorgen. So ist es denkbar, dass Verkaufsgespräche oder auch Beratungsgespräche mittels holographierter Agenten (aus dem Computer) geführt werden. Durch Hologramme könnten diese »Gesprächspartner« anstatt auf dem Computerbildschirm in Lebensgröße vor dem Kunden erscheinen. Die sich ergebenden Interaktionen, also nicht nur Sprache, sondern auch Gestik, könnten von dem Agenten gelesen werden, um somit eine verbesserte Kommunikation und Kundenbetreuung zu erreichen (3sat.de, 2000). Das Future Lab der Deutschen Telekom hat holographische Leinwände für Telefonkonferenzen getestet. Die US-Firma Teleportec hat eine Technik entwickelt, mit der lebensgroße holographische Abbilder von Menschen über digitale Hochgeschwindigkeitsnetze verschickt und auf einer 3-D-Projektionsfläche abgebildet werden können. Damit könnte beispielsweise ein Firmenchef mit seinen Mitarbeitern über Kontinente hinweg in Realzeit konferieren. Sogar ein »echter« Blickkontakt zwischen Hologramm und Betrachter ist möglich. Manager von BP und Nortel Networks haben Teleportec schon für Reden quer über den Atlantik genutzt (Teleportec).

Virtuelle 3-D-Welten in Produktion, Medizin und Konsum

Bei der Entwicklung von Pkws werden zukünftige Modelle mittels holographischer Verfahren so in den Raum projiziert, dass man das Design des virtuellen Fahrzeugs von allen Seiten betrachten und optimieren kann. Digitales Engineering mit computergestützten Simulationen wird in praktisch allen Design- und Entwicklungsprozessen zur Selbstverständlichkeit. Überlegt man, ob man sich eine neue Frisur zulegen oder ein neues Kostüm kaufen will, probiert man schnell am eigenen E-Model per Body-Simulator. In der digitalen Medizin und insbesondere der Chirurgie ermöglichen dreidimensionale Visualisierungen von Organen weitaus präzisere und schonendere Diagnostik und Behandlung.

5.3.4 Informatisierung

In den vergangenen Jahrzehnten hatte keine Entwicklung eine so große Wirkung wie die revolutionäre Weiterentwicklung der Computertechnologie. Dank immer leistungsfähigerer und preiswerterer Bauteile hat der Computer fast alle Lebensbereiche durchdrungen. In vielen Industrieländern verfügt mehr als die Hälfte aller Haushalte über einen PC. Auch mobile Endgeräte gewinnen massiv an Verbreitung. Im Zuge der Internetisierung und des M-Business (mobiles Business) wird Information und Kommunikation allgegenwärtig. Informatisierung bedeutet, dass Computertechnologie in immer mehr Lebensbereichen eingesetzt wird. Materialinnovationen und die zunehmende Miniaturisierung von Rechenleistung werden dabei zu »intelligenten Produkten« führen, die sich selbstständig auf veränderte Umfeldbedingungen einstellen.

Ubiquitous Computing – Elektronik durchdringt das Leben

Elektronikutensilien gehören für Menschen der jüngeren Generation immer und überall dazu. Laut einer Umfrage von Steria Mummert Consulting und Inworks nehmen siebzig Prozent der Befragten ihr Handy mit in den Urlaub. Selbst das Notebook darf bei 25 Prozent nicht fehlen. Und am Strand schwören bereits über 33 Prozent auf ihr Handy, um Fotos zu schießen (golem.de, 08/2005). Experten zufolge werden bis zum Jahre 2010 über fünfzig Prozent unseres Alltags, unserer Freizeit und aller täglichen Aufgaben mit dem Internet in Verbindung stehen (Vossen und Reinhardt, 2002). In der Welt des allgegenwärtigen Computers – »ubiquitous« oder »pervasive computing« – bekommen die einfachsten Alltagsgegenstände eine vollkommen neue Qualität. Die »wearable electronics« in der Kleidung beziehen ihren Strom aus Temperaturunterschieden zwischen Stoff und Haut, der »thinking carpet« von Vorwerk, die häusliche Umwelt und der Arbeitsplatz »lernen«, funktionieren situationsangepasst.

Continuous Computing

Computer und computerähnliche Geräte sind nahtlos in die Komplexität des täglichen Lebens integriert und werden immer stärker zur Kommunikation im Sinne eines Social Computing genutzt. Online-Blogging in Konferenzen parallel zur Teilnahme an Vorträgen ist eine Ausprägung dieses Phänomens. Nicht zufällig hieß das Projekt des MIT (Massachusetts Institute of Technology) zur Erforschung der Computerzukunft *Project Oxygen*. Der Computer sollte überall frei verfügbar werden, wie der Sauerstoff in der Atemluft (Technology Review, 8/2005). Das Unternehmen O_2 verdankt diesem Gedanken seinen Namen.

Home-Automation und Home-Networking

Die intelligente Lebenswelt (»ambient intelligence«) des »smart home« bietet völlig neue Wohnperspektiven. Die vollautomatische Messung und Regelung von Grundfunktionen wie Heizung und Belüftung spart Energie und Zeit, wenn sie fehlerfrei funktioniert. Je nach Sicherheits- und Komfortstufe kann das Klima reguliert, können Fenster und Türen geschlossen oder geöffnet werden und der Zugang zu Gebäuden sowie der Aufenthalt in ihnen überwacht werden. Wird das intelligente Haus mit dem Internet verbunden, ermöglicht dies die Fernwartung und -kontrolle von praktisch jedem Ort der Welt aus (Apelt, 2002). Laut Forrester Research wird das so genannte Home-Networking vor allem in Westeuropa immer beliebter. Unter Home-Networking wird die Vernetzung des Personalcomputers mit anderen elektronischen Geräten der Unterhaltungselektronik wie beispielsweise der Musikanlage und dem Fernseher verstanden. Im Jahre 2008 werden laut Prognosen circa 25 Millionen Haushalte Heimnetzwerke installiert haben. Grundlegend dafür wird eine entsprechende Ausstattung mit Breitbandzugängen sein (siehe Seite 120). Mit Breitbandzugängen und Wi-Fi (»wireless fidelity«) werden im Jahre 2008 voraussichtlich fünfzig Prozent aller Haushalte ausgestattet sein (Müller, 2004).

Smarte Objekte

Durch die Ausstattung von Alltagsgegenständen mit informationstechnologischen Komponenten zur Sammlung, Verarbeitung und Kommunikation von Daten erhalten diese neben zusätzlichen Funktionalitäten eine ganz neue Qualität. Gegenwärtige Beispiele für »smarte Objekte« sind Autoreifen, die eine Meldung abgeben, sobald ihr Luftdruck nicht mehr korrekt ist, oder Medikamente, die ihren Haltbarkeitsablauf bekannt machen. Aber nicht nur die Kommunikation vom Gegenstand zum Menschen ist interessant, sondern auch die Kommunikation von Objekten untereinander. So werden in Zukunft Alltagsgegenstände feststellen können, in welcher Umgebung sie sich befinden und welche anderen Objekte in ihrer Nähe sind, so wie es heute bereits mit Bluetooth-Geräten möglich ist (Bluetooth ist ein Funkstandard für Datenübertragung). Je nach Konstellation könnte dann auf Internet-Datenbanken zugegriffen werden, um die verschiedensten Services anzustoßen. Ein intelligenter Rasensprinkler könnte neben einer Sensorik zur Messung der Bodenfeuchtigkeit gleichzeitig über das Internet den Wetterbericht abfragen. Bei hoher Regenwahrscheinlichkeit würde der Sprinkler einen trockenen Rasen somit nur geringfügig oder gar nicht befeuchten. Autos, die über das Internet die gefahrenen Kilometer an die Versicherungsunternehmen kommunizieren, könnten zu einer individuellen Prämienberechnung in der Kfz-Haftpflicht-Versicherung beitragen. (Mattern, 2005)

Wearable Computing

Smarte und vernetzbare Technik kann auch in Kleidung, Schmuck, Accessoires oder gar Implantate integriert werden. Damit erweitert der Träger neben seiner Intelligenz auch seine Informationsverarbeitungskapazität und seine Sinne. Dadurch könnten der Gesundheitszustand des einzelnen Menschen permanent überwacht werden oder gar Implantate auf Veränderungen reagieren. Zusätzlich wird der Mensch bei Bedarf mit individuellen, auf seine Person und seine geografische Position abgestimmten Informationen versorgt. (Mattern, 2005)

Medizin und Gesundheit

Durch zunehmende Vernetzung auch im privaten Bereich könnte der Gesundheitszustand hilfsbedürftiger Menschen überwacht werden. Durch im Hintergrund arbeitende Sensoren können Abweichungen vom normalen Tagesablauf registriert und je nach Informationsausprägung Hilfe angeboten werden. Auf diese Weise könnten hilfsbedürftige Menschen länger in ihrem vertrauten Umfeld leben. (Pearson, 2005)

Evernet – das Internet der Dinge

Durch die Vernetzung von Umgebung und intelligenten Alltagsgegenständen soll der Computer als solcher verschwinden und ein »Internet der Dinge« entstehen. Computer als eigenständige Geräte werden durch eine Vielzahl intelligenter Objekte ersetzt (Mattern, 2005). Dadurch wird der Mensch von einer unsichtbaren, aber dennoch allgegenwärtigen Intelligenz unterstützt. Menschen werden in Zukunft nicht nur mit Menschen, sondern auch direkt mit Gegenständen (zum Beispiel über ein Mobiltelefon) kommunizieren können. Gegenstände der physischen Welt könnten wie Links oder Icons in der virtuellen Welt »angeklickt« werden und Informationen ausgeben oder weitere Aktivitäten auslösen (Mattern, 2005). Greg Papadopoulos, Entwicklungschef von Sun Microsystems, ist der Überzeugung, dass das Internet der Dinge mit Sicherheit kommen wird. Die Deutsche Telekom prognostizierte bereits im Jahre 2001, dass 2010 sämtliche elektronische Geräte breitbandig miteinander vernetzt sein und miteinander kommunizieren können werden. Der Leiter des Instituts für Angewandte Informatik und Formale Beschreibungsverfahren (AIFB), Wolffried Stucky, unterstützt diese Einschätzung. Diese Vernetzung elektronischer Geräte wird in Fachkreisen »Evernet« genannt und kann als Vorstufe zum letztendlich möglichen Internet der Dinge (Vernetzung auch nichtelektronischer Objekte) verstanden werden (Seipp, 2002).

Lokalisierung everywhere

Jeder Gegenstand kann zukünftig aus der Ferne lokalisiert werden. Derzeit laufen Forschungsarbeiten zur Verbesserung der Genauigkeit von Ortungssystemen und zur Verkleinerung entsprechender Erkennungsmodule. Auch der Energiebedarf soll drastisch reduziert und eine Anwendung in geschlossenen Räumen ermöglicht werden. Über Abstandsmessungen zu Mobilfunkantennen und WLAN-Zugangspunkten wird eine Ortung ohne direkten Sichtkontakt zu einem GPS-Satelliten machbar. Mit Fortschreiten solcher Techniken können in Zukunft Gegenstände jeglicher Art wie Schlüssel, Waffen, Gefahrenstoffe, aber auch Personen (über ihre Kleidung) geortet werden. Auch aus rechtlich-ethischer Sicht wird die »Lokalisierung everywhere« zukünftig ein Thema sein (Mattern, 2005).

5.3.5 Internetisierung

Internetisierung bezeichnet die zunehmende weltweite Nutzung des Internets wie auch seine Durchdringung praktisch aller Lebensbereiche. Die durch das Internet ausgelösten und noch bevorstehenden Veränderungen können in ihrer Wirkung mit der industriellen Revolution verglichen werden. Zukunftsfaktoren wie Globalisierung, Informatisierung, Wissenswachstum und viele andere wären ohne die Möglichkeiten des Internets so nicht denkbar. Dabei steht das Internet wie kein anderes Medium für den Strukturwandel von der physischen Produktion (Industrie) zur immateriellen Wertschöpfung (Information). In den Industrieländern ist das Internet zur unentbehrlichen Selbstverständlichkeit geworden. Die weltweite Nutzung des Internets wird weiter massiv ansteigen.

Weiterer Anstieg der weltweiten Internetnutzung

Trotz eines jüngst verlangsamten Wachstums verbreitet sich das Internet nach wie vor rasant. Die wachsenden Bandbreiten und die sinkenden Preise sind Treiber der Internetisierung. Derzeit nutzen über eine Milliarde Menschen weltweit das Internet. Die größten Zuwächse von Personen werden mit rund zwanzig Prozent jährlich im asiatischen Raum erwartet. Prozentual ist der Zuwachs in Afrika aufgrund der minimalen Basis zurzeit am höchsten. (Internet World Stats, 2005)

Erstmals mehr Onliner als Offliner in Deutschland

Die Ergebnisse des 5. (N)ONLINER Atlas 2005, der von der Initiative D21 und TNS Infratest vorgestellt wurde, belegen es: 55 Prozent der Deutschen sind online. Innerhalb von fünf Jahren ist die Internetnutzung um 18 Prozentpunkte gestiegen. Vor nur gut zehn Jahren (Frühjahr 1995) gab es in Deutschland nicht mehr als 250 000 Internetnutzer (Köllinger, 2003). Heute haben 35,7 Millionen Deutsche im Alter von über 14 Jahren einen Internetzugang, 64 Prozent haben einen PC. Bis Mitte 2006 werden weitere 4,1 Millionen Bürger hinzukommen. Auf der anderen Seite gibt es in Deutschland 25 Millionen Offliner. Mehrheitlich sind dies Frauen mit geringer Bildung und niedrigem Einkommen in fortgeschrittenem Alter. Das Durchschnittsalter der Menschen ohne privaten Internetzugang liegt bei 60,3 Jahren. Erfreulicherweise gibt es insgesamt einen Anstieg bei den über 50-Jährigen. Im Vergleich zum Vorjahr haben die 50- bis 59-Jährigen um drei Prozentpunkte auf nun bemerkenswerte 53 Prozent zugelegt (golem.de, 06/2005).

Triple Play

DSL- und Kabelnetzbetreiber kämpfen zurzeit um den »Triple-Play-Kunden«. Internet, Telefonie und Fernsehen werden auf einer einzigen Plattform vereint. Gebündelt bekommt der Kunde die verschiedenen Dienste günstiger. Die Unternehmen erzielen damit eine bessere Kundenbindung und ersparen sich Marketingaufwand für die Neuakquisition. Mediale Innovationen sind durch Konvergenzprodukte zu erwarten. (Gneuss, 2005a)

Internet-Telefonie wird zum preisminimalen Standard

Der Trend zur Internet-Telefonie ist unaufhaltsam. Bereits 2010 werden wohl die meisten Neuanschlüsse auf »Voice over Internet Protocol« (VoIP) basieren. 2030 könnte diese Technologie die konventionelle Telefonie vollständig abgelöst haben. Zurzeit rüsten vor allem kleine und mittelständische Unternehmen zunehmend auf VoIP um. Kosteneinsparungen werden unter anderem durch die interne Vernetzung erzielt, für die keine Gesprächskosten anfallen, aber auch durch die einfachere und billigere Administration der Geräte. Die Technologie kommt der zunehmenden Mobilisierung entgegen, denn Mitarbeiter sind überall unter derselben Festnetznummer erreichbar (Gneuss, 2005b). Vor allem die Festnetzbetreiber geraten dadurch zunehmend unter Druck. Allein bis zum Jahr 2009 haben sie mit einem Umsatzverlust zwischen sechs und zehn Prozent pro Jahr zu rechnen (Winkelhage, 2005).

TV over IP – der Markt für digitales Fernsehen wächst

Das Internet-Fernsehen ist noch im Anfangsstadium. In Deutschland gibt es derzeit etwa 200 IP-TV-Sender. Diese sind in der Regel auf ein bestimmtes thematisches Segment spezialisiert, sodass sich der Zuschauer individuell für ein Themengebiet entscheiden kann (VoIP-information, 2005). Der Vorteil der IP-TV-Technologie besteht für die Zuschauer vor allem in der Vielfalt und der zeitlichen Flexibilität. Durch Video-on-Demand-Angebote wird das Medium noch um eine virtuelle Videothek bereichert (Gneuss, 2005a). Der Vorteil für die Sender liegt im Wesentlichen in den gegenüber konventionellen Fernsehausstrahlungen minimalen Kosten. 2004 wurden für IP-TV-Dienste 62 Millionen Dollar ausgegeben. Marktbeobachter schätzen, dass es 2009 bereits 2,5 Milliarden Dollar sein werden (Fuchs und Postinett, 2005).

Internetisierung der Banken

10,5 Millionen Deutsche nutzten 2004 bereits Online-Banking. Damit hat die Zahl gegenüber dem Vorjahr um über eine Million zugenommen. Nicht nur die Anzahl der User ist gestiegen, sondern auch die Komplexität der über das Internet abgewickelten Bankgeschäfte. Eine Million Bankkunden haben bereits einen Baufinanzierungs- oder Kreditantrag online gestellt. Mehr als sieben Millionen können sich grundsätzlich vorstellen, Bausparverträge online abzuschließen (Fiutak, 2004). Allerdings will jeder Vierte seine Bankgeschäfte ausdrücklich nicht online tätigen. Fehlender persönlicher Kontakt, Internetabstinenz und Sicherheitsbedenken sind die wichtigsten Gründe (Handelsblatt, 2005).

Elektronische Wahlen

Die technikbegeisterten Esten führten ihre Kommunalwahlen 2005 erstmals auch per Klick im Internet durch. Die Esten wählen, indem sie ihren computerlesbaren Personalausweis, der als digitale Unterschrift gilt, durch ein Lesegerät ziehen und die spezielle Wahl-Internetseite aufrufen. Dort werden die Kandidaten des Wahlkreises angezeigt und die Entscheidung erfolgt per Mausklick. Als Bestätigung wird ein PIN-Code eingegeben. Der Wähler kann seine Entscheidung bis Wahlschluss noch überdenken und beliebig oft ändern. Zusätzlich kann er auch in ein herkömmliches Wahllokal gehen und dort sein Kreuz machen. Seine Internetstimme wird dann problemlos wieder gelöscht. (Lemke, 2005)

Internet im Auto

Bald schon könnte die funkbasierte Telematik von der Internet-gestützten Telematik abgelöst werden. Nach der *Internet-Agenda 2015* des Verbands der deutschen Internetwirtschaft (eco) werden in zehn Jahren zwei Drittel der Funktionalität eines Mittelklassewagens direkt oder indirekt an den Internetzugang gebunden sein. Mehr als die Hälfte der Online-Assistenzfunktionen sollen automatisch ablaufen oder über Sprachsteuerung zu bedienen sein, damit der Fahrer nicht unnötig abgelenkt wird (innovations-report, 2005). Nützlich wird das Internet im Auto vor allem für Informations-Services wie Hotel- und Restaurantsuche, Kino- und Ausstellungsinformationen, Apothekenöffnungszeiten und Adressauskunft sein. Darüber hinaus werden alltägliche Parkplatznöte gelöst durch Parkplatzauskunft, automatische Reservierung im Parkhaus bis hin zur privaten Parkplatzvermittlung (FAZ, 2002). Der volle Internetzugang via Satellit ist zurzeit aufgrund der noch hohen Kosten nur ein Nischenprodukt, etwa für Rettungskräfte (Computerwoche, 2005).

Telearbeit und Telelearning

Durch das Internet entstehen und verbreiten sich weiterhin innovative Arbeits- und Weiterbildungsformen, die sowohl für Unternehmen und öffentliche Verwaltungen als auch für deren Beschäftigte Vorteile bieten wie flexiblere Arbeitszeiten und -orte.

Damit entstehen in der Regel geringere Kosten und die Mitarbeiter sind zufriedener, da sie eine bessere Balance zwischen Leben und Arbeiten finden.

5.3.6 Dematerialisierung und Virtualisierung

> Obwohl heute immer noch Nachrichten und Wissen auf Papier gespeichert und in unzähligen Tonnen zu hohen Kosten über die Schienen, Straßen und Luftkorridore transportiert werden, hat durch Digitalisierung und Internet bereits eine starke Dematerialisierung der Informationswelt stattgefunden. Die früher dicken Autobleche sind heute leichter und doch widerstandsfähiger, weil intelligenter konstruiert. Die massive Stereoanlage ist dem Mini-Media-Player in der Hemdtasche gewichen. Die Vinylplatte wurde letztlich durch die MP3-Datei ersetzt, die VHS-Kassette erst durch die DVD, dann durch die Datei auf der Festplatte und in Zukunft sicherlich durch ein neues hocheffizientes Speichermedium, das noch weniger Materie für die Speicherung eines Films benötigt. Mit der Dematerialisierung steht die Virtualisierung in engem Zusammenhang. Die Dematerialisierung findet unter anderem durch Materialinnovation, Miniaturisierung und Virtualisierung statt. Letztere ermöglicht den Aufbau künstlicher Umgebungen, die von vornherein ohne Materie auskommen. Dematerialisierung und Virtualisierung tragen zu einer nachhaltigeren, weil Energie sparenden und umweltschonenden Wirtschaft bei, die nicht die Emissionen reduziert, sondern bereits am materiellen Input ansetzt.

Virtuelle Realitäten

Forscher an vielen internationalen Universitäten arbeiten an den Holo-Decks der Zukunft und den dazu benötigten Geräten. Anwendungen für virtuelle Realität finden sich in so unterschiedlichen Einsatzfeldern wie Archäologie, Architektur, Design, Maschinen- und Anlagenbau, Tourismus, Ausbildung, Einsatztraining, Medizin, Erotik und Unterhaltung. Die Grade der Immersion, dem Gefühl von Nichtunterscheidbarkeit von virtueller und wirklicher Realität, werden angesichts der Fortschritte im Computing immer höher.

Hardware wird durch Software ersetzt

Materie wird durch Wissen ersetzt, bis zu dem Punkt, an dem die Stärken der Materie die Stärken der Information überwiegen. So ist eine Papierzeitung im Zug oder Flugzeug noch leichter lesbar als eine Online-Zeitung. Doch schon in wenigen Jahren werden Displays so dünn und energiesparend sein (siehe Seite 123), dass man sie zwar wie Papier halten kann, sie aber regelmäßig mit den Inhalten einer neuen Ausgabe der Tageszeitung oder des Fachmagazins gespeist werden. In der Automobilindustrie ging es früher im Schwerpunkt um die Optimierung der Hardware. Heute und in Zukunft wird vielmehr die Software in den Vordergrund der Aufmerksamkeit und der Wertschöpfung rücken (Walde, 2003). Zudem gibt es einen nachhaltigen Trend zum relativen Gewichtsverlust bei Autos. Zwar wurden sie bis heute schwerer, aber gemessen an ihrer Leistungsfähigkeit und ihren Funktionen fand und findet eine relative Dematerialisierung statt.

Dematerialisierung für Energieeffizienz

Friedrich Schmidt-Bleek hat am Wuppertal-Institut ein Konzept namens Faktor 10 entwickelt. Mit einem Zehntel des Verbrauchs an natürlichen Ressourcen soll in Zukunft in den entwickelten Ländern der gleiche oder gar ein höherer Output erreicht werden. Weltweit entspräche dies einer Halbierung des Energieverbrauchs im Verhältnis zum Output. Dies soll primär durch Dematerialisierung erreicht werden, in deren Zuge die für die Produktion eingesetzten und transportierten Energien und Stoffe drastisch reduziert werden müssen. So soll nicht, wie im traditionellen Ansatz des Umweltschutzes, erst der Output in Form von Emissionen reglementiert, verwaltet und sanktioniert werden. Vielmehr soll der Umweltverbrauch durch eine drastische Reduktion des Inputs an Energie und Materie reduziert werden. Gleichzeitig führt diese Dematerialisierung zu deutlichen Kostensenkungen. (wupperinst.org, 2001).

In den entwickelten Ländern verbraucht jeder einzelne Einwohner jährlich rund hundert Tonnen nicht erneuerbarer Rohstoffe und 500 Tonnen Frischwasser. Die Herstellung eines PC benötigt acht bis 14 Tonnen Ressourcen. Neunzig Prozent der für Produkte eingesetzten Ressourcen fallen im Durchschnitt als Abfall an. Zwanzig Prozent der Menschen verbrauchen achtzig Prozent der Ressourcen. Diese ineffizienten Systeme und Verhältnisse können angesichts der wirtschaftlichen Entwicklung Chinas, Indiens, Brasiliens und anderer Länder nicht auf die gesamte Menschheit übertragen werden, wenn der westliche Lebensstil das Leitbild bleibt. Sonst wären dafür drei Planeten nötig. (Jiménez-Beltrán, 2002)

Avatare als Medienstars

Lara Croft, die überzeichnete Heldin aus dem Spiel Tomb Raider und dem daraus abgeleiteten Film mit Angelina Jolie in der Hauptrolle, sowie Robert T. Online aus der entsprechenden Werbung sind erste Beispiele virtueller Stars. Neben der flexiblen Gestaltbarkeit haben sie unter anderem den Vorteil, nicht plötzlich Imageprobleme durch private Verfehlungen zu verursachen. In Fantasy-Filmen wie *Die Chroniken von Narnia* sind künstlich produzierte Wesen in unglaublicher Originaltreue zu sehen.

Augmented Reality

Das Fraunhofer-Institut in Darmstadt forscht an einer Datenbrille (»Head Mounted Display«), die Trägern optische und akustische Hilfestellung gibt. So kann die Autopanne in Zukunft selbst repariert werden oder zumindest der Pannendienst sich bereits aus der Ferne ein erstes Bild der Situation machen (igd.fraunhofer.de). Soldaten, Polizisten, aber auch Autofahrer werden sich per »Augmented Reality« ihre Wahrnehmung der Realität anreichern lassen mit Einblendungen von Informationen und Objekten. Überall dort, wo zusätzliche Informationen die Effizienz, Effektivität oder schlicht das Vergnügen verbessern, ist mit einer Verbreitung von Augmented-Reality-Systemen zu rechnen.

5.3.7 Human-Machine-Interfaces

Die Bedienung von Maschinen und Computern wurde in den vergangenen zehn Jahren wesentlich vereinfacht, etwa durch grafische Benutzeroberflächen. Der ultimative Grad an Vereinfachung, die gedankliche und vor allem sprachliche Bedienung, ist absehbar. Die Forschung bewegt sich inzwischen erfolgreich in dem Bereich der direkten sprachlichen und neuronalen Interaktion zwischen Mensch und Computer. Aber auch in der Gegenrichtung wird geforscht. So könnten zum Beispiel computererzeugte Neuroimpulse real nicht vorhandene Sinneseindrücke simulieren, etwa zur Unterhaltung oder für multisensorisches Lernen. Das in zehn oder zwanzig Jahren verfügbare »Conversational User Interface« wird den Computer für jeden bedienbar machen und könnte nach dem Internet die nächste informationstechnologische Revolution auslösen.

Conversational User Interface (CUI)

Die Vision des natürlichsprachlich zu bedienenden Computers ist in absehbarer Zeit Realität. Was in der Science-Fiction mit *HAL* aus *2001 – Odysee im Weltall* begann und sich heute bescheiden in Linguatronic-Systemen im Auto anbahnt, könnte in zehn bis zwanzig Jahren die nächste Revolution der Informationstechnologie darstellen. Das Conversational User Interface wird zu enormen Veränderungen führen. In dieser neuen Ära wird jeder sprechende Mensch unabhängig von seiner Computerqualifikation Computer nutzen können. Der »digital divide« könnte ein Ende finden. NLP, Natural Language Processing, wird den Computer der Zukunft zum allwissenden und allgegenwärtigen Freund (und gelegentlich auch Feind) machen. Tastaturen und selbst Touchscreens überleben in Nischen. (McTear, 2004)

Avatare als Social User Interface (SUI)

Die wachsende Leistungsfähigkeit der Spracherkennung und die erstaunlichen Fortschritte in der Computergrafik fördern die Entwicklung vom heutigen Dialogsystem hin zum Computer als elektronischem Gesprächspartner (Vdivde-it.de). Am deutschen Forschungszentrum für künstliche Intelligenz arbeiten die Avatare mit einem gewissen Kommunikationsrepertoire. Die virtuelle Empfangsdame kann bereits angemessen auf die Stimmungslage des jeweiligen Besuchers reagieren. Sie erkennt bestimmte Reizworte und äußert sich bei gegebenem Anlass durchaus »verschnupft« (dkfi.de). Microsoft hat mit dem Papagei *Peedy* ein »Social User Interface« geschaffen, also eine für den Menschen leichtere Möglichkeit der Computerbedienung. Mit der Software MS-Agent können Anwendungsentwickler ihre Programme durch einen spezifischen Agenten leichter bedienbar und nutzbar machen. Zusammen mit der CUI-Technologie wird der Avatar in fernerer Zukunft zum persönlichen Coach, Psychotherapeuten, Berater und »Freund«. Er wird nicht nur sprechen und zuhören können, sondern auch unsere Gesten und Gesichtsausdrücke zu interpretieren wissen und sich dar auf einstellen. Er wird für uns Informationen filtern, Wissen und Wissensträger finden und uns somit in der unendlich komplexen Welt Orientierung geben.

Computer-Interaktion durch Gestik

PointScreen ist eine Entwicklung der Forschungsgruppe MARS am Fraunhofer-Institut für Medienkommunikation, die es dem Benutzer ermöglicht, den Computer intuitiv mit Gesten zu steuern. Der Benutzer kann durch bloßes Zeigen auf den Bildschirm navigieren oder Befehle ausführen – völlig ohne Berührung. Eingesetzt wurde das System zum Beispiel auf der Internationalen Automobil-Ausstellung IAA in Frankfurt am Main im September 2005. Mit dem Hinweis »folgen Sie dem Punkt mit der Hand, ohne ihn zu berühren« kalibriert sich die Sensorik auf den Anwender und wechselt in die multimediale Interaktion. Der Besucher wird so beispielsweise intuitiv zum »Dirigenten« einer audiovisuellen Präsentation. (idw-online.de, 2005)

Gedankenübertragung zum Computer

US-Forscher haben mit *BrainGate*, einer Gehirn-Computer-Schnittstelle, Rhesusaffen dazu gebracht, durch bloße Gedankenkraft einen Roboterarm zu steuern. Den Affen wurden Elektroden unter die Schädeldecke implantiert und danach wurden sie speziell trainiert. Ein Computer entschlüsselt die neuronalen Impulse der Affen und setzt sie in Bewegungen des Roboterarms um (GEO, 2004). Der vom Hals ab gelähmte Amerikaner Matthew Nagel kann durch rund hundert Elektroden unter der Schädeldecke per Gedankensteuerung einen Computer bedienen, E-Mails schreiben und verschicken und seine Fernsehprogramme wählen. Die Signale seiner Neuronen können an jeden beliebigen Computer übertragen werden (Technology Review, 03/2005). In naher Zukunft soll es so gelingen, dass Gelähmte mit Greifarmen, mentalen Schreibmaschinen oder gar Haushaltsgeräten umgehen.

Virtuelle Welten ins Hirn gebeamt

Sony hat sich ein Verfahren patentieren lassen, mit dem über Ultraschallimpulse an bestimmte Hirnregionen sensorische Eindrücke im menschlichen Gehirn künstlich erzeugt werden. Der Spieler eines PC-Spiels kann so beispielsweise Berührungen, Düfte und Geschmack wahrnehmen. (Trendletter, 2005)

Chip-Implantate

Was bisher bei Haustieren üblich ist (um sie ggf. wiederzufinden, sollten sie entlaufen sein), gibt es nun auch für Menschen: Im

US-Bundesstaat Florida hat sich eine dreiköpfige Familie einen Computerchip einpflanzen lassen, auf dem ihre Telefonnummer und Informationen über Medikamente gespeichert sind. Der Chip hat die Größe eines Reiskorns und wurde im Arm eingesetzt. Die Information auf dem Chip kann mit einem Scanner von außen gelesen werden (heise online, 2002). Ein US-Amerikaner hat sich von seinem Arzt einen Funkchip in seine Hand implantieren lassen. Dieser Chip steuert zum Beispiel den Türöffner seines Hauses und Autos, die Raumtemperatur und das Licht. In Barcelona können Stammgäste einer Diskothek mit einem implantierten Chip ihre Getränke an der Bar bezahlen (bajabeach.es). Kevin Warwick, Professor an der University of Reading im Westen Londons, ließ sich einen Chip implantieren, der mittels Radiowellen mit einer Kontrollstation im Uni-Gebäude verbunden ist (pribag.de). Von Applied Digital Solutions gibt es die implantierte Kreditkarte, die Daten per Funk an die Kasse sendet (adsx.com).

Chips im Hirn?

Der erfolgreiche Unternehmer und Technologievisionär Ray Kurzweil geht davon aus, dass in absehbarer Zukunft per Gehirn-Schnittstelle Daten hochgeladen werden können, so etwa Fremdsprachenkenntnisse. Das Max-Planck-Institut für Biochemie hat zusammen mit Infineon einen Neurochip entwickelt, bei dem eine tierische Nervenzelle auf einen Siliziumchip gepflanzt wird. Der Chip gibt die elektrischen Signale der Zelle an einen Computer weiter. Umgekehrt kann die Zelle, die von einer Nährlösung mehrere Wochen am Leben gehalten wird, auch mit Impulsen gereizt werden. Die Forscher versichern aber, dass die Verhaltenssteuerung durch einen ins Gehirn eingesetzten Chip »ins Reich der Science-Fiction« gehöre (FAZ, 2003). Laut einer Umfrage des Allensbach-Instituts aus dem Jahre 2001 würden sich 21 Prozent der Deutschen einen Chip ins Hirn implantieren lassen, nur um tastenlos einen Computer bedienen zu können (WiWo, 2001). Wenn sich die Conversational User Interfaces verbreiten, könnten sich die neuronalen Mensch-Maschine-Verbindungen allerdings als unnötig erweisen.

5.3.8 Automatisierung und Robotik

Roboter und Automaten verändern Arbeits- und Lebenswelten mit weit reichenden Folgen für die Organisation von Unternehmen, den Beschäftigungsgrad in der Industrie und das alltägliche Leben. Immer mehr kritische oder monotone Prozesse werden automatisiert. Die Verbreitung von Industrierobotern wird zunehmen und den Automatisierungsgrad bis 2010 auf fünfzig Prozent erhöhen. Sensoren und Aktuatoren (Adaptronik) ermöglichen und erleichtern zusammen mit der Computerisierung die Kontrolle und Steuerung fast aller Prozesse. Der Anteil der Arbeitsplätze, die ein mittleres bis hohes Qualifikationsniveau erfordern, steigt. Die in der Fertigungsindustrie begonnene Automatisierung verbreitet sich jetzt auch im Dienstleistungsbereich. Die Personalkosten je Beschäftigten steigen, während sie in Relation zur Produktion leicht sinken. Haupttreiber dieses Trends sind neben der Automatisierung das Outsourcing und Offshoring.

Steigender Automatisierungsgrad – steigendes Qualifikationsniveau

Laut einer Delphi-Studie zum Einfluss der Robotertechnik im Industrie- und Dienstleistungssektor wird die Verbreitung von Industrierobotern zunehmen und den Automatisierungsgrad bis zum Jahr 2010 auf fünfzig Prozent erhöhen. Durch die Automatisierung werden 2010 etwa achtzig Prozent der Arbeitsplätze in der

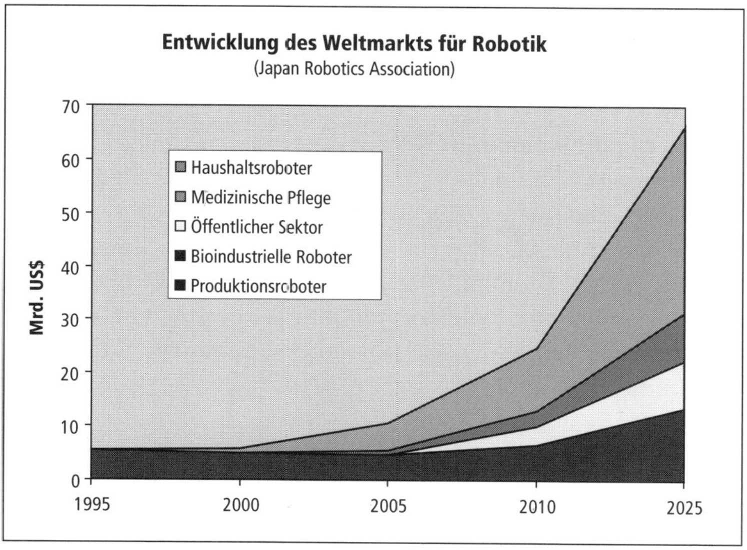

Abb. 10: Entwicklung des Weltmarkts für Robotik

Industrie ein mittleres bis hohes Qualifikationsniveau erfordern. Im Dienstleistungsbereich wird die Hälfte der Arbeitsplätze eine mittlere bis hohe Qualifikation bedingen. Der Anteil der Zeitarbeit steigt in der Fertigung auf vierzig und im Dienstleistungssektor auf fünfzig Prozent. (Peláez und Krux, 10/2000)

Zunehmende Vernetzung der Maschinen

Weltweit fernbediente Fabriken und Maschinen sowie Produktionsschichten ohne Mitarbeiter werden durch die zunehmende Datenintegration und Maschine-zu-Maschine-Kommunikation zum State of the Art. Maschinen und Maschinenmodule werden zu einem Netzwerk von »embedded systems«. Durch die Internetanbindung können diese Netzwerke als »web-driven technologies« vollkommen ortlos gesteuert und überwacht werden. (innovations-report, 2003)

Auto ohne Fahrer

Ein Beispiel für hochmoderne Sensorik und künstliche Intelligenz bietet die Entwicklung eines speziellen Touareg durch das VW-eigene Electronic Research Laboratory und Sebastian Thrun, Professor der Stanford University. Der Wagen bewältigte eine Strecke von rund 212 Kilometern quer durch die Wüste von Nevada völlig auf sich allein gestellt und ohne den Eingriff eines Menschen. Durch den Einsatz von Sensoren, Stereo-Sichtgeräten, Laser-Detektoren, Radaranlagen und ein extrem genau arbeitendes GPS-System war *Stanley* in der Lage, Gegenstände und Einflüsse, die sich auf dem Kurs darboten, wahrzunehmen und entsprechende Maßnahmen (wie zum Beispiel Ausweichmanöver) einzuleiten. (Peters, 2005)

Enorme Automatisierungspotenziale in den Büros

Der nach wie vor hohe Anteil an Papier in den Büros von Managern und Sachbearbeitern, aber auch Forschern, Designern und Beratern birgt noch ein enormes Rationalisierungs- und Automatisierungspotenzial. Da solche hochwertigen Tätigkeiten mittlerweile ebenso in das lohnkostengünstigere Ausland verlagert werden können, wird nach diesen ungehobenen Effizienzschätzen intensiver gesucht.

Avatare und virtuelle Assistenten

Es gibt unendlich viele Möglichkeiten für den Einsatz von virtuellen Assistenten, wie zum Beispiel simultane Übersetzungen in andere Sprachen (auch Gebärdensprache), Mitarbeitersuche, Einkauf, Überwachung, Wissensmanagement, Reiseorganisation, Medikation, Kundenberatung, Museums- oder Reiseführung, Korrespondenz, Kontaktanbahnung, Weiterbildung, Recherche (Knowbots) sowie Terminmanagement. Virtuelle Assistenten sammeln Informationen über Produkte, Dienstleistungen und Lösungen, die den vom Nutzer vorgegebenen oder, wie bei Amazon, vom Assistenten selbst erkannten Bedarf befriedigen können. Es wird gang und gäbe, mit virtuellen Assistenten zu arbeiten, vom einfachen Nachrichtenagenten bis hin zum Avatar als direktem virtuellen Gesprächspartner.

RFID schließt die letzten Informationslücken

Mit Radio Frequency Identification (RFID) kann jedes physische Objekt, sei es ein Gerät, ein Kleidungsstück, ein Buch, ein Geldschein, eine Fahrkarte, ein Golfball oder auch ein Mensch, auf einfachste und unauffällige Art zum Datenträger gemacht werden. Der *VeriChip* von Applied Digital Solutions wird Personen unter der Haut eingesetzt, um wichtige Daten wie Blutgruppe, Allergien und Krankheiten im Notfall bereitzuhalten (siehe auch Seiten 137f.). Der Chip könnte auch warnen, wenn dem Menschen Medikamente zugeführt werden sollen, die er nicht verträgt. Vorausgesetzt, das Medikament hat ebenfalls einen Chip. RFID-Systeme bestehen aus dem Chip selbst, dem Reader (einer Sende- und Empfangseinheit) und der Integration in andere Datensysteme (Kassen, Personenregister usw.). Die maximale Reichweite passiver RFID-Chips beträgt zurzeit dreißig Meter. Aktive Chips können sogar mit Satelliten kommunizieren. Ähnliche Systeme sind seit den 1960er-Jahren in Anwendung, die rasant zunehmende Rechnerleistung und Miniaturisierung macht RFID-Chips nun so klein, dass sie in Nägel und Geldscheine integriert werden können. Die enormen Potenziale für die Integration und Automatisierung von Prozessen in Logistik, Produktion und Administration sind heute noch kaum absehbar.

Einsatzmöglichkeiten für Roboter

In kaum einem Feld sind Roboter nicht einsetzbar. Selbst dort, wo man den Roboter gar nicht erwartet, gewinnt er Terrain. So etwa als selbstständiger Rasenmäher, Fassadenreiniger oder Staubsauger. Einige weitere Beispiele:

- **Persönliche humanoide Service-Roboter:** Bei den technikbegeisterten Japanern sollen in Zukunft sogar Servicekräfte durch Roboter wie Fujitsus *ENON* ersetzt werden. Für den japanischen Markt sagt Fujitsu voraus, dass der Umsatz für Service-Roboter bis 2010 auf 738 Millionen Euro steigen wird. Auch Toyota tüftelt derzeit an einem Roboter, der älteren Menschen als Haushaltshilfe dienen soll. Toyota plant den Verkauf allerdings erst zum Jahre 2010 (futurezone.orf.at, 2005).
- **Robocup:** Bei der Fußballweltmeisterschaft der Roboter werden einmal im Jahr die Fortschritte in der Feinmotorik und in der Kommunikation der neuesten Roboterkonstruktionen getestet.
- **Roboter-Wachmann:** *Mosro-1* patrouilliert in Geschäftsgebäuden, wo er aufmerksam auf Verdächtiges achtet und Personen kontrolliert. Begegnet er auf seinem Kontrollgang einem Menschen, fordert er ihn auf, sich über Fingerabdruck zu identifizieren. Alarm schlägt er bei unbekannten Personen, Rauch, Temperaturschwankungen und verdächtigen Bewegungen, auch im Dunkeln (Bild der Wissenschaft, 2004).
- **Rettungsroboter:** In der Rescue-League treten internationale Suchteams des Katastrophenschutzes im sportlichen Wettbewerb gegeneinander an. Der Rettungsroboter muss schnellstmöglich Opfer in einem aufgebauten Katastrophengebiet finden und die Rettungsleitstelle informieren. Stark vertreten sind Teams aus dem Iran, dem Land, in dem zuerst Rettungsroboter bei einem Erdbeben zum Einsatz kamen (Spektrum der Wissenschaft, 2005).
- **Roboterhund *Aibo* und Quasseltante *PaPeRo*:** Japanische Unternehmen brachten bereits im Jahre 2001 künstliche Spielgefährten auf den Markt. Aibo, ein Roboterhund, erfreut Frauchen und Herrchen mit etlichen possierlichen Funktionen. Vom »Schwanzwackeln« bis zum »Ballspielen« ohne das lästige »Gassigehen«, wenn es

gerade regnet – so wird der Roboter nun zum neuen »besten Freund« des Menschen. *PaPeRo*, ein rollender Zwergenroboter, löchert die Menschen in seiner Umgebung mit Fragen. Ein Klaps auf den »Tadelsensor« bzw. ein Streicheln am »Streichelsensor« lässt ihn seine Aktionen stoppen oder intensivieren.

- **Blecherner Erntehelfer:** Die University of West England in Bristol hat einen Roboter zur Schneckenjagd auf den Feldern entwickelt und die Wageningen Universität in den Niederlanden testete einen Ernte-Roboter für Tomaten und Gurken.
- **Selbstversorgender Kammerjäger:** *EcoBot* verbraucht eine Fliege auf 1,5 Meter und benötigt keine weitere Energiezufuhr. Nur selbst fangen muss er die Fliegen noch, um ein wirksamer Kammerjäger zu werden (Spektrum der Wissenschaft, 2004).
- **Katastrophenroboter:** Die Sonde *Pathfinder* erkundete wochenlang den Mars und schickte faszinierende Bilder zur Erde. Ein Spin-off der Weltraumtechnik ist der Spezialroboter *Urbie*. Das Kettenfahrzeug kann in Katastrophengebieten, in denen es für Menschen zu gefährlich wird, eingesetzt werden.
- **Journalisten-Roboter:** Forscher am Massachusetts Institute of Technology haben einen automatischen Journalisten, den *Afghan Explorer*, entwickelt. Ausgestattet mit Satellitentelefon und Kamera soll der ferngesteuerte Reporter Bilder und Interviews aus Krisengebieten liefern.
- **Roboter-Musiker:** *The Three Sirens* sind eine Rockband, die ausschließlich aus selbstlernenden Musik-Robotern besteht. Die Musik wird ohne menschliche Mitwirkung erzeugt. Die drei ursprünglichen Bandmitglieder Aglaopheme (Slide-Gitarre), Peisinoe (Bass) und Thelxiepeia (Schlagzeug) wurden inzwischen ergänzt um Aciilyzer (Gesang) und LynxArm (Percussion). (Baginsky, 2005)
- **Roboter-Soldaten:** Das Militär hat ein nachvollziehbares Interesse an autonom agierenden sich selbst organisierenden Maschinen, nicht zuletzt, um Menschenleben zu schützen. So könnte man zukünftig in Kriegsgebiete mit Tausenden von Robotern und unbemannten Armeefahrzeugen eindringen, ohne dass ein Soldat, der bisher

bei einem solchen Einsatz noch am Steuer des Fahrzeugs gesessen hätte, zu Schaden kommt. (Schubert, 2005)

5.3.9 E-Business

Internetbasierte Unternehmen, Produkte, Dienstleistungen und Prozesse werden weiter an Bedeutung gewinnen. Daran ändert auch das Ende des New-Economy-Hypes nichts. E-Business ist vielmehr reifer geworden und entwickelt sich nunmehr deutlich solider und wirtschaftlicher. Begünstigt durch Internetisierung, Informatisierung, wachsende Bandbreiten und wachsende Computerleistungen können mit E-Business-Lösungen in fast allen Bereichen enorme Produktivitätsverbesserungen erzielt werden, so etwa in Forschung, Entwicklung, Produktion, Logistik und Handel ebenso wie im Vertrieb. Im Business-to-Business-Bereich (B2B) und bei Großunternehmen ist die Entwicklung weiter vorangeschritten als auf dem Gebiet Business-to-Consumer (B2C) und bei kleinen und mittleren Unternehmen (KMU). Die Effektivitäts- und Effizienzpotenziale sind noch lange nicht ausgereizt.

Prognosen der B2C-E-Commerce-Umsätze ausgewählter europäischer Märkte (Mrd. Euro) (TNS Infratest/Forrester Research)

	2004	2005
Großbritannien	14,1	20,0
Deutschland	10,6	42,8
Frankreich	3,5	22,4
Spanien	2,0	6,1
Italien	1,9	16,6
Skandinavien	3,2	16,4
Benelux	3,2	10,6
Restl. Westeuropa	3,2	14,6

Auf dem Weg zur vollelektronischen Supply-Chain

Vom Entwurf über die kundenindividuelle Produktion, das Marketing mit präzisen Kundenprofilen und den Vertrieb bis zum After-Sales-Service wird zukünftig jeder Arbeitsschritt digitalisiert erfolgen. Was für die meisten Großunternehmen fast schon selbstverständlich ist, steht dem Mittelstand und vielen kleinen Unternehmen noch bevor.

Wachstum im E-Business

Nach dem *E-Business-Investitionsbarometer 2004/2005*, einer Studie des Fraunhofer-Instituts für Arbeit und Organisation (IAO), wollen vierzig Prozent der kleinen und mittelständischen Unternehmen verstärkt in IT und E-Business investieren (innovations-report, 2004). Der Trendletter (Trendletter, 2005) rechnet mit 13 Prozent Wachstum im E-Business.

B2B wichtiger als B2C

Von den gesamten deutschen E-Business-Umsätzen entfallen neunzig Prozent auf den Handel zwischen Unternehmen und nur zehn Prozent auf das Geschäft mit Endverbrauchern. (FAZ, 2005b)

Zunehmender Internethandel

Im Jahr 2005 rechnete bereits jedes zweite Unternehmen mit steigenden Online-Umsätzen. Im E-Commerce insgesamt liegt der Umsatz mit 14,5 Milliarden Euro 2005 circa zehnmal so hoch wie 1999 (Handelsblatt, 2005a). Gegenüber dem Vorjahresvergleichswert legte allein der Internethandel in der ersten Jahreshälfte 2005 um 17 Prozent zu. Der Anteil am gesamten Einzelhandelsvolumens ist auf zwei Prozent gestiegen (FAZ, 2005a). Tchibo setzte 2003 im E-Commerce-Bereich 140 Millionen Euro um und hält diesen Sektor angesichts eines Gesamtumsatzes von drei Milliarden Euro für weiter ausbaufähig (Trees, 2004). Der Otto-Versand will den Online-Anteil seines Umsatzes auf bis zu zwanzig Prozent steigern.

Touristik-Anbieter investieren in E-Business

Ob weg.de, Flyloco oder Touropa – immer mehr Touristik-Anbieter setzen neben der klassischen Pauschalreise auf das virtuelle Angebot über ein eigenes Online-Portal. Der Kunde kann sich seine Reise mit Bausteinen individuell zusammenstellen. Die Anbieter sparen Kosten, weil die aufwendige Katalogproduktion und die Provision an die Reisebüros entfallen (Eberle, 2005). Die Wachstumsraten sind enorm. Von 2002 bis 2005 sind die Online-Umsätze in der Tourismusbranche in Deutschland von drei Milliarden auf knapp neun Milliarden Euro gestiegen. Nach der Studie *Web-Tourismus 2005* wird für 2006 ein weiterer Zuwachs von etwa zwei Milliarden Euro erwartet. Der Online-Marktanteil liegt bei den Reiseveranstaltern damit bei etwa zwölf Prozent (Sieb, 2005).

Boomender Online-Musikmarkt

Der Kauf von MP3-Dateien bei Download-Diensten für Musik im Internet gewinnt an Akzeptanz. Von 2004 auf 2005 hat sich der Umsatz auf rund 31 Millionen nahezu verfünffacht. Für 2008 wird mit einem Umsatz von 420 Millionen Euro gerechnet – das wären zwanzig Prozent des Gesamtumsatzes für Musik. (heise online, 2005)

Ebay – auf das Geschäftsmodell kommt es an

In der zehnjährigen Geschichte des Online-Auktionshauses konnte das Unternehmen nahezu kontinuierlich seine Umsatzzahlen und Gewinne steigern. Im ersten Quartal 2005 wurde erstmals mehr als eine Milliarde Dollar umgesetzt – eine Steigerung von 36 Prozent gegenüber dem Vorjahr. Der Gewinn stieg um 28 Prozent auf über eine Viertelmilliarde Dollar. (Handelsblatt, 2005b)

Zahlungswilligkeit für Online-Inhalte nimmt zu

Nach der stern-Studie *Markenprofile 11* von 2005 sind 5,5 Millionen Deutsche zwischen 14 und 64 Jahren grundsätzlich bereit, für Internetinhalte zu zahlen. 2003 waren es erst 4,3 Millionen, 2001 nur 2,2 Millionen. DSL und Flatrates sind die technischen Treiber. Die Hälfte der zahlungsbereiten Internetznutzer stammt aus oberen sozialen Schichten, zwei Drittel sind männlich und drei Viertel zwischen 20 und 49 Jahre alt. (stern.de, 2005)

Kombination von Online-Shop und herkömmlichem Geschäft

Ende 2006 eröffnet in Columbus (Ohio / USA) das Einkaufszentrum Epicenter, in dem Online- und Offline-Shop kombiniert werden. Die Kunden erhalten am Eingang einen Scanner (Buypod), der mit ihren Kreditkartendaten gefüttert wird. Wer etwas kaufen möchte, scannt mit seinem Buypod das Etikett an der Ware – und ein zentrales Lager schickt die Ware per Paketdienst nach Hause. (planetizen.com, 2005)

5.3.10 Künstliche Intelligenz

Aus der Science-Fiction früherer Generationen ist mittlerweile eine reale Wissenschaft geworden. Dabei ist der Begriff der »künstlichen Intelligenz« (KI) irreführend. Die Maschine reicht an die schöpferischen und in vielen Teilen weiterhin rätselhaften Fähigkeiten des menschlichen Gehirns und Bewusstseins bei weitem nicht heran. Dennoch nehmen Kapazität und Tempo rasant zu, mit denen Computer nach vorgegebenen Strukturen Daten verarbeiten können. Informationsverarbeitung, Mustererkennung, Strategie und medizinische Diagnose sind beispielhafte Anwendungen. Die neuronale KI bildet das menschliche Hirn nach, die symbolische KI gibt Antworten auf abstraktem, begrifflichem Wege. Weltmeister im Damespiel ist seit 1994 das KI-Programm *Chinook* auf dem Computer Deep Blue; es besiegte 1997 Schachweltmeister Kasparow. Dass ein Computer den Turing-Test besteht, nach dem KI nicht von menschlicher Intelligenz zu unterscheiden wäre, wird allerdings noch lange auf sich warten lassen.

Neuronale Netze

Die besondere Eigenschaft neuronaler Netze besteht darin, dass sie komplexe Muster lernen können. Ihr Vorteil ist, dass sie in der Lage sind, selbstständig die diesen Mustern zugrunde liegenden Regeln zu bilden. Das heißt, dass diese Regeln nicht vorab einprogrammiert werden müssen. Nachteilig ist, dass man nach erfolgreichem Lernprozess aus dem neuronalen Netz nicht die Logik ermitteln kann, die zu diesem Lernerfolg geführt hat. Das richtige Training eines neuronalen Netzes ist Voraussetzung für sein Lernergebnis. (wikipedia.org, c)

Expertensysteme

Ein Teilbereich der künstlichen Intelligenz sind Expertensysteme. Kern eines Expertensystems ist eine Datenbank, in der Fachwissen gespeichert ist. Das System löst zusammen mit dem Anwender unter Nutzung der Datenbank Fachaufgaben. Anwendungsbereiche sind beispielsweise medizinische Diagnose, Exploration von Ölquellen, Steuerung von Marsrobotern, Fehlersuch- und Fehlerbehebungsprogramme, industrielle Großfertigung, Militär, zivile Luftfahrt und Verkehrswesen. (wikipedia.org, a).

Fuzzy Logic

Unscharfe Logik (Fuzzy Logic) ist ein Teilbereich der künstlichen Intelligenz, der auch Wahrheitswerte zwischen *Falsch* und *Richtig* zulässt. So gibt es beispielsweise bei Schmutzwäsche keine Definition eines »Verschmutzungsgrads von 55 Prozent«, nach dem eine Waschmaschine selbstständig die Waschmittelmenge bestimmen könnte. Hier ist eine Logik nötig, die mit unscharfen Begriffen wie »leicht verschmutzt« oder »stark verdreckt« umgehen kann. Die Fuzzy Logic »übersetzt« die Information der Wäscheverschmutzung in die passende Waschmittelmenge, so etwa 23 Gramm für »leicht verschmutzt« und 65 Gramm für »stark verdreckt«. Es handelt sich bei dieser »Logik« um keine lineare mathematische Funktion. Stattdessen müssen die maßgebenden Gramm-Werte aus Erfahrungen, Beobachtungen und empirischen Untersuchungen gewonnen werden (wikipedia.org, b). Verkehrsberuhigung an Kreuzungen mittels künstlicher Intelligenz verspricht die Diplomarbeit von vier Schülern der Höheren Technischen Bundes-Lehr- und Versuchsanstalt, Abteilung Wirtschaftsingenieurwesen, in Innsbruck. Mit intelligenter Schaltung von Ampelanlagen soll eine Wartezeitenreduktion von 36 Prozent erreicht werden. Die Ampelanlage basiert auf der Fuzzy Logic (Gstir, 2005). Auch die Handschrifterkennung im Taschencomputer (PDA) ist ein Beispiel für Fuzzy Logic.

Der ultimative KI-Test

Wann ist eine Maschine dem Menschen gleichwertig? Der von Alan Turing vorgeschlagene Turing-Test soll prüfen, ob eine Maschine dem Menschen an Intelligenz gleichkommt. Ein Mensch stellt ohne Sicht- und Hörkontakt einem anderen Menschen und einer künstlichen Intelligenz beliebige Fragen. Danach entscheidet der Fragesteller, wer von den beiden Befragten der Mensch ist. Wenn der Mensch nicht von der Maschine zu unterscheiden ist, so ist laut Turing entweder die Maschine intelligent oder der Mensch ist es nicht. Keine Maschine hat bisher diesen Turing-Test bestanden.

Prominente Zweifler

Es wird immer einen unüberbrückbaren Unterschied zwischen Mensch und Maschine geben, so urteilen der Philosoph John Searle und der Computerkritiker Joseph Weizenbaum (Döcke,

2004). Der heute 82-jährige Joseph Weizenbaum forschte jahrelang am MIT zum Thema künstliche Intelligenz. Obwohl er ein Pionier in diesem Bereich ist, gehört er heute zu dessen schärfsten Kritikern. Er wirft den heutigen Erforschern der künstlichen Intelligenz »Uterus-Neid« vor: In der KI-Community gebe es nur Männer. Die besten Köche, Komponisten und Autofahrer seien Männer, aber sie könnten keine Kinder gebären. Jetzt glaubten sie, dass sie es könnten. (Zietan, 2005)

5.3.11 Wissenssysteme

Wissenssysteme sind technische Organisationseinheiten aus Hardware und Software, die der Erfassung, Verarbeitung und Wiedergabe von Wissen dienen. Sie spielen eine zentrale Rolle im Wissensmanagement. Ohne Wissenssysteme ist die rapide anwachsende Menge an Information in allen Wissensbereichen nicht mehr sinnvoll nutzbar. Jede Datenbank oder Suchmaschine ist bereits ein einfaches Wissenssystem. Da Menschen das meiste Wissen in Form von sprachlichen Texten kommunizieren und dokumentieren, sind semantische Technologien, die aus der Sprache selbsttätig Sinn und Bedeutung abstrahieren können, das Hauptentwicklungsgebiet. Die Entwicklung solcher Wissenssysteme spielt sich insbesondere im Kontext mit Wissenswachstum, zunehmender Komplexität, Informatisierung, Internetisierung, künstlicher Intelligenz, virtuellen Assistenten und wachsender Computerleistung ab.

Erwartete Reifezeitpunkte ausgewählter Knowledge-Management-Technologien (Gartner, 2003)

Technologie	Jahr
Information Retrieval Search	2005–2008
Virtual Teams	2005–2008
Team Collaboration Support	2005–2008
E-Learning	2005–2008
Automated Text-Categorization	2005–2008
Personal Knowledge-Management	2005–2008
Competitive Intelligence	2008–2013

Records-Management	2008–2013
Real-Time-Collaboration	2008–2013
Taxonomy	2008–2013
Semantic Web	2008–2013
Idea-Management	2008–2013
Corporate Blogging	2008–2013
Personal Knowledge-Networks	2008–2013

Semantisches Web

Die durch das Internet zur Verfügung gestellten Informationen in Form von Texten, Grafiken oder Audio- und Videodateien sind bislang nur für Menschen verständlich. Wie wichtig semantische Metainformationen und intelligentere Suchmöglichkeiten sind, zeigt ein Blick auf die exponentiell steigende Zahl von verfügbaren Internetseiten. Suchmaschinenbetreiber wie Google und Yahoo indexieren mittlerweile regelmäßig über 19 Milliarden Dateien (heise online, 2005). Einfache Trefferlisten führen oft nicht mehr weiter. Sie auszuwerten ist vielfach unproduktiv und unergiebig. Durch semantische Informationen soll das Internet so ergänzt werden, dass einzelne Inhalte für Software verständlich werden. Dafür werden Inhalte mit strukturierten Metainformationen verbunden, aus deren Beziehung sich ihr Bedeutungsgehalt ergibt. Als Sprachtechnologie liefert die eXtensible Markup Language (XML) die Grundstruktur für das semantische Web, andere Spezifikationen wie beispielsweise das Resource Description Framework (RDF) und die Web Ontology Language (OWL) stellen dann Regeln dar, nach denen die Inhalte verbunden sind. Auf dieser Grundlage soll Software anhand des Inhalts und seiner Verknüpfungen logische Folgerungen ziehen können. Das Internet versteht sich selbst.

Beispiel Verbundprojekt *SmartWeb*

Unter der Leitung des Deutschen Forschungszentrums für Künstliche Intelligenz (DFKI) arbeiten 14 Partner aus Wirtschaft und Wissenschaft im Projekt *SmartWeb* zusammen. Das vom Bundesministerium für Bildung und Forschung geförderte Projekt soll wesentliche Fortschritte auf dem Weg zum semantischen Web ermöglichen. Die Projektpartner haben sich zum Ziel gesetzt, 2006 anlässlich der Fußballweltmeisterschaft in Deutschland eine erste Anwendung zu präsentieren. Die SmartWeb-Software soll dann in der Lage sein, umgangssprachliche Fragen anhand von Informationen aus dem Internet und aus Datenbanken sinnvoll zu beantworten. (BMBF, 2004)

Beispiel Archäologie

Mit Förderung der Deutschen Forschungsgemeinschaft entsteht in Bochum und Dortmund ein »Leistungszentrum für Feldarchäologie«. Ziel ist es, ein semantisches Netz für alle beteiligten Archäologen aufzubauen. Aktuelle Forschungsergebnisse sollen mit existierendem Wissen verknüpft werden, etwa mit Daten aus anderen Projekten oder aus Sekundärpublikationen, die mit einem laufenden Feldforschungsprojekt inhaltlich in Verbindung stehen. Das Ergebnis werde ein Werkzeug sein, das archäologische Feldprojekte von ihrer Konzeption über die Durchführung und wissenschaftliche Auswertung bis zur Veröffentlichung begleiten könne, so einer der Projektpartner. (idw, 2005)

Data-Mining

Aufgrund der elektronischen Datenverarbeitung werden heute mehr Informationen gespeichert als in der gesamten Menschheitsgeschichte zuvor. Viele Unternehmen häufen dabei riesige Datenberge an, von denen sie nicht wissen, ob und wie sie diese in Zukunft nutzen können. Neue Wissenssysteme wie das Data-Mining helfen die verborgenen Wissensschätze zu heben. Dabei werden Informationen mithilfe statistischer Modelle und Verfahren der künstlichen Intelligenz ausgewertet. Das System bahnt sich einen Weg durch die Informationsflut und liefert selbstständig neue Erkenntnisse über unbekannte, aber potenziell nützliche Zusammenhänge, die zuvor nicht beachtet wurden, weil sie entweder für nicht entscheidungsrelevant oder für nicht analysierbar gehalten wurden. (Data Mining Forum, 2000)

5.3.12 E-Learning

E-Learning ist der partielle oder vollständige Wechsel vom Präsenzlernen zum Fernlernen mithilfe moderner Informations- und Kommunikationstechnologien. Wie das E-Business wird E-Learning nach dem Hype um die

Jahrtausendwende allmählich erwachsen. Die Lernmethoden von gestern erweisen sich in einer digitalen und globalisierten Welt zunehmend als ungeeignet. E-Learning und Wissenssysteme verschmelzen nach und nach. Im öffentlichen Bildungsbereich und in der Privatwirtschaft wird E-Learning immer bedeutender werden. E-Learning macht es möglich, Lerninhalte situations- und anwendergerecht zeitlich flexibel zu vermitteln. Aufgrund des Wissenswachstums und der Flexibilisierung verliert das Lernen auf Vorrat zugunsten des »Just-in-time«-Lernens immer stärker an Bedeutung.

Rapid E-Learning

Das Rapid E-Learning – die Zusammenstellung und Aufbereitung bereits vorhandener onlinefähiger Lernmaterialen wie PowerPoint-Folien, Vorträge, Screenshots, Audio- und Videoaufzeichnungen – entwickelt sich zu einer ernst zu nehmenden Alternative auf dem E-Learning-Markt. Experten rechnen damit, dass bereits in wenigen Jahren bis zur Hälfte der Unternehmen und Universitäten mit Rapid-E-Learning-Lösungen arbeiten werden. Ausschlaggebend sind vor allem die deutlich geringeren Kosten gegenüber dem Web-based Training (WBT), das für mittlere und kleinere Unternehmen finanziell nicht tragbar ist. (Wang, 2005)

Umbrüche im E-Learning-Markt

Das informelle Lernen gewinnt immer mehr an Bedeutung. Besonders am Arbeitsplatz verwischt die Grenze zwischen Lerninhalten und Informationen zunehmend. »Learning by Doing« wird zum Programm. Das eigenverantwortliche Lernen der Mitarbeiter bedingt die Diversifikation des Online-Angebots. Genutzt werden neben WBT und Rapid E-Learning zunehmend auch Informationsservices, Online-Nachschlagewerke und Suchmaschinen. (Wang, 2005)

IT-Ausstattung an deutschen Schulen wächst

Deutschland hat das Ziel des *Aktionsplans E-Learning* der Europäischen Kommission von 15 Schülern / Schülerinnen pro Computer erreicht. In den Grundschulen teilten sich 2004 15 Kinder einen PC, in den Sekundarstufen I und II betrug das Verhältnis sogar nur 13:1. Spitzenreiter waren die berufsbildenden Schulen mit der Relation 9:1. Etwa 98 Prozent der Schulen sind inzwischen mit stationären oder mobilen Geräten ausgestattet. Insgesamt stehen fast eine Million PCs zu Verfügung, von denen mehr als die Hälfte multimediafähig ist und einen Internetzugang hat. (BMBF, 2004)

E-Learning an Hochschulen sehr unterschiedlich

Etwa ein Viertel der deutschen Hochschulen betrachtet den Einsatz digitaler Lerntechnologie immer noch skeptisch. Zwei Drittel dagegen möchten im Bereich E-Learning aktiv sein. Das virtuelle Studium ist an vielen Hochschulen längst zur Realität geworden. Dazu gehören komplette Homepages mit dem gesamten Vorlesungsstoff, virtuelle Seminare und eine permanente Online-Präsenz des Lehrstuhls. Besonders beliebt sind die Online-Anmeldung zu Klausuren oder die Ergebnisbekanntgabe per E-Mail oder SMS sowie Newsletter zu studienrelevanten Neuigkeiten (Spiegel Online, 2001). Bisher mangelt es aber an einer einheitlichen Strategie. Art und Umfang des Angebots variieren stark zwischen den Fachbereichen. Experten sehen die Zukunft in einem System, das E-Learning und E-Administration für die gesamte Hochschule zusammenfasst. Davon würden nicht nur die Studierenden profitieren, auch die Universitäten könnten ihre Verwaltungskosten erheblich senken (heise online, 2004).

Zahl der Fernstudiengänge wächst

Die Entwicklung und Verbesserung des E-Learnings macht Fernstudiengänge immer attraktiver. Die Zahl der staatlich anerkannten Fernstudiengänge ist auf 191 gestiegen. Anteilig stellen Fernstudiengänge beim Erststudium 1,1 Prozent und bei den weiterführenden Studiengängen bereits 5,5 Prozent. Das Fernstudium wird besonders durch die interaktiven Möglichkeiten des E-Learnings bereichert. (Handelsblatt, 2005)

Online-Enzyklopädien – Zukunft des Wissenserwerbs

Im digitalen Zeitalter wird die Online-Enzyklopädie zu einem entscheidenden Medium des Wissenserwerbs. Eine immer bessere Software und zahlreiche multimediale Anwendungen, dazu laufende Aktualisierungen über das Internet, eröffnen virtuelle Wissensräume jenseits der Bibliothek. Führend vor der *Encyclopaedia Britannica* und der *Microsoft Encarta* ist die *Brockhaus Enzyklopädie Digital*. Sie arbeitet mit einer Software, die durch morphosyntaktische Analyse sogar in Alltagssprache gestellte Fragen beantwortet (Schiffhauer, 2005). Viele Nutzer steigen bereits auf die von den Lesern selbst erstellte und gepflegte Online-Enzyklopädie *Wikipedia* um, die jedoch noch Nachteile bei multimedialen Inhalten hat.

Mobiles Lernen

Wissen wird just in time benötigt. Folglich muss es auch mobil verfügbar sein. Multimediale Endgeräte der nächsten Generationen werden für das E-Learning geeignet sein. Erste Anbieter, wie die Münchener Firma Cleverlearn, bieten Englisch-Kurse via Handy an. (Königes, 2005)

5.3.13 Photonik

> Photonik ist die Querschnittstechnologie des Lichts und könnte im 21. Jahrhundert die gleiche Bedeutung erlangen wie heute die Elektronik. Optik, Optoelektronik und Lasertechnik gelten als ihre Teilgebiete, die sich mit der Erzeugung, Verstärkung, Formung, Übertragung von Licht und seiner Nutzung als elektromagnetische Strahlung befassen. Vom Auto über Computer, Unterhaltungselektronik, Röntgen, Prozesstechnik bis zum Handy reichen die Anwendungsmöglichkeiten. Die größten Zukunftspotenziale liegen in der Lasertechnik. Die gebündelten Lichtstrahlen sind in Werkstoffbearbeitung, Medizin, Messtechnik, Datentechnik und Unterhaltung nicht mehr wegzudenken. Sie schneiden, fräsen, durchbohren und bearbeiten fast alle Materialien, sowohl zentimeterdicke Stahlplatten als auch haarfeine elektronische Mikrochips, Knochen und Körpergewebe. Laserlicht überträgt und liest Informationen, etwa auf CDs und DVDs. Es misst die Drift von Schollen der Erdkruste genauso wie den Strichcode auf Waren. Die Lasermesstechnik gestattet berührungslose Entfernungs-, Geschwindigkeits- und Oberflächenmessungen mit bisher nicht erreichbarer Genauigkeit. Die Lasertechnologie ist noch längst nicht am Ende ihrer Möglichkeiten. Mit blauem statt rotem Laser könnten bis zu 30 (statt 4,7) Gigabyte Daten auf einer DVD untergebracht werden. Computer mit optischen Bauelementen könnten tausendmal schneller als Elektronenrechner sein.

Zukunftspotenziale

Die Wissenschaftliche Gesellschaft Lasertechnik e.V. (WLT) sieht für die Lasertechnik Einsatzmöglichkeiten mit dem größten volkswirtschaftlichen Potenzial in folgenden Märkten: Informations- und Elektronikindustrie, Mikro-Fertigungstechnik, Messtechnik, Biotechnologie, Chemie und Medizin. Darunter fallen folgende Einsatzgebiete: in der Optoelektronik Kommunikationstechnik und Medientechnik; in der Ultrapräzisionsfertigung Werkstoffentwicklung, Mikroaktoren und -reaktoren; in der Biophotonik Werkstoffentwicklung, Laserbiodynamik, Dosimetrie, molekulare Diagnostik und Bioindikatoren und in der Messtechnik Nanotechnik, Biodynamik, Qualitätskontrolle und Umwelttechnik. (Novitzki, 2005)

Blauer Laser

Während rote Laser seit langem in den verschiedensten Produktformen auf dem Markt erhältlich sind, wird die Entwicklung blauer Laser, einer neuen Generation von Lasern mit möglichst kurzwelligem Licht, jetzt vorangetrieben. Als ersten Forschern in Europa ist es Bremer Physikern im Jahr 2002 gelungen, blaue Laser zu realisieren. Der blaue Laser soll bessere Speicherlaufwerke ermöglichen und die heutige DVD ablösen. Eine Alternative ist die Blu-Ray-Disc, die inzwischen Marktreife erlangt hat. Der blaue Laser ist zudem die Grundlage für hochauflösende Projektionstechnik in Beamern, Laser-TVs oder auch in Laserdruckern (heise online, 2002; innovations-report, 2002). Im März 2005 präsentierte die Firma BenQ auf der Hannover Messe den Prototypen eines Kombirechners. Er enthält drei Laser. Einen infraroten zum Brennen von CDs, einen roten zum Brennen von DVDs und einen blauen zum Brennen von Blu-Ray-Discs (heise online, 03/2005).

Nach dem blauen Laser

Bei den optischen Datenträgern kündigt sich bereits eine vierte Generation an. Nach der CD, der DVD und der Blu-Ray-Disc treibt die Firma Philips als möglichen Nachfolger das Near-Field-Recording voran. Nur 25 Nanometer schwebt bei dieser Aufnahmetechnik eine »Solid Immersion Lens« (SIL) über der Discoberfläche. Sie bricht das Licht des Lasers. Da sie einen deutlich höheren Brechungsindex als Luft hat, kann der Laser an der Unterseite der SIL auf einen wesentlich kleineren Punkt fokussiert werden. Zum Schutz der Near-Field-Disc vor Schmutz musste eigens ein neuer Lack entwickelt werden, weil bisherige Lacke zu dick waren. (heise online, 07/2005)

Nanolaser

Im August 2005 nahm in Hamburg der weltweit erste »Freie Elektronen-Laser im Vakuum-Ultra-Violett-Wellenlängenbereich« (VUV-FEL) den Betrieb auf. Der VUV-FEL ermöglicht zum ersten Mal, intensives Laserlicht bis zu einer Wellenlänge von etwa sechs Nanometern zu erzeugen. Ein Nanometer ist ein Millionstel Millimeter (siehe Nanotechnologie, Seite 165). Man kann jetzt also einen Blick werfen in die Welt des Allerkleinsten, in den Größenbereich einzelner Moleküle oder hauchdünner Oberflächenbeschichtungen. (scienzz.com, 2005)

Hochbrillante Laser

Auf der Laserfachmesse *Laser 2005* in München stellte das Berliner Ferdinand-Braun-Institut für Höchstfrequenztechnik (FBH) eine Neuentwicklung hochbrillanter Diodenlaser vor. Diese Distributed-Feedback-Laser (DFB-Laser) sind nicht nur vergleichsweise kostengünstig, sondern haben vor allem hohe Strahlungsqualität, stabile Wellenlänge und gleichzeitig hohe Ausgangsleistung. Die extrem schmale Bandbreite von weniger als fünf Megaherz erschließt neue Anwendungen in der Sensorik, Spektroskopie, Messtechnik und Atomphysik. (Zens, 2005)

Breitband-Internet überall durch fliegende Sendemasten

Mit einem unsichtbaren Laserstrahl ist erstmals dem Deutschen Zentrum für Luft- und Raumfahrt (DLR) die Übertragung riesiger Datenmengen von der Stratosphäre auf die Erde gelungen. Damit wurden erfolgreich zukünftige fliegende Sendemasten getestet, die eine neue Ära der mobilen Breitbandkommunikation einläuten sollen (siehe Leistungsfähigere Datenübertragungstechnologien, Seite 120). Von einem Terminal, das in 22 Kilometern Höhe an einem Stratosphärenballon hing, wurden per Laserstrahl bis zu 1,25 Gigabit Information pro Sekunde fehlerfrei übertragen. Das entspricht etwa fünfzig Musikstücken in MP3-Qualität pro Sekunde. Als langfristiges Ziel ist geplant, zahlreiche fliegende Sendemasten auf fest verteilten Plattformen in der Stratosphäre zu platzieren. (heise online, 09/2005)

Laser für die Schönheit

Gilette hat mit Palomar Medical Technologies einen Laser-Rasierer entwickelt und patentieren lassen (palmed.com) und israelische Mediziner konstruierten einer Laser, der Mikroben auf der Oberfläche der Mandeln entfernt und damit Mundgeruch vorbeugt (Meinke, 2004).

5.3.14 Sensorik

Sensorik als Zukunftsfaktor ist die immer bessere Erfassung von Umfeldeigenschaften durch technische Systeme, vom Mikrofon und der Kamera bis zum Nanosensor. Dazu gehört beispielsweise die Nachahmung der menschlichen Sinne, also optischer (Sehen), akustischer (Hören), olfaktorischer (Riechen), chemisch-gustatorischer (Schmecken), thermischer und haptischer (Fühlen) Wahrnehmung. Sensorischen Systemen stehen allerdings grundsätzlich weitaus mehr und exaktere Erfassungsmöglichkeiten offen als dem Menschen, so zum Beispiel die Messung von Radioaktivität, Schadstoffen, Temperatur, Feuchtigkeit, Schall, Magnetismus und Beschleunigung. Optimierte sensorische Systeme spielen bei vielen Entwicklungen eine wichtige Rolle, etwa im Umweltschutz, in der Biometrie, der Sicherheitstechnik, bei Human-Machine-Interfaces, in der künstlichen Intelligenz, der Weltraumtechnologie oder der Medizin. Sensorik ist auch bedeutend in der Automatisierung und Robotik sowie der Mikrosystem- und -verfahrenstechnik. Sie wird hier kurz als separater Zukunftsfaktor dargestellt, weil ihr grundlegende Bedeutung in vielen verschiedenen Feldern zukommt.

Bedeutung der Sensorik

Die Sensorik wird vielfach als Schlüsseltechnologie für alle Bereiche angesehen, in denen elektronisch geprüft, überwacht oder automatisiert wird. Marktforscher messen der Sensorik ein Weltmarktpotenzial von fünfzig bis achtzig Milliarden US-Dollar zu. Der Branche wird mittelfristig ein jährlicher Zuwachs von weltweit fünf bis zehn Prozent zugesprochen. Bezogen auf Deutschland wird ein Wachstum von acht bis zwölf Prozent per anno geschätzt. Allerdings muss man innerhalb der Sensorik zwischen einzelnen Teilbereichen unterscheiden. Bei einigen ist der Markt bereits gesättigt, einhergehend mit kontinuierlichem Preisverfall. Andere Anwendungsgebiete stehen erst am Anfang der Markterschließung und weisen zweistellige Wachstumsraten aus, so etwa die Biosensorik. (ama-sensorik.de)

Biosensorik – Erkennungsmechanismen der Natur

Biosensoren kombinieren Elektronik und Biologie, um chemische Verbindungen oder biologische Moleküle nachzuweisen. So können DNA-Chips die DNA analysieren und eine Enzym-Elektroden-Kombination kann den Zuckergehalt im Blut messen. Biosensoren bilden die menschlichen Geschmacks- und Riechorgane nach und wandeln ihre Wahrnehmung in elektronische Signale um. Die biologische Komponente besteht aus Proteinen, Nukleinsäuren, Zellen oder komplexeren Rezeptoren, die auf das zu Erfassende mit Änderungen ihrer Eigenschaften (Temperatur, Leitfähigkeit, Masse usw.) reagieren. Die elektronische Komponente bildet den Detektor, der die Eigenschaftsänderung in messbare und verarbeitbare Signale umsetzt. (Forschungszentrum Jülich, 2005)

Sensoren für Atemgasanalyse

An der TU Dresden wurde ein Sensorsystem zum Messen der menschlichen Atmungsfunktion entwickelt, das auch im Weltall funktionieren soll. Der Sensor misst Volumenströme und Atemgase, braucht dafür aber nur wenige Quadratmillimeter Platz. Anwendungsmöglichkeiten bestehen in der medizinischen Diagnostik, der Sportmedizin, der Umwelttechnik, der Vakuumtechnik sowie der Mess- und Regeltechnik. (innovations-report, 2003)

Polymere optische Fasern

Anwendungsbeispiele von POF-Sensorik finden sich vor allem im Automobil. Beim Airbag registrieren POF die Sitzplatzbelegung und regeln das Airbag-Volumen, je nachdem, ob ein Kind oder ein Erwachsener den Sitz belegt, oder sie vergrößern die Knautschzone beim Zusammenstoß mit Fußgängern oder verhindern das Einklemmen von Kinderfingern in elektrischen Fensterhebern und Schiebedächern. (Briele, 2005)

Nanotechnologische Sensoren

Am Institut für Organische Chemie der Freien Universität Berlin forscht eine Arbeitsgruppe an Makromolekülen im Nanometerbereich (siehe Seite 165). Ziel der Arbeit ist es, die Moleküle als eine Art Miniwerkzeug einzusetzen, vor allem in der Sensorik. Mit ultraempfindlichen Detektoren kann man Moleküle auch in geringer Menge nachweisen. Sensoren auf Nano-Basis könnten auf extrem kleine Mengen Sprengstoff reagieren, was bei Sicherheitskontrollen auf Flughäfen ein großer Fortschritt wäre. (von Richthofen, 2004)

5.3.15 Biometrie

Biometrische Systeme ermöglichen die automatische Identifizierung von Personen aufgrund individueller, langfristig stabiler physiognomischer oder physiologischer Merkmale wie Gesichtsgeometrie, Hand- und Fingerabdruck, Handschrift, Stimmfrequenz, Irisstruktur und Bewegungserkennung. Auf dem Gebiet der Sicherheitstechnik und der Identitätsfeststellung werden sie zunehmend eingesetzt. Dies gilt insbesondere für Zutrittskontrollanlagen, bei der Personenkontrolle im Luftverkehr und der Identitätsbestimmung bei Bankgeschäften. Biometrische Verfahren erhöhen sowohl die Sicherheit als auch den Grad an Bequemlichkeit. In vielen Fällen können sie auch zu einer Beschleunigung von Sicherheitschecks beitragen. Biometrie kommt dem gewachsenen Sicherheitsbedürfnis in der Gesellschaft entgegen. Zugleich erfordert ihr Einsatz jedoch hohe Sensibilität gegenüber dem Datenschutz und der Privatsphäre.

Zunehmender Einsatz

Biometrische Verfahren gewinnen in den Bereichen E-Business, Identifikation und Authentifizierung an Bedeutung. Stechuhren werden durch Handscanner ersetzt, Vielflieger erkennt die US-Einwanderungsbehörde biometrisch und schleust sie schneller durch die Kontrollen und in Disneyland wurde – zunächst experimentell – die Eintrittskarte durch den Fingerabdruck ersetzt. (Biometrie Portal, a) Neben den technischen Möglichkeiten ist die Terrorismusbekämpfung der Treiber dieser Entwicklung.

Vielfältige Formen

Neben den bekannten eindeutigen biometrischen Attributen eines Menschen werden immer mehr Formen entwickelt. So kann im Prinzip der Gang und sogar das Tippverhalten an einer Tastatur eine Person eindeutig identifizieren (Biometrie-online.de). Stimmbänder, Kehlkopf, Mund- und Rachenraum erzeugen zusammen ein typisches Klangmuster, das vor allem für die Erkennung am Telefon benutzt wird. Das Fraunhofer-Institut in Darmstadt hat ein 3-D-Gesichtserkennungssystem *BioFace* entwickelt, das wie ein Passbild-Automat funktioniert und hohe

Sicherheit bietet (Fraunhofer). Das Muster der Adern auf dem Handrücken eines Menschen ist so einzigartig wie sein Fingerabdruck. Diesen Umstand nutzt ein Venen-Scanner, der in Japan und Südkorea bereits bei Einlasskontrollen verwendet wird. Zur Identifikation wird der Handrücken nur kurz unter ein Lesegerät gehalten. Dieses Verfahren ist hygienischer und angeblich auch sicherer als eine Fingerabdruckerkennung (tech-sphere.com). Der genetische Abdruck ist ein exzellentes Erkennungsmerkmal, das derzeit vorwiegend in der Strafverfolgung genutzt wird. Schon eine Hautschuppe reicht. Gegen weitere Anwendungen sprechen datenschutzrechtliche und ethische Bedenken. (BKA.de)

Der E-Pass wird Standard

Seit 2005 werden in Deutschland nur noch Pässe mit biometrischen Merkmalen ausgegeben. Andere EU-Länder folgen. Der Pass enthält einen RFID-Chip, der im Vorbeigehen drahtlos gelesen werden kann und das Gesicht des Passinhabers enthält. Fälscher müssen drastisch aufrüsten. Ab 2008 sind die Integration eines Iris-Scans und der Fingerabdrücke vorgesehen (bsi-bund.de). Im Grunde könnte auch der direkte Iris-Scan den Ausweis ersetzen, wie es am Frankfurter Flughafen bereits bei Boden- und Luftpersonal getestet wurde (Biometrie Portal, b).

Zugangskontrolle zum Konto wird revolutioniert

In der Finanzwelt werden PINs, TANs und auch die Unterschrift langfristig verschwinden. Der Geldautomat zahlt nach einem Iris-Scan aus, die Online-Überweisung erfolgt nach Fingerabdruckkontrolle und das Telefonbanking identifiziert die Stimme des Kunden. Langfristig braucht der Kunde gar keine Kunden-, Geld- oder Kreditkarte mehr. Seine biometrischen Merkmale hat er immer dabei.

Biometrie für individuelle Produkte

Eine andere Nutzung biometrischer Systeme bahnt sich im Maßschneidern von Medikamenten und Kosmetika an. L'Oréal hat in Kooperation mit STMicroelectronics einen »Skinchip« entwickelt, der die Haut des Kunden hinsichtlich Feuchtigkeit und Falten-Topografie analysiert und es so einem Computer ermöglicht, das am besten passende Produkt vorzuschlagen. (eetimes.com)

Bleibende Fälschungsgefahr

In der Vergangenheit wurden immer wieder neue Sicherheitsverfahren für Banknoten entwickelt und als fälschungssicher bezeichnet. Ein gutes Beispiel ist die Einführung der neuen Euro-Scheine in Deutschland. Mittlerweile gibt es mehr Falschgeld als je zuvor und sogar zu den biometrischen Verfahren existieren bereits einige Fälschungsverfahren. Die Technik kann krimineller Energie immer nur einen Schritt voraus sein, wenn überhaupt.

5.3.16 Mikrosystemtechnik

> Die Mikrosystemtechnik (MST) ist ein interdisziplinäres Technologiefeld. Nach gängiger Definition beinhaltet sie auch die Gebiete Mechatronik und Adaptronik. Mechatronische Systeme bewegen sich im Mikrometerbereich. Die Technologie vereinigt je nach Anwendung Methoden und Lösungen aus den verschiedensten Feldern, etwa aus Mikromechanik, Mikroelektrotechnik, Mikrooptik, Mikrofluidik, Werkstofftechnik ebenso wie aus Informatik und Biotechnologie. Mikrotechnische Einheiten verrichten unsichtbar ihren Dienst in unzähligen Gebrauchsgütern, beispielsweise in der Computerperipherie, der Büro- und Nachrichtentechnik, der Unterhaltungselektronik sowie in Heimwerker- und Haushaltsgeräten. Druckköpfe von Tintenstrahldruckern, Sensoren in Computermäusen, Beschleunigungssensoren in Airbags, Drehratensensoren für Überrollbügel, Instrumente der minimal-invasiven Chirurgie basieren auf Mikrosystemtechnik. Ein verwandter Bereich ist die Mikroverfahrenstechnik, die extra vorgestellt wird. Das Potenzial und der zukünftige Anwendungsbereich sind weiter riesig.

Mechatronik

Die Integration von Mechanik und Elektronik ist eines der großen interdisziplinären Gebiete der Ingenieurwissenschaft, aus dem zahlreiche Lösungen für den alltäglichen Gebrauch stammen. Mechatronik ist das Zusammenspiel mechanischer, elektronischer und informationstechnischer Systeme. Anwendungsmöglichkeiten finden sich in so unterschiedlichen Bereichen wie dem Automobilbau (ABS, ESP, Motorsteuerung, Automatikgetriebe), automatisierten Navigationssystemen, aktiven Magnetlagern für Werkzeugmaschinen, Robotersystemen und CD-Playern (wikipedia.org, a). Die Mechatronik spielt eine Schlüsselrolle in den

Zukunftstechnologien Automatisierung und Robotik. Die Biomechatronik erweitert die Mechatronik um Aspekte der Mensch-Maschine-Interaktion und entwickelt beispielsweise Lösungen für intelligente Prothesen, Verfahren zur objektiven Therapiekontrolle und mikrotechnische Tools für die minimalinvasive Chirurgie (wikipedia.org, b).

Adaptronik

Die Adaptronik beschreibt mikromechanische Systeme und Materialien mit selbstregelnden Mechanismen zur Anpassung an Betriebs- und Umgebungsbedingungen. Sie bestehen aus Sensoren für das Erfassen der Bedingungen und Aktuatoren für die Selbstanpassung. Im Fokus der Forschung und Entwicklung stehen die Anwendungsbereiche Lärm- und Schwingungsreduktion, Konturverformung und Stabilisierung, Feinstpositionierung, Sensortechnik im Ultraschallbereich und Schadenserkennung. Praktische Anwendungen sind beispielsweise Magnetresonanztomographen, Leichtbauspiegel für Satelliten, Glasschneidemaschinen sowie das adaptive Dachblech im Pkw zur aktiven Lärmreduktion im Innenraum. (DLR, 2005)

Vordringen der MEMS

MEMS (mikro-elektro-mechanische Systeme) erobern zunehmend Bereiche unseres täglichen Lebens. Attraktive Einsatzmöglichkeiten für MEMS eröffnen sich in Automobilelektronik, Kommunikations- und Datentechnik sowie Medizinelektronik. Bosch entwickelt schon seit 2003 MEMS und gründete 2005 eine spezielle Tochtergesellschaft. General Electric, Infineon und Motorola haben ähnliche Spin-offs vorgenommen (Forman, 2005).

Mikrotechnik in der Medizin

Schon bald sollen Bio-Mikrochips, halb so groß wie der Durchmesser eines Haares, vielfältige Aufgaben in Therapie und Diagnostik übernehmen. So haben Forscher einen Bio-Chip entwickelt, der auf einer Scheckkarte Platz hat und in kürzester Zeit Proben von Blut, Urin oder Speichel analysiert. Damit ist zum Beispiel Eisenmangel oder der Alkohol-Promillespiegel im Blut zu ermitteln. Auch das Messen von Hormonen ist mit MEMS denkbar. Solche Mikrochips sollen bei Männern ein effektives Frühwarnsystem gegen die Entstehung von Prostatakrebs sein.

Robert Michler, Chirurg an der Ohio State University, will Mikrochips in den Herzmuskel einpflanzen, damit sie über längere Zeit Substanzen freisetzen, die das Wachstum von Blutgefäßen stimulieren. Constantino Benedetti vom James Cancer Hospital will zur besseren Schmerzbehandlung nach chirurgischen Eingriffen durch implantierte Mikrochips eine regulierbare Dosierung von lokal wirkenden Schmerzmitteln über mehrere Tage ermöglichen. Die stärksten derzeit verwendeten Lokalanästhetika wirken maximal acht Stunden. (Bauer, 2000 und Frost, 2000) Die Firma Innovative Micro Technology hat ein auf MEMS-Technologie basierendes Zellensortiersystem entwickelt, mit dem sich mit hoher Geschwindigkeit beispielsweise bestimmte menschliche Körperzellen aussortieren lassen. Anwendungsmöglichkeiten bestehen in den Bereichen Medizin und Militär. (smalltimes.com, 2005)

Smarte Textilien

Intelligente Kleidung, auch als »wearable electronics« oder »smart textiles« bezeichnet, gewinnt zukünftig an Bedeutung. Zum Beispiel wurde ein Trikot entwickelt, dessen Stoff in der Lage ist, an den Träger Vitamine abzugeben. Ausgelöst durch Temperatur- oder Feuchtigkeitsimpulse des Trägers dosieren die MEMS-Membranen die abzugebende Vitaminmenge. Das Vitamin-Trikot soll mehrfach verwendbar sein und bis zu 18 Waschgänge überstehen. (innovations-report, 2002)

Sprengstoffdetektor

Die Firma Sense Holdings hat einen tragbaren Sprengstoffdetektor angekündigt, der auf MEMS-Basis operiert. Vorteile des Geräts sind neben der Mobilität geringe Kosten, hohe Sensitivität und Echtzeitauswertungen. Ein Prototyp wird derzeit beim Oak Ridge National Laboratory getestet. Vielfältigste Einsatzmöglichkeiten für das Gerät bieten sich überall dort, wo ein hoher Sicherheitsstandard eingehalten werden muss, beispielsweise auf Flughäfen und Bahnhöfen, bei Internetprovidern, in politischen Einrichtungen, bei Ausstellungen und Events. (senseme.com, 2005)

Biologischer Virusdetektor

Die Firmen Hitachi und Takara Bio haben gemeinsam einen kompakten automatischen Virusdetektor entwickelt, der mit zwei

MEMS-Chips ausgestattet ist. Das Gerät vereinfacht und beschleunigt den Vorgang der Virusanalyse, der früher etwa eine Woche gedauert hat. Mit dem neuen Detektor lässt sich der Prozess auf vierzig bis 120 Minuten verkürzen. (Tsukioka, 2005)

5.3.17 Mikroverfahrenstechnik

> Die »Mikrofabriken« der Mikroverfahrenstechnik (MVT) setzen chemische und physikalische Strukturen im Mikrometerbereich zusammen. Dies ermöglicht neue Produktionsprinzipien mit dezentralen, flexiblen und extrem kleinen Fertigungsanlagen. Gegenüber der klassischen Massenproduktion bieten solche Mikrofabriken viele Vorteile, so zum Beispiel effizientere Mischverfahren, bessere chemische Reaktionen, höhere Ausbeute, weniger unerwünschte Nebenprodukte, bessere Prozesssicherheit und weniger Energie- und Ressourcenaufwand. Durch ihre dezentralen Einsatzmöglichkeiten können die kleinen Fertigungsstrukturen auch unter logistischen Gesichtspunkten sehr interessant sein.

Neues Paradigma chemischer Produktion

In der Mikroverfahrenstechnik werden die Schwächen großer Fertigungsanlagen umgangen. Physikalische Gesetzmäßigkeiten sorgen dafür, dass sich zwei Substanzen in kleinen Anlagen schneller und effektiver mischen als in meterhohen Rührkesseln. Analog dazu beschleunigt sich die Wärmeübertragung bei Reaktionen in Mikroreaktoren. Eine höhere Qualität der Produkte und eine gesteigerte Ausbeute sind die Folge, ebenso weniger unerwünschte Nebenprodukte und weniger Einsatz von Energie und Ressourcen. Selbst hochgefährliche Prozesse lassen sich in chemischen Mikroreaktionsanlagen sicher beherrschen, denn wesentlich seltener als im großformatigen Gegenstück treten unkontrollierbare Kettenreaktionen auf. Und falls doch, lassen sie sich aufgrund der enorm kurzen Reaktionszeiten der Systeme rasch »abschalten«. Mit Mikrofabriken lassen sich auch große Mengen produzieren. Statt große Reaktoren einzusetzen, schaltet man viele Mikroreaktoren parallel (»numbering up«). Die Mikroverfahrenstechnik kann auf diese Weise viele Hundert Tonnen eines Produktes herstellen. Ein im Forschungszentrum Karlsruhe entwickelter Mikroreaktor ist nur 65 Zentimeter lang und 290 Kilogramm schwer, schafft aber einen Output von 1700 Kilogramm flüssiger Chemikalien pro Stunde, über 300 Tonnen in zehn Wochen (Hoffmann, 2005). Ihre hohe Effizienz und Sicherheit macht die Mikroverfahrenstechnik zu einem wichtigen Baustein für die Vision einer »Green Chemistry« (panorama-der-zukunftsfragen.de, a).

Modulare Mikroverfahrenstechnik

Das Verbundprojekt Modulare Mikroverfahrenstechnik des Bundesministeriums für Bildung und Forschung entwickelte den Baukasten *µChemTec*. Mit ihm kann man die Mikrobausteine verschiedener Hersteller einfach zu mikroverfahrenstechnischen Kompaktanlagen, den »Microplants«, kombinieren. Die Bausteine sind durch standardisierte Schnittstellen kompatibel. Das flexibel erweiterbare System dient der Führung von Fluidströmen. Sensorbausteine können zusätzlich integriert werden. Über den reinen Laboreinsatz hinaus kann man das System für eine Produktherstellung im Pilotbetrieb nutzen. (Dillmann, 2003)

Moleküle organisieren sich selbst

Kleine Partikel ordnen sich unter definierten Bedingungen selbstorganisiert spontan zu einem bestimmten Muster. Obwohl der Mensch bisher nur selten versucht hat, diese Neigung von Atomen und Molekülen zur Selbstorganisation auszunutzen, ist dies ein vielversprechender Ansatz für das Strukturieren von Prozessen im Mikro- und Nanometerbereich. Trägersubstanzen bekommen »Adressaufkleber«, Bauteile kommen in ein flüssiges Transportmedium und suchen sich selbst das richtige Molekül zum Andocken. Dies ist sowohl in der Ebene als auch in dreidimensionaler Anordnung möglich. Als praktische Anwendung wären beispielsweise Arbeitsspeicher von 4000 Gigabyte statt heute einem oder zwei Gigabyte im Computer realisierbar. (panorama-der-zukunftsfragen.de, b)

5.3.18 Nanotechnologie

> Die Nanotechnologie ist eine interdisziplinäre Technologie, die sich mit der Erforschung, Modifikation und Herstellung von Partikeln und Strukturen beschäftigt, die kleiner als hundert Nanometer (ein zehnmillionstel Meter) sind. Ein Nanometer entspricht einem milliardstel Meter. In dieser Größenordnung begegnet man veränderten physikalischen Gegebenheiten.

Die Anwendungsmöglichkeiten sind ebenso vielfältig wie revolutionär, so etwa bei der Erzeugung neuer Werkstoffe und Oberflächenstrukturen, aber auch auf dem Gebiet der Medizin und der Computertechnologie. Besonders spektakulär ist das Ziel, Materie auf atomarer Ebene beliebig manipulieren und somit molekulare Fertigung betreiben zu können. Heute werden Nanopartikel beispielsweise bereits als Füllstoff in Autoreifen, als Bauteile für leistungsfähige Batterien und als Farbpigmente in der Kosmetik eingesetzt. Die Fortschritte sind gewaltig. Die Kosten zur Herstellung von Nanopartikeln sind seit Mitte der 1990er-Jahre auf weniger als ein Tausendstel gesunken.

Geschätzter weltweiter Umsatzanteil von Produkten mit nanotechnologischen Komponenten am Gesamtumsatz (Lux Research, 2004)

Jahr	Produktkategorie	Umsatzanteil
2004	Produzierte Güter insgesamt	0,1 %
2014	Produzierte Güter insgesamt	15 %
2014	Gesundheit und Life-Science	16 %
2014	Elektronik und Informationstechnik	50 %

Trends der Nanotechnologie

Ziele der Nanotechnologie sind die weitere Miniaturisierung der Halbleiterelektronik und der Optoelektronik sowie die industrielle Erzeugung von Werkstoffen wie beispielsweise Nanoröhren und die Beschichtung von Oberflächen oder zahnärztlichen Füllmaterialien. In der Medizin will man mit Nanopartikeln Wege zur Diagnose und zur Behandlung finden. Dazu gehören auch Implantate mit Oberflächen aus Nanostrukturen. Bekannt ist der Lotoseffekt, der minimal aufgeraute und damit Schmutz abweisende und sogar selbstreinigende Oberflächen ermöglicht. Mit dieser Technologie werden schon heute Autolacke produziert. (wikipedia.org)

Marktvolumen der Nanotechnologie

Keine Technologie wächst nach Ansicht des Magazins *Science* schneller und verfügt über mehr Potenzial. Im Jahr 2004 hatte der Markt für nanotechnologische Produkte und Dienstleistungen weltweit ein Volumen von etwa hundert Milliarden US-Dollar. Auch wenn die Einschätzungen für das künftige Marktvolumen schwanken, ein starkes Wachstum wollen die meisten Experten erkennen. Bis zum Jahre 2010 wird der Nanotechnologie-Markt je nach Quelle ein Volumen von 800 Milliarden bis über 1 Billion US-Dollar umfassen. Besonders mutig ist die Einschätzung der amerikanischen Beratungsfirma Lux Research, die das Marktpotenzial der Nanotechnologie auf 2,6 Billionen US-Dollar im Jahr 2014 anwachsen sieht. (Beckmann, 2003 und nanostart.de)

Folien aus Nanoröhrchen

Nanoröhrchen aus Kohlenstoff sind extrem widerstandsfähig gegen aggressive Chemikalien, reißfester als Stahl und leiten den elektrischen Strom besser als Kupfer und Silber. Man kann die winzigen Zylinder wie Wollfasern zu Garnen verarbeiten und nach Belieben verdrillen, verflechten und verknoten. Eine aus Nanoröhrchen gebildete Folie kann Flüssigkeitstropfen tragen, die rund 50 000-mal so schwer sind wie das Nanomaterial selbst. Wenn man mehrere Schichten übereinander legt, übertrifft deren Festigkeit sogar hochfesten Stahl, ist dabei aber leichter und biegsam. (Löfken, 2005)

Nano gegen Krebs

Forscher der Universität Delaware untersuchen, wie sich Nanomaterial zum Aufspüren und Behandeln von Krebs eignet. Sie sind dabei, eine »Nanobombe« zu entwickeln, die im menschlichen Körper in die Krebszelle eindringen und sie durch eine Art Explosion unschädlich machen soll. (innovations-report, 2005)

Nano im Computer

Dichtere Festplatten und kleinere sowie schnellere Chips versprechen sich Entwickler aus der Kombination von Nanotechnologie mit Elektronik und Computertechnik. Diesem Markt wird ab 2015 ein Potenzial von bis zu 300 Milliarden Dollar vorausgesagt. (innovations-report, 2003)

NanoLux – mehr Licht mit weniger Energie

Während herkömmliche Glühlampen einen Wirkungsgrad von nur fünf Prozent bieten können, sollen mithilfe von Nanotechnologie Leuchtdioden einen Wirkungsgrad von über fünfzig Prozent erzielen. Das damit erzeugte Licht soll in Form, Farbe und Helligkeit je nach Bedarf frei wählbar sein. (bmbf.de)

Dichter als ein Diamant

Mit Diamanten im Nano-Format haben Forscher des Bayerischen Geoinstituts (BGI) der Universität Bayreuth die dichteste Form von Kohlenstoff erzeugt. Selbst natürliche Diamanten lassen sich leichter zusammenpressen. Nano-Diamanten sind damit das am wenigsten komprimierbare aller bekannten Materialien. (scienzz.com, 2005)

Schreckensszenarien

Das Ende der Menschheit, eingeleitet durch wild gewordene »Nanobots«, die ihre einstigen Schöpfer versklaven oder töten. – So hört man es von Nanotechnik-Kritikern. Prominentes Beispiel ist Bestsellerautor Michael Crichton, der in seinem Roman *Beute* Nanoroboter des US-Militärs außer Kontrolle geraten lässt. Biophysiker Wolfgang Heckl vom Kompetenzzentrum Nanoanalytik allerdings hält dies für ein Schauermärchen. Solche Szenarien seien aus wissenschaftlicher Sicht auch mit größter Fantasie auf absehbare Zeit nicht möglich. (Mundzeck, 2002)

5.3.19 Bio- und Gentechnologie

Die Entschlüsselung menschlicher, tierischer und pflanzlicher Genome schreitet rapide voran. Auf Grundlage der daraus gewonnenen Erkenntnisse kann mittels der Gentechnik gezielt in Erbgut oder biochemische Steuerungsvorgänge eingegriffen werden. Die Gentechnologie revolutioniert Medizin, Ernährung und Pflanzenzucht. Sie gilt als Hoffnungsträgerin im Kampf für ein längeres und gesünderes Leben. Zugleich stößt sie wie kaum eine andere Entwicklung der modernen Naturwissenschaft auf Ängste und Widerstände. Dem Versprechen vom Sieg über bislang unheilbare Krankheiten, um nur eine Perspektive zu nennen, stehen ethische Einwände gegen in ihren Folgen noch unabsehbare Eingriffe in die menschliche, tierische und pflanzliche Natur gegenüber.

Fortschritte in der Genomik

Das Genom (die Gesamtheit aller Gene einer Spezies) des Menschen besteht aus etwa 30 000 Genen (Müller-Wille, 2002). Jedes einzelne von ihnen enthält die »Bauanleitung« für ein bestimmtes Eiweißmolekül, dessen Funktionen für Körper und Wesen des Menschen jedoch zu einem wesentlichen Teil noch unbekannt sind. Seit kurzem ist die Genom-Sequenz von Schimpansen bekannt. 98,7 Prozent des Erbguts von Schimpansen sind identisch mit denen des Menschen. Die höchste Übereinstimmung gibt es interessanterweise beim Gehirn von Schimpanse und Mensch. (presseportal.de, 2005)

Lebenserwartung tausend Jahre?

Der britische Genetiker Aubrey de Grey von der Universität Cambridge arbeitet daran, die molekularen und zellulären Störungen und Fehler zu reparieren, die für das Altern verantwortlich sind. Altern sei ein rein biophysikalischer Vorgang. Wer heute sechzig Jahre alt ist, so de Grey, könnte die praktische Einsatzfähigkeit dieser Methoden erleben und bis zu tausend Jahre alt werden. (de Grey, 2004)

Boom der Bioinformatik

Der Bioinformatik, bei der mithilfe von Hochleistungscomputern die Entschlüsselung des menschlichen Erbguts (Human Genome Project), vieler Krankheitserreger und agronomisch wichtiger Organismen (zum Beispiel Hefe, Reis) vorangetrieben wird, wird eine goldene Zukunft vorausgesagt. Für den erwarteten Boom investierte IBM mehrere Hundert Millionen US-Dollar in Partnerschaften und Allianzen. Dazu kommen weitere erhebliche Mittel für Venture-Capital für vielversprechende Start-ups. (Southwick, 2004) IBMs Interesse wird vor allem von steigender Nachfrage nach Speichersystemen (Storage-Systems) getrieben, denn die Menge an Life-Science-Daten verdoppelt sich circa alle neun Monate. Bereits im Jahre 2002 hatte die Life-Science-Branche einen Bedarf an Speichersystemen im Wert von 4,6 Milliarden US-Dollar (Haley, 2002). Das Healthcare- und Life-Science-Segment von IBM befasst sich mit Datenmanagement und High-Performance-Computing für das Pharmazie- und Agrargeschäft, Biotechnologie, Genomics und E-Health (berlinews.de, 2001). In den nächsten drei bis fünf Jahren, so schätzt IBM, wird sich hier eine der größten IT-Marktchancen öffnen. Bereits heute hat IBM Life Sciences einen Umsatz von über einer Milliarde US-Dollar. (Southwick, 2004)

Tissue-Engineering

Beim Tissue-Engineering (siehe Seite 185) werden Gewebe oder gar ganze Körperteile aus körpereigenen Zellen im Labor designt bzw. nachgezüchtet. Insbesondere beim Hautersatz konnten bereits gute Erfolge verzeichnet werden. Dies kommt zum Beispiel Verbrennungsopfern oder Menschen mit chronischen Wunden zugute. Hierbei werden intakte Hautzellen der Patienten in einem Kulturmedium vermehrt und anschließend in Form einer Art Paste auf die Wunden des Patienten aufgetragen. Der Körper wandelt die in der Paste vorhandenen Zellen in neue Haut um. Weitere Anwendungen sind Behandlungen defekter Knorpelzellen (Nase, Ohren oder auch Gelenkknorpel). Auch neue Adern und Herzklappen sind mittels Tissue-Engineering möglich. Doch für einen weiteren Meilenstein in der Forschung werden embryonale Stammzellen als Rohmaterial benötigt. Die Forschung mit embryonalen Stammzellen ist hochumstritten, da sie zu einem Missbrauch durch Züchtung von Embryos führen könnte. (geo.de, 3/2000)

Steaks aus der Retorte

US-Forscher beschreiben Methoden zur künstlichen Massenproduktion von Fleisch. Theoretisch ist es sogar möglich, mit einer einzigen Zelle die weltweite Fleischversorgung sicherzustellen, so die Wissenschaftler. Bereits zuvor haben Nasa-Experten gezeigt, dass die künstliche Herstellung von Fleisch zumindest in kleinen Mengen bereits realisierbar ist. Eine entsprechende Umsetzung in größerem Maße würde nicht nur Tierschützern gefallen, sondern ebenso Umweltschützern und letztlich Konsumenten, sofern der Geschmack stimmt. (Sasse, 2005)

UN-Vollversammlung entscheidet gegen Klonen

Im März 2005 sprach sich die UN-Vollversammlung gegen jede Form des Klonens beim Menschen aus. Damit wurde sowohl reproduktives als auch therapeutisches Klonen abgelehnt. Von Letzterem erhoffen sich Wissenschaftler Erkenntnisse zur Heilung von schweren Krankheiten. Allerdings hat dieser Beschluss keine völkerrechtliche Bindung. (learn-line.nrw.de, 2005; taz.de, 2005)

Bio-Tech-Welt Singapur und Japan

Singapur beschloss 2004, das therapeutische Klonen zuzulassen. Im Gegensatz zu Europa und auch den USA erhalten Forscher genügend finanzielle Mittel für ihre Projekte. Der Etat wird vom Economic Development Board (EDB) verwaltet. (Albrecht, 2004) Auch in Japan wird Stammzellenforschung durch den Staat gefördert und gefordert. Im Gegensatz zu den westlichen Religionen gibt der Buddhismus das Einverständnis zur Stammzellenforschung. Solange die Forschung dem Menschen zugute komme, sei sie legitim, so die buddhistischen Priester. (Albrecht, 2004)

5.3.20 Bionisierung

Technologie und Sozialwissenschaften lehnen sich immer stärker an die Natur an. Die Zunahme bionischer Forschungs-, Entwicklungs- und Organisationsstrategien ist ein technologisch-methodischer Meta-Trend. Biologische Strukturen und Prozesse sind in Jahrmillionen evolutionär gewachsen und meist unvorstellbar intelligent und effizient. Bionik ist die Ableitung praktischer Lösungen durch Vorbilder und Analogien aus der Natur. Beispiele sind optimierte aerodynamische Strukturen oder Oberflächen. Die Anwendungsgebiete sind so vielfältig wie die Natur selbst. Bionisierung beschränkt sich dabei nicht auf die Technik. Was als Bionik mit den »Patenten der Natur« begann, setzt sich als »Biostrategie« fort und beeinflusst selbst Bereiche wie Organisation und Unternehmensführung. Die Natur würde kein zentrales Kraftwerk bauen. So sind Dezentralisierung, etwa in der Energiewirtschaft, Selbstorganisation und evolutionäre Strategien Erscheinungsformen der Bionisierung.

Bionik als Brücke von der Natur zur Technik

Der Begriff Bionik setzt sich zusammen aus den Wörtern Biologie und Technik. Diese noch relativ junge wissenschaftliche Disziplin analysiert biologische Modelle, um die gewonnenen Erkenntnisse in technische Anwendungen und Neuentwicklungen einfließen zu lassen. Viele technische Produkte sind nicht annähernd so komplex und perfekt wie die einfachsten biologischen Strukturen. In der Bionik wird daher versucht, ökologische Intelligenz in technische Prozesse zu übersetzen. Die Entwicklung aerodynamischer

Oberflächen im Flugzeugbau hat sich an der Hautstruktur von Haien orientiert (tu-berlin.de, 1998). Zurzeit werden Auto- und Holzlacke sowie Textilien erprobt, die eine mikroskopisch gering aufgeraute Oberfläche wie Blütenblätter oder Insektenflügel haben. Mit dieser Eigenschaft bleiben Verschmutzungen nicht haften. (Nees Institut für Biodiversität der Pflanzen) Der *Sandfisch* der Sahara, eine Glattechse, kann im Sand schwimmen. Seine Schuppen sind glatter als polierter Stahl. (berlinonline.de, 2003) Ein Zweig dieser Disziplin ist die Biomechatronik. Die Motorik von Skorpionen und Spinnen soll das Vorbild für »biomimetische« Roboter zur Erkundung schwierigen Geländes liefern. (Garthe, 2000)

Bioengineering

Beim Bioengineering werden Zellen, Biomoleküle und biologische Konzepte bis in die Atomstruktur analysiert, um ähnlich effiziente und exakte Muster aus technischen Materialien nachzubilden. Ein Beispiel sind biomorphe Keramiken, die in Zukunft als Katalysatorträger, Filter, Hochtemperatur-Isoliermaterial oder Leichtbauwerkstoff eingesetzt werden könnten. (Siemens, 2003)

Anwendungsbeispiele

Werner Nachtigall, der deutsche Pionier der Bionik, sieht in vielfältigen Gebieten Ansatzpunkte für diese Technologie (Nachtigall, 2005):

- **Materialbionik:** Ziel sind Materialentwicklungen, welche unter anderem die mechanischen Eigenschaften, die Autoreparabilität und den Wiederverwendungsgrad biologischer Materialien nachahmen.
- **Werkstoffbionik:** Auf Basis der Materialbionik werden Werkstoffe im molekularen Bereich und in Mehrkomponentenbauweise entwickelt. Mithilfe der Konstruktionsbionik oder Strukturbionik werden komplexe Konstruktionen und Produkte hergestellt.
- **Prothetische Bionik:** Die Verbindung von Nerven und elektrischen Leitungen und die Nachbildung menschlicher Knochen und Muskeln für den Ersatz von Organen und Extremitäten wird große Fortschritte erzielen.

- **Robotische Bionik:** Dies ist die Fortführung der prothetischen Bionik zum Roboter, der je nach Einsatzzweck mehr oder minder menschenähnlich ist.
- **Klima- und Energiebionik:** Die Entwicklung passiver Lüftung, Kühlung und Heizung profitiert unter anderem von der Übernahme von Organisationsprinzipien der Termiten, mit denen wesentliche Energieeinsparungen erreicht werden können.
- **Baubionik:** Mit der Nachbildung von Materialien und Leichtbaukonstruktionen der Natur wie Spinnennetzen, Panzern, Schalen und Waben werden Bauten mit weniger Gewicht und einem effizienteren Energiehaushalt möglich.
- **Sensorbionik:** Hier werden Prinzipien und Konstruktionen natürlicher Sensoren für das technische Fühlen, Riechen, Schmecken, Hören und Sehen eingesetzt.
- **Kinetisch-dynamische Bionik:** Sie ahmt das Laufen, Schwimmen und Fliegen in der Natur nach und kopiert dabei die Antriebsmechanismen, die Strömungsmechanismen und die funktionsmorphologische Gestaltung natürlicher Systeme.
- **Neurobionik:** Sie erforscht die Natur zur Verbesserung der Informationstechnik, etwa für neuronale Netze und Parallelrechner.
- **Evolutionsbionik:** Sie nutzt biostrategische Entwicklungsprozesse aus Variation und Selektion, die in ihren Ergebnissen und Wirkungsgraden vielfach unerreicht sind. Flugzeugbau, Schiffbau und Maschinenbau profitieren davon ebenso wie Verkehrsleitsysteme.
- **Prozessbionik:** Diese Richtung hat zum Ziel, die Steuerung komplexer Prozesse in Produktion und Verwaltung durch Vorbilder aus der Natur wie das der Photosynthese zu optimieren.
- **Organisationsbionik:** Die Gesamtkomplexität einer Fliege ist laut Nachtigall größer als die der deutschen Volkswirtschaft. Die Art, wie die Natur Informationen organisatorisch nutzt, ist Vorbild für die Organisation von Unternehmen und anderen Systemen.

Biostrategien im Management

Es fällt auf, dass viele neue Managementstrategien mittels Analogien zur Natur entwickelt wurden. Die Organisation von Unternehmen nach dem Prinzip interner Marktwirtschaft, angefangen von der einfachen Kostenstellenrechnung bis hin zu autonomen und erfolgsorientiert bezahlten Teams, verbreitet sich zunehmend. Die Natur würde kein zentrales Kraftwerk bauen und die Energie dann unter enormen Verlusten zu den Verbrauchern transportieren. Die gerade erst begonnene Dezentralisierung der Energieversorgung folgt den Prinzipien der Natur. Auch das dezentral organisierte Internet ist nach biostrategischen Prinzipien aufgebaut.

5.3.21 Energieinnovationen

Der wachsende globale Verbrauch der zunehmend knappen fossilen Energieträger und die damit verbundenen ökologischen und geopolitischen Probleme – 65 Prozent der Welterdölreserven liegen im Nahen Osten – machen die Suche nach alternativen Energiequellen immer notwendiger. Regenerative Energien werden im Energiemix der Zukunft immer größere Bedeutung haben. Die Isländer haben sich zum Ziel gesetzt, mithilfe von Wasserkraft und Erdwärme in spätestens dreißig Jahren vollkommen unabhängig vom Erdöl zu sein. Zu den wichtigsten Alternativenergien gehören Solarenergie, Bioenergie, Windenergie, Wasserenergie und Geothermie. Neben alternativen Energieträgern zählen Methoden für die effizientere Energienutzung (Energie wird nicht verbraucht, sondern nur umgewandelt) zu den Energieinnovationen. Beispiele sind Wärmepumpen, Brennstoffzellen sowie Kraft-Wärme-Kopplungsanlagen.

Faktor 10

Friedrich Schmidt-Bleek hat am Wuppertal Institut ein Konzept namens Faktor 10 entwickelt. Mit einem Zehntel des Verbrauchs natürlicher Ressourcen soll in Zukunft der gleiche oder gar ein höherer Output erreicht werden. Dies will man erreichen durch sparsamere Produktionsprozesse, die Tertiarisierung und Quartarisierung der Wirtschaft (siehe Seite 226), Dematerialisierung (siehe Seite 133), effizienzsteigernde Energieinnovationen, energieoptimierende Dienstleistungen und staatliche Förderung nachhaltiger Konzepte und Systeme (wupperinst.org, 2001).

Dezentralisierung der Energieerzeugung

Das traditionelle Konzept der zentralen Energieerzeugung (eher Umwandlung) bei gleichzeitiger dezentraler Energienutzung ist extrem ineffizient und damit wenig intelligent. Die Energieverluste bei Umwandlung und Transport sind enorm. Nur dreißig Prozent der Primärenergie werden für Licht, Wärme und Kraft genutzt. Zukünftig wird die Energieinfrastruktur stärker dezentralisiert werden (müssen). Mikropower heißt das Stichwort. Die zentralen Megawattkraftwerke bekommen Konkurrenz von dezentralen Kleinkraftwerken, seien es Blockheizkraftwerke, Photovoltaikanlagen oder Windkraftanlagen. Haushalte und Betriebe können ihren eigenen Energiebedarf decken und ihre Überschüsse an andere Verbraucher abgeben.

Riesiges Energiesparpotenzial

Allein die Stand-by-Schaltungen von elektronischen Geräten kosten in Deutschland jährlich zwei Millionen Kilowatt Strom. Das sind über zehn Prozent des gesamten Energieverbrauchs, was der Leistung mehrerer Großkraftwerke entspricht. Studien zeigen, dass eine Absenkung des Primärenergieverbrauchs von bis zu vierzig Prozent ohne Einbuße an Lebensqualität möglich wäre. Ein Drittel der CO_2-Emissionen stammen in Deutschland aus Gebäudeheizungen, 95 Prozent davon aus unsanierten Altbauten. Mit effizienter Energieerzeugung, mit innovativer Gebäudetechnologie (zum Beispiel Erdgas-Brennstoffzellen) und Wärmedämmung kann der Energiebedarf von zwanzig bis dreißig Litern Erdöl pro Quadratmeter im Jahr auf drei Liter Erdöläquivalent gesenkt werden. (brandeins.de)

Vierte Generation von Kernkraftwerken

In zahlreichen Ländern, wie Frankreich, USA oder Finnland, werden weiter Kernkraftwerke geplant und gebaut. Eine europäische Energiewirtschaft ohne Kernkraft liegt für mindestens die nächsten drei Jahrzehnte außerhalb des Vorstellbaren. Die heute modernsten Reaktoren der dritten Generation (Siedewasser- und Druckwasserreaktoren), die erst in geringer Zahl in Japan und Finnland realisiert wurden, sind bereits wesentlich sicherer als die meisten der heute betriebenen Reaktoren der zweiten Generation (Leichtwasserreaktoren). Eventuell frei werdende Radioaktivität wird praktisch vollständig im Reaktorgebäude gebunden. Zehn

Länder haben sich unter Führung der USA die Entwicklung von Reaktoren der vierten Generation vorgenommen. Das *Generation IV International Forum* (GIF) hat nach vielfältigen Kriterien sechs Reaktorkonzepte als einer Weiterentwicklung würdig eingestuft. Der radioaktive Abfall, einer der großen Streitpunkte, wird in diesen Reaktoren weitgehend bereits im Reaktor verbrannt. Erste praktische Einsätze sind jedoch erst in rund dreißig Jahren zu erwarten. So könnten diese neuen Kernkraftwerke in Zukunft verstärkt zur Produktion von reinem Wasserstoff eingesetzt werden. Durch die so genannte Transmutation radioaktiver Materialien würde selbst bei einem GAU mit Kernschmelze nur eine vergleichsweise geringe Verstrahlung der Umwelt riskiert. (Williams, 2005)

LEDs als Licht der Zukunft

Leuchtdioden (LED = light emitting diode) sind schon heute dabei, Glühbirnen in vielen Bereichen zu verdrängen. Sie sind sparsamer, erzeugen weniger Wärme, sind unempfindlicher, strahlungsfrei und haben eine weitaus höhere Lebensdauer – bis zu 100 000 Stunden oder über elf Jahre Dauerbetrieb. Der Wirkungsgrad von LEDs wurde seit ihrer Entwicklung immer weiter erhöht. Bald könnte der endgültige Durchbruch kommen. Ein Forscher in den USA will einen weißen LED-Reflektor mit einem Wirkungsgrad von 99 Prozent entwickelt haben, der bis 2009 marktreif sein könnte (heise online, 2004). Solche Reflektoren könnten es auch mit konventionellen Energiesparlampen aufnehmen und vielfältig in der Außen- und Innenbeleuchtung zum Einsatz kommen. In den USA macht allein die Beleuchtung 25 Prozent des Stromverbrauchs aus (Johnson, 2004). Eine Umstellung auf LEDs könnte signifikante Energieeinsparungen ermöglichen. OLEDs, organische LEDs, sind im Begriff, die LCD-Displays mit einer ganzen Reihe von Vorteilen zu ersetzen (siehe Seite 122).

Regenerative Energien

Die wichtigsten Alternativenergien der Zukunft sind Solarenergie (Photovoltaik oder Solarstrom, Solarthermie, Solarthermik), Bioenergie (Biodiesel, Pflanzenöl, Biogas), Wasserkraft (Stauenergie, Gezeiten, Meeresströmung, Wellenenergie), Windenergie und Geothermie. Die großen Energiekonzerne investieren längst in das Geschäft mit regenerativen Energien. (brandeins.de) Der

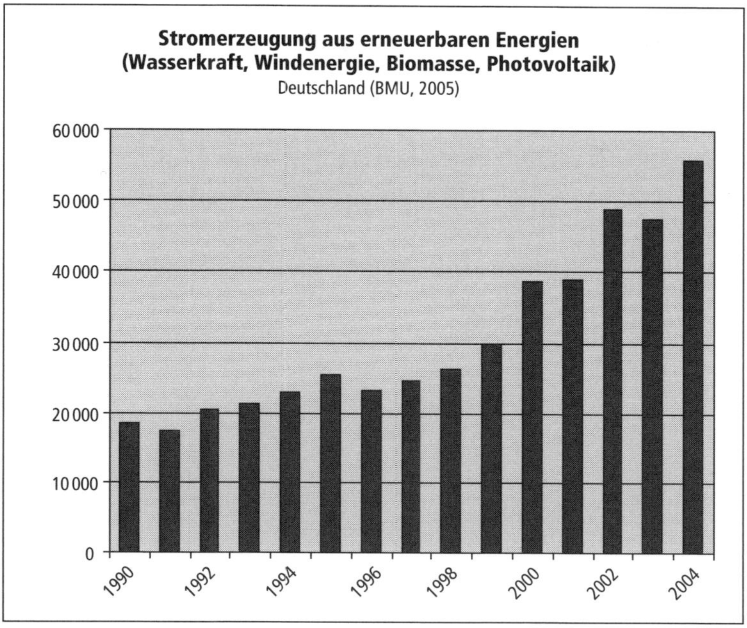

Abb. 11: Stromerzeugung aus erneuerbaren Energien

Anteil regenerativer Energien am Endenergieverbrauch ist in den vergangenen Jahren enorm gestiegen. Der Anteil der Windenergie liegt beispielsweise in Deutschland schon bei mehr als vier Prozent. Photovoltaik bezeichnet die direkte Umwandlung von Sonnenlicht in elektrische Energie mittels Solarzellen. Die Sonne liefert das 10 000fache des weltweiten Primärenergiebedarfs. Zwar ist nur ein minimaler Teil davon erschließbar, jedoch würde dieser für einen großen Teil des Endenergiebedarfs reichen. Zurzeit hat Photovoltaik in Deutschland – dem Photovoltaik-Weltmeister – erst einen Anteil am Endenergieverbrauch von 0,08 Prozent (2004). Projektionen der letzten Bundesregierung unter Gerhard Schröder gehen davon aus, dass der Primärenergieverbrauch kontinuierlich gesenkt und bis 2050 mehr als halbiert werden kann. Über vierzig Prozent sollen dann aus regenerativen Energieträgern stammen. (Erneuerbare-Energien.de)

Hoffnungsträger Wasserstoff

Vom Wasserstoff als Energieträger verspricht man sich einen ähnlichen technologischen und wirtschaftlichen Schub wie früher von der Eisenbahn, dem Auto, dem Computer oder vom Internet. Sicher scheint, dass Wasserstoff langfristig einer der weltweit wichtigsten Energieträger sein wird (Rifkin, 2002). Schon heute werden Busse, Schiffe und wochenlang tauchfähige U-Boote mit dieser umweltfreundlichen Energie betrieben. Massenanwendungen lassen aufgrund zahlreicher ungelöster Fragen wie der wirtschaftlichen Produktion von Wasserstoff und der nötigen Investitionen in die Infrastruktur, unter anderem in die Aufrüstung des Tankstellennetzes, jedoch noch lange auf sich warten (Schürmann, 2003 und Air Products, 2002). Experten schätzen, dass die großen deutschen Autohersteller frühestens ab 2010 Brennstoffzellenantriebe in nennenswerten Serien bauen werden. Kühnere Projektionen besagen, dass 2015 zehn Prozent der deutschen Stromerzeugung aus mit Wasserstoff betriebenen dezentralen Brennstoffzellen kommen könnten, ein Teil davon durch das Auto in der Garage (Sievers, 2002). Die US-Regierung ließ mit ihrem *new hydrogen initiative program* Pläne für die Transformation des Landes zu einer wasserstoffbasierten Wirtschaft entwickeln, allerdings erst ab 2030. Es ist daher nicht auszuschließen, dass die Vision der Wasserstoffwirtschaft noch ein bis zwei Jahrzehnte lang eher einem Investitionsgrab gleicht, als dass sie einer Erfolgsstory entspricht.

Brennstoffzellentechnik kommt langsam, aber bedeutend

Die Brennstoffzellentechnologie wird langfristig dazu beitragen, die Energieversorgung zu dezentralisieren und von fossilen Rohstoffen unabhängiger zu machen. Die bereits 1838 von Christian Friedrich Schönbein entdeckte Brennstoffzelle kann unter anderem mit Wasserstoff, Erdgas, Biogas, Methanol oder Benzin betrieben werden. Eine Brennstoffzelle nutzt die im Benzin gespeicherte Energie um bis zu fünfzig Prozent effizienter als ein Ottomotor, weil sie sie ohne den Umweg über Bewegungsenergie umwandeln kann. Mit Wasserstoff betriebene Brennstoffzellen erzeugen Strom und Wärme und geben dabei emissionsfreien Wasserdampf ab. Kann der Wasserstoff mithilfe regenerativer Energien gewonnen werden, ergibt sich insgesamt eine hervorragende Ökobilanz.

Viele Experten gehen davon aus, dass Brennstoffzellen zunächst massenhaft in kleinen Elektronikgeräten genutzt werden können, zum Beispiel als Batterie- oder Akku-Ersatz in Laptops, Handys oder Camcorders (Sievers, 2002). Am Fraunhofer-Institut für Solare Energiesysteme wurde die erste vollständig in einen Laptop integrierte Brennstoffzelle entwickelt (Schürmann, 2003). Für viele bleiben die Möglichkeiten solcher Miniaturisierung dennoch fraglich. Sie geben der Verbesserung der Akkus durch nanotechnologische Materialien größere Chancen (siehe Seiten 165, 187).

Knappes und teures Erdöl fördert Energiespartechnologien

Hybridmotoren und Brennstoffzellen werden nach Ansicht von Ernst Ulrich von Weizsäcker vom Wuppertal-Institut erst dann den Durchbruch schaffen, wenn in China oder Indien zehn Prozent der Bevölkerung ein solches Auto fahren. Die treibende Kraft könnten die steigenden Erdölpreise bei gleichzeitig rasant wachsendem Bedarf dieser Länder sein (siehe Seite 113). Erst dann würden laut Weizsäcker die westlichen Länder nachziehen (von Weizsäcker, 06/1999). Für 2025 wird mit einer jährlichen Produktion von 1,7 Millionen Fahrzeugen mit Hybrid-Motor gerechnet.

5.3.22 Logistik- und Verkehrsinnovationen

> Wachsender Warenfluss, die zunehmende Verkehrsdichte und höhere Ansprüche der Verbraucher an den Lieferservice stellen logistische Prozesse immer wieder vor neue Herausforderungen. Navigationssysteme, Verkehrstelematik, bessere Auslastung der Transportmittel und die Herstellung von Systemkonvergenz zwischen den verschiedenen Verkehrsträgern auf Schiene, Straße, Wasser und in der Luft sind wichtige Entwicklungsgebiete der Telematik. In der Telematik werden die Technologiebereiche Telekommunikation und Informatik zusammengeführt. Verkehrstelematik wird dabei als Spezialgebiet verstanden. Neben den technischen Lösungen sind die Logistikprozesse der Unternehmen als solche ein Innovationsfeld der Zukunft. Als strategischer Wettbewerbsfaktor wie auch als Kostenfaktor gewinnt Logistik stark an Bedeutung.

Zunehmendes Verkehrs- und Transportvolumen

Entwicklungen wie das zunehmende Outsourcing, Just-in-time-Lieferungen, Home-Shopping und die Mobilisierung von Arbeitskräften erhöhen drastisch das weltweite Verkehrs- und Transportvolumen. So steigt die Zahl der Autos dreimal schneller als die Weltbevölkerung (Rötzer, 2000) – von heute 750 Millionen auf vorausichtlich mehr als zwei Milliarden im Jahr 2030 (GPM,

2004). Verkehrsexperten von Prognos rechnen mit einer Zunahme der gesamtmodalen Güterverkehrsleistung in Westeuropa von 2000 bis 2015 um 42 Prozent. Im Jahr 2015 wird sich die Straßentransportleistung gegenüber 1991 in etwa verdoppelt haben. Für den Luftfrachtverkehr werden jahresdurchschnittliche Wachstumsraten von mehr als drei Prozent erwartet. Der Gütertransport auf der Schiene wird seinen gegenwärtigen Marktanteil von 13,5 Prozent allerdings nur auf etwa 14,5 Prozent ausbauen können. (innovations-report, 2002)

Telematik zur Optimierung der Logistikprozesse

Zukünftig werden immer mehr Fahrzeuge mit Telematik-Schnittstellen ausgestattet sein. Dies ermöglicht die Implementierung von Mehrwertfunktionen zur Verbesserung der Auslastung der Fahrzeuge bei Just-in-time-Logistiksystemen sowie bei Liefer- und Zustelldiensten (innovations-report, 2003). Die Internet-Anbindung der Fahrzeuge macht die Integration von Telefon, Navigation, Bordcomputer und Informations-Services möglich.

Floating Car Data (FCD) – Autos als Verkehrsinformanten

Das Floating-Car-Data-System (FCD) basiert auf dem Austausch verkehrsrelevanter Daten zwischen einer Verkehrszentrale und Fahrzeugen, die die Daten ihres Umfeldes messen und berechnen. Dies geschieht durch die Vernetzung von Infrarotkameras, Laser, Videotechnik, Radar und GPS. Informationen über Tempo, Straßenzustand, Nebel oder Staugefahr, aber auch über freie Parkplätze können so unter den Fahrzeugen kommuniziert werden. Entwickler von BMW erwarten, dass eine umfassende Darstellung des Straßengeschehens (achtzig Prozent) schon funktioniert, wenn nur etwa sieben Prozent aller Wagen mit dieser Technik ausgerüstet sind. (Spiegel Online, 2004; Spiegel Online, 2005; heise online, 2005)

Simulationen zur Verkehrsoptimierung

Im Großraum Bonn simuliert das Telematik-System *City-Traffic* den gesamten Verkehr. Die Daten der aktuellen Verkehrssituation werden sensorisch erfasst und durch Luft- und Satellitenaufnahmen ergänzt. Die Simulation durch Hochrechnung der Daten erlaubt eine aussagekräftige Prognose der Verkehrslage. So lassen sich die Verkehrsströme vorausschauend lenken und Staus verhindern, freie Parkplätze ermitteln, Ampelanlagen und Baustellenkoordination optimieren und sogar neue Verkehrsführungen visualisieren. Grundlage ist eine umfassende Verkehrserfassung. Rund 120 000 individuelle Bewegungen mit einer Genauigkeit von bis zu dreißig Zentimetern können von dem System gleichzeitig verarbeitet werden. (Bonn – Die Stadt, 2005; OB Bonn, 2005)

Intermodaler Verkehr

Rund achtzig Prozent aller Güter rollen in Deutschland über die Straße. Um bei weiter wachsendem Transportverkehr die Belastungen für Mensch und Umwelt in Grenzen zu halten, müssen möglichst hohe Anteile des Straßenverkehrs auf die Schiene und auf Wasserwege verlagert werden. Ein Lösungsansatz ist der intermodale Verkehr, bei dem Güter in Ladungsträgern (zum Beispiel Container, Wechselbehälter) transportiert und nacheinander auf verschiedene Transportmittel (Lkw, Eisenbahn, Binnenschiff, Seeschiff) verteilt werden. (Statistisches Bundesamt, 2001) Auch für den Personenverkehr geht es zunehmend darum, die Verkehrsträger Auto, Bahn, Bus, Flugzeug und Schiff für die ideale Ort-zu-Ort-Verbindung miteinander zu kombinieren.

Modulares Bahnsystem

Die Forschungsinitiative *Neue Bahntechnik Paderborn* hat ein mechatronisches Bahnsystem entwickelt, das den Schienenverkehr revolutionieren könnte. Kombiniert wird das herkömmliche Führen und Tragen auf dem bereits bestehenden Schienennetz mit einem fortschrittlichen Antrieb durch verschleißfreie Linearmotortechnik. Das System besteht aus einzelnen autonomen Shuttles, die führerlos betrieben werden können. Die Module besitzen Ortungssysteme und mobile Kommunikationseinrichtungen, um untereinander und mit stationären Einrichtungen kommunizieren zu können. Der Transport erfolgt bedarfsgesteuert. Nach entsprechender Orderung über Telekommunikationsdienste können die Shuttles innerhalb von Minuten für den Güter- oder Personentransport umgerüstet werden. Unabhängig von Fahrplänen kann der Kunde bzw. seine Ware nach individuellen Wünschen vom nächstgelegenen Bahnhof zu jedem ans Bahnnetz angeschlossenen Zielort befördert werden. (NBP, 2005)

Radio Frequency Identification (RFID)
Diese Technik (siehe Seiten 119 und 141) gilt als eine der wichtigsten Innovationen im Logistikbereich. An den Waren angebrachte Funkchips erlauben die elektronische Identifikation ohne Zeitverzug und manuellen Eingriff und sorgen für maximale Transparenz in der Lieferkette. Von der bedarfsgesteuerten Fertigung über die Beobachtung des Logistikprozesses in Echtzeit bis zur Kontrolle von Lagerbeständen – RFID birgt ein enormes Potenzial für Prozessoptimierung und Kostensenkung. (innovations-report, 2004)

Galileo – Satellitennavigation
Bis zum Jahr 2008 soll das europäische Satellitennavigationssystem Galileo seinen Betrieb aufnehmen und dem US-amerikanischen GPS-System (Global Positioning System) Konkurrenz machen. Galileo gilt als das wichtigste Infrastrukturprojekt Europas. Vorteile bietet das neue System vor allem im Logistik- und Verkehrsmanagement. Für die Navigation von Schiffen, Lkw oder Flugzeugen ist das bisher genutzte (zivile) GPS zu ungenau. (Fasse und Hardt, 2005)

5.3.23 Medizininnovationen

Neue Technologien und Fortschritte in Diagnostik- und Therapiemethoden erweitern die Möglichkeiten moderner Medizin mit schnellen Schritten. Noninvasive Chirurgie, künstliche Organe und Körperteile, medizinische Holographie und andere Innovationen führen zu medizinischen Durchbrüchen. Mikrosystemtechnik, Gentechnologie und steigende Computerleistung sind wichtige Treiber. Auf der einen Seite stehen eine beschleunigte Medikamentenentwicklung und Bemühungen, solch verheerender Krankheiten wie Aids und Krebs Herr zu werden. Auf der anderen Seite steht etwa die kosmetische Psychopharmakologie, der es nicht um die Bekämpfung klassischer Krankheiten geht, sondern um das Einwirken auf natürliche psychisch-emotionale Erscheinungen wie Schüchternheit oder Stressempfinden. Die zukünftigen Möglichkeiten der Medizin sind eines der spannendsten und zugleich umstrittensten Themen mit erheblichen Auswirkungen auf Mensch und Gesellschaft. Als Resultat der neuen Medizin können Menschen länger gesund bleiben und immer älter werden. Eine besondere Herausforderung wird dabei der »medical divide« sein, die Polarisierung medizinischer Versorgung für Arme und Reiche.

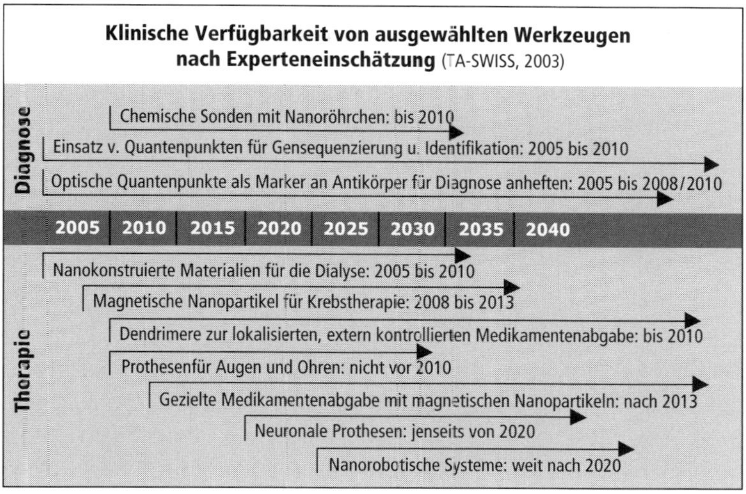

Abb. 12: Verfügbarkeit klinischer Werkzeuge

Die Vision vom Ideal-Menschen

Zukünftige Medizininnovationen werden unerwünschte Makel wie Haarausfall, Zellulitis, zu kleine oder zu große Geschlechtsorgane, Übergewicht, Schüchternheit, Vergesslichkeit oder Stimmungsschwankungen und sogar die Alterung therapieren können. Mängel, die früher akzeptiert werden mussten, lassen sich dann dem gesellschaftlichen Ideal anpassen. Mit entsprechender Finanzkraft und Zahlungsbereitschaft wird man sich zum Ideal-Menschen formen lassen können. (Vgl. a. Fukuyama, 2002)

Patientendaten auf Mikrochips

2004 wurde in den USA die Implantierung von Mikrochips mit Patientendaten zu medizinischen Zwecken staatlich genehmigt. Die *VeriChips* des Unternehmens Applied Digital werden unter die Haut gespritzt und über Funk aktiviert. Die Krankengeschichte ist aus Sicherheitsgründen nicht direkt auf dem Chip gespeichert. Stattdessen werden die Daten über eine sechzehnstellige Kennnummer mit einem speziellen Lesegerät abgerufen. Das Verfahren ist besonders bei Unfallopfern, Allergikern oder Alzheimer-Patienten vielversprechend. (Gelinsky, 2004)

Bio- und Mikrochips – von der Diagnostik bis zur Schmerztherapie

Die Hamburger Firma Eppendorf hat einen Biochip zur Brustkrebsdiagnostik entwickelt, der über den Abgleich genetischer

Merkmale Tumore exakt klassifizieren kann. Die Biochip-Diagnostik wird damit zur Voraussetzung für eine optimale Therapie. Mikrochips dagegen – so genannte »Lab-on-a-Chip-Systeme« – eignen sich für die mobile Analyse und Diagnose. Als »Smart Pills« wiederum kommen sie in der Schmerztherapie zum Einsatz. Direkt unter die Haut implantiert geben sie kontinuierlich oder in bestimmten Zeitabständen winzige Mengen an Medikamenten ab und können bis zu zehn Jahre lang eingesetzt werden. (vom Lehn, 2004)

Neuro-Implantate
Eine Studie des VDE (Verband der Elektrotechnik Elektronik Informationstechnik e.V.) zeigt die Einsatzmöglichkeiten von Neuro-Implantaten. Durch elektrische Stimulation im zentralen Nervensystem könnten Seh- und Gehörsinn betroffener Patienten wiederhergestellt werden. Heilungschancen werden auch für das Parkinson-Syndrom und die Epilepsie erwartet. Bisher sind bereits 1,2 Millionen implantierte Neuroprothesen im Einsatz, die wichtige Körperfunktionen übernehmen. (innovations-report, 2005)

Biokompatible Implantate
Wissenschaftler arbeiten an der Entwicklung »biokompatibler« Materialien zur Verbesserung der Immunverträglichkeit von Implantaten. Ein neues Beschichtungsverfahren für Prothesen, Katheter und künstliche Arterien soll Implantate verträglicher machen. Eine dünne Schicht aus künstlich erzeugtem, diamantartigem Kohlenstoff verhindert nicht nur Infektionen und Allergien, sondern verbessert auch die Verträglichkeit und vermindert den Reibungswiderstand. (stern.de, 2005) Führend in der Entwicklung biokompatibler Stentbeschichtungen (Stents sind Gefäßprothesen) ist die Firma MIV Therapeutics. Die Beschichtungen basieren auf dem natürlichen Material Hydroxyapatit (HAp), das den Oberflächen von Metall-Stents die biologischen Eigenschaften natürlichen Gewebes verleiht. Die Wissenschaftler gehen davon aus, dass die Technologie auch in einer Reihe weiterer medizinischer Anwendungen zum Einsatz kommen wird, etwa in der Zahnmedizin und bei Hüft- und Knochenimplantaten. (FinanzNachrichten, 2005)

Tissue-Engineering

Die Methode des Tissue-Engineering (siehe Seite 170) zielt darauf ab, lebende Zellen eines Organismus außerhalb des Körpers zu kultivieren und dann wieder zu implantieren. Der Vorteil besteht darin, dass die aus körpereigenem Zellmaterial gezüchteten Implantate nicht abgestoßen werden. Bei Haut und Knorpeln ist das Verfahren inzwischen fast eine Standardanwendung. 300 Forschergruppen arbeiten europaweit an Projekten, um Herzklappen, Adern, Luftröhren und innere Organe zu ersetzen bzw. zu heilen. Das Marktvolumen dieser Produkte wird auf etwa zehn Milliarden Euro geschätzt. (Schütze, 2004)

Nano-Medizin

Nanopartikel werden in der Medizin der Zukunft in den unterschiedlichsten Bereichen eingesetzt werden. Kontrastmittel auf der Basis von Eisenoxid-Nanopartikeln eignen sich aufgrund der längeren Verweildauer im Blut für die bessere Gefäßdarstellung in der Kernspintomographie (innovations-report, 2004). Sie können auch als Wirkstofftransporter für die gezielte und effiziente Behandlung einzelner Organe eingesetzt werden (Netzeitung, 2003). Vielversprechend sind diese Ansätze vor allem in der Tumor- und Krebstherapie. Magnetische Teilchen könnten das Krebsgewebe durch Schwingungen zerstören. Mit einer klinischen Verfügbarkeit rechnen Experten zwischen 2008 und 2013. Weitere Anwendungen sind optische Quantenpunkte (Nanokristalle), die sich als Marker an Antikörper heften und der Früherkennung von Krankheiten dienen. Nanoroboter, die in der Blutbahn des Menschen kreisen und Medikamente transportieren, sind die langfristige Vision. (Dorra, 2003; TA-SWISS, 2003) Zugleich warnen Forscher davor, die mögliche Toxizität von Nanopartikeln und damit das Risiko von Erkrankungen zu unterschätzen (Naica-Loebell, 2004).

Permanenter Gesundheitscheck durch Tele-Medizin

Die Firma Arcor bietet Krankenhausinformationsnetzwerke an, bei denen Patientendaten über RFID-Chips (siehe oben) per Funk abgerufen werden können. Die Systeme erlauben eine »digitale Visite«. Der Netzwerkausrüster Ericsson hat im Rahmen des EU-Projekts *Healthcare24* ein Patienten-Monitoring-System entwickelt, bei dem Sensoren Körperfunktionen wie Puls, EKG-Werte,

Sauerstoffsättigung des Blutes usw. via Bluetooth an ein Handy oder PDA übermitteln und von dort dann über das Mobilfunknetz an den behandelnden Arzt oder ein Krankenhaus senden. Einen ähnlichen Service bietet das Berliner Unternehmen Biotronik an. Ein implantierter Herzschrittmacher überträgt Daten an einen »Cardio-Messenger«, der sie dann per SMS an ein Servicecenter weiterleitet. Die ausgewerteten Daten kann der Arzt über das Internet abrufen. (Frey, 2005)

Ferngesteuerte Operationen

Im Jahr 2001 wurde die erste ferngesteuerte Gallenblasenoperation über den Atlantik hinweg ausgeführt. Die Zukunft der Chirurgie könnte noch viel weiter gehen. Roboter, die von einem Chirurgen außerhalb des Saals – auch über weite Entfernungen hinweg – gesteuert werden, könnten Operationen ausführen. Nach einer Vision des amerikanischen Chirurgen und Projektleiters der *Defense Advanced Research Projects Agency* des Pentagons sollen Operationen langfristig an einem Modellorganismus (einer auf einem Chip gespeicherten holographisch-elektronischen Repräsentation des Menschen) simuliert werden. Präzise Diagnosen könnten durch den Abgleich alter und neuer »Versionen« gestellt werden. Darüber hinaus wären virtuelle Medikamententests und Autopsien möglich. (Neue Zürcher Zeitung, 2005)

»Cyborgs« mit künstlichen Organen und Körperteilen

2001 wurde das erste, von der Firma ABIOMED entwickelte Kunstherz *AbioCor* transplantiert, das das Leben des Patienten zumindest um einige Wochen verlängern konnte (Rötzer, 2001). Das »künstliche Auge« der Bonner IIP Technologies GmbH soll Menschen mit Netzhautdegeneration die Sehkraft zurückgeben. Das *Lernfähige Regina Implant* ist eine mit einem Kamerachip ausgestattete Brille, die die Bilder an ein Implantat im Inneren des Auges überträgt und ein »Finetuning« durch den Patienten erlaubt. (stern.de, 2004) US-Wissenschaftlern ist es gelungen, aus Silizium ein funktionierendes Innenohr herzustellen (Maier, 2005). Im Grunde ist schon heute eine Art »Cyborg« (cybernetic organism), wer einen Herzschrittmacher, ein Hörgerät oder einen bioelektronischen künstlichen Unterschenkel hat.

Kryonik – die letzte Heilungschance?

Wenn alle Fortschritte der Medizin nicht mehr helfen, bietet die Vision von der Kryonik einen letzten Ausweg. Man lässt seinen Körper oder auch nur das Gehirn in flüssigem Stickstoff bei Minus 196 Grad Celsius einfrieren. Wenn nach einigen Jahrzehnten oder Jahrhunderten eine Heilung der heute unheilbaren Krankheit möglich ist, lässt man sich wieder beleben und kurieren, einschließlich der möglicherweise durch das Einfrieren entstandenen Schäden. Strittig ist noch, wie »tot« man sein muss, um sich kryonisieren zu lassen. Ob das Konzept funktioniert, bleibt noch zu beweisen, denn am Menschen wurde es noch nicht erfolgreich erprobt, obschon es in den USA mehrere Anbieter und zahlreiche Eingefrorene gibt, darunter der 2002 »verstorbene« bekannte Baseball-Spieler Ted Williams. (www.cryonics.de, www.kryonik.de)

5.3.24 Werkstoffinnovationen

In der neuen Materialtechnik werden Chemie, Molekularphysik, Biologie und Nanotechnologie vereint. Es entstehen Werkstoffe und Materialien mit erstaunlichen Eigenschaften und unzähligen Anwendungsgebieten. Plastik, vielfach härter als Stahl, Schmutz abweisende und Bakterien tötende Oberflächen, sich selbst reparierende und elektrisch leitende Kunststoffe sowie hocheffizientes Dämmmaterial sind nur einige Beispiele. Aus »intelligenten« Kunstfasern können Textilien hergestellt werden, die sich automatisch ihrer Umgebung anpassen. Als preisgünstige Alternative zu Keramik und Metallen kommen Polymerblends und hitzebeständige Polymere in Betracht. Computergestützte Materialentwicklung macht mit der Simulation nicht existenter Stoffe auf atomarer Ebene das Maßschneidern von Materialien möglich. Werkstoffinnovationen haben enorme Bedeutung, denn ein großer Teil der Wirtschaftsleistung in den Industrieländern hat mit der Produktion und Verarbeitung von Werkstoffen zu tun.

Aerogele

Aerogele sind zumeist silikonbasierte Werkstoffe, die aus fein verteilten, mikroskopisch kleinen Teilchen bestehen. Aerogel besteht zu 99,8 Prozent aus Luft und hat damit vergleichsweise etwa nur ein Tausendstel der Dichte von Glas. Es ist der leichteste bekannte Feststoff und zugleich der beste Wärmeisolator. Das Potenzial von

Aerogelen liegt besonders auf diesem Gebiet, aber auch im Bereich von Weltraumanwendungen (vgl. NASA, 2002).

Metallschäume

Durch Titandihydrid und Metallpulver hergestellte Metallschäume sind konventionellen Kunststoffschäumen ähnlich, weisen allerdings bei ebenso niedriger Dichte weitaus höhere Festigkeiten auf. Sie bestehen zu etwa 85 Prozent aus Luft und zu 15 Prozent aus Metall, sind ungiftig, nicht brennbar, schwimmen auf Wasser und weisen sowohl für Wärme als auch für Strom eine reduzierte Leitfähigkeit auf. Als Metallpulver werden vor allem Aluminium und Aluminiumlegierungen verwandt. Geschäumte Aluminiumplatten beispielsweise sind bis zu fünfzig Prozent leichter und bis zu zehnmal steifer als vergleichbare Stahlbleche (Industrieanzeiger, a).

Ormocere

Ormocere sind Polymere, also verzweigte Makromoleküle, die neben organischen auch anorganische Strukturelemente enthalten. Durch die fein abgestimmte Zusammenstellung dieser Strukturelemente und den Einsatz von Nanopartikeln lassen sich Ormocere mit faszinierenden Oberflächeneigenschaften herstellen. Sie eignen sich damit bestens dazu, als extrem dünne, durchsichtige Schichten auf Glas und anderen Werkstoffen aufgetragen zu werden. Viele Produkte sind bereits umgesetzt oder befinden sich in der Entwicklung. Beispiele sind Plexiglas mit hoch widerstandsfähiger Antikratz-Beschichtung sowie Schmutz abweisende Fenster, Fassaden oder Sanitärkeramiken. (Industrieanzeiger, b)

Nano-Kompositlacke

Mit einem bereits marktreifen patentierten Verfahren können Kristalle aus Quarzsand mit einer Korngröße von fünfzig Nanometern Lacken beigemischt werden. Die körnige Oberflächenstruktur des aufgetragenen Lacks ist für das Auge nicht sichtbar, führt aber zu einer bislang nicht gekannten Oberflächenfestigkeit. Der neue Lack ist extrem kratz- und korrosionsbeständig. Das Verfahren eignet sich unter anderem für Fahrzeugbeschichtungen, Holzböden, Kunststoffteile, Möbeloberflächen und viele weitere Anwendungsbereiche. (MDR, 2005)

2-D-Atomkristalle

Britische und russische Wissenschaftler haben ein neues Material hergestellt, das aus nur einer Atomschicht besteht. Das als »Graphen« bezeichnete 2-D-Kristall aus der Familie der Fullerene ist damit nicht nur unvorstellbar dünn und leicht, sondern zugleich extrem fest und unter makroskopischen Bedingungen stabil. Es kann sowohl isolierende als auch leitende Eigenschaften besitzen. Das Material könnte dazu dienen, ultraschnelle Transistoren sowie Werkstoffe mit bislang ungekannter Festigkeit, Flexibilität und Stabilität herzustellen. (BBC, 2004)

Neue Keramik

Konventionelle keramische Werkstoffe halten zwar enorm hohe Temperaturen aus, brechen aber spröd. Einem österreichischen Wissenschaftler ist es nun gelungen, einen Werkstoff zu entwickeln, der die Eigenschaften von Keramik und Holz ideal kombiniert: Er ist hochtemperaturfähig, aber zäh. Die neue Keramik basiert auf Fasern, die wie bei Textilien miteinander verwoben sind. Die Zähigkeit wird durch eine im Nanobereich strukturierte Matrix erreicht, die sich um die Fasern legt. Das Material kann beispielsweise wie Holz genagelt werden. (idw, 2004)

Adaptronische Materialien

Adaptronik ist eine neue Querschnittstechnologie, mit der Werkstoffe entwickelt werden, die sich von allein an Umfeldbedingungen anpassen. In der ausgereiftesten Variante sind in adaptronischen Materialien Sensor, Regler und Aktor vereint. Ein Beispiel für solche Materialien sind so genannte Formgedächtnismetalle. Bei Erhitzung oder unter elektrischer Spannung reagieren sie mit einer Formveränderung. In einer Studie von Siemens verwandelt sich etwa ein verbogener Draht bei Erhitzung in eine Büroklammer zurück. Die angestrebten Anwendungen sind jedoch weitaus anspruchsvoller. Adaptronische Strukturen können zum Beispiel in größeren Systemen Vibrationen und Lärm entgegenwirken. (Siemens, 2003)

Supraleiter für die Energiesparrevolution

Beim Unterschreiten einer bestimmten Temperatur verlieren einige Materialien wie Quecksilber oder Blei fast sprunghaft ihren elektrischen Widerstand. Seit 1911 kennt man dieses Phänomen der Sprungtemperatur, des plötzlich einsetzenden Stromtransports ohne Energieverlust. Bei Metallen liegt die Sprungtemperatur meist kanpp über dem absoluten Nullpunkt (null Grad Kelvin oder minus 273 Grad Celsius). 1986 wurden die keramischen Supraleiter entdeckt, die bei ungefähr hundert Grad Kelvin oder minus 173 Grad Celsius supraleitend werden. Physiker sprechen in diesem Zusammenhang bereits von einem Hochtemperatursupraleiter (HTSL). Hier ist die Kühlung des Materials wesentlich unproblematischer. Statt Helium kann der ungleich günstigere flüssige Stickstoff eingesetzt werden. (Naica-Loebell, 2004) Die Hochtemperatursupraleitung (HTSL) eröffnet insbesondere für die Energietechnik große Potenziale. HTSL-Kabel könnten ein Vielfaches an Energie transportieren – und das so gut wie verlustfrei. Bislang werden auf dem Weg vom Energieerzeuger zum Verbraucher etwa sieben bis neun Prozent der elektrischen Energie eingebüßt. Bei großen Elektromotoren auf HTSL-Basis könnte erhebliches Bauvolumen eingespart und ebenfalls ein weitaus höherer Wirkungsgrad als bei konventionellen Geräten erzielt werden. Schon heute hat die Supraleitung bei Tiefsttemperaturen einen festen Platz in der Forschung und bestimmten Anwendungen, so etwa in der Kernspintomographie, der Energietechnik, der industriellen Verfahrenstechnik, dem Verkehr, der Medizin und der Informationstechnik. Kommt der Durchbruch bei der HTSL, wäre der ökonomische und ökologische Nutzen bei einem flächendeckenden Einsatz enorm. Forscher wollen aktuell einen Supraleiter beobachtet haben, der seine Sprungtemperatur bereits bei minus 123 Grad Celsius erreicht. (Eck, 2005) Paul Chu, Präsident der Hong Kong University of Science and Technology, prophezeit, dass Supraleiter bei Raumtemperatur auffindbar sind und eine neue industrielle Revolution auslösen werden. Möglich seien dann beispielsweise wirtschaftlichere Schwebebahnen, unglaublich schnelle Computer sowie eine neue Generation von Sensoren. Chu setzt seine Hoffnung vor allem auf Nanomaterialien (siehe Seiten 165, 187). (vdi-nachrichten.com, 2005)

5.3.25 Functional Food

Veränderungen unserer Nahrung und Ernährung können zu einem grundlegenden Wandel unseres Alltags führen. »Functional Food« bezeichnet

Nahrungsmittel, die durch bestimmte Inhaltsstoffe einen in der Regel gesundheitsfördernden Zusatznutzen bieten. Eine andere Bezeichnung ist Nutraceuticals. Nützlich oder »funktional« bedeutet beispielsweise, dass der Blutzuckerspiegel reguliert, durch Bakterienkulturen im Joghurt die Immunabwehr gestärkt oder durch bestimmte Fettsäuren in Margarine der Cholesterinspiegel gesenkt wird. Nach einer weiten Definition zählen auch Nahrungsergänzungsmittel zum Functional Food.

Pioniere in Japan

In Japan hat man sich bereits sehr früh ernsthaft mit Functional Food auseinandergesetzt. Schon 1988 beschloss ein aus Universitätsprofessoren und Mitarbeitern des Ministeriums für Gesundheit und Wohlfahrt bestehendes Gremium, Functional Food zu legalisieren. (nutriinfo, 2001) Der französische Lebensmittelhersteller Danone machte probiotische Drinks in Deutschland mit dem Produkt *Actimel* salonfähig. Weltweit erreicht Danone damit einen Marktanteil von elf Prozent. Marktführer in diesem Segment ist nach wie vor die japanische Firma Yakult Honsha mit ihrem Getränk *Yakult*. Gut vierzig Prozent der weltweit verkauften Produkte kommen von Yakult Honsha. (Welt, 03/2004)

Starkes Marktwachstum von Functional Food

1996 wurden erstmals probiotische Joghurts als Lebensmittel mit Gesundheitseffekt in Deutschland angeboten. Sie machten nur zwei Prozent des Marktes aus. Im Jahr 2001 war hierzulande bereits jeder sechste Joghurt mit Probiotika angereichert. Das entsprach einem Marktanteil von 17 Prozent. Heute ist der deutsche Markt für Functional Food bereits drei Milliarden Euro und der amerikanische zwanzig Milliarden Euro groß (Welt, 10/2005). Neben den probiotischen Getränken mit lebenden Mikroorganismen zur Verbesserung des Wohlbefindens und Präbiotika mit positiven Effekten auf die Darmflora (ph-weingarten.de) werden weitere Wachstumsmärkte gesehen in den ACE-Getränken mit antioxidativen Vitaminen, in Lebensmitteln wie Brot und Eiern mit Omega-3-Fettsäuren sowie in den Sport- und Energy-Drinks (dge.de, 2002). Da Functional Food als der Hauptwachstumsmarkt der Lebensmittelbranche gilt, investieren die Hersteller hohe Summen in die Entwicklung und Vermarktung (foodwatch.de, 2002). Sie erwarten in den nächsten Jahren deutliche Umsatzzuwächse. Die

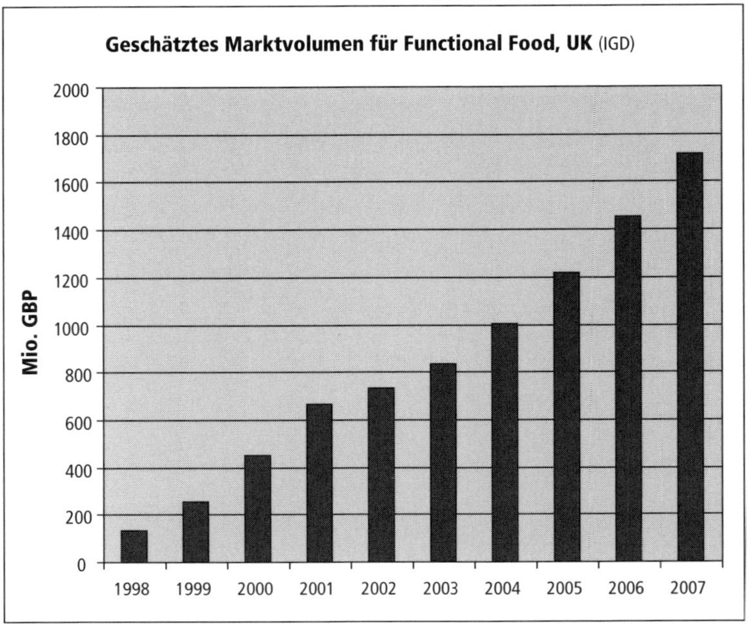

Abb. 13: Marktvolumen für Functional Food

Entwicklung der cholesterinsenkenden Margarine *Becel pro activ* kostete Unilever über hundert Millionen D-Mark (Bergmann, 2001). Das Fraunhofer-Institut für Systemtechnik und Innovationsforschung (ISI) schätzt das Marktvolumen auf zehn bis zwanzig Milliarden Euro (Habermann, 2002).

Trends in Wellness und Gesundheit ebnen den Weg

Functional Food hat sich inzwischen in den Kühlregalen etabliert. Nicht zuletzt auch deshalb, weil es optimal zu den Wellness-, Gesundheits- und Lifestyle-Trends passt. Die Entwicklung steckt für viele Hersteller allerdings noch in den Kinderschuhen. (caseli.at)

Gesundheitsfördernde Wirkung noch umstritten

Die Deutsche Gesellschaft für Ernährung e.V. (DGE) betrachtet den Markt für Functional Food kritisch, denn eine Garantie für eine ausgewogene Ernährung seien solche Nahrungsmittel nicht. Grundsätzliche Ernährungsfehler könnten durch die Einnahme von Functional Food nicht wettgemacht werden. Auch wenn bereits einige Hersteller die positive Wirkung ihrer modifizierten bzw. ergänzten Nahrungsmittel wissenschaftlich belegen konnten, beschränkt sich die DGE bei ihren Empfehlungen weiterhin auf eine vollwertige Ernährung mit viel Obst und Gemüse. Laut DGE liegen noch nicht genügend wissenschaftlich nachgewiesene (positive) Ergebnisse vor, um für Functional Food grundsätzlich eine Empfehlung auszusprechen. (dge.de, 2002) So wies das niederländische Institut für Gesundheit (RIVM) nach, dass Omega-3-Fettsäuren nur in Kombination mit anderen natürlichen Stoffen wirksam werden. Eine solche Kombination enthalten etwa die Fische Lachs und Makrele. Wenn dagegen diese Fettsäuren einfach zu Lebensmitteln hinzugefügt werden, muss dieser positive Effekt nicht eintreten. (Habermann, 2002) Tatsächlich haben viele Hersteller kein Interesse am Beweis der Gesundheitsförderung, der zur kostspieligen und zeitraubenden Genehmigungs- und Apothekenpflicht führen kann.

5.3.26 Mass-Customization

Teile der Industrie und einzelne mittelständische Betriebe gehen dazu über, kundenindividuelle Qualitätsprodukte zum Preis eines Massenproduktes herzustellen. Das Motto ist »Maß statt Masse«. Dank Modularisierung und neuer Fertigungsverfahren wird die individuelle Massenherstellung für die Produzenten immer profitabler. Bekleidung, Schuhe, Möbel und Häuser gehören zu den Pionierprodukten. Personalisierung und Individualisierung des Konsums sind immer häufiger Schlüssel für den Markterfolg. Der Endverbraucher wird zum Co-Designer. Mit »Mass-Customization« reagieren Anbieter auf das Bedürfnis der Kunden, immer individuellere, auf sie zugeschnittene Produkte zu erhalten. Das Marktpotenzial ist groß.

Großes Potenzial für Mass-Customization

Seit geraumer Zeit ist ein deutlicher Trend zu verzeichnen in Richtung einer Polarisierung der Märkte in billige Massenprodukte einerseits und hochwertige Luxusartikel andererseits. Besonders an das hochwertige Segment werden von den Kunden zunehmend Individualisierungswünsche herangetragen. Insgesamt hat aber jede Branche das Potenzial, einen wesentlichen Teil ihres Umsatzes im »Mass-Customization-Modus« zu erzielen.

Cyberjeans & Co. – Erfolg durch Customization

Dank neuer Fertigungsverfahren wird die individuelle Massenherstellung für die Produzenten immer rentabler. Vor allem hohe

Bestands- und Distributionskosten können gesenkt werden. Einer der bekanntesten Pioniere ist die Jeansfirma Levi Strauss & Co., die 1994 mit ihrem Konzept »Personal Pair« begann, Hosen nach Maß anzubieten. Ein im Bereich Mode häufig angewendetes Verfahren ist das so genannte Body-Scanning. Der Erfolg von Maßkonfektionären wie der Firma Dolzer deutet auf eine Produktionszukunft hin, in der das individuelle Produkt für die meisten Menschen erschwinglich wird. Das gilt neben Mode für unzählige weitere Branchen wie Möbel, Medizin, Lebensmittel oder Kosmetika. (Etscheit, 2002)

Neue Entwicklungs- und Produktionstechniken

Um individuellen Kundenwünschen gerecht zu werden, bedarf es neuer Entwicklungs- und Produktionstechniken, die Mass-Customization für die Unternehmen lukrativer machen. Als Beispiele wären zu nennen: Computer-aided Design (CAD), Rapid Prototyping, 3-D-Scanner und Produktmodularisierung. Ein entscheidendes Kommunikationsinstrument bei der kundenindividuellen Massenproduktion ist das Internet.

Schuhe online designen

Der Sportartikelhersteller Nike bietet Kunden auf seiner Internetseite (http://nike.com) mit *Nike ID* die Möglichkeit, Schuhe selbst zu designen – von der Farbe bis zum Material (Anderson, 2005). Das von der EU geförderte Programm *EuroShoe* ist eines der größten Forschungsprojekte zum Thema Individualproduktion. Mehr als 35 Partner wirken an dem Projekt mit – darunter die Schuhhersteller Lloyd und Ecco. Eine Studie über die Marktchancen von Mass-Customization in der Schuhproduktion ergab, dass es allein in Deutschland einen Bedarf von vierzig Millionen Paar Schuhen pro Jahr gibt. Der Anteil der interessierten Frauen ist dabei, wie zu erwarten war, höher als der der Männer. Durchschnittlich bis zu dreißig Prozent mehr würden die Konsumenten für ein individuell gefertigtes Paar Schuhe gegenüber dem Standard-Modell ausgeben. (Mass Customization News, 2002)

Dell-PCs »built-to-order«

Der amerikanische PC-Verkäufer Dell bietet im Internet Computer an, bei denen der Kunde die Bestandteile individuell auswählen kann. E-Business-Prozesse und eine optimierte Supply-Chain sorgen dafür, dass der gewünschte PC im nächstgelegenen Werk möglichst schnell produziert und dann ausgeliefert wird. Das Built-to-Order-Verfahren erlaubt es, flexibel auf Preissenkungen der Zulieferer zu reagieren. Trotz der Krise in der Computerbranche ist es Dell mit diesem Verfahren gelungen, weltweiter Marktführer zu werden. (Hofer und Nonnast, 2002) So stieg der Umsatz im ersten Quartal 2005 gegenüber dem Vorjahr um 16 Prozent auf 13,4 Milliarden Dollar und der Gewinn um 28 Prozent auf 934 Millionen Dollar (heise online, 2005).

Vom Personalcomputer zum Personal Fabricator

Das Unternehmen 3D Systems aus den USA mit Niederlassung in Darmstadt stellt bereits seit Jahren so genannte 3-D-Drucker her, die in der Prototypenfertigung eingesetzt werden. Ginge es nach dem MIT-Physiker Neil Gershenfeld, könnten dereinst »PFs« (Personal Fabricators) in jedem Haushalt stehen. Der PF soll jede vorstellbare physikalische Form herstellen können. Was Computer mit Bits machen können, also praktisch alles, soll der PF mit Atomen tun. Ist das Handy-Gehäuse zerkratzt, das Stuhlbein gebrochen oder braucht das Bad neue, mit dem Familienwappen bedruckte Kacheln, genügt das Herunterladen und Bezahlen der Konstruktionsdaten und ein Knopfdruck am PF. Die Vision erinnert an den »Replicator«, der in der Science-Fiction Serie *StarTrek* auf Zuruf jedes beliebige Essen samt Teller und Besteck und jeden Cocktail samt Glas und Garnitur durch Produktion auf atomarer Ebene herstellte. Die Technologie sei da, betont Gershenfield. Sie müsse nur noch serienreif gemacht werden. (Technology Review, 8/2005).

Personalisierte Zeitungen

Veränderte Seh- und Lesegewohnheiten – vor allem durch die visuellen Medien – machen die großformatigen Tageszeitungen mit hohem Textanteil für immer mehr Menschen unattraktiv. Flexiblere und innovativere Formate sind gefragt. (innovations-report, 2005) Nach einer Studie des Allensbach-Instituts besteht bei deutschen Lesern ein großes Interesse an auf individuelle Bedürfnisse zugeschnittenen gedruckten Zeitungen. Mehr als die Hälfte der Befragten würde eine solche Zeitung lesen, ein Viertel sie sogar abonnieren. (Media & Marketing, 2005) Die Fortschritte im Bereich des digitalen Druckens machen entsprechende Angebote zunehmend wirtschaftlicher.

Individuelle Fertighäuser

Der amerikanische Architekt Greg Lynn hat die Vision, mithilfe des Computers individuelle Fertighäuser mit ästhetischem Anspruch zu produzieren. Digitale Architekturentwürfe erlauben es, das Haus vor der Fertigung aus einzelnen Bauteilen zusammenzustellen und den Wünschen der Kunden anzupassen – trotz Variantenreichtums soll dabei das Design erhalten bleiben. (Knöfel und Wellershoff, 2005)

Individuelle Bestattungen

Die amerikanische Batesville Casket Company hat sich auf die Massenanfertigung maßgeschneiderter Särge spezialisiert und geht damit auf das Bedürfnis der Hinterbliebenen ein, einerseits der Persönlichkeit des Toten, andererseits ihrer Trauer individuell Ausdruck zu verleihen (batesville.com).

5.3.27 Mobilisierung

Der individuelle Reise- und Personenverkehr ist in den Industrieländern für fast alle erschwinglich und selbstverständlich geworden. Bewegungsdrang und geänderte Freizeitbedürfnisse, die sich im Individualverkehr und in der Welt der mobilen Kommunikation ausdrücken, sind Antriebskräfte für die allgegenwärtige Beschleunigung der Lebensverhältnisse. Mobilität wird aufgrund von Globalisierung und Flexibilisierung oftmals aber auch zur schlichten Notwendigkeit. Das Reiseaufkommen und der internationale Austausch wachsen. Computer, Internet und Firmennetzwerke bieten Unabhängigkeit von Orten und Geräten. Mobile Mitarbeiter sind produktiver und oftmals auch zufriedener, weil sie ihre Arbeit flexibler gestalten können. Mit der Weiterentwicklung der Videofonie könnte die tatsächliche physische Mobilität langfristig jedoch wieder an Bedeutung verlieren. Mobilisierung ist ein Querschnittsfaktor – technisch bedingt und vorangetrieben, mit gesellschaftlicher Relevanz und ebenso sozialer Rückkopplung.

Zunahme der individuellen Mobilität

Die Mobilität der Menschen und ihr individueller Aktionsradius werden weiter wachsen, sowohl beruflich wie auch in der Freizeit. Es wird damit gerechnet, dass der Individualverkehr bis 2030 gegenüber 2000 um rund vierzig Prozent steigen wird. Bei Fortsetzung bestehender Strukturen und Präferenzen wird der Anteil des öffentlichen Personenverkehrs kaum wachsen.

Höhere Reisegeschwindigkeiten erweitern den Pendlerradius

Die Zahl der Pendler zwischen weiter entfernten Orten nimmt zu, so etwa zwischen Frankfurt und Köln durch die neue schnelle ICE-Verbindung. Sinkende Flugkosten machen es viel mehr Menschen möglich, ihr Wochenende im sonnigen Süden zu verbringen.

Sinkende Kommunikationspreise

1960 kostete ein dreiminütiger Anruf von New York nach London fünfzig US-Dollar; nun geht dieser Preis gegen null (Ridderstrale und Nordström, 2002). Die Preise für mobile Telekommunikationsleistungen sind in den letzten Jahren ebenso dramatisch gefallen und dieser Trend wird sich fortsetzen. Flatrates für den Mobilfunk sind seit kurzem üblich. Experten gehen davon aus, dass die Gesprächspreise durch die hohe Konkurrenz und neue Technologien wie Mobilfunk über das Internet weiter sinken werden. Verglichen mit den europäischen Nachbarn seien die Preise in Deutschland noch zu hoch. (Eberenz, 2005)

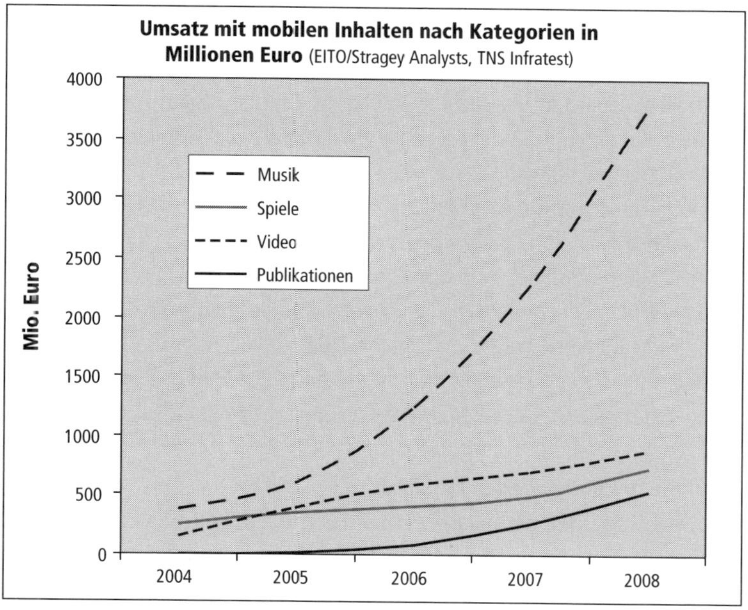

Abb. 14: Umsatz mit mobilen Inhalten

Mobilisierung der Computer

Der persönliche digitale Assistent (PDA) der Zukunft ist der universelle Helfer des Menschen. Die Anwendungsmöglichkeiten sind ungezählt, von Unterhaltung (Fernsehen, Video, Musik) über Zeit-, Informations- und Wissensmanagement, mobile Zahlungsabwicklung und Kommunikation bis hin zur metergenauen Navigation und zu »location-based services«. Die persönlichen Daten werden zentral gespeichert und verwaltet und sind über das Internet überall verfügbar. Der eingabesensitive Bildschirm wird auf beliebige Flächen projiziert werden können.

Zunehmend mobiles Internet

Die schnelle Verbreitung von WLAN-Hot-Spots bis hin zur kostenlosen Flächendeckung und die zunehmende Ausweitung von UMTS bilden die Grundlage für die zukünftige Always-on-Gesellschaft. Denkbar ist auch, dass UMTS durch alternative Technologien wie WiMax, eine Art WLAN mit bis zu fünfzig Kilometern Reichweite (bei Sichtverbindung), abgelöst wird, bevor es überhaupt zu nennenswerter Blüte kommt. Sicher ist hingegen, dass die permanente breitbandige Internet-Verbindung in absehbarer Zeit selbstverständlich wird. Push-E-Mail über GPRS ist ein erstes Signal.

Höhere Produktivität durch Mobilität

Eine Studie der Omni Consulting Group zeigt, dass Mitarbeiter durch Nutzung mobiler Datendienste ihre Arbeitsproduktivität im Durchschnitt um 13,4 Prozent steigern konnten (omniconsultinggroup.com). So können unterwegs tätige Mitarbeiter auf das Firmennetzwerk zugreifen und Datenbanken abfragen, E-Mails und Termine überprüfen, Kontakte verwalten und ablesen, welche Waren derzeit am Lager verfügbar sind. Mobile Videokonferenzen werden einfacher und Besprechungsergebnisse können sofort digital festgehalten werden. Abläufe werden beschleunigt, der Administrationsaufwand verringert sich und Fehler durch unmittelbare Übertragung und Bearbeitung treten seltener auf – unabhängig vom Standort der Beteiligten. (izmf)

Neuer Überschall-Passagierjet

Japan entwickelt einen neuen Überschall-Passagierjet, der leiser und sparsamer sein soll als die Concorde. Nach erfolgreichem

Testflug eines unbemannten Jetmodells in Südaustralien kündigt die japanische Weltraumbehörde Jaxa eine neue Ära der Luftfahrt an. Das Forschungsprojekt ist auf zehn Jahre angelegt und nach fünf weiteren Jahren soll es für die Industrie nutzbar sein. Der Jet soll dann mit mehr als doppelter Schallgeschwindigkeit zum Beispiel eine Strecke von Tokio nach Los Angeles statt wie heute in zehn in fünf Stunden bewältigen. Das Flugzeug soll die doppelte Reichweite der Concorde haben und Platz für 300 Passagiere bieten. Außerdem soll sich der Passagierjet in Kosten, Lautstärke und Umweltschädlichkeit nicht von konventionellen Linienmaschinen unterscheiden. (Bethge, 2005)

Scramjets als langfristige Vision

Scramjets (*S*upersonic *C*ombustion *Ramjet*) basieren auf dem Prinzip der Überschallverbrennung und ermöglichen in ferner Zukunft unvorstellbar hohe Geschwindigkeiten und kurze Reisezeiten. Im November 2004 wurde in einem Test für zwanzig Sekunden Mach 10 erreicht, also die zehnfache Schallgeschwindigkeit bzw. 11 000 Kilometer pro Stunde oder drei Kilometer pro Sekunde. Die Reisezeit von Berlin nach New York würde sich damit auf unglaubliche 35 Minuten verkürzen. Eine praktische zivile Nutzung ist voraussichtlich nicht vor 2050 zu erwarten. Erste Anwendungen in der Raumfahrt und im Militär sind bereits in Vorbereitung.

Erhöhte Gefahr von Epidemien und Pandemien

Die ständig wachsende Mobilität und die weltumspannende Reisetätigkeit erhöhen das Risiko der Entwicklung und Verbreitung von Seuchen erheblich (Ries und Erhard-Metzger, 2002).

Virtuelle Konferenzen als Gegentrend

Ein Gegentrend zur wachsenden Mobilisierung ist die zunehmende Nutzung von Videokonferenzsystemen. Mit der Kostendegression, der Verbesserung der Bildqualität und vor allem dem vereinfachten Aufbau von Verbindungen fallen die wesentlichen Hürden nach und nach weg. Eine wesentliche Reduktion der Geschäftsreisen wird allerdings voraussichtlich nur langfristig stattfinden.

5.4 Politische Zukunftsfaktoren

5.4.1 Demokratisierung

Demokratische Staatsformen und Menschenrechte haben im vergangenen Jahrhundert unübersehbare Fortschritte gemacht. Im Jahr 1900 gab es keinen vollständig demokratischen Staat mit gleichem Wahlrecht für alle. 1950 lebten bereits 31 Prozent der Weltbevölkerung in 22 demokratischen Ländern. Allein in den letzten 15 Jahren stieg diese Zahl weiter von 41 Prozent auf rund 60 Prozent 2004. Nach dem Ende des Ost-West-Konflikts haben sich allein zwischen 1991 und 2001 über vierzig Länder formell eine demokratische Staatsform gegeben. Zwar erschöpft sich Demokratie nicht in der Abhaltung von Wahlen, doch der Trend ist deutlich. Viele Regierungen, insbesondere mit islamisch-asiatischer Prägung, stemmen sich jedoch nach wie vor gegen langfristig unumgängliche demokratische Reformen.

Demokratisierungsentwicklung

Von den 192 Staaten weltweit gelten heute 119 als gewählte parlamentarische Demokratien mit rund sechzig Prozent der Weltbevölkerung – wovon wiederum 89 als frei bzw. liberal und dreißig als teilweise frei bezeichnet werden. Im Durchschnitt haben in den letzten Jahren jährlich drei Staaten erfolgreich ihren Weg zu freien und demokratischen Wahlen beschritten. (Freedom House, 2005) Insgesamt leben damit 44 Prozent der Weltbevölkerung (2,8 Milliarden Menschen) in freien Demokratien. Neunzehn Prozent bzw. 1,2 Milliarden Menschen leben derzeit in teilweise freien Demokratien. (Freedom House, 2004) Nach Angaben des Human Development Reports 2005 gab es 1990 noch gleich viele Regierungen – jeweils 39 Prozent –, die entweder eine Demokratie oder eine Autokratie darstellten. Bis zum Jahr 2003 stieg die Zahl der demokratischen Regierungen jedoch auf 55 Prozent, wohingegen sich die Zahl der Autokratien auf 18 Prozent verringerte. (United Nations Development Programme, 2005)

Herausforderungen im Demokratisierungsprozess

Die Demokratisierung des politischen Lebens besonders im letzten Viertel des 20. Jahrhunderts verlief und verläuft bis heute nicht unproblematisch. Noch ist in Osteuropa und in den Entwicklungsländern die Demokratie nicht hinreichend gefestigt.

Aber auch in den westeuropäischen Staaten steckt die parlamentarische Demokratie derzeit in einer tiefen Krise. Dies zeigt sich zum Beispiel in der Entwicklung der Wahlabstinenz in Deutschland, Österreich oder der Schweiz. In den beiden erstgenannten Staaten hat sich die Anzahl der Nichtwähler in den letzten dreißig Jahren von unter zehn Prozent auf über zwanzig Prozent mehr als verdoppelt. In der Schweiz stieg die Wahlabstinenz sogar auf über fünfzig Prozent. (Le Monde Diplomatique, 2003) Fast alle Länder aus nichtwestlichen Zivilisationen, namentlich die islamischen und asiatischen Staaten, leisten noch Widerstand gegen die aktive Förderung der Demokratie, vor allem durch die USA. Sie berufen sich dabei auf ihre kulturellen Traditionen. (Huntington, 1997) Beste Beispiele sind Russland, das seit 2004 wieder zur Kategorie der nicht freien Staaten zählt, und China, das drei Fünftel der 2.4 Milliarden in nicht freien Staaten lebenden Menschen stellt. Leichte positive Demokratieentwicklungen bezüglich der zivilen Freiheitsrechte – insbesondere die Pressefreiheit und die Rechte der Frauen – konnten in letzter Zeit in Ägypten, Marokko, Jordanien und Quatar beobachtet werden. (Freedom House, 2004)

Stand der Demokratisierung

Seit 1980 haben 81 Länder deutliche Demokratisierungsfortschritte gemacht. In 33 Fällen wurden Militärregimes durch zivile Regierungen ersetzt. Auf der anderen Seite gab und gibt es immer wieder Rückfälle in autoritäre Strukturen. In etwa 73 Ländern, in denen rund 42 Prozent der Weltbevölkerung leben, werden noch immer keine freien und fairen Wahlen abgehalten und 106 Regierungen weltweit versagen ihren Bürgern politische Freiheiten. (United Nations Development Programme, 2005)

5.4.2 Europäische Integration

Tauscht man den eng gefassten tagespolitischen Blick gegen eine historische Perspektive, wird die Erfolgsgeschichte der europäischen Integration deutlich. Alte nationale Feindschaften aus dem 19. und aus der ersten Hälfte des 20. Jahrhunderts wurden überwunden. Der europäische Binnenmarkt hat eine gemeinsame Wirtschaftszone mit über 350 Millionen Bürgern geschaffen. Die Freizügigkeit der Wirtschaftsbeziehungen und der Abbau der Grenzkontrollen im Schengen-Raum sind nicht mehr wegzudenken.

Die zwölf Euro-Länder sind durch eine gemeinsame Währung verbunden. Die auf 25 Länder erweiterte Europäische Union ist ein wirtschaftliches Schwergewicht und weiterhin im Prozess zunehmender politischer Integration. Hürden und empfindliche Rückschläge hat es in der Entwicklung immer gegeben. Eine sinnvolle Alternative zur europäischen Integration gibt es angesichts der Lehren aus der Vergangenheit und der Herausforderungen der Globalisierung jedoch nicht.

Herausforderungen der EU-Erweiterung

Der Beitritt der ostmitteleuropäischen Staaten am 1. Mai 2004 kennzeichnet nicht nur die zunehmende Ostorientierung der EU, sondern steht auch als Signal für den erfolgreichen Wandel von diktatorischen zu demokratischen Regierungen und von plan- zu marktwirtschaftlichen Strukturen. Diese tiefgreifende Umkehr in den Sozial- und Wirtschaftssystemen ist jedoch noch lange nicht abgeschlossen. Die soziale Frage in den Ländern Ostmitteleuropas wird noch lange aktuell und wirksam sein. Mit der EU-Osterweiterung kamen knapp achtzig Millionen neue EU-Bürger hinzu. Dieser Zuwachs wirkt sich auch auf die politische Kultur Europas aus. Politische Heterogenität und ein zunehmendes wirtschaftliches Gefälle sind unter anderem die Folgen diktatorischer Erfahrung und einer erst vor kurzem erlangten Souveränität. Damit vergrößert sich auch das Spektrum der politischen Interessen, die die europäische Politik ausbalancieren muss. (Janning, 2004) Zusätzlich breitet sich die Sorge um die innere Struktur der Europäischen Union aus, die sich diesem Erweiterungsprozess anzupassen hat (Wirtschaftsrat, 2002).

Folgen der Europäischen Integration für Deutschland

In Deutschland werden Bundestag und Bundesregierung wie auch Parlament und Regierungen in den anderen EU-Ländern insgesamt an Einfluss verlieren (Falter, 1999). Andererseits wird Deutschland in Europa zunehmend eine strategische und politisch-kulturelle Mittlerposition einnehmen. Dies ergibt sich zum einen aus seiner geografischen Lage in der Mitte Europas und zum anderen aus seiner Geschichte und der außenpolitischen Stärke. (Maull, 1999) Die großen Lohnunterschiede gegenüber den östlichen Nachbarn in Verbindung mit dem westdeutschen Wohlfahrtsstaat werden massenhafte Zuwanderungsströme anregen,

»die man auch durch politisch oktroyierte Kontingente kaum wird in den Griff bekommen können« (Sinn, 2002). Aus dem gleichen Grund setzen osteuropäische Anbieter und Standorte die »alten« EU-Länder wirtschaftlich unter Druck. Gleichzeitig bieten die osteuropäischen Länder neue Absatzmärkte.

Regionale Konflikte möglich

Die Schwächung der Nationalstaaten, die einhergeht mit dem Machtzuwachs der Europäischen Union, fördert ein regionales Identitätsbewusstsein. Dieses kann unter Umständen zu regionalen Konflikten führen und Forderungen nach regionaler Autonomie begünstigen. Beispiele hierfür sind Norditalien, das Baskenland oder Schottland. (Le Monde Diplomatique, 2003)

Mehr Subsidiarität

Europas Zukunft hängt davon ab, inwiefern der Grundsatz der Subsidiarität beachtet wird. Europäische Regelungen dürfen sich nicht unkontrolliert in alle Lebensbereiche verbreiten. »Europa soll da tätig werden, wo ein europäisches Land die Bedürfnisse seiner Bevölkerung nicht mehr erfüllen kann, weil nationale Gestaltungskraft dazu nicht mehr ausreicht« (Verheugen, 2005).

EU-weiter Zahlungsverkehrsraum

Die EU-Kommission will bis 2010 einen einheitlichen Euro-Zahlungsverkehrsraum (SEPA) für bargeldlose grenzüberschreitende Zahlungen via Überweisung, Lastschrift oder Karten schaffen (FTD, 2005).

Weltweiter Zusammenschluss von Wirtschaftsräumen

NAFTA (North American Free Trade Agreement), ASEAN (Association of Southeast Asian Nations) und MERCOSUR (Mercado Comun del Sur – Gemeinsamer Markt des Südens) sind neben der EU die derzeit bedeutendsten Wirtschaftsräume. Im Gegensatz zur EU sind die genannten Abkommen aber rein wirtschaftlicher Natur bzw. zielen lediglich auf die freie Bewegung von Gütern, Dienstleistungen und Kapital ab, nicht jedoch auf den freien Verkehr von Arbeitskräften oder gar auf politische Integration. (Mildner und Gnath, 2004; ASEAN, 2000; AHK)

5.4.3 Staatliche Finanzprobleme

Der überwiegende Anteil der Staaten weltweit ist nicht in der Lage, ausgeglichene Haushalte aufzustellen. Im Gegenteil, viele Regierungen erzeugen kontinuierliche Defizite, die Staatsverschuldung wächst rasant. Die Sozial- und Fiskalsysteme der entwickelten Staaten sind fast ausnahmslos finanziell überfordert. Die finanziellen Engpässe limitieren die Handlungsfähigkeit enorm. Nur noch geringe Teile der Haushalte sind tatsächlich disponibel. In Ländern wie Deutschland wurde über Jahrzehnte auf Kosten der kommenden Generationen gewirtschaftet. Das makroökonomische Umfeld in Europa und Wachstumsschwächen in vielen entwickelten Ländern erschweren die Konsolidierung der Haushalte bis hin zur faktischen Unmöglichkeit. Private Personen und Unternehmen übernehmen mit ihrem sozialen und kulturellen Engagement vielfach die Rolle der öffentlichen Hand. Die zunehmende Alterung und die bevorstehenden Pensionslasten werden die Situation weiter zuspitzen. Regelrechte Staatsbankrotte und der faktische Zusammenbruch der Sozialsysteme heutiger Prägung können nicht ausgeschlossen werden.

Schuldenstaat Deutschland

Wenn Bund und Länder ihre Haushaltspolitik nicht ändern, wird sich der Schuldenstand Deutschlands dramatisch erhöhen. Im Jahr 2020 dürfte die Verschuldung der öffentlichen Haushalte rund 109 Prozent des Bruttoinlandsprodukts erreichen, im Jahr 2030 fast 160 Prozent. Die Schulden je Kopf würden von 14 390 Euro (2002) bis zum Jahr 2010 auf durchschnittlich 24 600 Euro steigen. Zwanzig Jahre später lägen sie bei 89 600 Euro. (FAZ, 2005)
Mehr noch als die offen ausgewiesene (explizite) Verschuldung der Haushalte von Bund, Ländern und Gemeinden in Höhe von rund zwei Billionen Euro schlagen mit ungefähr 4,2 Billionen Euro die zukünftigen Zahlungsverpflichtungen (implizite Schulden) aus den sozialen Sicherungssystemen zu Buche. Die expliziten und die impliziten Schulden betrugen zusammen im Jahr 2000 knapp mehr als 200 Prozent des Bruttoinlandsproduktes (Raffelhüschen). Mitte 2004 war der deutsche Staat mit rund 525 Milliarden Euro bei Kreditinstituten und mit rund 539 Milliarden Euro im Ausland verschuldet. Daneben haben Privatleute, Sozialversicherungen, Bausparkassen und Versicherungen dem Staat Kapital in Höhe von rund 290 Milliarden Euro zur Verfügung gestellt. (Steuerzahler.de)

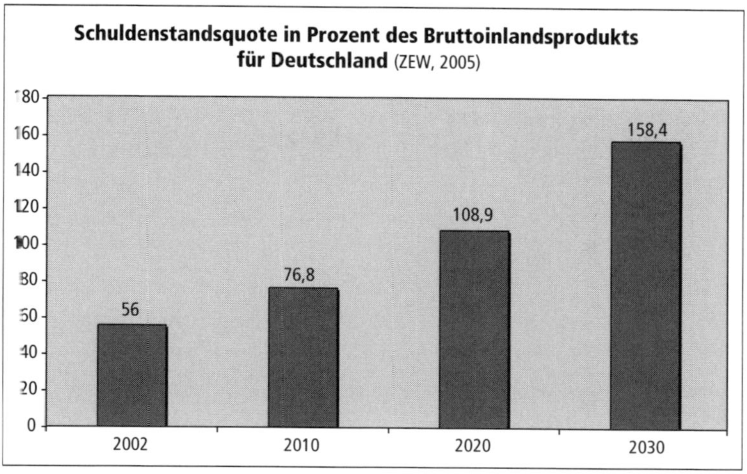

Abb. 15: Schuldenstandsquote in Deutschland

Ruinöse Zinslast

Jeder siebte Euro aus Steuereinnahmen muss für Zinszahlungen ausgegeben werden, im Bund sogar jeder fünfte. Der Spielraum auf der Ausgabenseite wird dadurch erheblich eingeschränkt. Erhöhen sich die Zinsen mittelfristig um nur einen Prozentpunkt, steigen die Zinskosten allein des Bundes um rund acht Milliarden Euro pro Jahr. Jede zusätzlich aufgenommene Milliarde Euro belastet nachfolgende Haushalte mit fünfzig Millionen Euro an fällig werdenden Zinszahlungen.

Untragbare Pensionslasten

Bund, Länder und Gemeinden beschäftigen etwa fünf Millionen Menschen. Rechnet man mittelbar Beschäftigte hinzu, sind es fast 6,5 Millionen. Damit ist jeder fünfte abhängig Erwerbstätige beim Staat beschäftigt. Die Altersversorgung der über 800 000 Versorgungsempfänger – vor allem pensionierte Beamte – kostet rund 22 Milliarden Euro jährlich. Es ist absehbar, dass die Zahlungen für Pensionen in den kommenden Jahren und Jahrzehnten sprunghaft steigen werden, wenn die heutigen Beamten in Pension gehen. So rechnet die Bundesregierung in ihrem Versorgungsbericht damit, dass die Versorgungsausgaben im Jahr 2040 sogar auf neunzig Milliarden Euro ansteigen werden. (Steuerzahler.de) Laut Ifo-Institut für Wirtschaftsforschung könnte sich die Staatsverschuldung bis 2050 in Relation zum laufenden Bruttoinlandsprodukt verdreifachen, es sei denn, die Sozialbeiträge stiegen auf 46 bis 49 Prozent (Handelsblatt, 01/2005).

Krise der Sozialsysteme

Die historisch beispiellose Belastung der staatlichen Renten- und Krankenversicherungen wird ohne gravierende Kürzungen zu ihrem Zusammenbruch führen. Obwohl die Alterung bereits seit den 1930er-Jahren absehbar war (Lotze, 1932: *Volkstod*), wurde sie erst in den 1990ern auf die politische Agenda gesetzt. Es bleibt wenig mehr an Alternativen als die Verlängerung der Lebensarbeitszeiten bis zum Lebensalter von 75 und die beschleunigte Umstellung auf private bzw. betriebliche und auf Kapitaldeckung basierende Altersvorsorge sowie auf mehr Risikoübernahme und Selbstbeteiligung in der Krankenversicherung (siehe Entrepreneurisierung). Gerade in Bezug auf die untersten Einkommensgruppen ist dies allerdings weit leichter gefordert als umgesetzt. Deutlich mehr Menschen werden – freiwillig und gerne oder gezwungenermaßen – bis ins hohe Alter als Berater, Referent oder auch als Aushilfskraft oder Kinderbetreuer erwerbstätig sein. Fragwürdige Maßnahmen zur Lebensverlängerung der kranken Sozialsysteme, wie etwa die beschönigend benannte »Bürgerversicherung«, verursachen auf lange Sicht noch größere Probleme. Sie belasten das System noch stärker. Zudem würde den privaten Krankenversicherungen in einem Akt des Etatismus die Existenzgrundlage entzogen. Wie häufig würden kurzsichtige politisch-ideologische Interessen mehr zählen als das langfristige Wohl der Nation.

Drohende Handlungsunfähigkeit des Staates

Selbst die Politiker warnen vor einer kurz bevorstehenden Handlungsunfähigkeit des Staates. Infrastruktur, Bildungswesen und Sicherheit wären dann nicht mehr gewährleistet. (Handelsblatt, 07/2005)

Zunehmende Mahnungen

Mahnungen vor dem Zusammenbruch des Weltwährungssystems nehmen an Zahl und Intensität zu. Viele Autoren empfehlen in dieser Situation die Anlage in Gold und ähnlich stabilen Sachwerten.

Wirkungsvolle Maßnahmen erst in der Diskussion

Im internationalen Steuer- und Standortwettbewerb sind wesentlich höhere Steuern nicht vertretbar. Die Verschlankung des Staates fällt den politischen Entscheidern naturgemäß am schwersten, ist aber praktisch ohne Alternative. Abschaffung und Rationalisierung im Wege der Aufgabenkritik, Outsourcing oder Einsparung heißen die Aufgaben. Die Ablösung der für Haushaltsrisiken geradezu blinden Kameralistik durch doppelte Buchführung und ein professionelles Accounting und Controlling ist für die deutschen Kommunen weitgehend beschlossen, allerdings mit langen Übergangsfristen bis 2011. Bisher haben die Bürgermeister, Dezernenten und Stadtkämmerer sozusagen ohne Kompass durch ihre Haushalte navigiert. Endlich bekommen sie vor Augen geführt, was ihre Politik tatsächlich kostet. Auf Landes- und Bundesebene ist die doppelte Buchführung jedoch noch lange kein Thema.

5.4.4 Ökonomisierung des Staates

> Angesichts der dramatischen Lage der öffentlichen Haushalte werden immer häufiger unternehmerische und marktwirtschaftliche Organisationsformen bei der Erledigung öffentlicher Aufgaben zugrunde gelegt. Oftmals werden so genannte Public-Private-Partnerships (PPP), also Partnerschaften zwischen öffentlicher Hand und Privaten, zur Lösung staatlicher Aufgaben eingegangen, so zum Beispiel zur Realisierung und Finanzierung von Infrastrukturvorhaben. Auch die Finanzorganisation der öffentlichen Körperschaften selbst wird betriebswirtschaftlich ausgerichtet. In Deutschland etwa ist beschlossen worden, das kommunale Haushaltsrecht in den Ländern zu reformieren und auf kaufmännische Rechnungslegung umzustellen.

Behörden zu Dienstleistern

Die Reorganisation der öffentlichen Verwaltung zielt darauf ab, staatliche Behörden mehr und mehr zu Dienstleistungsunternehmen zu machen. Das Arbeitsamt wird zum »Job-Center«. Immer häufiger werden öffentliche Aufgaben, etwa im Bereich der Versorgungs- und Entsorgungswirtschaft, in der Kinder- und Jugendhilfe, im öffentlichen Personennahverkehr, in der Bauplanung oder im Krankenhausbereich in Public-Private-Partnerships (PPP) gelöst.

Ökonomisierung der Local Governance

In der kommunalen Verwaltung haben sich in den letzten Jahren verstärkt autonome und leistungsorientierte Bereiche entwickelt, die sich immer mehr von der hierarchischen Kontrolle durch die Verwaltungsspitze lösen. Jeder Bereich hat sein eigenes Budget und verhandelt in quasimarktlichen Beziehungen um Angebote mit anderen Bereichen. Andere Organisationsformen gewinnen in der Kommunalverwaltung an Bedeutung. So hat die Stadt München zum Beispiel 32 Beteiligungen an Kapitalgesellschaften, 36 Regiebetriebe und zehn Eigenbetriebe (Bogumil und Holtkamp, 2003). Die für erwerbswirtschaftliche Unternehmen entwickelten Sichtweisen, Methoden und Instrumente werden an die speziellen Bedürfnissen des Non-Profit-Sektors bzw. der öffentlichen Hand angepasst (Mühlenkamp, 2003).

Paradigmenwechsel im Bildungswesen

Bildungseinrichtungen wie Schulen und Hochschulen entwickeln zukünftig verstärkt ein eigenes pädagogisches Profil. Die staatliche Qualitätssicherung im Bildungsbereich wird sich dann nicht länger allein auf die »Input«-Steuerung reduzieren. Immer wichtiger werden Verfahren, die auf den »Output« der Schule gerichtet sind. Leistungsmessung und -vergleich und damit der Wettbewerb gewinnen an Bedeutung. Sogar die Professoren werden von ihren Studenten beurteilt, wie in anderen Ländern bereits lange üblich. Marktwirtschaftliche und staatlich-bürokratische Elemente werden miteinander verzahnt, sodass Angebotsvielfalt, Anbieterautonomie, ein erfolgsbasiertes Finanzsystem und Schulwahlfreiheit als neue Elemente in der »Bildungsökonomie« dienen. (Weiß, 2001) Das Bildungswesen orientiert sich immer stärker an den Bedürfnissen des Arbeitsmarktes bzw. der Wirtschaft. Ein wesentlicher Grund ist die gute »Rendite« bei Investitionen im Bildungssektor. So ergab eine Züricher Studie, dass jeder in Kinderbetreuungsangebote eingesetzte Betrag sich vervierfachte. Grund dafür waren eine erhöhte Geburtenrate und Erwerbstätigkeit der Mütter sowie ein Rückgang der Sozialleistungen, da die Kinder bessere Berufschancen hatten. Zusätzlich stieg die Beschäftigungszahl im Bildungssektor. Jedes zusätzliche Jahr Schulbildung bringt dem Einzelnen durchschnittlich ein um 9,6 Prozent höheres Gehalt. (Heckel, 2004)

Außenpolitik durch Unternehmen

Unternehmen können durch ihr Handeln einen wichtigen Beitrag zur nationalen und internationalen Außenpolitik leisten. Globale wirtschaftliche Chancen führen auch zu einer größeren politischen und gesellschaftlichen Verantwortung der Unternehmen. Die Ökonomisierung der Außenpolitik bedeutet aber nicht einen Verlust der nationalen Souveränität, sondern führt zu einem Abbau vertikaler und teilweise intransparenter Handlungsstrukturen zugunsten neuer Verantwortungspartnerschaften zwischen Politik, Wirtschaft und Gesellschaft. Die Aufgabe der Koordinierung dieser Partnerschaften wird zunehmend auf die Politik verlagert. Politische Stabilitätsnetze können zusätzlich mit einem zweiten wirtschaftlichen Netz gesichert werden. Diese Funktion konnte bei den Spannungen in den deutsch-amerikanischen Beziehungen der letzten zwei Jahre beobachtet werden. Unternehmerisches Engagement auf dem Balkan oder in Afghanistan sorgt für partielle Stabilität, die langfristig zu wirtschaftlichem und gesellschaftlichem Wohlstand und damit zu politischer Stabilität führen kann. Sogar die Vereinten Nationen haben schon mit Konzernen zusammengearbeitet, um jenseits von unstabilen nationalstaatlichen Situationen weltweite Prinzipien im Bereich von Menschenrechten, Arbeitsbeziehungen oder Umweltstandards durchzusetzen. (Inacker, 2004)

5.4.5 Liberalisierung

Besonders seit den 1990er-Jahren führte der Abbau von Zollschranken und Hemmnissen im internationalen Waren-, Dienstleistungs- und Kapitalverkehr vermehrt zu einer weltweiten Öffnung der nationalen Märkte. Innerhalb des Regelwerks der Welthandelsorganisation WTO sowie auf der Ebene regionaler Integrationsräume wie der EU oder der ASEAN-Gemeinschaft schreitet die Liberalisierung weiter voran. Mit dieser Entwicklung sind starke Bemühungen um vereinheitlichte Standards und Regeln verbunden. Dennoch gibt es immer noch eine Vielzahl von Handelsbarrieren, etwa auf dem Argrarsektor. Auf nationaler Ebene haben die Erfolge bei der Aufhebung von staatlichen Unternehmensmonopolen bewiesen, dass die Öffnung ehemals geschützter Einzelmärkte zu Wohlfahrtsgewinnen führt. Schon aufgrund der Finanzprobleme zieht sich der Staat immer weiter zurück. Für öffentliche Güter wie Sicherheit, Bildung und Infrastruktur entstehen zusehends privatwirtschaftliche Märkte.

Traditionell niedrige Effizienz des Staates

In zahlreichen Fällen hat sich gezeigt, dass staatliche Akteure im Grundsatz als weniger effizient gelten dürfen als privatwirtschaftliche. Dies gilt bei Post und Telekommunikation genauso wie bei der Arbeitsvermittlung und vielen anderen Funktionen, deren Erbringung ihrem Charakter nach keine staatliche Aufgabe ist. Häufig bieten staatliche Anbieter ihre Leistungen in Konkurrenz zu Privatunternehmen an, ohne selbst auf Kostendeckung achten zu müssen (Schwarting, 2001), so etwa im Bereich der Weiterbildung. Hinzu kommen die Einschränkungen politischer Handlungsfähigkeit, die gerade in Deutschland aus der derzeitigen föderalen Struktur resultieren. Zusammen mit der Finanznot der öffentlichen Haushalte sind dies drei starke Treiber zunehmender Liberalisierung, Deregulierung und Privatisierung.

Privatisierung wegen leerer Kassen

Ob in der Stadtentwicklung, im Städtebau, bei der Wirtschaftsförderung, der Infrastruktur oder in der kommunalen Ver- und Entsorgung – immer mehr staatliche Aufgaben werden aufgrund leerer Kassen privatisiert. In der Folge steigt meist die Effizienz und die Kosten sinken. (ZDB, 2002). Aufgrund der knappen öffentlichen Mittel wird eine effiziente privatwirtschaftliche Finanzierung und Realisierung öffentlicher Aufgaben immer wichtiger. Public-Private-Partnerships (siehe auch Seite 207) haben großes Potenzial. (DStGB, 2002)

Sinkende Preise für Energie und Telekommunikation

Das Ende des staatlichen Telekommunikationsmonopols in Deutschland hat dazu geführt, dass die Verbraucherpreise für Festnetz- und Mobiltelefondienstleistungen drastisch gesunken sind. Auch der Strommarkt konnte in vielen Ländern liberalisiert werden, was zur Auflösung traditioneller Monopole und einem Wandel von langfristigen unflexiblen Lieferbeziehungen zugunsten eines kurzfristigeren und preisgünstigeren Energiebezugs führte. Voraussetzung für den weiteren Erfolg dieses Liberalisierungstrends ist die Sicherstellung von Preis- und Qualitätstransparenz und einem gesunden Wettbewerb. (Praetorius, 2000)

Privatisierung des öffentlichen Raums

Ein Sechstel der Amerikaner wohnt in »Gated Communitys«.

Dies sind geschlossene Siedlungen bzw. Straßenzüge oder ganze Viertel, die privat verwaltet werden. Immer mehr Menschen leben weltweit in diesen Communitys. Besonders beliebt ist diese Form des sicheren und bequemen Wohnens in England, Kanada, Lateinamerika, Asien und der arabischen Welt. (Gated Communities, 2004)

Breite Akzeptanz privater Sicherheitsdienste

Eine Studie im Auftrag des Bundeskriminalamts ergab, dass die Bürger private Sicherheitsdienste im Allgemeinen als freundlich und verständnisvoll einschätzen und dass deren Arbeit als wichtiger Beitrag zur Sicherheit angesehen wird. Die meisten begrüßten eine verstärkte Präsenz von Sicherheitsdienststreifen in der Innenstadt sowie in Wohngegenden. Polizeiliche Aufgaben im engeren Sinne sollten allerdings nicht durch private Sicherheitsdienste wahrgenommen werden. (Obergfell-Fuchs, 1999)

Weltweite Liberalisierung des Handels

Mit dem Beitritt Chinas zur Welthandelsorganisation (WTO) hat sich eine der bevölkerungsreichsten Volkswirtschaften zur Teilnahme am freien Warenverkehr entschlossen (China Contact, 2002).

5.4.6 Zunehmende internationale Kooperation

Nach dem Ende des Ost-West-Konflikts beherrschen multipolare Beziehungen die Weltpolitik. Probleme wie Migration, Bevölkerungswachstum, Umweltzerstörung, Bürgerkriege, Kriminalität oder Terrorismus machen internationale Zusammenarbeit langfristig schlicht überlebensnotwendig. Bei der UNO sind inzwischen über 520 multilaterale Verträge hinterlegt. In den 1990er-Jahren haben die Vereinten Nationen mehr Resolutionen verabschiedet als in den vierzig Jahren davor. Gerade deswegen rufen Alleingänge ohne Zustimmung der UNO wie beim Irak-Krieg weltweite Empörung hervor. Sie zeigen aber auch, dass zumindest die kollektive Sicherheitsstruktur labil geblieben ist. Auf regionaler Ebene ist die europäische Integration Vorreiter der Entwicklung. Als Vorbild übt sie auf andere Integrationsräume in aller Welt große Wirkung aus. Neben der Kooperation auf Regierungsebene wird die internationale Zusammenarbeit in Wissenschaft, Forschung, Bildung und in der Zivilgesellschaft immer stärker.

Bedeutung der Vereinten Nationen

Heute sind fast alle Staaten der Welt UN-Mitglieder. Die Mitgliederzahl der Vereinten Nationen wuchs von 51 in ihrem Gründungsjahr 1945 auf heute 191. Die UN erlangen zunehmend Bedeutung als Friedensmacht in regionalen Konflikten, was sich an der Zahl der »friedenserhaltenden« Blauhelm-Einsätze zeigt. Seit 1948 wurden 54 dieser Operationen mehr oder minder erfolgreich durchgeführt. Beispiele für UNO-Einsätze in letzter Zeit waren das Kosovo, Bosnien-Herzegowina, Afghanistan oder Osttimor. Weitere sicherheitspolitische Aufgaben werden durch UNO-Sonderorganisationen und -organe wie den Internationalen Gerichtshof (IGH), den ständigen Internationalen Strafgerichtshof (IStGH) in Den Haag oder die Internationale Atomenergiebehörde übernommen. Der IStGH ermöglicht beispielsweise die strafrechtliche Verfolgung von Verbrechen gegen die Menschlichkeit, Kriegsverbrechen und Völkermord. (Le Monde Diplomatique, 2003) Langfristig betrachtet werden distanzierte Haltungen gegenüber den Vereinten Nationen, beispielsweise der USA, voraussichtlich nur vorübergehender Natur sein.

Anzahl der UN-Resolutionen nimmt zu

Die Vereinten Nationen haben in den 1990er-Jahren genauso viele Resolutionen verabschiedet wie in den vierzig Jahren davor. Internationale Abkommen und Institutionen konnten in den letzten Jahren des 20. Jahrhunderts sogar ein exponentielles Wachstum aufweisen. (CAP, 2001)

Steigende Zahl zwischenstaatlicher Organisationen

Seit 1909 ist die Anzahl der internationalen Organisationen von 37 auf über 350 gestiegen. Unter der Vielzahl dieser sicherheitspolitischen Zusammenschlüsse zählen die Vereinten Nationen (UNO), der Europarat und die EU, der Verband südostasiatischer Staaten (ASEAN) sowie die Organisation der Erdöl exportierenden Länder (OPEC), die Asiatisch-Pazifische Wirtschaftskooperation (APEC) und die Organisation für Sicherheit und Zusammenarbeit in Europa (OSZE) zu den bedeutendsten (Le Monde Diplomatique, 2003). Weltweit steigt die Einbindung von Staaten in politisch-wirtschaftliche Integrationsräume.

Kooperative Weltwirtschaft

Die Welthandelsorganisation WTO verfolgt das Ziel, weltweit offene Märkte und fairen Wettbewerb herzustellen. Institutionen auf Staatenebene wie der jährliche Weltwirtschaftsgipfel begleiten und moderieren laufend die Gestaltung der weltwirtschaftlichen Rahmenbedingungen. Weltweit sind politisch-wirtschaftliche Integrationsräume entstanden, neben der EU auch ASEAN, AU, MERCOSUR und die NAFTA.

Nationale Souveränität wird neu bewertet

Die gegenseitige Abhängigkeit der Staaten ist gestiegen. Erste Anzeichen dieser Entwicklung sind die aktuellen UN-Mandate oder die Verhaftung des chilenischen Ex-Diktators Pinochet und des jugoslawischen Staatsführers Milošević und die zunehmende Zahl internationaler Klima- und Umweltschutzabkommen. Obwohl viele internationale Konventionen immer noch einem nationalen Umsetzungsvorbehalt unterliegen (CAP, 2000), bleibt die nationale Souveränitätsfrage stets aktuell. Durch die sich wandelnden Kräfteverhältnisse in der Weltpolitik wird allerdings die Souveränität der schwächeren Staaten oft vernachlässigt (Le Monde Diplomatique, 2003).

Global Governance

Gemeinsame Herausforderungen und internationale Abhängigkeiten fordern neue Formen der Zusammenarbeit über Landesgrenzen hinweg. Hierzu wird ein globales System oder Regelwerk benötigt, das die Staaten teilweise zur Souveränitätsaufgabe zwingt. (CAP, 2001) Internationale Organisationen wie die WTO oder der Internationale Währungsfond (IWF) haben derzeit noch ein großes Handlungsdefizit. Ein Mangel an demokratischen Elementen, die auch auf internationaler Ebene zum Beispiel eine Mehrheitsentscheidung durchsetzen, kennzeichnet die derzeitige Situation. (CAP, 2001)

5.5 Wirtschaftliche Zukunftsfaktoren

5.5.1 Interdisziplinarisierung

Die Grenzen zwischen Branchen, Technologien, gesellschaftlichen Gruppen und Wissenschaftsgebieten verwischen zunehmend. Interdisziplinäre Querschnittsansätze behaupten sich. Innovationen entstehen vermehrt aus Kombinationen entfernter technologischer Felder. Unternehmen verschiedenster Branchen kooperieren miteinander in interdisziplinären Teams und Projekten. Integrale Herangehensweisen helfen dabei, disziplinäre oder branchenspezifische Tunnelblicke zu überwinden, Komplexität besser zu verstehen und kreativere Lösungen zu finden.

Zunehmende Entgrenzung der Fachdisziplinen

Der Wirtschaftssoziologe Stefan Brunnhuber geht in einem von *brand eins* durchgeführten Interview davon aus, dass die wichtigen Ergebnisse der Zukunft weniger durch Einzelwissenschaften, sondern vielmehr durch interdisziplinäre Auseinandersetzung erzielt werden (Gründler, 2003). Ex-Forschungsministerin Edelgard Bulmahn mahnt eine stärkere Zusammenarbeit zwischen Wirtschaft und Wissenschaft an. Nur so könne man Ideen letztlich in Innovationen ummünzen. (Sentker und Krauter, 2004)

Regionale interdisziplinäre Innovationsnetzwerke

Kooperationen zwischen Industrie, Handelsunternehmen und der Wissenschaft erbringen einen bedeutenden Beitrag zur Wettbewerbsfähigkeit einer Region. Sowohl wirtschaftliche als auch technologische Neuerungen entstehen nicht flächendeckend, sondern resultieren aus räumlicher Ballung, entstehen also in Regionen, in denen das Forschungspotenzial besonders hoch ist. (Fraunhofer-Institut System- und Innovationsforschung, 1999)

Interdisziplinarisierung der Arbeitswelt

Bereits heute arbeiten bis zu fünfzig Prozent der Beschäftigten in immer wieder neu zusammengesetzten höchst interdisziplinären Arbeitsgruppen. Der renommierte Hörgerätehersteller Phonak meldet im Jahr (umgerechnet auf die Mitarbeiterzahl) genauso viele Patente an wie der europäische Spitzenreiter Siemens. Dies wird durch hohe Interdisziplinarität erreicht. Großraumbüros und flache Hierarchien beugen der Isolation von einzelnen Abteilungen vor. Interdisziplinäre Teams gehören zur Tagesordnung. Gezielte, freie Wissensvermittlung und eine gelebte Streitkultur erhöhen den Anreiz zur konstruktiven Diskussion. (Grauel, 2003)

Innovation durch Kombination unterschiedlicher Kompetenzen

Innovative Produkte und Dienstleistungen setzen immer stärker die Beherrschung mehrerer Disziplinen voraus (zum Beispiel Biologie und Informatik). So sind beispielsweise die Lebensmittelindustrie und deren Forschung durch einen hohen Anteil an Interdisziplinarisierung gekennzeichnet. Innovationen erfordern die Kombination unterschiedlicher Kompetenzen wie Ernährungswissenschaften, Verarbeitungstechnologie und Biotechnologie. (Rouach und Santi, 2000)

Technologische Entwicklung unterstützt interdisziplinäre Zusammenarbeit

Die Zunahme an technologieunterstützten Geschäftsprozessen hat zu enormen Fortschritten in der Kooperation verschiedener Unternehmen bei der Herstellung von Produkten geführt. In den USA erfreut sich zum Beispiel das Outsourcing nicht nur im IT-Bereich, sondern auch bei Personal- und Controllingaufgaben großer Beliebtheit. Dies führt zu einer erkennbaren Verwischung von Unternehmensgrenzen. Lösungen entstehen durch engste Zusammenarbeit unterschiedlicher Zulieferer und Dienstleister, so zum Beispiel die Funktechnik Bluetooth durch ein Konsortium. (Nonnast, 2002)

Interdisziplinärität im Klinikmanagement

Nach der Studie *Konzentriert. Marktorientiert. Saniert. Gesundheitsversorgung 2020* der Wirtschaftsprüfungsgesellschaft Ernst & Young werden sich Krankenhäuser zu Gesundheits- und Wellness-Zentren entwickeln. Bisherige Grenzen verwischen. Die Verbindung unterschiedlicher Kompetenzen erfordert interdisziplinäres Know-how. Traditionelle stationäre Behandlung wird mit ambulanter und präventiver Versorgung verbunden. Ein komplettes Wellness- und Gesundheitspaket erfordert darüber hinaus Kenntnisse, die derzeit eher im Hotelwesen als in Krankenhäusern zu finden sind. (Medizin.de, 2005)

5.5.2 Globalisierung

Globalisierung bedeutet eine immer stärkere globale Interaktion und Interdependenz zwischen den Gesellschaften, Volkswirtschaften, Regierungen, Unternehmen, Forschungs- und Bildungseinrichtungen, zivilgesellschaftlichen Organisationen und Einzelpersonen in aller Welt. Nationale Bezugsrahmen und Tätigkeitsfelder werden durch internationale ersetzt. Produktions- und Dienstleistungsprozesse fächern sich je nach Standortvorteilen grenzüberschreitend auf. Ein harter Standortwettbewerb ist eine der Folgen. Wichtige Triebkräfte der Globalisierung sind zunehmende internationale Kooperation, die Liberalisierung von Handel und Dienstleistungen, Tourismus, Interkulturisierung sowie die technologischen Entwicklungen auf dem Gebiet der Information und Kommunikation. Längst ist die Globalisierung ein eigendynamischer Prozess. Bislang ist jedoch nur etwa ein Drittel der Weltbevölkerung darin integriert. Sowohl in den Entwicklungsländern als auch in den entwickelten Staaten des Nordens gibt es Bewegungen, die gegen die Art und Weise der Globalisierung lautstark protestieren.

Auslandstätigkeit des deutschen Mittelstands

Nach einer aktuellen Untersuchung haben 45 Prozent von tausend befragten Mittelständlern kein Auslandsgeschäft. Fünfzehn Prozent erwirtschaften allerdings mehr als die Hälfte ihres Umsatzes im Ausland. Der durchschnittliche im Ausland generierte Umsatzanteil liegt bei zwanzig Prozent. Im Jahre 2010 wollen die befragten Unternehmer durchschnittlich 34 Prozent ihres Umsatzes im Ausland machen, also fast doppelt so viel wie heute. Bis 2010 will nur ein Fünftel keine grenzüberschreitende Tätigkeit aufnehmen. Ein Viertel will bis dahin mehr als die Hälfte der Umsätze im Ausland erzielen. (FAZ, 2005)

Internationalisierung des Studiums

Der Anteil ausländischer Studenten an deutschen Hochschulen hat sich seit Anfang der 1990er-Jahre auf zwölf Prozent verdoppelt – insgesamt waren es zuletzt 227 000. Zugleich zieht es deutsche Studenten zunehmend ins Ausland. Ihre Zahl hat sich seit 1980 verdreifacht. Von den Studenten in den höheren Semestern haben heute gut ein Viertel im Ausland studiert, ein Praktikum oder einen Sprachkurs absolviert. 1991 waren es noch 16 Prozent. (Handelsblatt, 06/2005)

Offshoring von Wissensarbeit

Nachdem in den letzten dreißig Jahren produzierende Tätigkeiten in das preisgünstigere Ausland verlagert wurden, folgt nun die Angestellten- bzw. Wissensarbeit. Viele Unternehmen verlagern beispielsweise Rechnungswesen, Finanzanalyse, Belegverarbeitung, Bauzeichnung, Softwareprogrammierung oder Call-Center-Dienste an die Standorte mit den effektiv niedrigsten Lohnkosten, wobei Transport-, Koordinations- und Komplexitätskosten berücksichtigt werden müssen. (Trendletter, 03/2003)

Wohlstandssicherung der Industrienationen

Der stark alternde Norden braucht den Süden als Absatzmarkt, Produktionsstandort und Arbeitskräftereservoir, um seinen Wohlstand zu sichern. Die heutigen Investitionskapitalströme ins Ausland kehren als Konsumgüterströme ins Inland zurück. Umgekehrt setzen die Schwellen- und Entwicklungsländer auf die Öffnung der Gütermärkte in den Industrienationen.

Indien goes global

Die Internationalisierung asiatischer Firmen geht rasant voran. Einer der Vorreiter ist Indien. Inder kauften 2004 für insgesamt 1,7 Milliarden Dollar sechzig Firmen im Ausland. Hält das Tempo der ersten Jahreshälfte 2005 an, wird diese Zahl bald übertroffen. In vielen Branchen werden indische Firmen zu Weltmarktführern oder steigen in die Top Ten auf. (Handelsblatt, 07/2005)

Kampf der Kulturen

Der Politologe Samuel P. Huntington sieht in seinem Buch *Kampf der Kulturen* die westliche Zivilisation im Niedergang ihrer politischen, wirtschaftlichen und militärischen Macht. Die multipolare Kulturlandschaft der Zukunft werde zwischen der westlichen und der islamischen Welt den schärfsten Konflikt erleben. Die Ablehnung der westlichen Werte wachse. (Huntington, 1997)

Wachsende Globalisierungskritik

Globalisierungsgegner finden immer mehr Anhänger. Dabei richtet sich der Protest in erster Linie gegen kulturelle Verluste, gegen Umweltprobleme wie auch gegen die Abwanderung von Arbeitsplätzen in Niedriglohnländer. Internationale Unternehmen geraten zunehmend unter ethischen Druck.

5.5.3 Globales Wirtschaftswachstum

Unter günstigen Voraussetzungen setzt sich das Wirtschaftswachstum der letzten beiden Jahrhunderte fort. Dann wachsen die entwickelten Staaten in den nächsten zwanzig Jahren jährlich um ein bis drei Prozent, die Reformländer um vier bis fünf Prozent und die Entwicklungsländer um fünf bis sechs Prozent. Schwächephasen, etwa aufgrund steigender Energiepreise, sind natürlich auch zukünftig nicht auszuschließen. Insbesondere der Nachholbedarf der aufstrebenden Märkte in den Schwellen- und Entwicklungsländern birgt große Chancen, aber auch Bedrohungen in sich. Wesentliche Herausforderungen sind die Gestaltung des Wirtschaftswachstums nach den Prinzipien der Nachhaltigkeit sowie die Abwehr potenzieller Weltwirtschaftskrisen durch Währungszusammenbrüche und steigende Rohstoffpreise, vor allem beim Erdöl.

Kontinuierlicher Aufwärtstrend

In den Jahren 1986 bis 1995 ist die Weltwirtschaft durchschnittlich um 3,3 Prozent pro Jahr gewachsen, von 1996 bis 2005 sogar um durchschnittlich 3,8 Prozent (IMF, 2004). Die Weltbank hat für 2004 ein Wachstum des Welthandels um 10,3 Prozent ermittelt. Nach Prognosen des Internationalen Währungsfonds wird das Bruttoinlandsprodukt (BIP) von 2006 bis 2009 weltweit durchschnittlich um 4,3 Prozent pro Jahr wachsen, das Welthandelsvolumen sogar um 6,6 Prozent (IMF, 2004).

Weltweites Wachstum – Ausnahme Europa

Für die globale Wirtschaft war 2005 mit einem durchschnittlichen Wachstum von fünf Prozent ein erfolgreiches Jahr. Hervorzuheben ist der asiatische Markt mit circa sieben Prozent Wachstum. Europa dagegen erreicht nur ein durchschnittliches Wachstum von einem Prozent. (Trendletter, 2005)

Deutschland ist Schlusslicht

In der Konjunkturprognose des Internationalen Währungsfonds (IWF) für 2006 ist Deutschland im internationalen Vergleich am weitesten zurückgefallen. Ein prognostiziertes Wachstum von 1,2 Prozent verweist Deutschland auf den letzten Platz unter den entwickelten Ländern. (Die Welt, 2005)

Konzentration des Welthandels auf die Triade

Die Globalisierung und die Deregulierung bzw. Liberalisierung der Märkte seit der Gründung der Welthandelsorganisation (WTO) 1994 haben den Welthandel polarisiert. Drei Viertel des Welthandelsvolumens konzentrieren sich in der so genannten Triade, die sich aus der Europäischen Union (EU), der Nordamerikanischen Freihandelszone (NAFTA) und Ostasien zusammensetzt. Das größte Handelsvolumen hat die EU vorzuweisen. Dies könnte sich allerdings ändern, wenn die geplante gesamtamerikanische Freihandelszone (FTAA) realisiert wird. (Le Monde Diplomatique, 2003)

Die Ärmsten wachsen kaum

Ein dauerhaftes Wirtschaftswachstum von 3,7 Prozent wäre nötig, um die Zahl der Menschen, die von einem Dollar täglich leben müssen, zu halbieren. Gut ein Drittel der Weltbevölkerung verteilt sich auf Länder, die solche Wachstumsraten nicht erleben. Im Gegenteil, viele sahen sich in den letzten Jahren sogar mit einem negativen Wachstum konfrontiert. Nur 24 Länder weltweit schafften in den vergangenen zehn Jahren einen Anstieg des Pro-Kopf-Einkommens um 3,7 Prozent jährlich – darunter Indien und China. (UNDP, 2002)

Kurzsichtige Entwicklungspolitik

In ihrem Entwicklungsbericht warnt die Weltbank davor, dass die Vereinten Nationen ihr Ziel verfehlen werden, die Armut weltweit bis 2015 zu halbieren. Statt einseitig auf Wirtschaftswachstum zu setzen, müssten die sozialen und ökologischen Folgen der Entwicklungspolitik stärkere Beachtung finden. Außerdem beklagen Weltbank und Internationaler Währungsfonds, dass sie bei ihrer Arbeit zu wenig Unterstützung von den reichen Ländern erhielten (Beattie, 2002)

5.5.4 Asiatischer Boom

Im asiatischen Raum befindet sich das größte Potenzial für Wirtschaftswachstum und neue Märkte. Neben China verzeichnen auch Indien, Thailand und Malaysia einen Wirtschaftsboom. Die Absatzmärkte sind riesig, Auslandsinvestitionen willkommen, Fachkräfte verfügbar und die Arbeit verhältnismäßig billig. Trotz Unsicherheiten bieten auch Indonesien und die Philippinen herausragende Standortvorteile. Im Jahr 2020 könnte China die größte Volkswirtschaft der Welt sein. Einschließlich Japans könnten dann sieben der zehn größten Volkswirtschaften aus Asien stammen. Mit möglichen politischen und sozialen Unruhen, Korruption, Produkt-Piraterie, Rechtsunsicherheiten, Strommangel, Infrastrukturproblemen und sehr hartem Wettbewerb gibt es insbesondere in China auch Risiken. Doch die Standortvorteile werden mögliche Rückschläge langfristig wieder wettmachen.

Große und wachsende Bevölkerungen

Die asiatische Region stellt rund die Hälfte der Weltbevölkerung von heute etwa 6,4 Milliarden Menschen – mit steigender Tendenz. Mit einer Bevölkerungszahl von 1,3 Milliarden Menschen in China, einer Milliarde in Indien und 241 Millionen in Indonesien kommen allein diese drei Länder auf 2,5 Milliarden Einwohner.

Hohe Wachstumsraten

Das Wirtschaftswachstum im asiatischen Raum ist stark. 2004 war es in den meisten Ländern höher als vier Prozent. Am höchsten lag die Wachstumsrate mit 9,5 Prozent in China. Weitere Spitzenreiter waren die Türkei mit 8,9 Prozent, Singapur mit 8,4 Prozent, Vietnam mit 7,7 Prozent sowie Russland, Malaysia und Indien mit jeweils rund sieben Prozent. (PwC, 2005a) Nach Ansicht der Investmentgesellschaft Fidelity wird sich das Wachstum konstant fortsetzen und im Durchschnitt sieben Prozent bis 2020 betragen. Derzeit entstünden im asiatischen Raum globale Marken und die innerasiatischen Handelsbeziehungen würden intensiver. Zudem werde die Bedeutung Chinas als Konsumland größer (vwd, 2005). Einige Experten raten allerdings, die Kennzahlen aus der Volksrepublik mit Vorsicht zu genießen. Die gewaltigen Transparenzdefizite in dem von einer Partei diktatorisch regierten Land würden nur allzu gerne übersehen (vgl. FAZ, 2003; Chang, 2002).

Wachsende Kaufkraft

Gemessen an der Kaufkraft liegt der japanische Markt nach wie vor weit vorne, wobei er allerdings starke Sättigungstendenzen zeigt. Nach Aussage der Bundesagentur für Außenwirtschaft liegt die Kaufkraft in Japan mit einem Bruttoinlandsprodukt von durchschnittlich 35 000 US-Dollar pro Kopf gegenüber den aufstrebenden Nachbarn besonders hoch, verglichen mit 1200 US-Dollar in China und 600 US-Dollar in Indien. (Handelsblatt, 2005 a)

Handel und Konsumgüterindustrie

China, Indien, Vietnam, Russland und die Türkei sind nach einer Studie besonders aussichtsreiche Märkte. Indien sei als zweitgrößter Konsumentenmarkt nach China hochinteressant. Es wird prognostiziert, dass die Konsumausgaben bis zum Jahr 2008 um durchschnittlich 7,3 Prozent im Jahr wachsen. Da der Einzelhandel zu 98 Prozent in kleine Familienläden fragmentiert sei, gebe es großes Potenzial für Supermarktketten. In China werden bereits hundert Millionen Menschen zu den Konsumenten mit mittlerem Einkommen gezählt. Bis 2010 werde sich die Zahl vervierfachen – ein riesiger Absatzmarkt. (PwC, 2005 b)

Automobilbranche

Nach einer Studie von PricewaterhouseCoopers stufen siebzig Prozent der deutschen Automobilzulieferer die asiatischen Märkte als vielversprechend ein. Neunzig Prozent sehen China als Wachstumstreiber. Es werde erwartet, dass das Fertigungsvolumen in China bis 2012 um dreißig Prozent zunimmt. (PwC, 2005 a) Bis 2008 will etwa BMW die Verkaufszahlen in Asien um fünfzig Prozent auf 150 000 Fahrzeuge steigern. Auf dem japanischen Markt hat die VW-Tochter Audi allein in den ersten neun Monaten von 2005 ein Plus von 17 Prozent erreicht. (Reuters, 2005 a) Die Beratungsgesellschaft KPMG schätzt, dass 2009 rund 17 Millionen Pkws im asiatischen Raum produziert werden – genauso viele wie in Europa (Handelsblatt, 2005 b).

Post, Logistik, Sportartikel

In Indien hat der Post-Dienstleister DHL einen Marktanteil von vierzig Prozent erreicht, zweistellige Zuwachsraten in Asien werden weiter erwartet (Reuters, 2005 b). Der luxemburgische Logistikdienstleister Thiel Logistik setzt ebenfalls verstärkt auf den Wachstumsmarkt Asien. Das Unternehmen prognostiziert für sich in den nächsten drei bis fünf Jahren ein Umsatzplus von zwanzig Prozent auf dem asiatischen Markt. (VR 2005) Auch der weltweit zweitgrößte Sportartikelhersteller Adidas will seinen Umsatz in der Region steigern – mit über zwei Milliarden Euro Zielmarge soll er sich bis 2008 mehr als verdoppeln (FTD, 2005).

Kreditkarten-Boom

Über hundert Prozent Wachstum verzeichnete der Kreditkartenbetreiber Visa im Fiskaljahr 2005 in Indien und Thailand. Das Visa-Geschäft wuchs in der asiatisch-pazifischen Region um durchschnittlich dreißig Prozent. (BörseGo, 2005)

Chinas Weltraumprogramm

Seitdem am 15. Oktober 2003 das Raumschiff *Shenzhou 5* den chinesischen Taikonauten Yang Liwei erfolgreich ins All befördert hat, ist China nach Russland und den USA die dritte Nation mit einem eigenen bemannten Raumfahrtprogramm. Der Durchbruch ins All ist allerdings mehr als ein Prestigeobjekt, mit dem das Land seine wachsende Rolle in der Welt demonstrieren will. Künftig soll der Weltraum als Industriebasis genutzt werden. Geplant sind bessere Satellitensysteme, aber auch Forschungsprojekte – etwa zum Reisanbau. Mittelfristig werden Flüge zum Mond und eine eigene Weltraumstation angestrebt. (FAZ, 2003)

5.5.5 Sättigung der Märkte in entwickelten Staaten

In einer Volkswirtschaft mit steigendem Pro-Kopf-Einkommen werden automatisch immer höherwertige Produkte und Dienstleistungen nachgefragt. Klassische Versorgungsgüter wie Lebensmittel, aber auch Wohlstandsgüter wie Fernseher und Kühlschrank, nehmen einen immer geringeren Teil des Einkommens in Anspruch. In den Konsumgesellschaften der Industrieländer sind die klassischen Versorgungs- und Standardmärkte gesättigt. Die Nachfragemacht der Kunden wie auch die Wettbewerbsintensität nehmen zu. In vielen klassischen Branchen gibt es deutliche Überkapazitäten und somit einen starken Preiswettbewerb und Druck auf die Umsatzrenditen.

Die Überflussgesellschaft

Norwegen, ein Land mit einer vergleichsweise kleinen Bevölkerung von circa 4,5 Millionen Menschen, bietet zweihundert verschiedene Tageszeitungen, hundert wöchentlich erscheinende Magazine und etwa zwanzig Fernsehkanäle. In Amerika wurden

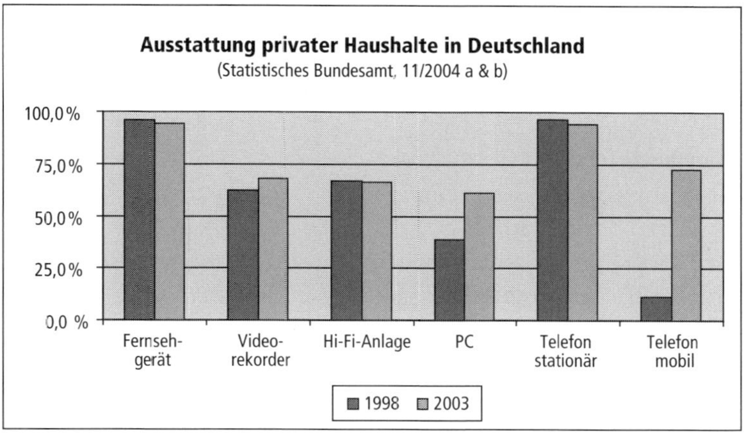

Abb. 16: Ausstattung deutscher Privathaushalte

im Jahre 1981 rund 2700 neue Produkte in die Supermärkte gebracht. Im Jahre 1996 waren es bereits 20000. Im gleichen Jahr brachte das Elektronikunternehmen Sony 5000 neue Produkte auf den Markt, dies entspricht zwei neuen Produkten pro Arbeitsstunde. Disney »schenkt« den wartenden Konsumenten alle fünf Minuten ein neues Produkt (Comic, CD, Film usw.). Diese Entwicklung jedoch, so prophezeien Ridderstrale und Nordström, wird zukünftig rückläufig sein. Märkte können nicht mehr als gegeben angenommen werden. Das Angebot wird die Nachfrage mehr und mehr übersteigen. Viele Märkte sind bereits übersättigt. (Ridderstrale und Nordström, 2002) Dies gilt zumindest für die satten westlichen Länder.

Ausgaben für Produkte des alltäglichen Bedarfs gehen zurück

Zwischen dem ersten Halbjahr 1998 und dem ersten Halbjahr 2003 sank die Konsumquote in Deutschland um über zwei Prozentpunkte auf 75,4 Prozent. Die Sparquote verringerte sich hingegen nur um 0,2 Prozent und lag im ersten Halbjahr 2003 bei 11,4 Prozent. Seit 1998 sind hingegen die nichtkonsumptiven Ausgaben, also Ausgaben für Versicherungsbeiträge, Unterhaltsleistungen und Zinszahlungen, um 31 Prozent gestiegen. (Hahlen, 2004)

Absatz elektronischer Hausgeräte stagniert

Mit über 39 Millionen Haushalten hat Deutschland den größten Absatzmarkt für elektronische Hausgeräte in Westeuropa, der jedoch aufgrund hoher Sättigung praktisch stagniert. Für die nahe Zukunft wird ein ordentliches Wachstum nur aus dem Auslandsgeschäft erwartet. In Osteuropa herrscht noch ein großer Nachholbedarf. So hat Rumänien den Umsatz in diesem Bereich 2004 um fünfzig Prozent steigern können. (Berkermann und Büchner, 2005)

Der Markt für Informations- und Telekommunikationstechnologien zeigt Sättigungstendenzen

Der weltweite ITK-Markt soll von derzeit 1,4 Billionen US-Dollar auf 1,7 Billionen US-Dollar im Jahre 2008 wachsen. Aber auch in diesem Markt sind Anzeichen für eine beginnende Sättigung festzustellen, denn bereits achtzig Prozent der Europäer telefonieren mobil und die Festnetztelefonie ist schon rückläufig. (Berkermann und Büchner, 2005) Folglich müssen die Anbieter auch in der ITK-Branche über den Tellerrand der entwickelten Länder hinausschauen. Vielversprechendste Märkte sind China, Indien, Brasilien und Russland. (Berkermann und Büchner, 2005)

5.5.6 Steigender globaler Energiebedarf

Der globale Energiebedarf wird in den nächsten Jahrzehnten rapide ansteigen. Höhere Energieeffizienz und Einsparpotenziale werden den Mehrbedarf nur marginal bremsen. Zwar wird der Energieverbrauch in den heute entwickelten Ländern zukünftig nicht mehr so stark wachsen oder gar sinken. Doch in den Reformländern und vor allem in den aufstrebenden Entwicklungsländern wird sich der Energiebedarf bis 2020 mehr als verdoppeln. Der Gesamtenergiebedarf der Weltbevölkerung wird sich bis 2050 voraussichtlich ebenfalls verdoppeln. Hauptenergiequelle werden trotz eines steigenden Anteils regenerativer Energien voraussichtlich weiterhin die fossilen Energieträger sein. Der wachsende CO_2-Ausstoß ist nur eine der negativen Folgen. Angesichts der Knappheit fossiler Energieträger ist langfristig eine Energiekrise nicht auszuschließen.

Nachfrage nach Energie wird erheblich ansteigen

Der International Energy Agency (IEA) zufolge wird die globale Nachfrage nach Gas und Öl (bei konstanter Energiepolitik) bis 2030 um über siebzig Prozent steigen. Die Nachfrage nach Öl wird sogar noch stärker zunehmen als in den vergangenen dreißig Jahren. Gleichzeitig wird die Produktion von bereits erschlossenen

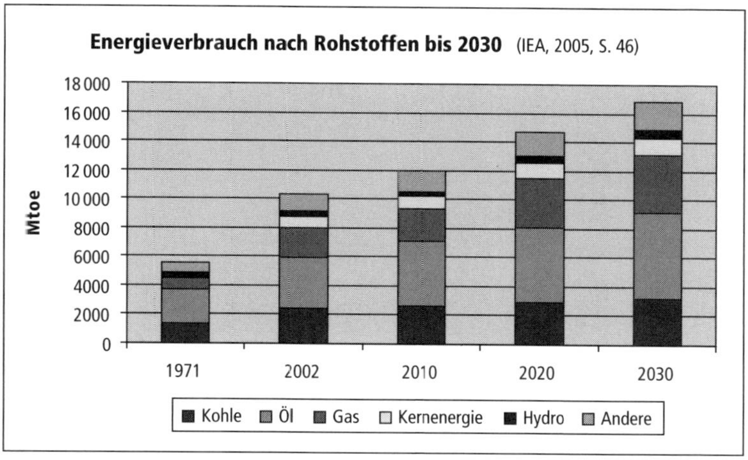

Abb. 17: Energieverbrauch bis 2030

Quellen jährlich um circa fünf Prozent zurückgehen. Eine langfristig gesicherte Öl- und Gasversorgung bedarf einer Investition von 5000 Milliarden Dollar in den nächsten dreißig Jahren. (Welt, 09/2005) Zu ähnlichen Ergebnissen kommen das Hamburgische Weltwirtschafts-Archiv (HWWA) und die Berenberg Bank. Laut ihrer Studie *Strategie 2030 – Vermögen und Leben in der nächsten Generation* wird die weltweite Energienachfrage bis zum Jahre 2030 um 75 Prozent zunehmen. Dies ist das Resultat des Wirtschaftswachstums in den Entwicklungs- und Schwellenländern. Auch China und die USA werden ihre Nachfrage ausweiten. (Welt, 07/2005)

Deutschland wird langfristig seinen Energiebedarf senken

Laut einer im Jahre 2000 erstellten Studie von Esso wird der Energiebedarf in Deutschland bis zum Jahr 2020 um fünf Prozent sinken. Der Berechnung zugrunde liegende Daten sind ein Wirtschaftswachstum von jährlich 2,2 Prozent und langfristig stabile Ölpreise. Der geringere Energieverbrauch werde hauptsächlich durch einen sinkenden Benzinverbrauch gekennzeichnet sein. In den Jahren 2000 bis 2020 werde die Benzinnachfrage dank neuer Technologien um vierzig Prozent zurückgehen. (Welt, 07/2000)

Renaissance der Kernkraft?

Bei steigenden Ölpreisen und fortschreitender Verschmutzung unseres Planeten wird die Kernkraft – so die Einschätzung vieler Experten – neben alternativen Energien einen Aufschwung erfahren. Auch werden die Förderkosten für fossile Brennstoffe erheblich ansteigen. (Welt, 07/2005) Der Weltbedarf wird in Zukunft mehr und mehr aus anderen Energiequellen gedeckt werden müssen. Hierzu gehören natürlich die erneuerbaren Energien wie Wasser, Sonne, Wind und Biomasse. Jedoch werden diese nach jetzigem Wissensstand alleine nicht ausreichen. Daher wird in Zukunft eher eine Kombination aller Energiequellen, inklusive der Kernenergie, zu einer ausreichenden und nachhaltigkeitskonformen Energieversorgung führen. (Henssen, 2001) Die Energiegewinnung in Kernkraftwerken erreichte weltweit im Jahre 2002 ihren Höhepunkt. Ab 2003 ist ein leichter Rückgang zu verzeichnen. Im Jahre 2003 war Deutschland hinter den USA, Frankreich und Japan das viertstärkste Land in der Produktion von Elektrizität mittels Kernkraft. Die Kernkraftproduktion machte in Deutschland 28 Prozent der Gesamtproduktion von Energie aus. Frankreich deckte seinen Energiebedarf zu 78 Prozent aus eigenen Kernkraftwerken. (IEA, 2005)

5.5.7 Tertiarisierung und Quartarisierung

In den entwickelten Ländern vollzieht sich ein Strukturwandel von der physischen zur immateriellen Wertschöpfung. Im 21. Jahrhundert teilt die Produktion das Schicksal der Landwirtschaft im 19. Jahrhundert. Ihr Anteil an der volkswirtschaftlichen Wertschöpfung sinkt. An Bedeutung gewinnt der tertiäre Sektor der Dienstleistungen und der quartäre Sektor der Wissensarbeit. Begünstigt durch Produktivitätssteigerungen und höheren Wohlstand ist ein wachsender Teil des Einkommens für Ausgaben in diesem Bereich verfügbar. Zugleich geht die Dienstleistungsgesellschaft zunehmend in eine Informations- und Wissensgesellschaft über. Wissen und Information werden neben Arbeit, Kapital und natürlichen Ressourcen zum »vierten Produktionsfaktor«.

Mehrzahl der Arbeitsplätze im Dienstleistungssektor

Vor fünfzig Jahren stellte das produzierende Gewerbe noch 45 Prozent aller Arbeitsplätze, auf den Dienstleistungsbereich entfielen 33 Prozent und auf die Landwirtschaft 22 Prozent. Heute sind mehr als sechzig Prozent aller Erwerbstätigen hierzulande mit Dienstleistungen beschäftigt, nur noch etwa drei Prozent in der Landwirtschaft und dreißig Prozent im produzierenden Gewerbe. In den USA arbeiten sogar über siebzig Prozent der Beschäftigten im Service-Sektor. Immaterielle Aktivitäten gewinnen an Bedeutung. Vor allem Information und Wissen werden zu immer wichtigeren Komponenten für die Wertschöpfung, sowohl in den Produktionsprozessen wie auch in den Endprodukten.

Wachsender Handel mit Dienstleistungen

Der Anteil der Dienstleistungsexporte am Welthandel kletterte seit 1980 von 15 auf über zwanzig Prozent im Jahr 2005 (Institut der Deutschen Wirtschaft, 2002).

Wachsende Wissenswirtschaft

In den westlichen Industrieländern verarbeitet jeder zweite Erwerbstätige – mit steigender Tendenz – ausschließlich Informationen (Aventis Triangle Forum, 2000).

Zunehmende Wettbewerbsrelevanz des Wissensmanagements

Wissensmanagement war ein Modethema der letzten Jahre und beginnt im technischen, organisatorischen wie auch im psychologischen Sinne ein unternehmerischer Erfolgsfaktor ersten Ranges zu werden. Bei sinkender Halbwertszeit des Wissens wird neben der Bewahrung und Bereitstellung von Wissen auch das organisierte Vergessen zum Erfolgsfaktor (Güldenberg, 2004), beispielsweise indem Wissen mit einem Verfallsdatum versehen und zur Löschung oder Aktualisierung vorgeschlagen wird.

Wachstumsstarke Wissensindustrien

Die Branchen, die in den letzten Jahren das stärkste Wachstum vorweisen konnten, basieren auf Wissen. Wissensintensive Dienstleistungen sind in Deutschland – gemessen an ihrem Beitrag zur Wertschöpfung – mit rund dreißig Prozent genauso bedeutend wie in den USA. (Bundesministerium für Bildung und Forschung, 2001)

Erhöhung der staatlichen Ausgaben für Forschung und Entwicklung

Im Jahr 2002 lagen die gesamten privaten und staatlichen Ausgaben für Forschung und Entwicklung in Deutschland bei 2,5 Prozent des BIP. An der Spitze standen weltweit mit vier Prozent Schweden und Finnland, die USA brachten 2,8 Prozent des nationalen BIP für Forschung und Entwicklung auf. Um die Wettbewerbsfähigkeit europäischer Unternehmen zu verbessern, soll der Anteil der Ausgaben für Forschung und Entwicklung europaweit bis zum Jahr 2010 auf drei Prozent des Inlandsprodukts angehoben werden. (Bundesministerium für Bildung und Forschung, 2002)

5.5.8 Netzwerkwirtschaft

Zusammenarbeit und Wertschöpfung in Form von Netzwerken gewinnen an Bedeutung. In der Netzwerkwirtschaft werden unternehmerische Kooperationen, Geschäftskontakte und persönliche Beziehungen je nach Bedarf intensiviert, zum gegenseitigen Nutzen flexibel eingesetzt und wieder gelockert. Die Wirtschaftswissenschaften untersuchen die zugrunde liegende soziale Interaktion unter anderem unter dem Gesichtspunkt der Schwarmtheorie. Im Vorbild Natur entsteht erst aus der Vernetzung einfacher Neuronen ein Bewusstsein und aus der Vernetzung von Zellen ein Organismus. Erst mit der Vernetzung gewinnen viele Dinge einen Wert. Diese Art des vernetzten Zusammenwirkens ermöglicht angesichts von Globalisierung, zunehmender Komplexität, Entrepreneurisierung und Flexibilisierung größtmögliche Bewegungsfreiheit und Effizienz. In Zukunft werden die Wettbewerbsfähigkeit und der Wert eines Unternehmens entscheidend von der Qualität seiner Vernetzung und seiner Beziehungen mitbestimmt.

Business-Netzwerke

Hollywood und das Silicon Valley sind Beispiele für bereits lange bestehende Netzwerkwirtschaften. Ein weiteres Beispiel ist die Allianz von General Motors, Ford und anderen Unternehmen der Automobilindustrie, aus welcher der elektronische Marktplatz *Covisint* entstand. *Star Alliance, Energy Consortium, Health Care Distributors Consortium* und *Plastics Consortium* sind weitere Allianzen und Konsortien, durch die die beteiligten Unternehmen ihre Kompetenzen vereinen und ihre Marktmacht steigern. (Turban et al., 2001)

Netzwerke als Ausprägung des digitalen Zeitalters

Virtuelle Unternehmen sind erst über die Vernetzung von Computern leicht realisierbar geworden. Ohne eine einfache Vernetzung von Daten und Informationen würden sich kurzfristige Unternehmensverbindungen kaum lohnen. Auch die Globalisierung und somit weltweite ökonomische Aktivität von Unternehmen hat zur Bildung von Netzwerkorganisationen und virtuellen Unternehmen beigetragen. (Graf, 2000) Je nach Auftrag oder Projekt kann dadurch jeder Partner zum »Projektleiter« und somit Koordinator werden. Gegenüber Dritten ist diese Netzwerkform nicht erkennbar, denn nach außen hin treten die Partner als Einheit, also als ein Unternehmen auf. (Thommen und Achleitner, 2001)

Netzwerkeffekt – der Wert eines Netzwerks steigt im Quadrat

Der Netzwerkeffekt besagt, dass der Wert einer Dienstleistung oder eines Produktes für einen potenziellen Kunden davon abhängt, wie viele Menschen das Produkt bereits besitzen oder den Service nutzen. Umgekehrt bedeutet der Kauf eines Produktes (das einen Netzwerkeffekt besitzt) eine Erhöhung des Wertes für diejenigen, die das Produkt bereits besitzen. Ein einziges Faxgerät hat keinen Wert. Verdoppelt sich die Anzahl der Faxgeräte, verdoppelt sich der Wert für jeden einzelnen Teilnehmer. In Summe vervierfacht sich folglich der gesamte Wert des Netzwerks. Die Gleichung $n(n-1)$ oder n^2-n erlangte unter der Bezeichnung »Metcalfe's Law« Berühmtheit. (The Free Dictionary, 2005) Robert Metcalfe ist der Erfinder des Ethernets, des meistverwendeten kabelgebundenen Standards für Computernetzwerke, und Gründer von 3Com, einem Hersteller für Netzwerkprodukte.

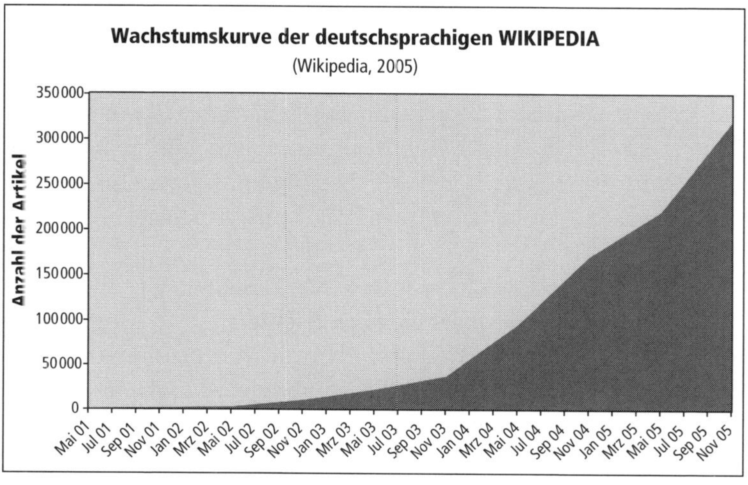

Abb. 18: Wachstumskurve von Wikipedia Deutschland

Netzwerkartige Unternehmensverbindungen

Moderne Technologien haben eine nachhaltige Veränderung in der Unternehmenslandschaft ausgelöst. Ehemals über viele Hierarchien gesteuerte Unternehmen verflachen ihre Strukturen. Unternehmen schließen sich netzwerkartig zusammen und aus vielen schlanken einzelnen Unternehmungen entstehen baukastenartig große Unternehmensnetzwerke – leistungsstark, aber wandlungsfähig. Raum und Zeit werden nicht mehr als Grenze gesehen, sondern als Chance, neue geografische Räume, Denkweisen und 24-Stunden-Produktivität zu nutzen. (Telekooperation)

Netzwerkintelligenz

Die in einer Netzwerkwirtschaft benötigte Intelligenz unterscheidet sich von der individuellen und der Teamintelligenz. Die individuelle Intelligenz ist durch eine hohe Flexibilität, aber geringe Komplexitätsverarbeitung gekennzeichnet. Ziele werden durch eine vergleichsweise strikte Umsetzungskontrolle und -führung erreicht. Bei der Teamintelligenz erhöht sich die Komplexitätsverarbeitung erheblich, jedoch ist durch die begrenzte Anzahl der Teilnehmer die Flexibilität gering. In beiden Fällen steht die Schaffung von Organisationen und Methoden im Zentrum. Die Netzwerkintelligenz jedoch verzeichnet sowohl eine hohe Komplexitätsverarbeitung als auch eine hohe Flexibilität. Hierbei lebt das Netzwerk von partnerschaftlich angewandten und somit akzeptierten Spielregeln. (Wanits, 2005) Ein einfaches Beispiel ist die absehbare Nutzung der Netzwerkintelligenz (Schwarmintelligenz) bei der Parkplatzsuche in Innenstädten. Die Autos werden freie Parkplätze im Vorbeifahren identifizieren und sie an die Gemeinschaft der Autofahrer melden. Wer einen Parkplatz in der Nähe sucht, bekommt ihn zugewiesen und wird eingecheckt. Der Parkplatz wird aus der Liste der freien Parkplätze gelöscht.

Open Source – Produktivität durch Netzwerkorganisation

Nur 45 Stunden und 22 Minuten nach dem Verkaufsstart des neuen Harry-Potter-Buches am 16. Juli 2005 hatte eine Internet-Community mit 189 Teilnehmern den sechsten Band *Harry Potter und der Halbblutprinz* komplett ins Deutsche übersetzt (www.Harry-auf-Deutsch.de, 2005). IBM überlegt, das von Linux und

Open Office bekannte Open-Source-Prinzip auf die Entwicklung von Hardware anzuwenden (Technology Review, 8/2005). So könnten sich Hersteller beliebiger Produkte mit einem Teil ihrer Kunden zu einem gemeinsamen Entwicklungsnetzwerk verbinden und die enormen Wissens- und Zeitressourcen preiswert auf ihre Mühlen lenken.

Social Computing

Die vor allem von Älteren befürchtete »Vereinsamung« am Computer findet selten statt. Die Zahl und Intensität sozialer Beziehungen ist gemessen am Umfang der Kommunikation enorm gewachsen, angefangen bei E-Mail über die Verbreitung der Mobiltelefonie, SMS und Instant Messaging bis hin zu Skype und anderen Peer-to-Peer-Anwendungen. Die Allgegenwart von Kommunikationsgeräten sowie die massiv gesunkenen Kommunikationskosten sind die wesentlichen Treiber der Always-on-Gesellschaft und der im Grunde überraschenden Bereitschaft der Menschen, ihr Wissen im Wege eines sozialen Wissensmanagements über Wikis und Blogs zu teilen. (Technology Review, 8/2005)

5.5.9 Produktivitätswachstum

> Die Produktivität in allen Sektoren der Wirtschaft wächst beständig. Automatisierung, Robotik und Informatisierung (siehe technologische Zukunftsfaktoren) sind nur einige der vielen ursächlichen Faktoren. In der steigenden Produktivität liegt der Schlüssel zu wirtschaftlichem Wachstum und Wohlstand. Die steigende Arbeitsproduktivität hat in den entwickelten Volkswirtschaften immer höhere Einkommen ermöglicht und das Preis-Leistungs-Verhältnis von Gütern und Dienstleistungen ständig verbessert. Auf der anderen Seite der Waagschale liegt eine dauerhaft hohe oder gar steigende Arbeitslosigkeit bei Geringqualifizierten. Eine höhere Produktivität braucht in gleichem Maße wachsende Märkte, um nicht in höherer Arbeitslosigkeit zu resultieren. Höhere Produktivität wird oftmals auch ohne innovative Verfahren allein durch höhere Arbeitsdichte im Wege von Personaleinsparungen erzielt. In den OECD-Ländern ist die Produktivität (Output je Arbeitsstunde) seit 1973 im Durchschnitt um etwa 1,5 Prozent pro Jahr gestiegen. In den USA rechnet man bis 2010 mit einem Produktivitätswachstum von rund zwei Prozent pro Jahr.

Zwanzig Prozent versorgen achtzig Prozent – eine Zweiklassengesellschaft

Einigen Experten zufolge wird die Produktivitätssteigerung, hervorgerufen durch Informatisierung, zu einer Gesellschaft führen, in der nur noch zwanzig Prozent der Bevölkerung arbeiten. Damit könne die gesamte inländische und ausländische Nachfrage gedeckt werden. Die restlichen achtzig Prozent würden einfach nicht gebraucht. Computer, Maschinen und hoch qualifizierte junge Akademiker hielten die Wirtschaft am Laufen. Steigende Produktivität führe dazu, dass immer weniger Arbeitnehmer immer mehr Leistung erbringen müssten. Der Mitarbeiter von morgen werde nur etwa zwanzig bis dreißig Jahre (allerdings mit höchstem Einsatz) in der Arbeitswelt tätig sein, bevor er durch die jüngere, leistungsfähigere und somit produktivere Generation ersetzt wird. Die Folgen für das soziale Miteinander, insbesondere auch für den Bevölkerungsanteil, der nicht zu den Top Twenty gehört, würden bedenklich sein. In Deutschland liegt das derzeitige Verhältnis bei circa vierzig Prozent (arbeitender Anteil) zu sechzig Prozent (nicht arbeitender Anteil). Im Fachjargon spricht man von »jobless growth«. (Opaschowski, 2002) Selbst wenn die Nachfrage mit der steigenden Produktivität mithalten kann, wird es wohl eine Zweiklassengesellschaft geben, die sich teilt in jene, die der Technologieentwicklung gewachsen sind, und jene, die sich nicht mehr auf das digitale Zeitalter umstellen können

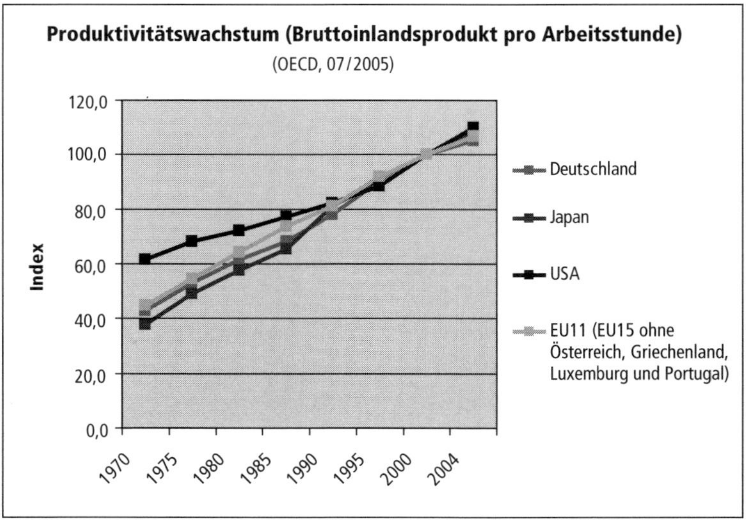

Abb. 19: Produktivitätswachstum ausgewählter Länder

oder wollen. Letztere werden wohl ihren Job auf Dauer verlieren. (Dertouzos, 1999) Andererseits ist es nicht auszuschließen, dass Technologien wie das »Linguistic User Interface« oder das »Conversational User Interface« einen positiven Strich durch die Rechnung solcher Szenarien machen.

Breitband-Technologie sorgt für Produktivitätswachstum

Schätzungen der OECD zufolge wird die Breitband-Technologie bis 2011 ein Drittel zum Produktivitätsanstieg in den Industriestaaten beigetragen haben. Schnelle Datenverbindungen seien ähnlich bedeutsam für die wirtschaftliche Entwicklung wie ehemals das Schienennetz. (Welt, 03/2005)

Rationalisierungsdruck nimmt in alternden Gesellschaften zu

In einer alternden Gesellschaft werden Produktivitätssteigerungen immer schwieriger. Zwar kann der Arbeitskräfterückgang durch vermehrten Kapitaleinsatz kompensiert werden, aber nur so lange, wie rentable Investments gefunden werden. Da die rentabelsten Investitionen immer zuerst vorgenommen werden, sinkt die Kapitalrentabilität mit vermehrtem Kapitaleinsatz. Der Rationalisierungsdruck nimmt zu. (Welt, 09/2002)

Deutschland wird hohes Produktivitätswachstum bescheinigt

Die Rating-Agentur Moody's bescheinigt Deutschland eine solide Wirtschaftsbasis, hohes Produktivitätswachstum und eine starke weltweite Nachfrage nach deutschen Produkten. Diese Merkmale, so die Rating-Agentur, seien trotz Schuldenberg ausreichend, auch im Jahr 2005 die Kreditwürdigkeit des Landes mit einer hohen »Aaa«-Wertung zu loben. (Welt, 09/2005)

5.5.10 Fragmentierung der Märkte

Die Individualisierung verändert die Märkte. Vielfältigere Lebensformen und breit aufgefächerte Präferenzen führen zu vermehrter Spezialisierung und Differenzierung. Produkte und Dienstleistungen werden auf besondere und sehr spezielle Bedürfnisse zugeschnitten. Die Fragmentierung des Zeitschriftenmarktes und die Inflation der Verpackungsformen sind offensichtliche Beispiele. Massenprodukte, die persönliche Variationsmöglichkeiten bieten, und personalisierte oder zielgruppenspezifische Angebote überhaupt haben deutliche Vorteile. Die Bedeutung von Sekundärfunktionen und -eigenschaften nimmt zu. Der Fragmentierungstrend wird durch spezialisierte Eintrittsstrategien neuer Anbieter weiter verstärkt. In der Entdeckung neuer Nischenmärkte, aber auch in der Vereinfachung liegen große Chancen.

Musikmarkt

Ausgehend vom Rock 'n' Roll hat sich eine unüberschaubare Vielfalt an Verästelungen und Teilwelten entwickelt. Ein babylonisches Sprachgewirr an Stilen, Mustern und Themen ist entstanden.

Automobil

Während die Zahl der Hersteller immer weiter schrumpft, steigt die Zahl der Modelle und Klassen bei praktisch allen Marken. Mercedes-Benz ist ein Beispiel: Mittlerweile wird jedes größere Marktsegment bedient.

Getränke

Noch vor wenigen Jahren waren Biermixgetränke und aromatisierte Mineralwässer praktisch unverkäuflich. Inzwischen gibt es hier unzählige Produkte und Kombinationen.

Versicherungen

Die Zeit der Standardtarife ist lange vorüber. Der Rabatt für den Bahncard-Inhaber oder Spezialversicherungen für Hochrisikogruppen sind nur zwei Beispiele.

Schönheitssalons

Bis 2007 will die Seventeen-Gruppe in den USA 36 Salons für Teenies eröffnen, mit Make-up-Bar, Snacks und Getränken. Ziel: »To find markets with plenty of teens and plenty of money.« (Washington Times, 2002)

Outsourcing als Folge der Marktfragmentierung

Aus Kostengründen trennen sich Unternehmen von Aufgabenbereichen, die nicht zu ihren Kernkompetenzen zählen, und überlassen diese spezialisierten Anbietern.

5.5.11 Polarisierung der Märkte

> Produkte aus dem mittleren Qualitäts- und Preissegment haben immer weniger Chancen und verlieren Marktanteile. Die Märkte polarisieren sich, das mittlere Niveau verschwindet. Auf der einen Seite wächst der Anteil der hochwertigen Spitzenprodukte, auf der anderen Seite nimmt das Segment der Billigprodukte an Bedeutung zu. Zugleich können die Käufer der beiden Pole immer weniger konkreten Zielgruppen zugeordnet werden. Gut situierte Verbraucher gehen auch beim Discounter einkaufen, auf das Sparen angewiesene Käufer leisten sich auch mal etwas aus dem höheren Segment, das neben höherer Qualität und exklusivem Image auch Erlebniswerte und zeitsparende oder bequeme Dienstleistungen bietet.

Gleichzeitigkeit von Sparzeitalter und Erlebniszeitalter

Freizeitforscher Horst Opaschowski spricht von der »Gleichzeitigkeit von Sparzeitalter und Erlebniszeitalter«, die sich letztlich in der Polarisierung der Märkte ausdrückt. Je mehr auf der einen Seite gespart wird, desto mehr leistet man sich auf der anderen Seite. Der Anteil des Sparkonsums steigt. Das Einkommen vieler reicht oft gerade für die täglichen Bedürfnisse. Der Anteil des Erlebniskonsums bleibt weitgehend konstant. Der Konsum des Mittelmaßes schrumpft. Opaschowski spricht vom »Armut-Wohlstand-Paradox«. Es wachsen sowohl Armut und Arbeitslosigkeit wie auch Konsumwelten und Erlebnisangebot. (Opaschowski, 2004)

Chancenlose undifferenzierte Mitte

Manche Niedrigpreisprodukte sind mittlerweile qualitativ genauso gut wie Markenprodukte, da sie immer häufiger vom gleichen Hersteller stammen und nur über das Branding differenziert werden. Sie reichen völlig aus, wenn es um den reinen Nutzwert geht. Teure Produkte werden hingegen aus Imagegründen gekauft. Die Mitte hat es daher schwer, denn sie bietet weder mehr technischen Nutzen noch Prestigegewinn. (Simon, 2003) Das mittlere Marktsegment im deutschen Einzelhandel ist von 49 Prozent im Jahre 1981 auf circa 22 Prozent 2000 geschmolzen. Prognosen rechnen mit einem Marktanteil von zehn bis 15 Prozent im Jahr 2010. Dagegen ist das Segment qualitativ hochwertiger Produkte im gleichen Zeitraum um zehn Prozent auf circa 37 Prozent gewachsen, das Segment der Billigprodukte von 24 auf etwa 41 Prozent, Tendenz in beiden Bereichen steigend. (BBE Unternehmensberatung, 2003)

Aldisierung

Die Suche nach und die Verfügbarkeit von Produkten hoher Qualität zu Discountpreisen wird häufig als »Aldisierung« bezeichnet. Ein sehr gutes Preis-Leistungs-Verhältnis und damit ein erhöhter Kundennutzen stehen im Vordergrund. Im Fall Aldi wurde durch mehrfache Tests (Stiftung Warentest) belegt, dass die Produktqualität nichts zu wünschen übrig lässt. Die Marktanteile der Discounter steigen, ob im Lebensmittelhandel, in der Bekleidungs- und Modebranche, in der Schuhbranche, bei Drogeriewaren oder bei Körperpflegeartikeln. (Fritz, 2003) Auch diejenigen sparen konsequent bei ihrem täglichen Einkauf, die sich durchaus in höheren Preissegmenten bewegen könnten. Der Spaß am Sparen wird als positives Kauferlebnis empfunden. Es gibt keinen nachvollziehbaren Grund, warum das Preisbewusstsein der Menschen bei Standardprodukten in Zukunft wieder abnehmen sollte.

5.5.12 Polarisierung des Wohlstands

Das Wohlstandsgefälle sowohl zwischen armen und reichen Ländern als auch innerhalb der Gesellschaften der einzelnen Länder nimmt immer weiter zu. Die Vermögenskonzentration in den Händen Einzelner hat enorme Ausmaße erreicht. Die 350 reichsten Personen der Welt verfügen über das gleiche Jahreseinkommen wie die ärmere Hälfte der gesamten Menschheit. Langfristig wird das Vermögen wohlhabender Privatpersonen voraussichtlich weiter stark steigen. Große Teile der Weltbevölkerung leben gleichzeitig in existenzieller Not. Mehr als eine Milliarde Menschen müssen mit weniger als einem US-Dollar pro Tag auskommen und haben keinen Zugang zu sauberem Trinkwasser. Die Hälfte der Menschheit ist nicht an die Stromversorgung angeschlossen. Die ungleiche Verteilung des Wohlstands ist eine der wichtigsten Herausforderungen der Weltgemeinschaft und birgt dramatisches Konfliktpotenzial. Armut kann als weltweit zerstörerischste Massenvernichtungswaffe gesehen werden.

Die weltweite Schere zwischen Arm und Reich öffnet sich weiter

In den letzten vierzig Jahren des 20. Jahrhunderts verdoppelte sich der Abstand des Pro-Kopf-Einkommens der zwanzig reichsten Länder gegenüber demjenigen der zwanzig ärmsten Natioren. Bei einem globalen Bruttoinlandsprodukt von 29 Billionen US-Dollar generierten die Entwicklungsländer, die 85 Prozent der Weltbevölkerung vereinen, nur sechs Billionen US-Dollar, was weniger als 21 Prozent der Summe der Bruttoinlandsprodukte entspricht. (World Bank, 2004)

Über eine Milliarde Menschen haben nur einen Dollar am Tag

1990 verdiente das reichste Fünftel der Weltbevölkerung das 60fache des ärmsten Fünftels. 1997 war es schon das 74fache. Weltweit stehen 1,15 Milliarden Menschen weniger als ein Dollar (in lokaler Kaufkraft) täglich zur Verfügung und etwa 2,8 Milliarden weniger als zwei Dollar pro Tag. (Bundesregierung, 2005)

Hundert Jahre und mehr, um mit den Reichen gleichzuziehen

Auf aktuellen Trends basierend, werden nur circa zehn Entwicklungsländer (und zwar jene, deren Pro-Kopf-Bruttosozialproduktwachstumsrate mehr als einen Prozentpunkt über der der Industrieländer liegt) zu den Industriestaaten aufschließen können. Dies allerdings erst in hundert Jahren und nur dann, wenn sie es schaffen, ihre hohen Wachstumsraten beizubehalten. (World Bank, 2004)

800 Millionen Menschen sind schlecht ernährt

Das reichste Fünftel der Weltbevölkerung verbraucht das 16fache an Nahrung im Vergleich zum ärmsten Fünftel. Annähernd 800 Millionen Menschen sind schlecht ernährt. (Bundesregierung, 2005)

Drei Milliarden Menschen ohne Strom

Drei Milliarden Menschen, also der Hälfte der Menschheit, stehen die elementarsten Annehmlichkeiten wie Wasser, Strom und sanitäre Einrichtungen nicht zur Verfügung (Gorbatschow, 2003).

850 Millionen Analphabeten

Weltweit sind mehr als 850 Millionen Menschen Analphabeten, davon sechzig Prozent Frauen. In den Industrieländern gibt es hundert Millionen Analphabeten, 115 Millionen Kinder erhalten keine Grundbildung, wovon 66 Prozent Mädchen sind. (Bundesregierung 2005) Für 130 Millionen Kinder im Grundschulalter gibt es keine Möglichkeit, eine Schule zu besuchen (Gorbatschow, 2003).

Sieben von zehn in Armut lebenden Menschen sind Frauen

Siebzig Prozent aller in Armut lebenden Menschen sind Frauen. Lediglich dreißig Prozent aller Frauen werden für ihre Arbeit bezahlt. (Bundesregierung, 2005)

Geringer Welthandelsanteil der Entwicklungsländer

Die »least developed countries« (LDC) haben an den weltweiten Exporten nur einen Anteil von 0,5 Prozent. Sie exportieren nur neun Prozent ihres Bruttoinlandsprodukts. Afrika hat insgesamt lediglich einen Anteil von 2,2 Prozent am Welthandel, die sich auf nur wenige, meist landwirtschaftliche Produkte konzentrieren. Der Anteil der Entwicklungsländer an den Importen der entwickelten Länder ist jedoch zwischen 1990 und 2005 von 15 auf rund 25 Prozent gestiegen. Mittlerweile entfallen rund dreißig Prozent des Welthandels auf die Entwicklungsländer, davon ein Viertel auf die asiatischen Länder. 1970 waren es erst zwanzig Prozent. (Bundesregierung, 2005) Handelsbarrieren der Industrieländer verhindern Exporte der Entwicklungsländer in einem Umfang, der mehr als das Doppelte der tatsächlich gezahlten Entwicklungshilfe beträgt (FAZ, 2003).

Neu-Millionäre in Wachstumsregionen

Besonders viele Neu-Millionäre findet man in Wachstumsregionen wie Singapur, Hongkong, Australien und Indien und in Städten wie Moskau und St. Petersburg. Der rasant gestiegene Ölpreis sorgte auch in Südafrika und dem Nahen Osten für wachsendes Privatvermögen. (Knappmann, 2005)

Trendwende erkennbar, Armut sinkt

Die Weltbank geht davon aus, dass die Armut nicht mehr zunimmt, sondern im Gegenteil sinkt. Bis Ende der 1980er-Jahre war sowohl der Anteil der Armen an der Weltbevölkerung als auch ihre absolute Anzahl gestiegen. Seitdem fand kein weiterer Anstieg statt. (Nach WHO-Definition ist arm, wer monatlich weniger als die Hälfte des durchschnittlichen Einkommens seines Landes zur Verfügung hat.) Trotz steigender Bevölkerungszahlen hat die Anzahl der Armen weltweit seit 1990 um 120 Millionen

Menschen abgenommen, in Südostasien hat sie sich halbiert. Ihr Anteil an der Weltbevölkerung ist von 29 auf 22,7 Prozent gesunken. (Bundesregierung, 2005)

Ungleicher Wohlstand in Deutschland

Die untere Hälfte der Haushalte besitzt – ohne Betriebsvermögen – nur vier Prozent des Gesamtvermögens, während die reichsten zehn Prozent der Haushalte rund 47 Prozent (1998: 45 Prozent) des Gesamtvermögens ihr Eigen nennen (Bundesministerium für Gesundheit, 2005a). Das durchschnittliche Vermögen der zehn Prozent reichsten Haushalte in Deutschland beträgt 624 000 Euro (Süddeutsche, 2005). In Ostdeutschland ist die Vermögensverteilung tendenziell gleichmäßiger (Bundesministerium für Gesundheit, 2005b). Zwischen 1990 und heute haben Vermögende real rund vierzig Prozent mehr verdient. Löhne und Gehälter stiegen nur um sieben Prozent. Die Einkommen des so genannten Mittelstands sind real um rund 15 Prozent gestiegen. (Eeise, 2004) Allerdings zahlen die zehn Prozent Steuerzahler mit den höchsten Einkommen nahezu 53 Prozent der gesamten Steuern in Deutschland. Die dreißig Prozent mit dem niedrigsten Einkommen hingegen nur 0,7 Prozent (Bundesministerium für Gesundheit, 2005c).

Geringes, aber wachsendes Armutsrisiko in Deutschland

Der deutsche Sozialstaat ist bei der Bekämpfung von Armut und sozialer Ausgrenzung insgesamt erfolgreich. Nach Schweden (neun Prozent) und Dänemark (zehn Prozent) gehört Deutschland mit rund elf Prozent zur Spitzengruppe der Länder mit niedriger Armutsrisikoquote, die allerdings in den letzten zwanzig Jahren im Mittel gestiegen ist. Der Durchschnitt der »alten« EU mit 15 Mitgliedern liegt bei 15 Prozent. (Die EU-Defintion legt ein Einkommen von sechzig Prozent des Bevölkerungsdurchschnitts zugrunde.) Die große Mehrheit der Deutschen lebt in gesicherten Verhältnissen. (Bundesministerium für Gesundheit, 2005d) Insbesondere die über 65-Jährigen sind einem deutlich geringeren Armutsrisiko ausgesetzt als der Durchschnitt der Gesamtbevölkerung. Ihre Sozialhilfequote lag 2003 bei nur 1,3 Prozent, bei allein erziehenden Frauen liegt sie bei über 26 Prozent und in der Gesamtbevölkerung bei 3,2 Prozent. Insbesondere Kinder und Jugendliche sind zunehmend von Armut betroffen: 15 Prozent der Kinder unter 15 Jahren und 19 Prozent der Jugendlichen zwischen 16 und 24 Jahren gelten als arm. Langfristig wird aufgrund der Sozialreformen auch in Deutschland die Altersarmut wieder zunehmen. (Bundesministerium für Gesundheit, 2000 d)

5.5.13 Polarisierung der Arbeitswelt

Die demografische Entwicklung reduziert in den nächsten Jahrzehnten die Zahl der erwerbsfähigen Menschen in den Industrieländern. Alterung und Bevölkerungsschrumpfung werden besonders in Deutschland spürbar sein. Jährlich sinkt die Zahl der Berufstätigen um 200 000. Eine der Folgen ist ein zunehmender Mangel an hoch qualifizierten Nachwuchskräften. Der Fachkräftemangel wird dabei keineswegs nur am oberen Qualifikationsrand bei den so genannten High Potentials auftreten, sondern im gesamten Berufsspektrum. Auf den Arbeitsmärkten ist ein Kampf um den potenzialreichen Nachwuchs vorprogrammiert. Auf der anderen Seite weisen zurzeit zahlreiche europäische Staaten in der EU 25 negative Spitzenwerte in der Arbeitslosigkeit aus. Es spricht viel dafür und wenig dagegen, dass die hohen Arbeitslosenquoten in absehbarer Zeit konstant bleiben und eher noch steigen. Beide Entwicklungen resultieren in der seit einigen Jahren beobachtbaren Trendwende zur Verlängerung von Arbeitszeiten und zur Entrepreneurisierung der Arbeitswelt, zu denen deutlich mehr Arbeitnehmer bereit sind als noch vor wenigen Jahren.

High Potentials für den künftigen Geschäftserfolg

Wo früher Ressourcen wie Land, Maschinen und Kapital das größte Gewicht zugesprochen wurde, hat die Bedeutung des mitdenkenden Mitarbeiters heute massiv zugenommen. Grund dafür ist die Wandlung der Wirtschaft in eine Dienstleistungsgesellschaft. Immer weniger Hände und deutlich mehr Hirne und Herzen werden gebraucht. Unternehmen wie IBM und HP bestehen heute zu achtzig bis neunzig Prozent aus Dienstleistungs- und Wissensarbeit. Die Herstellung von Hardware macht nur noch einen Bruchteil aus. (Ridderstrale und Nordström 2002) Wissen ist noch lange nicht durch Maschinen zu ersetzen. Wissen, Ideen und Innovationen stehen und gehen mit den Mitarbeitern. Bill Clinton und Tony Blair sprachen bereits von einem »Cold Knowledge War«. Wissen wird möglicherweise zum Machtfaktor Nummer eins (Ridderstrale und Nordström, 2002).

Fachkräftemangel in der Informationstechnik

Eine vom Netzwerkausrüster Cisco durchgeführte Studie kommt zu dem Ergebnis, dass Deutschland ein akuter Mangel an Fachkräften für IT-Netzwerke droht. Bis zu 22 000 Netzwerkspezialisten könnten bis zum Jahr 2008 in Deutschland fehlen. Damit wird hierzulande bis 2008 die Lücke zwischen Angebot und Nachfrage auf 17 Prozent ansteigen. In Europa sollen 15 Prozent, also 500 000 Experten, auf diesem Gebiet fehlen. Darüber hinaus würden sich, so eine Sprecherin von Cisco, die traditionellen Aufgaben eines Netzwerkexperten um weitere Kenntnisse in den Bereichen Datensicherheit, drahtlose Kommunikation und Internet-Telefonie verbreitern. Die Konvergenz von Netzwerk- und IT-Technologien wird den nachgefragten Fähigkeitskatalog von Fachkräften stark ändern. Des Weiteren kommt die von IDC ausgearbeitete Studie zu dem Ergebnis, dass im Themengebiet der Internet-Telefonie gar eine Lücke von 21 Prozent entstehen wird. (heise online, 2005)

Abwanderung von Fachkräften

Gut ausgebildeter Nachwuchs kehrt Deutschland verstärkt den Rücken zu. Dieser auch als »brain drain« bekannte Trend ist auf eine mangelnde Perspektive am heimischen Arbeitsmarkt zurückzuführen. Knapp 118 000 Deutsche wanderten im Jahr 2002 ins Ausland aus. Für die deutsche Wirtschaft hat der Verlust von »Humankapital« negative Langzeitfolgen. (Peter, 2003) So konstatierte die Max-Planck-Gesellschaft im Jahre 2004, dass Deutschland sowohl in der Forschung als auch in der Bildung Nachholbedarf habe. Im internationalen Vergleich sei Deutschland in beiden Bereichen nicht mehr auf einem vorderen Platz zu finden. (Welt 06/2004) Tatsächlich verlagern sogar viele Unternehmen ihre Forschungs- und Entwicklungsaktivitäten (FuE) ins Ausland. Oftmals sind die Bedingungen dort attraktiver (niedrigere Arbeitslöhne) oder aber die Forschungs- und Entwicklungsabteilungen sollen in der Nähe der im Ausland angesiedelten Produktionsstätten platziert werden. Nach einer Untersuchung der DIHK haben bereits 15 Prozent der befragten 1600 Unternehmen Teile ihrer FuE ins Ausland verlagert. Bei weiteren 17 Prozent ist ein solcher Schritt in den nächsten drei Jahren geplant. (Borstel, 2005)

Der »War for Talents« war nie beendet

Selbst Unternehmen wie BMW, die derzeit pro Jahr über 200 000 Bewerbungen erhalten (Rothfuß, 2005), geben keine Entwarnung. Und Roland Berger spricht davon, dass der »War for Talents« im Grunde genommen nie vorbei war (Werle, 2004). Tatsächlich sehen sich Unternehmen trotz der derzeitig schwierigen wirtschaftlichen Lage nach wie vor im Krieg um die besten Mitarbeiter. Laut der McKinsey-Umfrage *Personalmarketing und Recruiting im Aufwind* haben erstaunliche fünfzig Prozent der 24 befragten Großunternehmen Schwierigkeiten bei der Stellenbesetzung. Die demografische Entwicklung mit den geburtenschwachen Jahrgängen und das im europäischen Durchschnitt gute und in Deutschland schwache Wirtschaftswachstum werden in den meisten Branchen zu einer Verschärfung des Arbeitskräftemangels führen. Sechzig Prozent der Unternehmen stellen Top-Absolventen auch dann ein, wenn eigentlich keine Stelle zu besetzen ist. (wiwi-treff.de, 2004)

Dauerhaft hohe Arbeitslosenquoten

Während in den USA mit fünf Prozent und Japan mit 4,5 Prozent die Arbeitslosenquoten auf einem erträglichen und finanzierbaren Niveau liegen, weisen zahlreiche europäische Staaten wie Frankreich (9,3 Prozent), Deutschland (9,1 Prozent), Spanien (8,6 Prozent) sowie unter den neuen Mitgliedstaaten Polen (17,6 Prozent) und die Slowakei (16,2 Prozent) negative Spitzenwerte aus. Der Durchschnitt der EU 25 betrug im Oktober 2005 8,5 Prozent (EU-Kommission, 2005). In Deutschland fand seit Anfang der 1970er-Jahre allen Bemühungen und Bekundungen zum Trotz ein kontinuierlicher Zuwachs der Arbeitslosigkeit statt. Die Ursachen sind vielfältig. Die Ölkrise 1973 löste den ersten starken Anstieg aus. Eine immer höhere Qualifikationen erfordernde Wirtschaftswelt ließ die Nachfrage nach gering qualifizierten Arbeitskräften immer weiter sinken. Automatisierungs- und Computerisierungsschübe und damit verbundene Produktivitätszuwächse bei gleichzeitig relativ geringem Wachstum und hohem Lohnniveau haben die Belegschaften radikal schrumpfen lassen. Durch Privatisierung wurden Produktivitätspotenziale erschlossen, die beispielsweise die Mitarbeiterschaft der Deutschen Bahn zwischen 1994 und 2004 von 500 000 auf 240 000 zusammenschmolzen (Opaschowski, 2004). Der seit den 1990er-Jahren verstärkten Globalisierung und der daraus folgenden Internationalisierung des Arbeitskräftewettbewerbs werden rund zehn bis zwanzig Prozent der Arbeitslosigkeit zugeschrieben (Neugart, 2000). Von einer grundlegenden Veränderung dieses Ursachenkomplexes ist nicht auszugehen. Das Persistenzproblem der strukturellen Arbeitslosigkeit, also das dauerhafte Verharren der Arbeitslosigkeit auf einem einmal erreichten Niveau mit anschließendem Anstieg auf ein neues Plateau, gibt Grund zur Annahme, dass die Arbeitslosenquoten in zahlreichen Ländern Europas eher wachsen als sinken werden. Die negativen Folgen für die Staatshaushalte wie auch für die materielle und seelische Lebensqualität eines großen Teils der Bevölkerungen sind gravierend. Eine moderne Form der Armut, durch Arbeitslosigkeit, zu geringe Beschäftigung oder niedrig bezahlte Arbeit (»working poor«), stellt große gesellschaftliche, wirtschaftliche und politische Herausforderungen dar.

5.5.14 Nachhaltige Wirtschaft

> Das nach wie vor wachsende Bewusstsein für Umwelt- und Sozialfragen macht nachhaltiges Wirtschaften zu einem etablierten Verhaltensstandard für Unternehmen. Nachhaltiges Wirtschaften hat zum Ziel, den Einfluss eines Unternehmens auf die Umwelt und die Gesellschaft so zu gestalten, dass die nächsten Generationen nicht belastet werden und idealerweise sogar besser leben können. Es geht um die Sicherung und Verbesserung der globalen Lebensgrundlagen. Durch nationale und internationale Regelungen ist Nachhaltigkeit immer häufiger zwingend normiert. Regierungen und internationale Organisationen wie das World Business Council for Sustainable Development fördern und fordern etwa Alternativenergien, Energieeinsparung, Umweltschutz, Ressourcenschonung und Verbraucherschutz. In Nachhaltigkeitsberichten legen Unternehmen zunehmend Rechenschaft ab und richten ihre Tätigkeit entsprechend aus. Fondsbetreiber, Investoren und die Finanzmärkte allgemein berücksichtigen eine nachhaltige Ausrichtung immer stärker als positives Entscheidungskriterium. Nachhaltigkeit wird zum Wettbewerbsvorteil.

Zunehmende Bedeutung von Nachhaltigkeitsstrategien

Mehr als die Hälfte der Firmen im CAC40-Aktienindex integrieren Informationen zu Umwelt- und Sozialthemen in ihre jährlichen Geschäftsberichte. Davon lässt die Mehrheit diese Informationen zur Nachhaltigkeit und ihre Managementstrukturen durch externe Wirtschaftsprüfer testieren. Fast achtzig Prozent der befragten Unternehmen haben Nachhaltigkeitsmanager, die in zwei Drittel der Fälle direkt dem Vorstand und der Geschäftsführung zugeordnet sind. (Handelsblatt 08/2005) Die Anzahl der Unternehmen mit selbstständigen Nachhaltigkeitsberichten bei den ersten 250 der Fortune-500-Unternehmen ist von 45 Prozent 2002 auf 52 Prozent 2005 gestiegen. Werden Reports mitgezählt, die im regulären Jahresbericht enthalten sind, steigt der Prozentsatz auf 64. (Socialfunds, 2005a) In Deutschland dokumentiert erst jedes dritte der Top-150-Unternehmen seine Nachhaltigkeitsstrategie in einem eigenen Bericht. Noch wird dabei meist nur über die Nachhaltigkeitsziele berichtet, die konkreten Maßnahmen werden oft verschwiegen (Handelsblatt, 06/2005).

Nachhaltige Geldanlage gefragt

Geldanlage nach sozialen, ethischen und ökologischen Kriterien (Socially Responsible Investment, SRI) trifft auf steigende Nachfrage. In der nachhaltigen Vermögensverwaltung werden Portfolios durch spezialisierte Agenturen nach solchen Kriterien gescreent und einem regelmäßigen Monitoring unterzogen (Handelsblatt, 07/2005). Beispielsweise hat der Völkermord des sudanesischen Regimes in der Darfur-Region dazu geführt, dass die Bundesstaaten New Jersey und Illinois per Gesetz nur in solche Fonds und Unternehmen investieren dürfen, die nicht im Sudan vertreten sind (Socialfunds, 2005b). Der Markt für nachhaltige Investmentfonds wuchs 2004 im deutschsprachigen Raum um 25 Prozent. Dabei liegt der Marktanteil derartiger Fonds erst bei 0,5 Prozent, in Belgien, Großbritannien, den Niederlanden und der Schweiz sind es zwei Prozent. (Handelsblatt, 04/2005)

Nachhaltigkeit als unternehmerischer Erfolgsfaktor

Die von Unternehmen verursachten Kosten werden zunehmend internalisiert, müssen also per Gesetz in deren finanzielle Erfolgsrechnungen einfließen. Sozio- und Ökoeffizienz werden zentraler Bestandteil der Unternehmensziele. Eine nachhaltige Unternehmensstrategie ist in langfristiger Hinsicht auch die wirtschaftlich erfolgreichste Strategie. In einer niedergehenden Umwelt und Gesellschaft kann kein Unternehmen erfolgreich sein. Dieses Credo herrscht bei vielen Firmen aus dem Dow Jones Sustainability Index, so etwa der BASF als größtem Chemieunternehmen der

Welt. Die BASF nutzt mit der »SEE-Analysis« (»social economic ecologic analysis«) ein komplexes Instrument zur Sicherstellung der langfristigen Nachhaltigkeit wesentlicher Unternehmensentscheidungen. Nachhaltigkeit zählt immer stärker zu den klaren Pluspunkten bei der Einschätzung der langfristigen Erfolgsaussichten eines Unternehmens. Die Anmeldung für den MBA in Nachhaltigkeit am Bainbridge Graduate Institute (BGI) im Staat Washington (USA) haben sich bis 2004 verdreifacht (Handelsblatt, 05/2005).

Reduzierung von Emissionen am Beispiel der Bayer AG

Der Bayer-Konzern hat zwischen 1990 und 2000 circa 12,5 Milliarden Euro in den Bau und den Betrieb von Umweltschutzanlagen investiert. Innerhalb dieses Zeitraums ist es gelungen, die Emissionen um bis zu siebzig Prozent zu reduzieren – der Ausstoß von Kohlendioxid und anderen Treibhausgasen wurde dabei um mehr als fünfzig Prozent gesenkt. Dass Umweltschutz und wirtschaftlicher Erfolg einander nicht ausschließen, beweist die Tatsache, dass das Unternehmen sein Produktionsvolumen dabei gleichzeitig um mehr als dreißig Prozent steigern konnte. (innovations-report, 2001)

Investitionen in den Umweltschutz

Nach Angaben des Statistischen Bundesamtes betrugen die Umweltschutz-Investitionen der deutschen Industrie im Jahr 2003 circa 1,3 Milliarden Euro – das sind 2,7 Prozent des gesamten Investitionsvolumens. Anteilig flossen ein Drittel in vorbeugende und zwei Drittel in nachsorgende Maßnahmen. (innovations-report, 2005)

Steigende Recyclingquote für die Fahrzeugindustrie

Schon in wenigen Jahren könnten Bauteile und Materialien in Autos nahezu vollständig wieder verwertet werden. Maßgeblichen Anteil daran hat die EU-Altauto-Richtlinie, die für die Fahrzeugindustrie festlegt, dass ab 2006 mindestens 85 Prozent und ab 2015 mindestens 95 Prozent eines Fahrzeugs aus wieder verwertbaren Materialien bestehen müssen.

Umweltschutz als Werbestrategie

Im Jahr 2003 warb die Krombacher-Brauerei mit der Kampagne, für jeden verkauften Kasten Bier einen Quadratmeter Regenwald zu retten. Das Unternehmen steigerte daraufhin nicht nur seine Verkaufszahlen. Bis 2005 flossen circa 2,3 Millionen Euro in einen Umweltfond zur Erhaltung des Naturschutzgebietes Dzanga-Sangha in der Zentralafrikanischen Republik. (Baur, 2005)

5.5.15 Digitales Geld

Über Geld spricht man bekanntlich nicht, bald sieht man es auch nicht mehr so oft. Der elektronische Zahlungsverkehr wird immer selbstverständlicher. Digitale Zahlungsmöglichkeiten verdrängen das Bargeld zunehmend. Minizahlungen wie zum Beispiel an der Parkuhr oder am Fahrscheinautomaten können immer häufiger mit universell einsetzbaren Smart Cards erledigt werden. Neue Möglichkeiten, etwa die Bezahlung über das Mobiltelefon, werden ausgelotet. E-Cash-Systeme ersparen Kosten und Mühen der Lagerung und Verwaltung von Bargeld. Auch für den Kunden sind sie bequemer. Breitband-Netzwerke und preiswerte, benutzerfreundliche Bedienungsmedien beschleunigen die rasche Verbreitung des Online-Banking.

Abschaffung von Bargeld

Die Entwicklung hin zum digitalen Geld ist in vollem Gange. Singapur plant, ab 2008 Bargeld komplett abzuschaffen. (Trendletter, 06/2004)

Mobile Zahlungssysteme vor großer Verbreitung

Japan ist Vorreiter in der mobilen Bezahlung. Der größte japanische Telekommunikationskonzern will Zahlungen per Handy als Hauptzahlungsmethode durchsetzen (Balaban 2005). Handys werden vielfach in Supermärkten und Apotheken zur elektronischen Zahlung eingesetzt (Web Japan, 2004). In Deutschland gibt es 12,7 Millionen potenzielle Interessenten für Mobile Banking (Bundesverband Deutscher Banken, 2005).

Bankgeschäfte und Zahlungen komplett per Handy

Mit *mobileATM* sind in Großbritannien seit 2005 mobile Bankgeschäfte möglich, wie sie bisher nur vom Homebanking bekannt waren. Orts- und zeitunabhängig können Kunden ihren Konto-

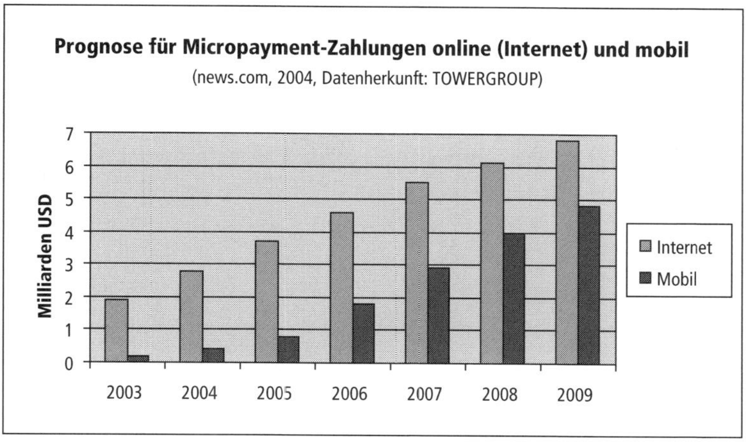

Abb. 20: Prognose für digitale Zahlungen

stand abfragen oder Überweisungen erledigen. Die Simulation einer Bankautomaten-Bedieneroberfläche erleichtert die Handhabung. (Payments News, 2005) Fünfzig Prozent der Bankkunden interessieren sich für die Kontostandabfrage per Handy, zwanzig Prozent für den mobilen Aktienhandel (NFO, 2003, S. 358). Im Handy integrierte RFID-Chips könnten sogar bedienungs- und kontaktfreies Bezahlen an der Supermarktkasse möglich machen (SmartCardAlliance, 2005).

Chipkarte als Alternative zum Handy

Die frühen Hoffnungen wurden enttäuscht, gerade einmal 0,1 Prozent des Bargeldumlaufs gehen über die Chipkarte (Best, 2005; Cooper, 2005). Aber in Zukunft könnte die Chipkarte als E-Purse die einfache Alternativlösung zum Bezahlhandy werden. Bereits rund vierzig Prozent der Bevölkerung können sich ihre Nutzung vorstellen, sowohl für das Bezahlen wie auch für digitale Signaturen anderer Art oder als Schlüssel für Haus und Auto. (Birch, 2005; Cooper, 2005)

Zahlen mit Stickern und Schlüsselanhängern

Die Kombination von Mikrochip und RFID-Technologie ermöglicht eine Bezahlung mit Prepaid-Objekten, die in Form und Material fast beliebig beschaffen sein können. Vorreiter dieser Technologie war Hongkongs U-Bahn mit der Prepaid-Karte *Octopus*. Sie dient den Passagieren nicht nur bei der (dank RFID) kontaktlosen Bezahlung ihrer Bahnfahrten, sondern ist ebenso gültig für

Coffee-Shops und Snack-Bars. Andere Städte zogen nach: Torontos Passagiere nutzen keine Karten, sondern Prepaid-Schlüsselanhänger zur Bezahlung. Das Stadion von Manchester verwendet anstelle von Papier-Tickets RFID-Karten als intelligente Fußball-Tickets. (Birch, 2005) In Kölner Straßenbahnen können die Fahrgäste seit November 2004 per Handy bezahlen (KVB, 2004).

PayPal & Co fördern Micropayments

PayPal und andere Internet-Payment-Systeme existieren bereits seit einigen Jahren. Da Kreditkartenzahlungen über das Internet vergleichsweise unsicher und teuer sind, lässt sich erwarten, dass diese Systeme zukünftig noch stärker an Bedeutung gewinnen. Insbesondere Micropayments, die Zahlungen von Kleinstbeträgen, sind wirtschaftlich nur auf diese und ähnliche Weise machbar. (Alex, 2005) Anfang 2005 hatten sich 63,8 Millionen Menschen in 45 Ländern zur Nutzung des PayPal-Dienstes angemeldet. Paypal ist ein zu Ebay gehörender Anbieter eines einfachen Zahlungsservices. Im Jahre 2004 wurden 18,9 Milliarden US-Dollar, 55 Prozent mehr als im Jahr davor, über PayPal transferiert. (Guardian, 2005) Marktforscher von TowerGroup schätzen den amerikanischen Micropayment-Markt im Jahre 2009 auf 11,5 Milliarden US-Dollar. Die steigende Akzeptanz zur Bezahlung von Internetinhalten fördert Micropayments (Hines, 2004).

5.5.16 Emanzipation der Kunden

Die Kunden werden seit Jahrzehnten kritischer und anspruchsvoller und reduzieren ihre Loyalität gegenüber Anbietern und Produzenten. Sie sind in hohem Maße über den Markt und das Umfeld der Produkte informiert. Der emanzipierte Kunde hat eine genaue Vorstellung davon, welche Vorteile das Produkt für ihn haben muss, und ist nur widerwillig bereit, Abweichungen hinzunehmen. Kann ein Konkurrenzprodukt Besseres bieten, wird gewechselt. Mit dem »Laser-Shopper« ist eine neue Kundengruppe entstanden: Der Kunde hat sich vorab informiert und verglichen; er kauft gezielt nur dieses eine Produkt, präzise wie ein Laserstrahl. Cross-Selling ist in diesem Fall kaum noch möglich. Neben den Produkteigenschaften als solchen fließen weitere Aspekte in die Kaufentscheidung ein. Wichtig werden Kauferlebnisse, die Sinnstiftung und Intimität versprechen. Im Zuge der Ethisierung kommt es aber auch zur »Abstimmung an der Ladenkasse« – zur Beteiligung an Boykotts und Protestaktionen.

Der komplexe Charakter emanzipierter Kunden

Oskar Betsch, Professor an der TU Darmstadt, hat die Natur des emanzipierten Kunden analysiert (Betsch, 2003):

- Er ist mündig im Sinne von informiert und selbstbewusst. Mit dem Grad seines Wissens und Selbstbewusstseins steigt auch sein Verhandlungsgeschick.
- Er ist hybrid. Einmal legt er Wert auf schnell und billig, wobei ihm die Discounter entgegenkommen, ein anderes Mal sucht er das intensive persönliche Beratungsgespräch.
- Er pickt Rosinen und vagabundiert, weil er stets das beste Angebot sucht. Dabei sinkt seine Markentreue. Die Rolle des Hauslieferanten nimmt ab.
- Er strebt nach Distinktion, will sich über den Konsum abheben und anderen seinen Stil demonstrieren.

»Homo informaticus«

Der Kunde ist heute in hohem Maße und sehr zeitnah über den Markt und das Umfeld von Produkten informiert. Er hat eine exakte Vorstellung davon, welche Vorteile das Produkt für ihn haben muss, und ist nicht bereit, Abweichungen zu tolerieren. Produkte verlieren ihren materiellen Schwerpunkt. Stattdessen tritt der Problemlösungsaspekt in den Vordergrund. Die Spitzenleistung eines Unternehmens wird morgen schon als selbstverständlicher Standard gefordert. (Newstand)

Nachlassende Lieferantenbindung

Untersuchungen aus den USA belegen eine nachlassende Kunden- und Markentreue: 73 Prozent der US-Verbraucher gehen in erster Linie nach dem Preis: 37 Prozent sind Schnäppchenjäger, weitere 36 Prozent gelten als extrem preisbewusst. Die Konsumenten sind »werbemüde«, die Informationsflut schreckt sie ab. Die Bereitschaft der Kunden, den Anbieter zu wechseln, ist mit ein Grund für die immer kürzeren Lebenszyklen. Diese sind von durchschnittlich zehn Jahren in den 1970er-Jahren auf heute durchschnittlich vier Jahre gesunken.

Boykott als Druckmittel des Kunden

Proteste gegen Kinderarbeit bei Nike und Levis führten zum »Turnschuh-Boykott«. Die Firmen mussten ihre Beschaffungspolitik im Ausland ändern. Die Organisation *Health Care Without Harm* macht Front gegen Phthalate (Weichmacher) in Pflege- und Kosmetikprodukten. Mit Anzeigen in der New York Times wurden Kosmetika-Hersteller direkt angegriffen.

5.5.17 Meereswirtschaft

Die Meere sind ein enormer Rohstoffspeicher, der zunehmend erschlossen wird. So sind zum Beispiel riesige Mengen an Gold und Uran im Meerwasser gelöst. Im Meeresboden lagern erhebliche Vorkommen an Öl, Gasen und Mineralien. Nahrung, Energie, Medikamente und Nutraceuticals kommen immer häufiger aus dem Ozean. Mit ihren reichen Ressourcen und Energieträgern werden die Meere im 21. Jahrhundert eine wachsende wirtschaftliche Bedeutung einnehmen. Vorreiter der neuen Meereswirtschaft oder der »blauen Revolution« ist die kommerzielle Nutzung von Unterwasserfarmen zur Fischzüchtung. Die »Ernte« in Aquafarmen ersetzt den traditionellen Fischfang und begegnet der sich zuspitzenden Überfischung der Meere.

Die Meere sind noch zu über neunzig Prozent unerforscht

Das Wissen der Menschheit über die Rückseite des Mondes ist größer als das über die Erde. Denn die Erde ist zu siebzig Prozent von Meeren bedeckt und nur fünf Prozent dieser Meere sind derzeit kartografisch festgehalten. (uni-protokolle.de, 2004) Mit ihren Strömungssystemen bestimmen sie jedoch das Klima der Erde. Auf dem Meeresboden existieren Erdgas- und Erdöllagerstätten in derzeit noch unbezifferten Mengen. Er ist Zeuge der Entstehung der Erdteile sowie der Klimageschichte. (FWG, 2000)

Rohstoffvorkommen im Meer

Neben Öl- und Gasvorkommen werden aus dem Meer Kies und Sand als Baustoff gewonnen. In so genannten Aquakulturen werden aquatische Organismen – Fisch- und Krebsarten – gezüchtet. Aquakulturen sind eine nachhaltige Alternative zum Fischfang, da sie die Weltmeere schonen. Unter dem Begriff »Meeresbergbau« wird die Förderung von polymetallischen Mineralaggregaten aus dem Meeresboden verstanden. Darunter fallen zum Beispiel Eisen, Schwermineralseifen, Erzschlämme (enthalten Kupfer, Zink, Gold, Silber), Massivsulfide und Tiefseeknollen (Kobalt, Nickel usw.). (Glösmann)

Goldgewinnung aus dem Meer
Proben beim Unterwasserberg *Conical Seamount* bei Papua-Neuguinea ergaben einen Goldgehalt von 44 Gramm pro Tonne. An Land gelten schon drei Gramm als abbauwürdig. Eine Goldgewinnung in größeren Mengen ist jedoch noch nicht wirtschaftlich. (Der Spiegel, 2000)

Energiequelle Methanhydrat?
Die bislang georteten Lagerstätten an Methaneis im Meer haben einen höheren Energiewert als alle bekannten Öl-, Gas- und Kohlereserven. Die Erschließung ist jedoch nicht ungefährlich, denn schon leichte Irritationen des labilen Methanhydrat-Gleichgewichts am Meeresboden – etwa eine schwache Erwärmung – können eine Kettenreaktion bis hin zu einer globalen Klimakatastrophe auslösen. (Rhein-Zeitung, 2005)

Intensiver Fischfang
Fischfang ist ein bedeutender Wirtschaftszweig zahlreicher Länder. Jedoch sind bereits sechzig Prozent der wirtschaftlich wichtigen Fischarten überfischt. Fischbestände drohen auszusterben. Dennoch subventioniert die EU jedes Fangschiff mit circa 14 000 Euro und hält die europäische Anzahl an Fischereischiffen künstlich hoch. Ungewollt gefangene Fische oder auch Meeresvögel müssen unnötig sterben und zu groß dimensionierte Fangnetze hinterlassen verwüstete Meereslandschaften. (WWF, 2005)

5.5.18 Geschäftsfeld Weltraum

Die kommerzielle Nutzung des Weltraums schreitet voran. Verbesserte Technologien sowie die erste dauerhaft bemannte internationale Raumstation beflügeln die wissenschaftliche Forschung im All. Mögliche Anwendungs- und Geschäftsfelder reichen von der Grundlagenforschung über die Energiegewinnung, Erdbeobachtung, Navigation und Kommunikation bis hin zum Weltraumtourismus. Hohe Wachstumsraten verzeichnet bereits der Weltmarkt für Satelliten und Satellitendienste. Die Akteure werden nicht mehr nur Staaten, sondern vor allem Privatunternehmen sein.

ISS als Sprungbrett
Mit der internationalen Raumstation existiert nach der aufgegebenen sowjetischen Mir zum ersten Mal ein dauerhaft bemannter

menschlicher Außenposten im Weltraum. Zugleich erlaubt die ISS eine Stärkung der industriellen Forschung im All. Kommerziell-industrielle Projekte waren in der Raumfahrtnutzung bislang unterrepräsentiert, weil kein kontinuierlicher Zugang für eine Forschung unter Weltraumbedingungen gewährleistet war. Nun bietet sich der Industrie die Möglichkeit, innovative Produkte und Verfahren unter gänzlich neuen Bedingungen zu entwickeln. (DLR)

Weltraumtourismus

2001 und 2002 waren die ersten Touristen im All: Dennis Tito und Mark Shuttleworth. Im Oktober 2005 startete der amerikanische Unternehmer Greg Olsen an Bord einer russischen Sojus-Kapsel zur internationalen Weltraumstation. Um den Flug machen zu können, musste Olsen 900 Trainingsstunden absolvieren und zwanzig Millionen US-Dollar an das Unternehmen Space Adventures zahlen. Olsen sieht sich nicht als Weltraumtourist. Er möchte Experimente in der Schwerelosigkeit durchführen – für eine spätere kommerzielle Vermarktung. (heise online, 2005) Umfragen belegen, dass viele Amerikaner für einen kurzen Spaceausflug bis zu 10 000 US-Dollar bezahlen würden.

Beispiel SpaceShipOne

Am 21.06.2004 startete in der kalifornischen Mojave-Wüste das erste privat finanzierte und entwickelte Raumschiff *SpaceShipOne* an die Grenze des Alls. In einer Höhe von hundert Kilometern konnte der erste zivile Astronaut Mike Melvill für circa drei Minuten den Zustand der Schwerelosigkeit erleben, bevor das Flugzeug zurück in die Erdanziehungskraft sank und wieder manövrierfähig wurde. Die Pionierleistung gilt als Durchbruch auf dem Weg zum privat organisierten Weltraumtourismus. (stern.de, 2004) Der britische Multi-Unternehmer Richard Branson (Virgin) hat sich für *Virgin Galactic* die Lizenz von *SpaceShipOne*-Konstrukteur Burt Rutan gesichert. Für hundert Millionen Dollar sollen fünf Weltraumgleiter gebaut werden, die jeweils sechs oder sieben Passagiere befördern können. Reisekosten: circa 200 000 Dollar. Mehr als hundert Buchungen liegen bereits vor. (Spiegel Online, 2005)

Russland: Mondumrundung für hundert Millionen Dollar

Die russische Weltraumagentur Roskosmos bietet eine zweiwöchige Reise ins All mit Zwischenstation auf der ISS und anschließender Mondumrundung an. Man geht davon aus, dass das Projekt innerhalb von zwei Jahren umgesetzt werden kann. Der kommerzielle Alltourismus soll die schlechte Finanzsituation der Weltraumbehörde sanieren. (Prigge, 2005)

Kommerzielle Nutzung von Satelliten

Der Weltmarkt für Satelliten und Satellitendienste beträgt derzeit 66 Milliarden Dollar pro Jahr. Die kommerzielle Weltraumindustrie wächst jährlich um 15 bis zwanzig Prozent. Schätzungen zufolge soll etwa der geplante Ausbau des Galileo-Navigationssystems in den nächsten 25 Jahren für 100 000 Arbeitsplätze und einen Umsatz von etwa 270 Milliarden Euro sorgen. (Dean, 2005)

EU als Weltraumakteur

Mit einem Volumen von mehr als drei Milliarden Euro ist das Satellitennavigationssystem Galileo eines der ambitioniertesten Infrastrukturprojekte der EU. Das System aus dreißig Satelliten soll bis zum Jahr 2010 als ernst zu nehmende Konkurrenz zum US-Satellitennavigationssystem GPS etabliert werden. Die vorrangig zivile Nutzung erlaubt eine präzisere Navigation von Flugzeugen und anderen Verkehrsmitteln. Allerdings könnte sich das Projekt durch die augenblicklichen Auseinandersetzungen um Finanzierung und Aufgabenverteilung verzögern. (Ehrensberger und Wörmann, 2005)

Global Monitoring for Environment and Security (GMES)

Die gemeinsame Initiative der Europäischen Kommission und der ESA zielt auf die satellitengestützte Erdbeobachtung und Bildauswertung, aber auch auf die weitere Forschungs- und Entwicklungsarbeit in diesem Bereich. Davon profitieren unter anderem die Wetterdienste und die Klima- und Atmosphärenforschung. Anwendungsbeispiele sind der Eisdienst im Schiffsverkehr oder die Sicherung des Flugverkehrs durch Bereitstellung lokal fokussierter meteorologischer Daten. (HGF, 2005)

Ferngesteuerte Experimente

Voraussichtlich 2006 wird das europäische Weltraumlabor Columbus zur ISS gebracht. Eine entscheidende Schnittstelle in der Infrastruktur des dezentral verwalteten Moduls wird das Columbus-Kontrollzentrum in Oberpfaffenhofen sein. Ein europaweites Netz von Nutzerunterstützungs- und -betriebszentren (USOC) schafft sogar die Möglichkeit der Anbindung von »Heimarbeitsplätzen«. Industrielle Nutzer können ihre Experimente vom eigenen Standort fernsteuern und die entsprechenden Daten in Echtzeit beziehen. (Wulf et al., 2005)

Mondbesiedelung

Wissenschaftler der europäischen Weltraumbehörde ESA gehen davon aus, dass es technologisch möglich wäre, den Mond in den nächsten zwanzig Jahren zu besiedeln, wenn für das Projekt eine breite Akzeptanz in der Öffentlichkeit gewonnen werden könnte (Netzeitung, 2003).

5.5.19 Managementinnovationen

> Auf den zunehmenden Wettbewerbsdruck reagieren Unternehmen und andere Organisationen mit einer Optimierung ihrer Strategien, Systeme und Strukturen. Wesentliche Bedeutung haben nach wie vor Verbesserungen der Qualität aller Geschäftsprozesse, Produkte und Dienstleistungen sowie strategisch relevante Innovationen zur Verbesserung der Wettbewerbsposition. Managementinnovationen ziehen häufig grundlegende Veränderungen von Märkten und Organisationen nach sich. Sie werden daher als eigener Zukunftsfaktor betrachtet.

Zukunftsmanagement

Zukunftsmanagement ist die Brücke zwischen strategischem Management einerseits und Zukunftsforschung andererseits. Der Begriff wurde im deutschen Sprachraum stark von der FutureManagementGroup AG geprägt. Trend- und Zukunftsforschung werden hier als Inputgeber angesehen, deren Arbeitsergebnisse für die praktische Umsetzung im Unternehmen zu konkreten Chancen ausgearbeitet und in Zukunftsstrategien formuliert werden müssen. Das Branchenverzeichnis *Handbuch Trend- und Zukunftsforschung* von 2003 registriert alleine im deutschsprachigen Raum zwanzig Institute und Unternehmen und ist bei weitem nicht vollständig. Nicht nur Konzerne leisten sich ihre Think-Tanks, auch kleinere Unternehmen haben den Bedarf an strategischer Vorausschau erkannt. (Heitmann, 2003)

Innovationsmanagement

Das Finden und vor allem die systematische Umsetzung von neuen Ideen und Konzepten hat einen festen Platz im Managementinstrumentarium eingenommen. Dabei wird eine große Bandbreite an Innovationen angestoßen und umgesetzt: Technologieinnovationen, Innovationen in der Vorentwicklung, Produktinnovationen, Prozessinnovationen, Dienstleistungsinnovationen, Organisationsinnovationen (Strukturen, Kulturen, Schnittstellen) und Geschäftsmodell-Innovationen (Erneuerung der Branchenstruktur, der Marktstrukturen, Systemgrenzen und/oder der Spielregeln) (Hauschildt, 1997).

Intrapreneurship

Unternehmerische Chancen und Risiken werden zunehmend auf die Mitarbeiter übertragen. Mitarbeiter werden zu »Unternehmern im Unternehmen«, müssen sich einstellen auf Zeitverträge, hohe örtliche Mobilität, wirtschaftliche Unsicherheit, aber auch auf mehr Wahlfreiheit und Eigenverantwortung. (Kastner, 2005) Die früher zentrale Bedeutung der klassischen »Arbeitsstelle« als Dreh- und Angelpunkt der Arbeitswelt nimmt weiter ab.

»Atmende« Unternehmen

Unternehmen wachsen oder schrumpfen in der Mitarbeiterzahl flexibler als bisher, um sich auf wechselnde Anforderungen des Marktes einzustellen. Das klassische Arbeitsverhältnis mit Festanstellung wird zunehmend abgelöst von befristeten Verträgen und Zeitarbeit, Freelancing, Tele-Heimarbeit und flexiblen Teilzeitformen. In Großunternehmen und im industriellen Sektor wird der Stellenabbau (Downsizing) weitergehen. Das eigentliche Kernunternehmen wird einen immer kleineren Anteil der gesamten Wertschöpfungskette ausmachen. Drumherum bilden sich »austauschbare Randbelegschaften« sowie Zulieferer und externe Dienstleister, aber auch freie Mitarbeiter als Knowledge-Worker. (Kastner, 2005)

Systematische Empathie

Die wohl gründlichste Methode zum systematischen Hineindenken in die Kundenbedürfnisse ist das QFD (Quality Function Deployment). Man erklärt den Kunden zum obersten Element der Unternehmenshierarchie und definiert Wege, ihm zu dienen. Dazu stellt man in einer Matrix die Merkmale (»*Was* will der Kunde?«) den Funktionen (»*Wie* erfüllen wir die Forderungen?«) gegenüber. Durch die Übersichtlichkeit erschließt sich eine Vielzahl von Lösungsansätzen, von denen anschließend mit einer Bewertungsmethode die ausgewählt werden, die umgesetzt werden sollen.

Intuitive Empathie

Der *Age-Explorer* der Beratungsfirma Meyer-Hentschel aus Saarbrücken ist eine Art Ganzkörper-Alterssimulator für junge Menschen. Der Helm sorgt für eingeschränktes Sehen und Hören, der Overall hat Gewichte an Armen und Beinen und die Handschuhe mindern das Fingerspitzengefühl. Wer so eingekleidet Auto fährt oder durch die Stadt geht, um ein Paar Schuhe zu kaufen, bekommt am eigenen Körper zu spüren, mit welchen Herausforderungen Senioren im Alltag zu kämpfen haben. Danach hat man ein viel besseres Gespür dafür, wie man einen Geschäftsraum einrichten oder Produkte konstruieren muss, um bei Senioren erfolgreich zu sein. (Meyer-Hentschel, 2005)

Qualitätsmanagement

Eine Studie des Aachener Fraunhofer-Instituts für Produktionstechnologie IPT belegt: Erfolgreiche Unternehmen betreiben ein gezieltes Qualitätsmanagement. Wer erfolgreicher als der Branchendurchschnitt sein will, wer Methoden zur Identifizierung der Kundenforderungen systematisch einsetzt, erzielt eine geringere Time-to-Market (Zeitraum bis zur Markeinführung), höhere Renditen und eine größere Kundenzufriedenheit. (Krause, 2002) Die EFQM (European Foundation for Quality Management) hat ein Qualitätsmanagementsystem zur Selbstbewertung eingeführt, um ein ganzheitliches Qualitätsmanagement zu ermöglichen. Derzeit umfasst sie mehr als 700 Mitgliedsorganisationen nahezu aller Branchen. (EFQM, 2005) Qualität in ihrer erweiterten Bedeutung bleibt der Erfolgsfaktor Nummer eins auf den Märkten der Zukunft. Qualität sei nicht nur Imagefaktor, sondern werde schlicht zu einer Überlebensfrage. (Kamiske, 2001)

Outsourcing

Outsourcing gewinnt zunehmend an wirtschaftlicher Bedeutung. Der Outsourcing-Markt hat in Deutschland allein im IT-Bereich ein Volumen von rund acht bis zehn Milliarden Euro. Das durchschnittliche Marktwachstum von 2002 bis 2008 beträgt etwa zehn bis zwölf Prozent. Im Gegensatz zum infrastrukturorientierten Outsourcing gibt es auch eine prozessorientierte Form, das Business-Process-Outsourcing (BPO). Es wächst jährlich durchschnittlich um 35 bis 38 Prozent. Nach Analystenschätzungen wird der Markt für BPO im Jahr 2008 bereits über eine Milliarde Euro groß sein. Der Trend zum Outsourcing ist noch nicht an seinem Höhepunkt angelangt. (wikipedia.org, 2005)

5.6 Gesellschaftliche Zukunftsfaktoren

5.6.1 Alterung

Der Anteil der älteren Bevölkerungsschichten wird in den nächsten Jahrzehnten in vielen Teilen der Welt immer größer werden. Dies gilt insbesondere für die Industrieländer, denen eine historisch beispiellose Alterung bevorsteht. Es wird immer mehr ältere Menschen geben, während der Nachwuchs ausbleibt. Die Bevölkerungspyramide wird zur Spindel. Lebensarbeitszeit und Renteneintrittsalter werden steigen. Die Bedürfnisse der Senioren werden einen immer wichtigeren Zukunftsmarkt bilden – und auch in der Politik an Bedeutung gewinnen. In Asien, Lateinamerika, der Karibik sowie im Nahen Osten und Nordafrika wird der Anteil der älteren Bevölkerung ebenfalls stark zunehmen.

Lebenserwartung nimmt weiter, aber verlangsamt zu

Allein im 20. Jahrhundert stieg die Lebenserwartung in Deutschland um rund dreißig Jahre. Ursache waren finanzieller Wohlstand, bessere Ernährung und effektivere medizinische Behandlungsmöglichkeiten, in deren Folge die Kindersterblichkeit stark zurückging. Die mittlere Lebenserwartung wird sich bis zum Jahr 2050 bei neugeborenen Jungen auf 81,1 Jahre und bei Mädchen auf 86,6 Jahre erhöhen. Aber auch die fernere Lebenserwartung, das heißt die durchschnittlich zu erwartende weitere Lebenszeit der heute 60-Jährigen, nimmt stetig zu. Sie wird sich bis 2050 zum Beispiel bei Männern von 19 auf fast 24 Jahre erhöhen. (Statistisches Bundesamt, 2003)

Stabile Geburtenhäufigkeit auf niedrigem Niveau in Deutschland

Liegt die Geburtenrate unterhalb des natürlichen Reproduktionsniveaus von 2,1, geht die Bevölkerung zurück. In Deutschland liegt dieser Wert bei rund 1,3 bis 1,4 Kindern pro Frau. In den 1950er- und 1960er-Jahren, den Jahrzehnten des Babybooms, lag die Geburtenrate hingegen noch bei 2,5. Manche Regionen erleben einen besonders drastischen Rückgang an Geburten, so etwa Mecklenburg-Vorpommern, wo sie um zwei Drittel zurückgegangen sind. Die Geburtenhäufigkeit in Deutschland wird sich ab 2011 bis 2050 auf 1,4 Kinder pro Frau stabilisieren. Dennoch sinkt durch dieses niedrige Niveau die Anzahl der potenziellen Mütter bis 2050 von derzeit zwanzig Millionen auf 14 Millionen, was wiederum zu einer schrumpfenden Gesamtzahl von Kindern führt. (DB Research, 2005)

Weltweit sinkt die Geburtenhäufigkeit

Voraussichtlich verringert sich die Zahl der Geburten weltweit von derzeit 2,65 Kindern pro Frau im gebärfähigen Alter auf 2,0 bis zum Jahr 2050. Dennoch wird die Weltbevölkerung in den nächsten 45 Jahren in einem mittleren Szenario um vierzig Prozent auf insgesamt 9,1 Milliarden Menschen anwachsen, wobei der europäische Anteil aufgrund der niedrigeren Geburtenrate von heute elf auf rund sieben Prozent im Jahr 2050 sinken wird. (DSW, 2005)

Steigender Altenquotient

Der Altenquotient, also das Verhältnis der über 60-Jährigen zur erwerbsfähigen Bevölkerung zwischen 20 und 59, steigt in Deutschland von 45 auf 56 Prozent im Jahr 2020 und auf 71 Prozent bis 2050 (Die Zeit, 2001). Im Jahr 1960 lag dieser Wert noch bei 32 Prozent. Spitzenreiter in der Welt wird Spanien sein mit einem Altenquotienten von 99 Prozent (d.h. gleich viele Rentner wie Personen im Erwerbsalter), gefolgt von Italien (92 Prozent). Eine Erhöhung des Renteneinstiegsalters auf 65 Jahre würde den Altenquotient wieder auf einen Wert zwischen 49 und 62 Prozent senken. In Europa wird der Altenquotient ohne Erhöhung des Renteneinstiegsalters bis 2050 auf 75 Prozent (heute 35) steigen.

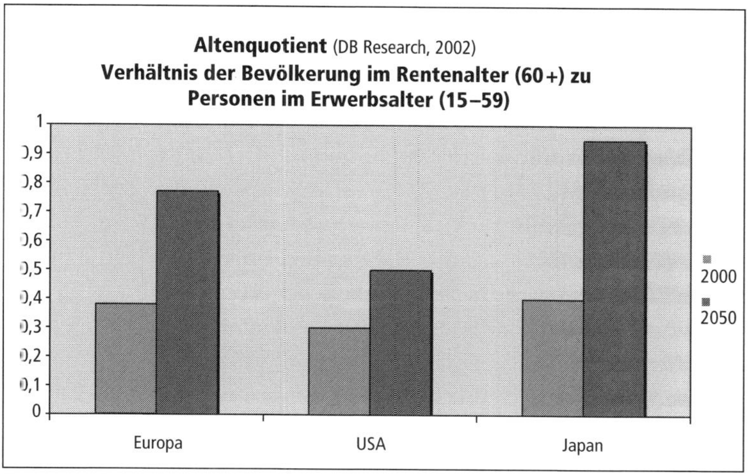

Abb. 21: Altenquotient

(Statistisches Bundesamt, 2003) Auch in Asien, Lateinamerika, der Karibik sowie im Nahen Osten und Nordafrika wird die Bevölkerung stark altern. Der prozentuale Anteil der über 65-Jährigen wird sich dort bis 2050 mehr als verdreifacht haben. (MEA, 2005)

Durchschnittsalter der Erwerbsbevölkerung steigt

Bis 2050 geht die Zahl der Erwerbstätigen mittleren Alters (35 bis 49 Jahre), aus der sich gegenwärtig die Kernbelegschaften zusammensetzen, deutlich um 31 Prozent zurück. Um weitere 24 Prozent wird die Zahl der 20- bis 35-Jährigen bis 2050 sinken. Vor allem der Anteil der über 50-Jährigen steigt deutlich. (Statistisches Bundesamt, 2003)

Weltweiter Konkurrenzkampf um Einwanderer?

Soll die Bevölkerung in Deutschland konstant bleiben, sind bis 2050 jährlich mehr als 300 000 Einwanderer nötig. Insgesamt würden dann 17 Millionen Menschen nach Deutschland eingewandert sein. Es könnte sich ein Konkurrenzkampf der alternden Nationen um Zuwanderer entwickeln.

Werteverschiebung

Zukünftig wird man möglicherweise eher Geld ausgeben, um sich ein gesünderes, längeres und qualitativ besseres Leben zu kaufen, als dass man wie früher einen Teil des Lebens und der Lebensqualität opfert, um Geld zu verdienen. Die Zeiten der persönlichen Einschränkungen für den gewünschten Lebensstandard könnten zu Ende gehen. »Arbeiten um zu leben« statt »Leben um zu arbeiten« heißt das Motto der kommenden Generationen. Jetzt rückt das Interesse an Produkten zur Steigerung der Lebensqualität in den Vordergrund, eine Besinnung auf das Wesentliche. Die Alterung führt zu einer Abnahme von spontanen und emotional bestimmten Käufen, langfristige Aspekte wie Sicherheit nehmen dagegen bei Erwerbungen zu (Trendletter, 02/2003).

Vitalität im Alter

Die im Zusammenhang mit der Alterung oftmals geäußerte Befürchtung, eine gealterte Gesellschaft sei auch direkt mit einem Verlust an Vitalität und Kreativität verbunden, könnte sich als grundlos erweisen. Zunehmend erreichen Menschen gerade im Alter ihre Phase höchster Produktivität, sowohl im wirtschaftlichen wie auch im künstlerischen und wissenschaftlichen Sinne. Eine im Durchschnitt ältere Gesellschaft ist zudem oftmals stabiler.

Die Alten bestimmen Märkte und Politik

Nach Peter Drucker wird die »next society« von den Alten geprägt sein. Sie bilden die einflussreichste Bevölkerungsgruppe, stellen den Großteil der Wähler und bestimmen als konsumfreudige Kunden die Massenmärkte. In Großbritannien zum Beispiel gehören den über 50-Jährigen 75 Prozent aller Aktien und sie tätigen vierzig Prozent der gesamten Konsumausgaben, wobei sie nur 32 Prozent der Bevölkerung stellen. (Kluy, 2005) Politiker wie Unternehmen werden sich hauptsächlich an ihnen ausrichten müssen.

5.6.2 Bevölkerungsschrumpfung in den entwickelten Ländern

> Während die Weltbevölkerung insgesamt steigt, nimmt sie in den entwickelten Ländern ab. Die Bevölkerungsanteile verschieben sich in Richtung der südlichen Erdhälfte. Ursache sind alternde Gesellschaften in den entwickelten Ländern bei gleichzeitigem Geburtendefizit. Durch den hohen Anteil der geburtenstarken Jahrgänge in den höheren Altersklassen wird es in den nächsten fünfzig Jahren zu einer Zunahme der jährlichen Sterbefälle kommen, wobei die Zahl der Gestorbenen die der Neugeborenen

weit übersteigt. Dieser demografischen Entwicklung kann auch mit Einwanderung nur bedingt begegnet werden. Die Erwerbsbevölkerung wird zurückgehen. Die betroffenen Länder müssen sich trotz regionaler Wachstumszentren insgesamt auf strukturelle Schrumpfungsprozesse in Wirtschaft, Gesellschaft und Raumentwicklung einstellen.

Deutsche Bevölkerung wird ohne Einwanderung schrumpfen

Ohne stärkere Einwanderung wird die Bevölkerungszahl in Deutschland im Jahr 2050 von heute knapp 83 Millionen auf unter sechzig Millionen sinken. Wesentliche Ursache ist die niedrige Geburtenrate. Mit netto 200 000 Einwanderern jährlich, insgesamt zehn Millionen, wären es noch rund siebzig Millionen Einwohner. Es ist jedoch nicht auszuschließen, dass auch Szenarien geringerer Bevölkerungsschrumpfung eintreten, nach denen vor allem durch Einwanderung und höhere Lebenserwartung in Deutschland auch 2050 noch rund 81 Millionen Menschen leben werden. (Statistisches Bundesamt, 2003)

Europas Anteil sinkt

Der Anteil Europas an der Weltbevölkerung droht von noch 22 Prozent im Jahr 1900 bis auf nur noch sieben Prozent im Jahr 2050 zu schrumpfen (Die Zeit, 21/2001).

Zunehmende regionale Segregation

Viele ländliche Regionen erleben eine Negativspirale sozialer Entmischung. Vor allem in Ostdeutschland erreicht der Leerstand von Wohnungen Werte von bis zu dreißig Prozent. Viele Städte in den neuen Bundesländern verloren zwischen 1990 und 2000 mehr als 15 Prozent ihrer Einwohner. Bis 2020 könnten in Ostdeutschland bis zu zwei Millionen Wohnungen leer stehen. Auch im Westen gibt es dieses Phänomen. Essen hat durch Geburtendefizit zwischen 1960 und heute mehr als 130 000 Einwohner verloren. Vergleichbares passiert in Großbritannien in Liverpool und Manchester und in den USA in Detroit. Weniger Menschen bedeuten weniger Kaufkraft. Geschäfte und Betriebe müssen schließen oder folgen den Wegziehenden in die Wachstumsregionen. Die mangelnde Auslastung von Schulen, Kindergärten, Kindertagesstätten, Schwimmbädern, der Müllabfuhr führt zu höheren Kosten für die verbleibenden Nutzer. Schlimmstenfalls werden öffentliche Einrichtungen einfach geschlossen. Wer es sich leisten kann, zieht weg. Zurück bleiben die sozial schwachen und weniger mobilen Menschen, Arbeitslose und Senioren. Für die Kommunen wird es finanziell enger. Während die Sozialkosten steigen, gehen die Steuerzahler verloren. (Marsen, 2003)

Ausnahme USA

Aufgrund einer hohen Geburtenrate und einer offensiven Einwanderungspolitik werden in den Vereinigten Staaten im Jahr 2050 etwa 400 Millionen Menschen leben, heute sind es rund 292 Millionen.

Chancen der Schrumpfung

Es ist längst nicht gesichert, dass ein Land wie Deutschland mit deutlich weniger Einwohnern nicht ein noch lebenswerteres Land sein kann. Im Grunde resultieren viele globale Probleme aus zu großer Bevölkerung, allen voran die ökologische Belastung oder gar Zerstörung unserer Lebensgrundlagen. Eine wirklich langfristige Perspektive stellt Förderungseingriffe für mehr Kinder infrage. Nicht nur haben sich die staatlichen Maßnahmen meist als unwirksam erwiesen. In einer globalen Sicht scheinen Zweifel daran angebracht, dass die gezielte Förderung des Bevölkerungswachstums in Ländern wie Deutschland oder Italien zum globalen Gesamtwohl beiträgt. Die Finanzierung der Renten ist von allen Argumenten das kurzsichtigste, denn nicht der seit vielen Jahrzehnten absehbare Bevölkerungsrückgang ist das eigentliche Problem, sondern die kurzsichtige Architektur der auf Umlagen basierenden Sozialsysteme.

5.6.3 Bevölkerungswachstum und Urbanisierung in Entwicklungsländern

Bis 2050 könnte die Weltbevölkerung aufgrund demografischer Prognosen von heute etwa sechs Milliarden auf über neun Milliarden Menschen steigen (mittlere Szenarien). Dabei finden neunzig Prozent des Bevölkerungswachstums der Erde in den Entwicklungsländern statt. Zu den mit Abstand bevölkerungsreichsten Ländern werden nach wie vor Indien und China gehören. Mit der Bevölkerungszunahme insgesamt geht ein rapider proportionaler Rückgang der Landbevölkerung einher. Der überwiegende Teil der Menschen in den Entwicklungsländern wird in immer größeren

Städten leben. Diese Megacitys sind die heiß umkämpften Schauplätze der Globalisierung. Hier treffen Kapital-, Güter- und Informationsströme auf fortschrittshungrige und zumeist arme Zuwanderer. Hier entstehen neue Chancen und zugleich große soziale und ökologische Herausforderungen.

Bevölkerungswachstum bis 2050 – vier Szenarien

Die Vereinten Nationen stellen in ihrer Revision der Aussichten der Weltbevölkerungsentwicklung von 2004 verschiedene Szenarien des Bevölkerungswachstums bis 2050 vor. Die Prognosen sind jeweils gekoppelt an eine niedrigere, mittlere, höhere oder konstant bleibende Fertilität. Sterblichkeit und Migration werden als Einflussfaktoren in den vier Szenarien nicht berücksichtigt (UN, 2005):

1. Niedrige Variante: Die Prognose geht von einem Anstieg der Weltbevölkerung von circa 6,5 auf etwa 7,7 Milliarden Menschen aus.
2. Mittlere Variante: Die Prognose geht von einem Anstieg der Weltbevölkerung von circa 6,5 auf 9,1 Milliarden Menschen aus. Diese Prognose gilt als die wahrscheinlichste.
3. Hohe Variante: Die Prognose geht von einem Anstieg der Weltbevölkerung von circa 6,5 auf 10,6 Milliarden Menschen aus.
4. Konstante Variante: Die Prognose geht von einem Anstieg der Weltbevölkerung von circa 6,5 auf 11,7 Milliarden Menschen aus.

Fallende Wachstumsrate

Zwischen 1965 und 1970 hatte die Wachstumsrate der Weltbevölkerung mit etwa 2,1 Prozent im Jahr ihren höchsten Wert erreicht. Seitdem ist sie kontinuierlich auf gegenwärtig 1,2 Prozent jährlich gesunken. Ursache für diese Entwicklung war und ist vor allem die Entscheidung vieler Paare, weniger Kinder in die Welt zu setzen – ein Novum in der Bevölkerungsentwicklung. Trotz dieser freiwilligen Korrektur und einer weiter sinkenden Wachstumsrate wird die Weltbevölkerung aber deutlich ansteigen. (Cohen, 2005) Hatte die Weltbevölkerung die erste Milliarde am Anfang des 19. Jahrhunderts überschritten, verringerte sich das Intervall zuletzt auf zwölf Jahre: 1987 (fünf Milliarden), 1999 (sechs Mil-

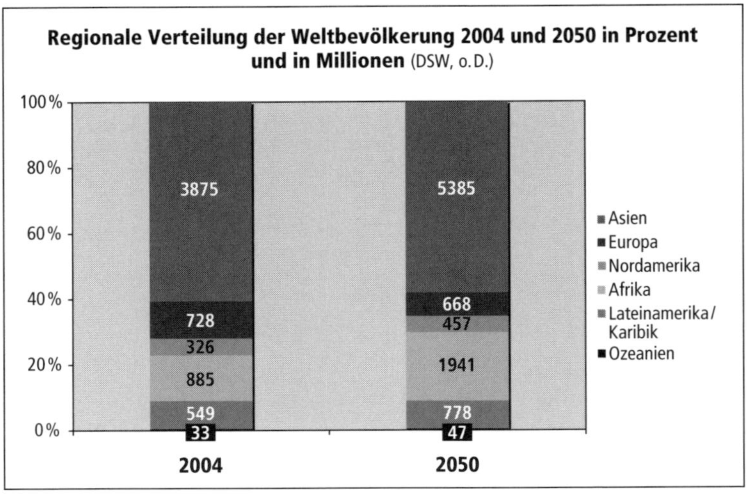

Abb. 22: Regionale Verteilung der Weltbevölkerung

liarden). Der Scheitelpunkt war damit erreicht: Der Abstand zur nächsten Milliarde vergrößert sich seitdem wieder.

Bevölkerungswachstum konzentriert sich auf Entwicklungsländer

Dies gilt vor allem für Indien, Pakistan, China, Nigeria, Kongo, Bangladesch, Eritrea und Indonesien. In diesen Ländern lebt fast die Hälfte der Weltbevölkerung, während ihnen nur 13 Prozent der Weltfläche zur Verfügung stehen. In den nach UN-Abgrenzung 48 am wenigsten entwickelten Ländern wird sich die Bevölkerung bis 2050 auf gut 1,8 Milliarden nahezu verdreifachen, in den sonstigen Entwicklungs- und Schwellenländern wird sie um fünfzig Prozent zunehmen. Von den voraussichtlich 9,3 Milliarden Menschen im Jahr 2050 werden wahrscheinlich rund 1,5 Milliarden in Indien als dem bevölkerungsreichsten Land der Erde leben. China wird auf dem zweiten Platz stehen. Pakistan wird mit 350 Millionen Einwohnern zusammen mit den USA den dritten Platz belegen. (DB Research, 2002)

Immer mehr Menschen leben in Städten

1950 lebten erst dreißig Prozent der Menschheit in Städten. Im Jahr 2007 wird das Verhältnis zwischen Stadt- und Landbewohnern ausgeglichen sein. Zwanzig der dreißig größten Städte liegen in Schwellen- und Entwicklungsländern. Drei der zehn größten Metropolen liegen in Indien: Bombay, Delhi und Kalkutta. Fast die Hälfte aller Stadtbewohner leben in Asien. (Le Monde

Diplomatique, 2003). Weltweit gibt es 17 Städte, in denen jeweils über zehn Millionen Einwohner leben, in vielen davon wird in den nächsten zwanzig Jahren die 20-Millionen-Schwelle überschritten. Im Jahr 2025 werden zwei Drittel der Menschen in den Entwicklungsländern in Städten leben. In Afrika, Asien und Lateinamerika wird es dann rund hundert Megacitys mit bis zu dreißig Millionen Bewohnern geben (AFP, 2000). Während die Urbanisierung im Jahre 2000 in den entwickelteren Regionen bei 76 Prozent lag, lebten in den weniger entwickelten Regionen nur 39,9 Prozent der Bevölkerung in Städten. Bis zum Jahr 2030 wird dieser Wert für die besser entwickelten Regionen auf 83,5 Prozent und für die weniger entwickelten auf 56,2 Prozent ansteigen. Die Urbanisierung vollzieht sich in den weniger entwickelten Regionen aber sehr unterschiedlich. Während Lateinamerika und die Karibik bereits hoch urbanisiert sind (der Anteil steigt von gegenwärtig 75 auf 83 Prozent im Jahr 2030), werden das noch gering urbanisierte Asien und Afrika die höchsten Wachstumsraten in den städtischen Gebieten zu verzeichnen haben (der Anteil steigt von gegenwärtig 37 bzw. 38 Prozent auf 53 bzw. 55 Prozent im Jahr 2030) (UN, 2001). Die Ausdehnung der urbanen Flächen führt oft zur Vernichtung wertvollen Agrarlandes. Zugleich sind die Städte aber auf die Lebensmittelbelieferung durch das Umland angewiesen. So ernährt heute jeder Landbewohner einen Stadtbewohner, in fünfzig Jahren werden es zwei sein. (Cohen, 2005)

Ökologische Folgen

Die Urbanisierung hat in den meisten Fällen katastrophale Auswirkungen auf die Umwelt – besonders auf die unmittelbare Umgebung der expandierenden Städte. Zu den Hauptproblemen gehören (UNEP, 2002):

- Abholzung,
- Zerstörung wertvollen Agrarlandes,
- Luftverschmutzung durch den hohen Verbrauch fossiler Brennstoffe zur Deckung des Energiebedarfs,
- Verschmutzung von Flüssen, Seen und Küstenregionen durch ungeklärte Abwässer,
- Infektionsrisiken durch verschmutztes Trinkwasser,
- Zerstörung von Ökosystemen,
- Kontamination und Gesundheitsrisiken durch mangelhaftes Müllmanagement.

5.6.4 Wissenswachstum

> Über neunzig Prozent der Wissenschaftler, die in der Menschheitsgeschichte jemals geforscht und gedacht haben, leben im gegenwärtigen Zeitalter. Wissen ist die einzige Ressource, die sich bei Gebrauch vermehrt. Das weltweit verfügbare Wissen verdoppelt sich so in immer kürzeren Zeitabschnitten. Allein die Informationen in einer Tageszeitung setzen heute mehr Wissen voraus, als ein durchschnittlicher Mensch vor zweihundert Jahren in seinem ganzen Leben verarbeiten musste. Während die Wissensmenge explodiert, veraltet ihr Inhalt gleichzeitig immer schneller. Oftmals kann der Wissenserwerb mit der Entwicklung nicht mehr Schritt halten. Lebenslanges Lernen und das »Wissen um das richtige Wissen zum richtigen Zeitpunkt« werden zu kritischen Wettbewerbsfaktoren.

Menge an Wissen steigt exponentiell

Im gegenwärtigen Zeitalter leben circa 95 Prozent der Wissenschaftler, die jemals während der Menschheitsgeschichte geforscht haben (Leidhold, 2001). Das weltweit verfügbare Wissen verdoppelt sich in immer kürzeren Zeitabschnitten. Dauerte es von der Erfindung des Buchdrucks 1447 bis zum Zeitalter der Aufklärung um 1750 noch drei Jahrhunderte, so war bereits zu Beginn der industriellen Revolution doppelt so viel Wissen niedergeschrieben wie erst 150 Jahre zuvor. Schon fünfzig Jahre später hatte sich das Wissen erneut verdoppelt. In rund zwanzig Jahren werden dafür nur noch 72 Tage benötigt. Es bleibt freilich offen, ob die Menge an geschriebenem Text auch tatsächlich das geeignete Maß für neues Wissen ist.

Von der Encyclopaedia Britannica zu Wikipedia

Die ersten Enzyklopädien wurden noch von einigen wenigen Autoren verfasst. Seit dem Erscheinen der dritten Auflage der *Encyclopaedia Britannica* im Jahr 1788 ist die Zahl der Spezialisten, die für das Werk arbeiten, rapide gewachsen. An der aktuellen Ausgabe arbeiten mittlerweile über 10 000 anerkannte Experten. Darüber hinaus entstehen inzwischen offene Online-Enzyklopädien wie *Wikipedia*, an denen im Prinzip jeder Leser mitarbeiten kann.

Wissen veraltet immer schneller

Ein Fünftel des Wissens in den technischen Disziplinen gilt innerhalb eines Jahres als veraltet (BMWA und BMBF, 1999). In den meisten technischen und naturwissenschaftlichen Fächern wird davon ausgegangen, dass sich das Wissen etwa alle drei Jahre erneuert (Leidhold, 2001). Verfügten Angestellte Mitte der 1980er-Jahre noch über 75 Prozent des für ihren Beruf relevanten Wissens, so reduzierte sich dies zum Ende der 1990er-Jahre auf 15 bis zwanzig Prozent. (Staudt, 2001)

Revolution der Organisation des Wissens

Das Wachstum des Wissens ist inzwischen auch zu einem organisatorischen Problem geworden. Bibliotheken und Archiven wird es in Zukunft immer schwerer fallen, die Wissensflut zu fassen und zu verwalten. Die Digitalisierung revolutioniert die Organisation von Wissen. Zugleich ermöglicht sie die Nutzbarkeit von Informationen und Wissen ohne mediale Brüche. Durch Digitalisierung werden die verschiedenen medialen Formate wie Text, Ton, Bild und Video integriert. (Leidhold, 2001)

Zunehmende Alphabetisierung

Die Alphabetisierungsquote steigt weltweit weiterhin an – vor allem in den ärmeren Regionen. Die Lese- und Schreibfähigkeit in den Entwicklungsländern ist in den letzten zehn Jahren von siebzig auf 76 Prozent gestiegen. (UNDP, 2005)

5.6.5 Individualisierung

Seit der Aufklärung gehört ein individualistisches Menschenbild zum normativen Selbstverständnis der westlichen Gesellschaften. Im Verlauf der letzten Jahrzehnte hat sich die Individualisierung weiter verstärkt, denn die Bedeutung von Pflicht- und Akzeptanzwerten geht zurück, während jene der Selbstentfaltungswerte kräftig wächst. Ausdruck der Individualisierung sind der ungebrochene Trend zum Einpersonenhaushalt in den Städten und die hohen Scheidungsraten. Individualistische Lebensformen werden sich weiter ausdifferenzieren. In der »Ich-Gesellschaft« hat das Individuum das Bedürfnis, auf möglichst maßgeschneiderte, individuelle Produkte und Dienstleistungen zurückgreifen zu können.

Individualisierung im Alltag

Anhand ausgewählter Indikatoren lässt sich die zunehmende Individualisierung erkennen. Beispielsweise nehmen Zahl und Anteil kleiner Haushalte zu und die Zahl der Ehescheidungen wächst kontinuierlich und rasant. Weltweit werden die Singlehaushalte in allen Metropolen zur zahlenmäßig stärksten Lebensform. Den größten Anteil nehmen dabei die 20- bis 30-Jährigen sowie Senioren über 65 ein.

Das persönliche Glück im Vordergrund

Das Allensbach-Institut hat ermittelt, dass zwei Drittel der Deutschen Sinn und Orientierung in ihrem persönliches Glück sehen. 1974 stellten nur 49 Prozent das Ego in den Mittelpunkt ihrer Sinnsuche.

Individualisierte Produkte

In den meisten Branchen nimmt die Zahl individualisierter Produkte zu. Beispiele sind Halbmaßanzüge, die nach einem Computerscan auf den Leib des Kunden geschneidert werden, auf die persönlichen Allergien und Hauteigenschaften abgestimmte Kosmetikprodukte oder auch die rasant steigenden Individualisierungsoptionen für Autos. Über 2000 werbetreibende Publikums- und Fachzeitschriften allein in Deutschland sind ebenfalls ein Ausdruck der starken Individualisierung. Der Abonnentenservice der Deutschen Post bietet alleine vierzig Zeitschriften zum Themenbereich Finanzen an. Derselbe Trend führt zu einer steigenden Variantenvielfalt im Kfz-Markt und macht die Modularisierung des Karosserie- und Fahrzeugbaus notwendig. (Ehmer, 2002)

Prosuming nimmt zu

Bereits 1970 prägte Alvin Toffler den Begriff des »Prosumings«. Kunden werden als Teil der Wertschöpfungskette einbezogen. Sie konfigurieren sich ihre Waren, wie etwa bei Dell, und erhalten so ein leicht individualisiertes Produkt. Open-Source-Software wie Linux oder Wikipedia sind sehr erfolgreiche Beispiele des Prosumings, das im Bau von Gebäuden und Sondermaschinen schon von jeher zum Standard gehört. Nichtindividualisierendes Prosuming ist das Buchen von Tickets für Bahn und Flugzeug, wo der Kunde nur einen Teil der Arbeit übernimmt, aber auf die Konfiguration des eigentlichen Produktes praktisch keinen Einfluss hat.

5.6.6 Entrepreneurisierung

> Die Kultur des Unternehmers, der in Selbstinitiative am Erfolg seines Geschäfts interessiert ist, gewinnt an Bedeutung. Der »Lebensunternehmer« wird zum Ideal. Zum einen umfasst dies die herkömmliche Selbstständigkeit als Einzelunternehmer oder Unternehmensinhaber. Neben klassischen Konzepten gibt es darüber hinaus immer häufiger die selbstständige »Patchwork-Existenz« mit mehreren Tätigkeiten. Zum anderen bedeutet Entrepreneurisierung aber auch, dass unternehmerisches Denken bei Arbeitnehmern zunimmt und gefördert wird. In vielen Jobs sind Eigeninitiative, Selbstverantwortung, Flexibilität und Kreativität immer mehr gefragt. Zum Ausdruck kommt dies in der Zunahme etwa ergebnis- und leistungsorientierter Entlohnung oder von Mitarbeiterbeteiligungsprogrammen ebenso wie in florierenden Innovationsmanagementsystemen. Die Entrepreneurisierung macht sich auch in den Sozialsystemen und den Versicherungen bemerkbar. Viele Risiken werden durch höhere Selbstbeteiligungsanteile wieder individualisiert.

Mehr Selbstständigkeit in Deutschland

Seit den 1980er-Jahren nimmt die Selbstständigkeit in den alten Bundesländern zu. So stieg die Zahl der selbstständig Beschäftigten von zwei auf 2,75 Millionen. In Westdeutschland erreichten die Selbstständigen 1999 einen Anteil von 9,5 Prozent aller Erwerbstätigen, in Ostdeutschland 8,2 Prozent. Im internationalen Vergleich liegt Deutschland damit aber immer noch weit hinten. Prognosen gehen allerdings davon aus, dass sich der Anteil der Selbstständigen bis zum Jahr 2010 auf circa 14 Prozent der Erwerbstätigen erhöhen wird. Dies hat auch Vorteile für den Arbeitsmarkt, denn jede Existenzgründung schafft durchschnittlich vier Arbeitsplätze. (BMI, 2001)

Zunehmende Unternehmensgründungen in Europa

Die Entwicklungstendenzen im Zeitraum zwischen 1995 und 2000 weisen in den meisten europäischen Ländern auf eine positive Dynamik und damit eine Gesamtzunahme der Unternehmensgründungen hin (Europäische Kommission, 2002).

Treibende Faktoren für die Entrepreneurisierung

Als »Pull«-Faktoren gelten eine günstige Konjunkturentwicklung in vielen Ländern, die mit einer steigenden Gesamtnachfrage und damit höheren Marktchancen einhergeht, aber auch die Anwendung neuer Produktionsverfahren, die zu Produktivitätssteigerungen führen, eine boomende Dienstleistungsindustrie, die Computerisierung oder die Konzentration größerer Unternehmen auf das Kerngeschäft (Outsourcing). »Push«-Faktoren sind Arbeitslosigkeit oder die Angst, den Arbeitsplatz zu verlieren, das heißt, Unternehmensgründungen stehen mit einem Mangel an alternativen Beschäftigungsverhältnissen im Zusammenhang. (Europäische Kommission, 2002)

Unternehmerische Beteiligung

In Deutschland werden heute vielfältige Formen der unternehmerischen Beteiligung von Mitarbeitern betrieben, so zum Beispiel Stock-Option-Programme oder Management-Buy-outs. Nach einer Studie des Instituts für Arbeitsmarkt- und Berufsforschung (IAB) haben bereits 52000 Betriebe in Deutschland individuelle Modelle der Kapitalbeteiligung eingesetzt. Betriebswirtschaftliche Vorteile sind eine verbesserte Eigenkapitalbasis und höhere Produktivität. (Handelsblatt, 2005a) Weniger gefragt waren seit dem Börseneinbruch von 2000 die Belegschaftsaktien. Nach Erhebungen des Deutschen Aktieninstituts (DAI) ist die Zahl der Arbeitnehmer, die Aktien von ihrem Unternehmen halten, seit 1998 von 1,6 auf circa 1,2 Millionen gesunken. (Handelsblatt, 2005b) Inzwischen zeichnet sich allerdings eine Trendwende ab. So ermittelte die Gesellschaft für innerbetriebliche Zusammenarbeit (GIZ), dass die Renditen, die Mitarbeiter erzielen können, oft im zweistelligen Bereich liegen. Das Institut für Wirtschafts- und Sozialforschung der Fachhochschule im nordschweizerischen Solothurn errechnete, dass Mitarbeiter durchschnittlich 1300 Euro pro Jahr mit Beteiligungsprogrammen verdienen. (Stock, 2005)

Unternehmerische Tugenden gefragt

Arbeitnehmer sind heute nicht mehr und zukünftig noch weniger als Befehlsempfänger gefragt. Eigeninitiative, Selbstverantwortung, Flexibilität und Kreativität werden wichtiger. Die ergebnis- und leistungsorientierte Entlohnung nimmt zu. Die zukünftigen Arbeitnehmer sind stärker als früher am unternehmerischen Risiko und Erfolg beteiligt.

Innovatives Mitdenken wieder im Fokus

Im Zuge der Entrepreneurisierung bekommt auch das »alte« betriebliche Vorschlagswesen (BVW) größere Bedeutung. Als partizipatives Optimierungssystem ist es Teil des Ideen- bzw. Qualitätsmanagements. Es eröffnet den Mitarbeitern eines Unternehmens die Möglichkeit, sich freiwillig über die Erfüllung der ihnen übertragenen Aufgaben hinaus aktiv an der Gestaltung des Betriebsgeschehens zu beteiligen. Erfolgreiche Verbesserungsvorschläge werden in der Regel mit einer Prämie ausgezeichnet. Ziele des BVWs sind neben der Mitarbeitermotivation vor allem die Förderung von Innovationen, die Optimierung betrieblicher Prozesse und eine kontinuierliche Leistungsverbesserung. Um im internationalen Wettbewerb bestehen zu können, ist der Chiphersteller Infineon beispielsweise gezwungen, seine Kosten jährlich um 1,5 Milliarden Euro zu senken. Zehn Prozent soll das betriebliche Vorschlagswesen *YIP* (Your Idea Pays) dazu beitragen, an dem sich bisher circa ein Drittel der etwa 36 000 Mitarbeiter beteiligt hat. Tatsächlich wurden durch die Verbesserungsvorschläge der Beschäftigten im Geschäftsjahr 2003/2004 etwa 146 Millionen Euro eingespart. Infineon bezahlt für einen angenommenen Vorschlag bis zu 150 000 Euro Prämie. (Hofer, 2005)

5.6.7 Flexibilisierung

Die Flexibilisierung, verstanden als hohe Anpassungsbereitschaft und -fähigkeit, ist eine der herausragenden Anforderungen der modernen Gesellschaft. Sie wird nicht nur individuell im Berufs- und Privatleben gefordert. Auch Organisationen und Unternehmen als solche müssen sich schnell auf Umfeld- und Marktveränderungen einstellen können. Es entstehen »atmende« Unternehmen, die sich je nach Bedarf umstrukturieren und Arbeit einkaufen. Für viele Menschen ist eine stabile, langfristige Lebensplanung traditioneller Art nicht mehr möglich. Die Flexibilisierung wächst in allen Dimensionen, etwa Zeit, Ort, Preis und Qualität. So wird etwa die Familie immer häufiger auf die Business-Reise mitgenommen und der Computer in den Urlaub. Weitere Beispiele sind flexiblere Arbeitszeiten, zunehmende Zeitarbeit und höhere Arbeitnehmermobilität.

Flexibilität ersetzt Voraussicht

Eine immer turbulentere und daher unvorhersehbare Umwelt erfordert ein zunehmendes Maß an Flexibilisierung. Was sich im

Alltag vor allem an flexiblen Arbeitszeiten und -formen zeigt, gilt ebenso für die Vertragsgestaltung bei Kapitalanlagen und Versicherungen wie auch bei Investitions- und Konsumgüteranschaffungen. Auch die persönliche Zeit- und Lebensplanung wie auch die Partnerschaften werden flexibilisiert: Langfristige Lebensentwürfe, Ehen, Freundschaften und auch stabile Tagesabläufe werden seltener.

Flexibilität durch nachfragegesteuerte Produktion
Kürzere Produktlebenszyklen, stärkere Kundenorientierung und globaler Wettbewerb erzwingen flexible Organisationsstrukturen. Was im Dienstleistungssektor längst die Regel ist, verändert nun die Produktionsweise in der klassischen Industrie hin zur Just-in-time- und nachfragegesteuerten Fertigung. So stellt Dell wie viele andere Unternehmen seine Computer konsequent nach dem Prinzip »configured to order« her. Produziert wird, was der Kunde gewählt und bestellt hat.

Flexibilität als Qualitäts- und Serviceimage
Vorreiter der Idee, mit der eigenen Flexibilität zu werben, ist die FirstBank, die 2004 eine »Flexibilitätskampagne« ins Leben gerufen hat. Sie stellt den Wert ihrer flexiblen Services in den Vordergrund. Auch die Bank of Scotland hat sich mit ihrer hohen Flexibilitätsqualität bezüglich ihrer angebotenen Leistungen für Industrieunternehmen einen Namen gemacht. In Deutschland hat sich die Dresdner Bank auf Flexibilisierung spezialisiert. (Symposion Publishing 2005; Bank of Scotland 2002; Cortes, 2004)

Zunahme virtueller Projekt-Unternehmen
Im Zuge der Globalisierung und gestützt durch das Internet entstehen weiterhin neue Arbeits- und Kooperationsformen. Ort, Zeit und sogar die Unternehmenszugehörigkeit verlieren an Bedeutung. Virtuelle Unternehmen schließen sich häufiger für weltweite Projekte zusammen und lösen sich nach dem Projekt wieder auf. Obschon sich die in den 1990er-Jahren weit verbreiteten kühnen Visionen hochflexibler virtueller Unternehmen kaum in absehbarer Zeit realisieren werden, nimmt diese Art der Projektorganisation stetig zu.

Flexiblere Arbeitszeiten

Der Strukturwandel in der Arbeitswelt führt zu erhöhten Anforderungen an die zeitliche Flexibilität der Erwerbstätigen. 17,3 Millionen Arbeitnehmer leisteten 2004 Wochenend-, Schicht- und / oder Nachtarbeit; 1991 waren es noch 1,6 Millionen weniger. Dabei stieg der Anteil der Beschäftigten mit flexibilisierten Arbeitszeiten zwischen 1991 und 2004 um sieben Prozent auf insgesamt 49 Prozent, wovon 53 Prozent der männlichen und 43 Prozent der weiblichen Erwerbstätigen betroffen waren. (Statistisches Bundesamt, 2005 a) Nach einer Prognose der EU-Kommission wird in Zukunft in den meisten Industrieunternehmen spürbar flexibler gearbeitet (Peláez und Krux, 10/2000).

Mehr Teilzeitbeschäftigung

Die stetige Zunahme der geringfügigen Beschäftigungsverhältnisse bzw. Teilzeitarbeitsverträge ist eine Auswirkung der Flexibilisierung der Arbeitszeitgestaltung. Die Teilzeitquote stieg im Vergleich zu 1991 um neun Prozentpunkte auf insgesamt 23 Prozent. 2004 arbeiteten in Deutschland folglich 7,2 Millionen abhängig Beschäftigte in Teilzeit. (Statistisches Bundesamt, 2005 b)

Arbeitszeitkonten

Das wichtigste Modell zur Regelung einer flexiblen Arbeitszeit sind Arbeitszeitkonten. 2004 verfügten 35 Prozent der Frauen und vierzig Prozent der Männer über ein Zeitkonto zum flexiblen Ausgleich von Zeitguthaben durch Freizeit. 52 Prozent sahen darin eine Chance, Arbeit mit Familienpflichten und Privatleben besser zu vereinbaren. (Statistisches Bundesamt, 2005 c).

Mehr Zeitarbeit

Allein in Deutschland stieg die Zahl der Arbeitnehmer bei Zeitarbeitsfirmen um rund 15 Prozent von 330 000 Mitarbeitern 2003 auf über 380 000 2004 (BZA, 2005). Der relative Anteil von Zeitarbeitnehmern an der Zahl der Gesamtbeschäftigten hat sich seit 1994 verdreifacht und lag 2004 in Deutschland bei 1,44 Prozent. Europaweit liegt dieser Anteil sogar bei 1,9 Prozent: Dies sind sieben Millionen Zeitarbeitnehmer. Die Akzeptanz der Zeitarbeit wird angesichts der nötigen Flexibilisierung voraussichtlich deutlich wachsen. Ein Viertel aller in den USA seit 1984 entstandenen Jobs sind von Zeitarbeitern besetzt. (Der Spiegel, 34/2000)

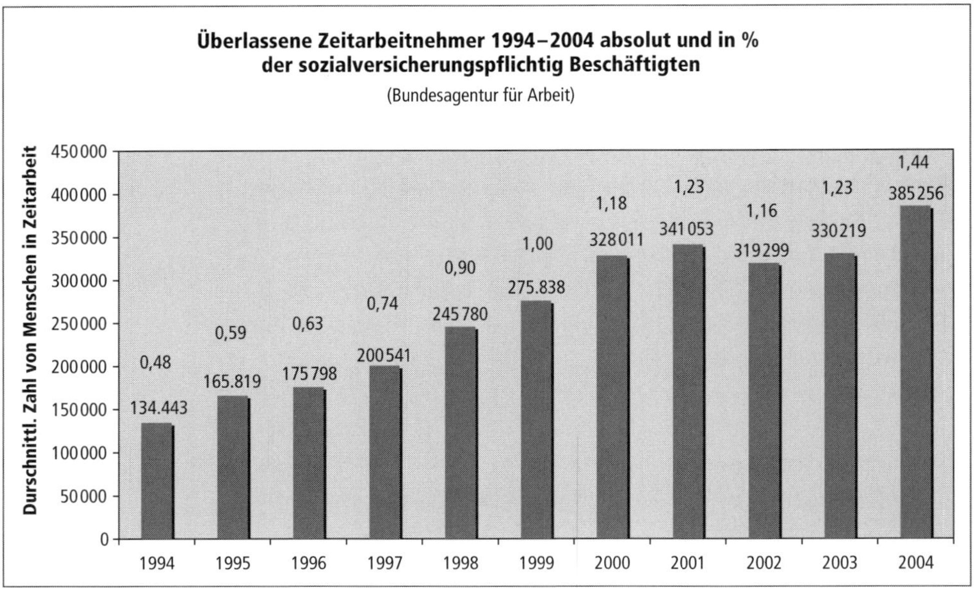

Abb. 23: Anzahl von Zeitarbeitnehmern in Deutschland

Hohes Potenzial für weitere Arbeitsflexibilisierung

Im Vergleich sind amerikanische Arbeitnehmer räumlich deutlich flexibler als europäische. In den USA ziehen knapp sechs Prozent der Gesamtbevölkerung arbeitsbedingt in einen anderen Staat um. In einen anderen EU-Staat zieht nur 0,1 Prozent der EU-Bevölkerung. (DB Research, 2004)

Traditionen ändern sich nur langsam

Eine Veränderung hin zu mehr Flexibilisierung in der Lebens- und Arbeitsgestaltung kann und wird nur langsam stattfinden. Viele Menschen erleben die Gegenwart als unsicher und risikoreich und wünschen sich einen traditionellen Job mit unbefristetem Vertrag, geregelten Arbeits- und Pausenzeiten, einem festen eigenen Arbeitsplatz und sechs Wochen bezahltem Urlaub mit zusätzlichem Urlaubsgeld. Dass diese (vermeintlichen) Errungenschaften der gewerkschaftlichen Bewegung zunehmend der Vergangenheit angehören werden, kann eine Mehrheit nach wie vor nicht akzeptieren. Verhindern wird sie die Flexibilisierung trotzdem nicht.

5.6.8 Ethisierung

> Konsumenten, Investoren oder zivilgesellschaftliche Organisationen legen zunehmend Wert auf die Einhaltung ethischer Standards durch Regierungen und Unternehmen. Durch Kauf- und Investitionsverhalten, Kampagnen, Proteste und Lobbyarbeit auf nationaler wie internationaler Ebene geben sie ihrem Unmut Ausdruck, wenn ethische Standards ihrer Meinung nach durchbrochen werden. Gegenüber den Forderungen nach mehr privaten Freiheits- und Wahlrechten erinnert die Ethik stets an die Pflichten gegenüber der Gesellschaft. Ganz oben auf der Themenliste stehen beispielsweise Korruptionsbekämpfung, Umwelt-, Tier- und Verbraucherschutz sowie Menschenrechte. Viele Börsenindizes honorieren mittlerweile solche Firmen, die nur ethische Produkte liefern und sich um die Gesellschaft verdient machen. Menschlichkeit und Nachhaltigkeit werden zum Wettbewerbsfaktor. Die Ethisierung steht in einem engen Zusammenhang mit Globalisierung, Marktwirtschaft und Liberalisierung.

Wiederkehr der Wirtschaftsethik

Ökologische und soziale Aspekte gewinnen in der Strategie der Unternehmen immer stärker an Bedeutung. Vor allem die Verantwortung für von ihnen verursachte oder verstärkte soziale Missstände rückt in den Vordergrund der Aufmerksamkeit. Dies geschieht zum Teil aus echtem Verantwortungsbewusstsein, zum Teil aus Imagegründen. (Vgl. Cohen und Prusak, 2001)

Ethikfonds im Aufwind

Es existieren inzwischen eine Reihe von Fonds, die bei ihren Investments alle oder zumindest einige der folgenden Ausschlusskriterien berücksichtigen: Rüstung, Tierversuche, Tabak, Glücksspiel, Pornografie, Alkohol, Kernenergie, Chlorchemie, Raubbau, Diskriminierung, Kinderarbeit, Verstoß gegen Menschenrechte. Das Verantwortungsbewusstsein macht sich bezahlt: Nachhaltigkeitsfonds erfreuen sich zunehmender Beliebtheit. So verzeichneten zum Beispiel die 112 nachhaltigen Publikumsfonds im deutschsprachigen Raum im Jahr 2004 einen Zuwachs von 26 Prozent auf ein Gesamtvolumen von 5,3 Milliarden Euro – die Zuwachsrate ist damit fünfmal höher als für den gesamten Markt für Publikumsfonds. (Bergius, 2005)

Tierschutz weiter auf dem Vormarsch

In Deutschland schon verboten, werden Tierversuche für Kosmetika ab 2009 EU-weit gebannt. Mehr als 40 000 Affen, Mäuse, Meerschweinchen und Ratten werden in der EU zurzeit jährlich für Kosmetikversuche getötet. Der Beschluss des Europäischen Parlaments sieht weiter vor, dass innerhalb der EU keine Produkte mehr vermarktet werden dürfen, die außerhalb der EU an Tieren getestet wurden. (Die Welt, 2003)

Ächtung der Korruption

Staaten, die Korruption tolerieren, geraten zunehmend unter Druck von IWF, Weltbank und UN. Viel beachtet sind der »Bribe Payers Index« und der »Corruption Perception Index« von Transparency International, mit denen Staaten anhand der Korruptionsdichte in eine Rangfolge gebracht werden. (The Futurist, 2002) Deutschland belegt in der 158 Staaten umfassenden Liste den 16. Platz und ist damit 2005 erstmals seit Jahren im internationalen Vergleich zurückgefallen (Süddeutsche, 2005).

Wachsender Einfluss von NGO-Koalitionen

Die 1997 mit dem Friedensnobelpreis ausgezeichnete NGO-Koalition zur Ächtung von Landminen setzte die Anti-Landminen-Konvention mit durch. Und ohne den Druck und die Unterstützung der NGO-Koalition für einen Internationalen Strafgerichtshof wäre das neue Weltstrafgericht 2002 nicht Wirklichkeit geworden (Bummel, 2003).

Nationaler Ethikrat

Im Jahr 2001 wurde erstmals von einer Bundesregierung in Deutschland ein »nationaler Ethikrat« für Fragen der Bio- und Gentechnologie eingesetzt. 2004 hat sich der Ethikrat gegen das Klonen von Menschen zu Forschungszwecken und für ein strafrechtliches Verbot ausgesprochen. (Süddeutsche, 2004)

Ethische Zertifizierung

Die Rating-Agentur CEP (Council on Economic Priorities) hat mit dem internationalen Sozialstandard SA 8000 (Standard for Social Accountability) eine ethische Zertifizierung entwickelt, die der Durchsetzung und Kontrolle sozialer Mindeststandards in Unternehmen dient. Die wichtigsten Kriterien sind:

- Verbot von Kinderarbeit, Zwangsarbeit, Diskriminierung,
- Zahlung von Mindestlöhnen,
- Festlegung von Höchstarbeitszeiten,
- menschenwürdige Gesundheits- und Arbeitsbedingungen,
- Versammlungsfreiheit und Recht auf Organisation.

Corporate Social Responsibility (CSR)

Mit den sozialen, ökonomischen und ökologischen Auswirkungen der Globalisierung wächst auch die Verantwortung der Unternehmen. CSR soll Nachhaltigkeit durch dreidimensionale »Wert«-Schöpfung gewährleisten – im Zentrum stehen wirtschaftliche Leistungsfähigkeit, soziale Gerechtigkeit und ökologische Verträglichkeit. Langfristig lohnt sich das Konzept auch für die Unternehmen. Das Einsparen von Ressourcen, optimierte Produktionsketten, motivierte Mitarbeiter und verbesserte Geschäftbeziehungen tragen zu einem Gewinn des Unternehmens, die Werte hingegen – als Verantwortungsbewusstsein gegenüber der Gesellschaft – zur Unternehmensprofilierung nach außen bei. (Bergius, 2004)

Ethische Investment-Prinzipien gegen Internet-Zensur

Auf Initiative der Menschenrechtsorganisation *Reporter ohne Grenzen* unterzeichneten im November 2005 25 Investmentfondgesellschaften, Stiftungen und Forschungsinstitute eine Erklärung, die vorsieht, dass nicht mehr ohne weiteres in Technologieprojekte investiert werden soll, die für eine Zensur des Internets missbraucht werden könnten. Das Investitionsvolumen der Erstunterzeichner wird auf rund 21 Milliarden Euro geschätzt. (Ermert, 2005)

Nachhaltigkeitsindizes – Beispiel FTSE4Good

Neben dem Shareholder-Value gewinnt der Stakeholder-Value – der Wert, den Unternehmen zum Beispiel in ihre Mitarbeiter, in die Beziehungen zu ihren Kunden und zu verschiedenen Interessengruppen, aber auch in sozial-ökologische Projekte investieren – zunehmend an Bedeutung. Der FTSE4Good listet seit Juli 2001 Unternehmen, die sich im Umweltschutz und für die Einhaltung von Menschenrechten und sozialen Mindeststandards engagieren. Die neue Geschäftspolitik zahlt sich aus. So verzeichnete der FTSE4Good – Europa ein Plus von zehn bis 15 Prozent gegenüber der normalen Benchmark FTSE – Europa. (FAZ, 2001)

5.6.9 Feminisierung

In der industrialisierten Welt und den westlich geprägten Gesellschaften schreitet die Emanzipation der Frauen von patriarchalisch vorgegebenen Lebensmustern voran. Weltweit legen Frauen sukzessive althergebrachte Geschlechterrollen ab. Ihre Bedeutung steigt in allen gesellschaftlichen Bereichen. Der Anteil der Frauen mit bester Bildung, erfolgreicher beruflicher Karriere und selbstständigem hohem Einkommen wächst. Frauen haben gleichzeitig aber weniger Kinder und bekommen diese später. In der globalen Sicht wird der gesellschaftlichen Stärkung der Frauen vor allem in den Entwicklungsländern eine durchweg positive Wirkung auf Stabilität und Zukunftsfähigkeit zugeschrieben.

Frauen bestimmen die Kaufentscheidungen

Nach Tom Peters werden die Märkte schon heute im Wesentlichen von Frauen bestimmt. Frauen treffen bei den wichtigsten Einkäufen die letzte Entscheidung. Im Einzelnen sind dies 94 Prozent der Möbelkäufe, 92 Prozent der Urlaubsziele, 91 Prozent der Immobilienkäufe, 83 Prozent des täglichen Konsumgüterbedarfs, sechzig Prozent der Autoanschaffungen und 51 Prozent der Käufe von Unterhaltungselektronik. Frauen entscheiden über rund siebzig Prozent des in Deutschland befindlichen Vermögens.

Frauen werden in ihrem Verhalten männlicher

Im Leben der Frauen spielen Karriere, Konsum und Selbstverwirklichung eine zunehmend größere Rolle. Sie übernehmen das Denken und Handeln der Männer, wenn sie sich dadurch Erfolge erhoffen. Frauen gelten immer häufiger als das stärkere Geschlecht, weil sie unempfindlicher und anpassungsfähiger als Männer sind. (Frick, 2003)

Spätere Geburten

In Europa sind Frauen bei der Geburt des ersten Kindes mit durchschnittlich 28 Jahren sechs Jahre älter als im Jahr 1980 (200x, 03/2000).

Zunehmende Erwerbstätigkeit

Der Anteil erwerbstätiger Frauen steigt in allen entwickelten Ländern. Die Anzahl der traditionellen Haushalte, in denen der Mann alleiniger Verdiener ist, fiel europaweit von 38 Prozent im Jahr

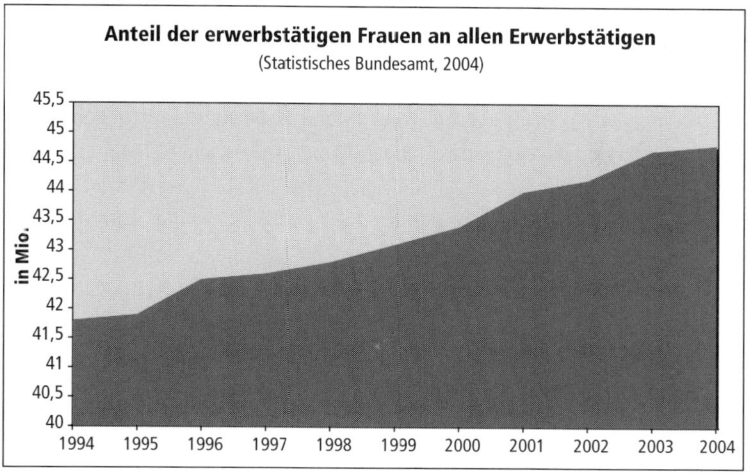

Abb. 24: Anteil erwerbstätiger Frauen

1961 auf 23 Prozent im Jahr 1998 (200x, 03/2000). In immer mehr Haushalten verdienen die Frauen in etwa gleich viel oder gar mehr als ihr männlicher Lebenspartner.

Frauenanteil bei Professoren steigt auf 14 Prozent

Seit 1994 sind stetige Zuwächse bei den Frauenanteilen innerhalb der Professorenschaft zu verzeichnen. Der Anteil der Lehrstuhlinhaberinnen stieg in Deutschland von 1994 bis 2004 von acht Prozent auf 14 Prozent an. (Statistisches Bundesamt, 2005)

Hochschulabsolventinnen in der Mehrzahl

In zwölf der 15 Mitgliedstaaten der EU sind mehr Frauen als Männer an Hochschulen eingeschrieben. Bei den Absolventen ist der Frauenanteil sogar noch größer. Zudem steigt die Zahl der Frauen mit Hochschulabschluss EU-weit schneller als die ihrer männlichen Kollegen. Frauen erzielen bessere Noten und schließen ihr Studium in der Regel schneller ab. Allerdings ist der Frauenanteil in Bildungsgängen, die Zugang zu Berufen mit hohen Qualifikationsanforderungen eröffnen, insgesamt geringer. (Eurostat, 2001)

Finanzielle Unabhängigkeit als Grundmotiv

TNS Emnid ermittelte 2002, dass für Frauen zwischen zwanzig und sechzig Jahren die persönliche finanzielle Unabhängigkeit wichtiger ist als der Kinderwunsch (88 Prozent) und der Mann fürs Leben (85 Prozent).

Die Vollzeithausfrau gibt es nur noch selten

Frauen tragen immer mehr zum Familieneinkommen bei und sind immer öfter die Hauptverdienerinnen. Trotzdem sind die Hausarbeit und die Kindererziehung weiterhin Frauensache. Angesichts dieser Mehrfachbelastung werden zusehends Home-Services genutzt. (Feldmann et al., 2003)

Geschlechtergrenzen zerfließen

Frauen, die im Beruf in Konkurrenz zu Männern treten, müssen sich ihnen anpassen. Umgekehrt müssen Männer ihre »weibliche« Seite nach außen tragen. Beide Geschlechter bedienen sich aus dem Verhaltensrepertoire des anderen und kreieren ihren eigenen Stil. Daher wird die Nachfrage nach Produkten und Dienstleistungen, die Männlichkeit und Weiblichkeit hervorheben, steigen. (Feldmann et al., 2003)

Feminisierung im Sport

Bei der Olympiade 2156 könnte eine Frau mit einer Zeit von 8,079 Sekunden den schnellsten Mann auf der 100-Meter-Distanz schlagen, dessen Zeit bei 8,098 Sekunden vermutet wird. Dies haben britische Wissenschaftler errechnet, indem sie die Siegerzeiten aus den 100-Meter-Rennen der vergangenen hundert Jahre untersuchten, um zukünftige Zeiten zu prognostizieren. Dabei stellte sich heraus, dass die Siegerzeiten bei den Frauen rasanter stiegen als bei den Männern. (Gilson, 2004)

Alphabetisierung

1970 konnten weltweit 45,2 Prozent aller Frauen weder lesen noch schreiben. Bis zum Jahr 2000 hat sich diese Zahl auf 26,4 Prozent fast halbiert. (UNESCO, 1999)

5.6.10 Convenience-Orientierung

Für Marketingexperten heißt das Bedürfnis des Menschen nach Bequemlichkeit und Einfachheit heute »Convenience«. Durch Beschleunigung und steigende Komplexität wird dieses Bedürfnis gerade bei den Leistungsträgern der Gesellschaft besonders angefacht. Der Wettbewerb auf den Konsummärkten zielt darauf ab, es in jeder Hinsicht besser zu befriedigen. Handel und Dienstleister setzen beispielsweise auf Zeitersparnis, Lieferungen an die Haustür, lange Öffnungszeiten und Multi-Channel-Vertrieb. Schnell und viel an einem Ort oder von zu Hause aus erledigen zu können ist ein wichtiges Plus, um Convenience-Kunden zu gewinnen.

Wachstum bei Fertig- und Tiefkühlprodukten

Im stagnierenden Lebensmittelmarkt zählen Convenience-Produkte zu den zukunftsträchtigen Geschäftsfeldern. Viele Kunden möchten nicht mehr so viel Zeit in der Küche verbringen und wünschen sich daher hochwertige und gesunde Fertigkost. Besonders gefragt sind dabei komplett vorgekochte Mahlzeiten (Chilled Food), klassische Tiefkühlkost und fertig gewaschene und abgepackte Salate. (Trendletter, 2005) Auch in den besseren Restaurants steigt der Grad der industriellen Vorfertigung in Form von Convenience-Food.

Kleine schnelle Snacks im Handyformat

Milka *(M-Joy)* und Kinder Schokolade *(pingui)* machen es vor. Die klassische 100-Gramm-Schokolade wird in kleinen Verpackungseinheiten für unterwegs oder im Büro miniaturisiert. Der Kunde soll es so einfach wie möglich haben. Meist können diese Produkte auch deutlich teurer als die Großpackungen verkauft werden. (Milka, 2005; Ferrero, 2005)

Reinkarnation von Tante Emma

Der US-Anbieter für Convenienceläden 7-Eleven steigt in den europäischen Markt ein. Hervorheben will sich 7-Eleven durch lange Öffnungszeiten, eine kleine Verkaufsfläche, eine gute Lage und ein beschränktes Sortiment. Dabei möchte 7-Eleven billig sein wie ein Discounter und Zusatzdienste anbieten wie eine Lottoannahmestelle oder eine Postfiliale. (Trendletter, 09/2004) Deutlich über zehn Prozent des Lebensmitteleinzelhandels werden laut GfK in Convenience-Shops erzielt.

Vereinfachung als Convenience

Mit dem *One Account* (www.oneaccount.com) bietet die Royal Bank of Scotland eine stark vereinfachte Lösung für den Zahlungsverkehr. Der Kundenverwirrung durch mehrere Konten mit unterschiedlichen Zinskonditionen setzt man ein einziges Konto entgegen, auf dem das monatliche Gehalt direkt die Hypothekenschuld reduziert und Zinsen spart. E-Plus bietet mit *Simyo* einen denkbar vereinfachten Tarif für die mobile Telefonie. Ein weiteres Beispiel ist der Textilhersteller und -händler Zara, der in seinen Läden ein wöchentlich neu zusammengestelltes, übersichtliches und aufeinander abgestimmtes Sortiment anbietet. (Trendletter, 2005). Im Grunde ist auch Aldi Meister der Vereinfachung. Statt 6000 bis 10 000 Produkten wie in konventionellen Supermärkten bietet Aldi nur 600 bis 800 Artikel.

Zunehmendes One-Stop-Shopping

Carglass setzt auf Convenience in Form des One-Stop-Shoppings. Wenn der Kunde zum telefonisch vereinbarten Termin ohne Wartezeit in die Werkstatt kommt, steht schon alles bereit. Feste Zeiten für die Reparatur helfen dem Kunden Zeit zu sparen. Sogar die Abwicklung mit der Autoversicherung übernimmt Carglass. (Carglass, 2005)

Wachsender Markt für Bequemlichkeitslösungen

Feuchte Toilettentücher für den mobilen Einsatz, das Deo im Kleinformat, die trotz hoher Tassenpreise rasante Verbreitung von Kaffee-Vollautomaten zu Hause und im Büro sowie die Entstehung von Diensten wie www.alleswisser.info (per SMS oder Telefon wird jede beliebige Frage beantwortet) oder www.customates.de (persönliche Assistenten auf Abruf) sind Signale einer großen Bedeutung von Convenience-Lösungen.

Home-Shopping wächst

Während der Einzelhandelsumsatz eher stagniert, ist im Versandhandel eindeutig eine Steigerung zu erkennen. Medikamente werden zunehmend bei Doc Morris und seinen Konkurrenten im Internet bestellt, CDs und DVDs werden immer häufiger online gekauft oder gleich als MP3-Musikstücke heruntergeladen. Sogar das Verleihgeschäft mit DVDs wird online abgewickelt (www.amango.de und www.amazon.de). Obst (Canellas), Getränke, Blumen und sogar Krokodil-, Schlangen- und Kängurufleisch können bequem online zur Heimlieferung bestellt werden.

5.6.11 Erlebnisorientierung

> In der »affluenten Gesellschaft« verlieren materielle Lebensziele relativ an Bedeutung. Dafür wächst das Bedürfnis nach emotionalen Anregungen. Im Erleben als solchem suchen immer mehr Menschen Erfüllung, sei es auf Reisen, in der Beschäftigung mit Medien, im Spiel, in der Kultur oder im Sport. Es geht ihnen darum, immer mehr und immer intensiver zu erleben. Vielen reicht gewöhnliche Unterhaltung nicht mehr aus. Die Sehnsucht nach Thrill lässt die Menschen immer weiter greifen. Unternehmen verbinden ihre Produkte mit ganzen Themenkomplexen und Lebensgefühlen. Der Erlebnischarakter, für den die Produkte stehen, kann wichtiger als ihr tatsächlicher Gebrauchsnutzen werden. Gefragt sind zunehmend Produkte und Dienstleistungen mit Erlebnismehrwert.

Mediale Erlebniswelten

Die Virtualisierung (siehe Seite 133) – der Ersatz von realen Strukturen durch medientechnische – ist ein entscheidender Trend in der Erlebnisorientierung. Einige Beispiele:

- TV: Doku-Dramen bzw. Event-Dokumentationen sind ein Trend im Fernsehen. Das Genre verbindet Spielfilm und Dokumentation. Geschichtliche Ereignisse werden etwa mit fiktiven Romanzen und Intrigen aufgepeppt, um den Erlebniswert der kostspieligen Großproduktionen zu steigern. (Urbe, 2005)
- PC: Internet-Rollenspiele sind inzwischen ein Milliardengeschäft. Der Umsatz ist von 81 Millionen Dollar (2000) auf 3,7 Milliarden Dollar (2005) gestiegen. Allein zwei Millionen Menschen erleben Fantasy-Abenteuer in der virtuellen Welt von *World of Warcraft*. Die Zahl der Vielspieler wird weltweit auf 15 Millionen geschätzt. (Pieper, 2005)
- Kino: Während die Multiplexe durch zurückgehende Besucherzahlen zusehends in die Krise geraten – nicht zuletzt aufgrund der immer beliebteren Alternative DVD –, könnte eine Revolutionierung des Marktes mit einer neuen digitalen 3-D-Technik stattfinden, die wesentlich kostengünstiger als die Imax-Technik ist und mit der sogar alte Filme neu aufbereitet werden können (Dworschak, 2005).

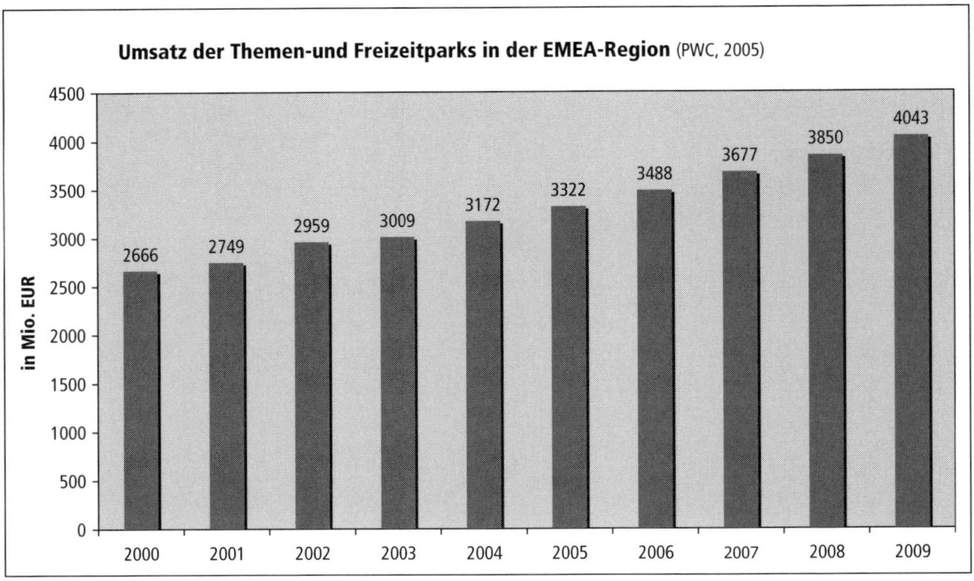

Abb. 25: Umsätze von Freizeitparks

Freizeit- und Themenparks

Inszenierte Erlebniswelten sind Besuchermagnete. Sie werden meist mit einem breiten thematischen Angebot ausgestattet, damit auf dem Kurzurlaub auch keine Langeweile aufkommt. So zählt etwa der Europa-Park in Rust 3,7 Millionen Besucher jährlich (Rosenkranz, 2005) – ein lukratives Geschäft. Im Jahr 2005 stiegen Investmentgesellschaften in fünfzig europäische Freizeit- und Themenparks ein. Nach einer Studie von Pricewaterhouse-Coopers werden jährlich 4,5 Prozent mehr für Besuche in entsprechenden Arealen ausgegeben. Für 2009 erwartet die Branche weltweit einen Umsatz von 29 Milliarden Dollar. (Handelsblatt, 2005)

Abenteuer-Urlaub

Egal ob Canyoning, Freeclimbing, Paragliding, Himalaya-Besteigungen oder Tiefseetauchen, Arktis- oder Wüstenwanderungen – immer mehr Urlauber suchen, der vermeintlichen Gefahrlosigkeit in der westlichen Welt müde, die Extreme. Die Reiseroute führt von der Warenwelt in die Wildnis – kurzweilig und mit Rückflugticket. »Nervenkitzel statt Bildungsreise« lautet das Motto. Die Adventure-Branche boomt: Zweistellige Umsatzsteigerungen pro Jahr haben die Reiseanbieter gegenwärtig zu verzeichnen. Die

Kunden sind vor allem Besserverdienende zwischen zwanzig und 35 Jahren. Experten gehen davon aus, dass das Segment in den nächsten Jahren weiter anwachsen wird. (Holm, 1999)

Reiseziel Weltraum

Am 28. April 2001 startete der Amerikaner Dennis Tito an Bord einer russischen Sojus-Kapsel als erste Privatperson ins Weltall zur internationalen Raumstation (ISS) – die Geburtsstunde des Weltraumtourismus (vgl. FAZ, 2001, siehe auch Seite 251). Ihm folgten Mark Shuttleworth (2002) und Gregory Olsen (2005). Reisekosten: circa zwanzig Millionen Dollar. Weiteren Auftrieb bekam die Vision der touristischen Eroberung des Alls durch die erfolgreichen Weltraumflüge der privat finanzierten *SpaceShipOne*. Der britische Unternehmer Richard Branson plant mit *Virgin Galactic* die kommerzielle Nutzung ab 2007. 3000 Passagiere sollen in den ersten fünf Jahren in einer Höhe von hundert Kilometern (also noch suborbital) für wenige Stunden im Weltraum verweilen dürfen. Geschätzte Reisekosten: 170 000 Euro pro Person. (Spiegel Online, 2004) Das Preis-Leistungs-Verhältnis für den ultimativen Kick scheint zu stimmen: Es gibt bereits 13 500 zahlungswillige Interessenten (stern.de, 2005).

Nostalgietrend Mittelalter

Immer mehr Menschen suchen nicht nur die räumliche, sondern auch die zeitliche Distanz zu ihrer alltäglichen Erfahrungswelt. Seit geraumer Zeit haben Mittelaltermärkte Hochkonjunktur. Marktführer in Deutschland ist der Veranstalter *Kramer Zunft und Kurtzweyl*, der im Jahr 2003 über 700 000 Besucher mit Ritterspielen, mittelalterlichen Gerichtsverhandlungen, Büßerprozessionen und Pestumzügen begeisterte. (Fasel, 2003)

Erlebnisgastronomie

Auch die Gastronomie stellt sich auf den Erlebnishunger ihrer Kunden ein. Angeregt werden sollen nicht mehr nur der Appetit, sondern alle Sinne. Prominentestes deutsches Beispiel: der *Witzigmann Palazzo* von Eckart Witzigmann. 150.000 Gäste besuchten in der Saison 2004/05 den Spiegelpalast. Das Programm reicht von Akrobatik über Comedy und Live-Musik bis zur Zauberei. Das Konzept bescherte dem Münchner Promi-Koch ein Umsatzplus von 128,6 Prozent auf 16 Millionen Euro. (Geisler, 2005)

Erlebnissportarten

Den Kick bei Erlebnis- und Risikosportarten suchen überwiegend Jugendliche – eine Zielgruppe, die ihre Interessen im Freizeitbereich sehr schnell ändert. Anbieter in diesem Segment müssen daher in ihren Wirtschaftlichkeitsprognosen von kurzen Lebenszyklen und erhöhten Reinvestitionen in immer neue Angebote ausgehen. (DSSW, 2004)

Erlebniskonsum

Der Hamburger Zukunftswissenschaftler und Freizeitforscher Horst W. Opaschowski bewertet den Erlebnis- und Inszenierungscharakter im Konsumbereich als Strategie eines gesättigten Marktes, das Kaufverhalten der Kunden neu anzuregen. Dabei habe der Wandel vom Versorgungs- zum Erlebniskonsum seinen Zenit längst überschritten: Neben einer relativ konstanten Zahl von Erlebniskonsumenten gebe es eine immer größere Zahl von Sparkonsumenten, die sich bestimmte Produkte nicht mehr leisten können oder wollen. (Berliner Morgenpost, 2002) Im Konsumbereich sei damit eine Zweiklassengesellschaft entstanden – die sich auf der einen Seite aus Familien und Rentnern (Sparkonsumenten) und auf der anderen Seite aus jungen Erwachsenen, Singles und kinderlosen Paaren (Erlebniskonsumenten) rekrutiere (Opaschowski, 2001).

Event Kunst

Das »Happening« ist eine Kunstform – da liegt es nahe, die Kunst zum »Happening« zu machen. Fast alle deutschen Großstädte bieten inzwischen einmal im Jahr »Die lange Nacht der Museen« an. Der Eventcharakter dieser Veranstaltungen mobilisiert die Massen: Allein in Stuttgart nahmen im Jahr 2005 mehr als 25 000 Kunstinteressierte das Angebot bis in die frühen Morgenstunden wahr.

5.6.12 Neue Familien

In den entwickelten Ländern treten an die Stelle der klassischen Familien- und Ehegemeinschaft zunehmend neue Lebensweisen. Traditionelle Familienwerte stehen für immer mehr Menschen zur Disposition. Es entstehen vielfältige Formen des Zusammenlebens, etwa nichteheliche Gemeinschaften, wiederverheiratete Paare, Alleinerziehende, gleichgeschlechtliche Partnerschaften, Wahlfamilien, Wohngemeinschaften und so genannte Lebensabschnitts-Partnerschaften. Ob Familienname, Geschlecht oder Verwandtschaft – alles wird nach dem individuellen Lebenskonzept gemischt. Individualisierung und Feminisierung gehören zu den Ursachen, offenere Gesellschaften machen es möglich.

Familie und Konsum

Für die Generation, die in Wohlstandszeiten aufgewachsen ist, wird Kinder- und Familienglück zunehmend durch Konsumgenuss ersetzt. Familiengründung und Kinderwunsch treten mit Konsum und Freizeit in Konkurrenz. (Opaschowski, 2002)

Gleichgeschlechtliche Partnerschaften

Zahlreiche Länder haben inzwischen rechtliche Rahmenbedingungen für homosexuelle Partnerschaften geschaffen, die teilweise auch Adoptionen vorsehen; darunter Dänemark (1989), Norwegen (1993), Schweden (1994), Island (1996), die Niederlande (1997), Belgien (1998), Frankreich (1999) und Deutschland (2001) (Neue Zürcher Zeitung, 2001).

Kinder in gleichgeschlechtlichen Lebensgemeinschaften

In Deutschland leben rund 11 000 Kinder in gleichgeschlechtlichen Lebensgemeinschaften. Die wenigen existierenden Statistiken deuten darauf hin, dass diese Kinder in vielfältigen sozialstrukturellen Verhältnissen leben und sich darin nicht von Kindern aus heterosexuellen nichtehelichen und ehelichen Lebensgemeinschaften unterscheiden. (Staatsinstitut für Frühpädagogik, 2004)

Patchwork-Familien

Immer häufiger werden Kinder aus vorhergehenden Ehen oder Lebenspartnerschaften in die neue Beziehung gebracht und sind nicht zwangsläufig biologische Verwandte. In Deutschland leben circa 6,7 Millionen Personen in solchen Patchwork-Familien. Schätzungen zufolge ist fast jede vierte Familie von Scheidung, Wiederverheiratung, Adoption usw. betroffen. Zudem gibt es etwa sieben Millionen Alleinerziehende. Die Zahl der Wohngemeinschaften ist von 427 000 im Jahr 1974 auf heute rund vier Millionen gestiegen. Für homosexuelle Haushalte wird bis 2010 mit einer Vervierfachung gerechnet. (Zukunftsinstitut, 2002).

Kleinere Haushalte

Bei den Einpersonenhaushalten ist ein überproportionaler Zuwachs zu erwarten. Noch stärker wird sich der Anteil der Zweipersonenhaushalte vergrößern, die neben kinderlosen jüngeren oder älteren Paaren Alleinerziehende mit einem Kind umfassen. Insgesamt werden im Jahr 2020 im EU-Durchschnitt rund 65 Prozent der Bevölkerung in Haushalten mit höchstens drei Personen leben. In Deutschland werden es voraussichtlich 72 Prozent sein (heute 66 Prozent). (Prognos, 2001)

5.6.13 Interkulturisierung

Anfang des 21. Jahrhunderts sind die Menschen weniger territorial verwurzelt als in den Jahrzehnten zuvor. Neben der Zunahme der internationalen Wirtschaftsbeziehungen, des Tourismus sowie der Verbreitung des Satelliten-Fernsehens und des Internets ist die weltweite Migration eine der Haupttriebfedern der Interkulturisierung. Kulturen befruchten und vermischen sich. Interkulturelle Ehen und Lebensgemeinschaften werden häufiger. Der Charakter von Gesellschaften wandelt sich durch den Einfluss unterschiedlichster kultureller Hintergründe ihrer Mitglieder. Der Zusammenhang zwischen nationaler Herkunft, sozialem Bezugsrahmen und individuellem Wertekanon verändert sich. Interkulturisierung verlangt den betroffenen Gesellschaften aber auch hohe Integrationskraft ab. Ist diese nicht groß genug, können ethnische und nationale Subkulturen entstehen. Die Bedeutung kultureller und ethnischer Minderheiten auf den Produkt- und Dienstleistungsmärkten steigt.

Nivellierung kultureller Unterschiede

Die Geschichte der Menschheit ist zu großen Teilen die Geschichte kulturellen Austauschs. Legale Migranten machen rund ein Fünftel der Weltbevölkerung aus (Huntington, 1997). Immer wieder haben sich Gesellschaften fremdes Wissen angeeignet und im eigenen Zusammenhang neu interpretiert. Was früher im Wesentlichen die Hochkultur betraf, findet heute auf allen denkbaren Gebieten der Alltagskultur statt. Der Mensch des 21. Jahrhunderts ist weit weniger territorial und kulturell verwurzelt als seine Vorfahren. Lebensstile, Architektur und Konsumverhalten gleichen sich immer mehr an.

Ausländeranteil in Europa wächst

Im Jahr 2020 wird in der EU etwa jeder siebzehnte Einwohner Ausländer sein. In Deutschland wird sogar circa jeder achte Einwohner aus dem Ausland kommen. (Prognos, 2001)

Ausländer in Deutschland

Mitte 2004 lebten in Deutschland 2,1 Millionen EU-Ausländer, 3,2 Millionen aus anderen europäischen Ländern und 1,3 Millionen Menschen aus außereuropäischen Staaten – insgesamt 6,6 Millionen bei einer Gesamtbevölkerung von etwa 82,5 Millionen. Deutsche Staatsangehörige mit ausländischen Wurzeln sind nicht berücksichtigt. (Statistisches Bundesamt, 2005)

Türken als Zielgruppe

In Deutschland leben 2,5 Millionen Menschen türkischer Herkunft. Sie stellen die mit Abstand größte Ausländergruppe dar. Mit einer Kaufkraft von circa 16 Milliarden Euro sind sie die wesentliche ethnische Zielgruppe im Land. Ihre Ansprache ist nur durch Kenntnis und Nutzung der muttersprachlichen Werbeträger zu leisten. Fünfundsiebzig bis achtzig Prozent bevorzugen ihre eigenen türkischsprachigen Medien. Zwischen 1972 und 2002 wurden 565 000 türkische Staatsangehörige in Deutschland eingebürgert. (AID, 2003)

Asiatische Communitys in Deutschland

Die größte asiatische Gemeinde in Deutschland stellen die Vietnamesen mit 88 000 Personen. Es folgen die Iraker und die Iraner mit 84 000 bzw. 81 000 Menschen. Zu den jüngeren und stark wachsenden Ausländergruppen zählen vor allem die 77 000 Chinesen. 63,4 Prozent von ihnen leben seit weniger als vier Jahren in Deutschland.

Migration aus Osteuropa nach Deutschland nimmt zu

Experten schätzen, dass im Zeitraum der nächsten 15 Jahre zwischen zwei und vier Millionen Osteuropäer nach Deutschland einwandern könnten. Ein sinkendes Lohnniveau und soziale Friktionen sind nicht auszuschließen. (Dietz, 2002)

Globaler Wettbewerb um Einwanderer

Die Gesellschaft der arbeitenden Generation wird sich in Zukunft verändern. Viele Arbeitnehmer werden aus Afrika kommen, weil in den entwickelten Ländern aufgrund der demografischen Entwicklung Arbeitskräfte fehlen werden. Denkbar ist, dass die Bundesagentur für Arbeit Anwerbeteams nach Afrika schickt und dort ein großes Anwerbe- und Ausbildungszentrum errichtet, was Länder wie Italien, Japan und Frankreich bereits tun, um ihr schrumpfendes Potenzial an Arbeitskräften auszugleichen. (Trendletter, 2002; Tichy und Tichy, 2003)

Kulturen werden weiter nebeneinander existieren

Eine gemeinsame Weltkultur wird nicht entstehen, weil die Kulturen ihre Eigenheiten weiter pflegen werden. Mit hoher Wahrscheinlichkeit wird es zu kulturübergreifenden Gemeinsamkeiten kommen, wie beispielsweise zur Akzeptanz der individuellen Menschenrechte und zur Toleranz gegenüber anderen Kulturen. (Tibi, 06/1999)

5.6.14 Religiöse und ethnische Konflikte

In der multipolaren Welt nach dem Ende des Ost-West-Konflikts sind viele zuvor unterdrückte religiöse und ethnische Konflikte aufgebrochen. Regionale Volksgruppen begehrten gegen den zentralistischen Machtanspruch ihrer Regierungen auf, es kam zu Abspaltungskriegen, ethnischen Verfolgungen und Völkermord. Vielfach sind die Konflikte weiterhin ungelöst. Die Anzahl der Bürgerkriege, Flüchtlingsströme und der humanitären Krisen bleibt hoch. Wachsender ethnischer Nationalismus und insbesondere religiöser Fundamentalismus schüren diese Konflikte. Die orthodoxen Teile der großen Weltreligionen sind von extremistischen und militanten Strömungen erfasst. Die Instrumentalisierung des Glaubens für machtpolitische Zwecke ist eine der größten Gefahren für Frieden und Freiheit im 21. Jahrhundert.

Entwicklung der Weltreligionen

Gegenwärtig ist das Christentum mit zwei Milliarden Gläubigen die größte Weltreligion, gefolgt vom Islam mit 1,2 Milliarden Gläubigen weltweit. Dies könnte sich im Laufe des 21. Jahrhunderts ändern. Zwar verbreitet sich auch das Christentum weiter, aber der Islam ist die am stärksten wachsende Religion. Prognosen gehen von einem Zuwachs um etwa eine Milliarde Anhänger bis zum Jahr 2065 aus. Ursache hierfür ist vor allem der Bevölkerungsanstieg in den islamischen Ländern. Der Wertewettbewerb der beiden einflussreichsten Religionen könnte sich dadurch noch verschärfen. Hinduismus und Buddhismus werden ebenfalls deutlich wachsen – allerdings regional auf Indien bzw. Südostasien begrenzt und gekoppelt an das dortige Bevölkerungswachstum. Das Judentum dagegen stagniert und könnte sogar schrumpfen. (Der Spiegel, 2005)

Religiöse Fronten

Die drei wichtigsten religiösen Bruchlinien sind die Glaubensgrenze zwischen dem katholischen Westen und dem orthodoxen Osten in Europa, der Konflikt zwischen Muslimen und Christen in Afrika, Asien und dem Nahen Osten und die Konfrontation zwischen dem Islam und dem Hinduismus auf dem indischen Subkontinent (Le Monde Diplomatique, 2003a).

Türken in Deutschland werden religiöser

Türkische Einwanderer in Deutschland werden zunehmend religiös. In Nordrhein-Westfalen lebende Türken sahen sich 2004 zu 72 Prozent als sehr oder eher religiös an. Im Jahr 2000 hatte dieser Anteil nur bei 57 Prozent gelegen. Die Mehrheit der Befragten definiert sich nicht nur als formal dem Islam zugehörig, sondern auch emotional. Fünfzig Prozent sehen sich selbst als eher religiös und 22 Prozent als sehr religiös; 24 Prozent fühlen sich selbst als eher nicht religiös und vier Prozent als gar nicht religiös. (Die Welt, 2005)

Fundamentalismus nimmt zu

Der islamische Fundamentalismus ist zum Nährboden für den Terrorismus geworden. In Indien nutzt die radikale Hindu-Regierungspartei BJP die Feindschaft gegen die Muslime für ihre Zwecke aus. Der jüdische Fundamentalismus verfolgt das Ziel Großisraels und in den USA bedroht ein rigider Protestantismus die Tradition von Toleranz und Gleichstellung der Religionen. (Le Monde Diplomatique, 2003b) In Indien lassen gewaltsame Auseinandersetzungen zwischen Muslimen und Hindus fürchten, dass das Land künftig von einem sich verschärfenden hinduistischen Extremismus gekennzeichnet sein wird. 2002 kam es in

Guajarat zu Ausschreitungen nach einem Anschlag von Muslimen, bei dem sechzig Hindus getötet wurden. Tausend Menschen kamen dabei ums Leben – überwiegend Muslime. Die Muslime stellen in Indien eine Minderheit. Achtzig Prozent der Bevölkerung sind Hindus. (Sarnaik, 2004)

Zunahme humanitärer Krisen
Im letzten Jahrzehnt ist die Zahl humanitärer Krisen von etwa 25 auf 65 bis siebzig pro Jahr gestiegen, wobei die Anzahl betroffener Menschen noch stärker stieg. Jeder siebzehnte Mensch auf der Welt ist ein Flüchtling (UNHCR). Über neunzig Prozent der Kriege nach 1945 fanden in Regionen der Dritten und ehemaligen Zweiten Welt statt. Zwei Drittel aller Konflikte sind innerstaatliche bzw. Bürgerkriege gewesen. (Kriege-Archiv, 2005)

Afrika, der Kontinent der Kriege und Flüchtlinge
In Afrika ist es bis heute nicht gelungen, die verschiedenen ethnischen Gruppierungen in Staatsgebilde zu integrieren. Die Folge: Etwa 160 Millionen Afrikaner leben in Ländern, in denen Bürgerkrieg herrscht. Seit 1960 sind allein in Afrika 19 Bürgerkriege und elf Völkermorde geschehen. Zu den Brennpunkten gehörten Somalia, Angola, Sierra Leone, die Demokratische Republik Kongo, Ruanda und die Elfenbeinküste. Vor allem der Entkolonialisierungsprozess hat zu einer Destabilisierung und Verschärfung der Konflikte beigetragen. (Le Monde Diplomatique, 2003c) In Nigeria sind seit dem Ende der Militärdiktatur im Jahr 1999 mehr als 20000 Menschen ethnisch oder religiös motivierter Gewalt zum Opfer gefallen. Immer wieder brechen in dem Vielvölkerstaat Kämpfe zwischen Christen und Muslimen oder auch verschiedenen Volksgruppen aus. Hunderttausende Menschen sind innerhalb des Landes auf der Flucht. Ursache der Eskalationen ist vor allem die ethnische Struktur des Staates: In den 36 Bundesstaaten leben mehr als 300 Völker und Nationalitäten, die 500 verschiedene Sprachen sprechen. (GfbV, 2001)

Zahl der Kriege und Konflikte ist wieder gesunken
Von 1985 bis 1995 fanden weltweit 102 Kriege statt. Fast zwei Drittel (64,7 Prozent) davon hatten einen dominant ethnischen Charakter (Scherrer, 1996). Nach dem Human Security Report 2005 ist nach dem Ende des Ost-West-Konfliktes die Zahl der

bewaffneten Konflikte weltweit inzwischen um vierzig Prozent gesunken. Traditionelle Kriege haben daran nur noch einen Anteil von fünf Prozent. Auch Völkermorde und Massenmorde an bestimmten Menschengruppen sind um achtzig Prozent zurückgegangen. Eine Ursache dafür sieht der Bericht in dem größeren Gewicht, das die Vereinten Nationen und andere internationale Organisationen und NGOs erhalten haben. (Rötzer, 2005)

5.6.15 Kriminalität und Terrorismus

Kriminalität und Terrorismus sind in den Medien allgegenwärtig. Die Wahrscheinlichkeit, Opfer einer Straftat oder eines Terrorattentats zu werden, ist dabei zumindest in den entwickelten Ländern relativ gering. Wirkungsvoller als die eigentlichen Akte ist die aus ihnen resultierende allgemeine Verunsicherung. Das Sicherheitsbedürfnis steigt stark an. Tatsächlich wächst das Ausmaß der Bedrohung durch neue und leicht verfügbare Technologien. Die psychologischen, gesellschaftlichen und politischen Folgen sind enorm. Weitgehend im Dunkelfeld agieren die Syndikate der organisierten Kriminalität. Jahr für Jahr werden weltweit riesige Summen umgesetzt und in den legalen Wirtschaftskreislauf eingeschleust. Der Einfluss der »uncivil society« ist ungebrochen. Insbesondere die Verquickung von organisierter Kriminalität und terroristischen Gruppierungen ist besorgniserregend.

Auswirkungen des 11. Septembers

Die Terroranschläge in den USA vom 11. September 2001 haben die politische Weltordnung verändert. Insbesondere die Bedrohung durch den islamistischen Terror hat eine neue Qualität erreicht, da die Terroristen in internationalen Netzwerken operieren und überall und jederzeit aktiv werden können.

Steigendes kriminelles Wirtschaftsvolumen

Nach unsicheren Schätzungen setzen die verschiedenen Syndikate der organisierten Kriminalität heute jährlich weltweit zwischen 500 Milliarden und mehr als einer Billion US-Dollar um, wobei der größte Anteil durch den Drogenhandel erwirtschaftet wird. Diese Summe entspricht etwa drei bis vier Prozent der in der gesamten Weltwirtschaft jährlich produzierten Güter und Dienstleistungen. (Bummel, 2004) Etwa 160 000 Unternehmen und Geschäfte in Italien zahlen Schutzgeld an die Cosa Nostra – zwischen 500 und 5000 Euro pro Quartal. Mit 14 Milliarden Euro von einem Gesamtumsatz in Höhe von hundert Milliarden Euro gehört die Schutzgeld-Erpressung neben dem Drogenhandel (59 Milliarden) damit weiterhin zum Kerngeschäft der Mafia. Während sich die Zahl der erpressten Geschäfte in den letzten zwanzig Jahren verdreifacht hat, ist der Umsatz sogar um den Faktor zehn gestiegen. (FAZ, 2005a) Nach einer Schätzung der Euler Hermes Kreditversicherung ist die Wirtschaftskriminalität in deutschen Unternehmen 2005 gegenüber dem Vorjahr um fünf Prozent auf 1,15 Millionen Fälle gestiegen. Die Schadenssumme erhöhte sich dabei um dreißig Prozent auf circa sechs Milliarden Euro. Vierzig Prozent der Delikte gehen auf das Konto krimineller Mitarbeiter. (FAZ, 2005b)

Mehr Inhaftierte

Die Anzahl der inhaftierten Strafgefangenen in den OECD-Ländern hat sich in den 1980er-Jahren jährlich um durchschnittlich circa 2,9 Prozent und in den 1990er-Jahren jährlich um etwa 4,2 Prozent gesteigert. Seit 1977 hat sich die Anzahl in den USA um den Faktor 3,4 vervielfacht, in Spanien um den Faktor 5,2. Einen Rückgang gab es dagegen beispielsweise in Japan (–0,8) und Finnland (–0,5). Die Spitzenstellung nehmen die USA ein. In absoluten Zahlen waren dort 1994 1,4 Millionen Menschen inhaftiert, das sind auf 100 000 Einwohner 546 Häftlinge. In Kanada waren es im gleichen Jahr 118. (UN, 1997)

Gefühlte Kriminalität

Rein statistisch gesehen ist das Risiko, Opfer einer Gewalttat zu werden, relativ gering. Das Verkehrsunfallrisiko ist beispielsweise mehr als zehnmal so hoch. Obwohl die Anzahl der Straftaten in Deutschland zurückgegangen ist, vor allem bei schweren Delikten, glauben die meisten Bundesbürger an einen starken Anstieg der Verbrechensrate. Für diese Diskrepanz zwischen tatsächlicher und gefühlter Kriminalität ist vor allem die Dramatisierung in den Medien verantwortlich. So stieg zum Beispiel seit Mitte der 1980er-Jahre der Anteil kriminalitätshaltiger Sendungen im Fernsehen von 3,5 auf 15,4 Prozent. Der Eindruck der Bevölkerung von einer zunehmenden Kriminalisierung wirkt unmittelbar auf die Sicherheits- und Kriminalpolitik zurück. So ist der Durchschnitt einer Haftstrafe in Westdeutschland von 1991 bis

2003 um vierzig Prozent von 5,2 auf 7,3 Jahre und die Zahl der Strafgefangenen von 37 468 auf 51 881 angestiegen. (Seefeldt, 2004) Zwar ist die organisierte Kriminalität in Deutschland nicht so ausgeprägt wie in anderen Ländern, doch gibt es Anzeichen dafür, dass sich auch hier kriminelle Strukturen etabliert haben, die in ihrem hierarchischen Aufbau den Syndikaten bzw. der modernen Mafia ähneln.

Drogenkonsum – globale Trends

Das 1998 von der Sondertagung der UN-Generalversammlung abgesegnete Ziel, bis 2008 eine drogenfreie Welt durchzusetzen, scheint heute angesichts des weltweiten Drogenkonsums mehr denn je utopisch. So ist der Konsum von Opiaten (vor allem Heroin) in den 1990er-Jahren angestiegen und hat sich 2003 vorerst auf einem stabilen Niveau eingependelt (16 Millionen Konsumenten weltweit). Die Wachstumsrate bei Kokain ist im selben Zeitraum noch deutlicher angestiegen – mit weiterhin leicht steigender Tendenz (14 Millionen Konsumenten weltweit). Spitzenreiter in der Konsumentenzahl ist Cannabis (161 Millionen Konsumenten weltweit) – ebenfalls mit weiterhin steigender Tendenz. Der Konsum von Amphetaminen und verwandten Substanzen blieb nach einem starken Anstieg in den 1990er-Jahren in letzter Zeit dagegen auf einem relativ stabilen Niveau (26 Millionen Konsumenten weltweit), während der Verbrauch von Ecstasy seit 2002 sogar wieder rückläufig ist (acht Millionen Konsumenten weltweit). (UN, 2005)

Wirtschaftsfaktor Sicherheit

Entgegen dem allgemeinen Wirtschaftstrend erlebt der Sicherheitsbereich seit der zunehmenden Bedrohung durch den Terrorismus einen Aufschwung. Beispielsweise werden für Systeme der digitalen Videoüberwachung im öffentlichen Raum zweistellige Wachstumsraten prognostiziert. (Naica-Loebell, 2003)

Mehr Gated Communitys

Ausdruck des gewachsenen Sicherheitsbedürfnisses sind die so genannten Gated Communitys. Experten sehen die geschlossenen Siedlungen mit unabhängiger Infrastruktur als wichtigsten Trend für das Wohnen in der Zukunft. In den USA sind die Gated Communitys mit eigener Verwaltung und privaten Sicherheitsdiensten das am schnellsten wachsende Segment auf dem Immobilienmarkt. (FAZ, 2002)

Private Militär- und Sicherheitsfirmen, Beispiel Irak

Der Sicherheitsbereich im Irak boomt. Etwa ein Drittel der Mittel, die dem Aufbau des Landes dienen sollen, werden inzwischen für Sicherheitsaufwendungen ausgegeben (Tilgner, 2005). Vor allem Privatfirmen unterstützen die zahlenmäßig unterbesetzten Streitkräfte, zum Beispiel in der Sicherung von Öleinrichtungen und Pipelines (Tilgner, 2005).

5.6.16 Beschleunigung

In den modernen Gesellschaften ist Zeit eine knappe Ressource. Schnelligkeit steht auf der Werteskala ganz oben. Sie ist ein Grundprinzip des westlichen Wirtschafts- und Konsumsystems. Produktzyklen, Prozessabläufe und Modetrends werden immer kürzer. Die Beschleunigung ist noch nicht am Ende, im Gegenteil. Begünstigt etwa durch das Internet, Mobiltelefonie, den Individualtransport und eine perfektionierte Logistik nimmt sie weiter zu. Der Zeitfaktor ist eine wesentliche Größe im Wettbewerb. Die Beschleunigung ist zugleich eine wirtschaftlich-technologische Tatsache und ein psychologisches Phänomen. Sie bestimmt die Wünsche, Vorlieben und das Verhalten der Menschen. Je weiter das Tempo voranschreitet, desto stärker wird jedoch auch das Bedürfnis nach Entschleunigung, Vereinfachung und Flexibilisierung.

Technisch bedingte Beschleunigung

Gemäß dem Moore'schen Gesetz von 1965 verdoppelt sich die Rechenkapazität von Prozessoren rund alle 18 Monate bei gleichem Preis. Das weniger bekannte Gilder'sche Gesetz besagt, dass sich die Datenübertragungskapazitäten jedes Jahr ungefähr verdreifachen. Die rasante Zunahme der Internetnutzung und -nutzer und seine Durchdringung aller Lebens- und Arbeitsbereiche sorgen zusammen mit den genannten technologischen Faktoren für eine gesellschaftliche und eine persönlich empfundene Beschleunigung.

Beschleunigte Prozesse

Rapid Development (beschleunigter Prozess der gesamten Produktentwicklung unter Nutzung moderner Verfahren und Technologien) und Rapid Prototyping (schnelle Herstellung von Musterbauteilen in Hard- und Software) verkürzen drastisch die Zeitspanne von der Idee bis zur Markteinführung (Delmia, 2005). Brauchte es für eine Kreditzusage noch vor wenigen Jahren mehrere Tage oder gar Wochen, versprechen Banken heute Sofortentscheidungen innerhalb von zwanzig Minuten (Norisbank, 2005). Eine moderne Business-Weisheit lautet: »Don't stop for lunch or you're lunch!«

Produktlebenszyklen verkürzen sich weiter

Seit Jahrzehnten verkürzen sich die Lebenszyklen von Produkten und Konzepten aller Art. Autos und Handys, aber auch Unternehmensstrategien sind eindrucksvolle Beispiele dieser Entwicklung. Erste Anzeichen eines Gegentrends sind in der Verlangsamung der Versionenfolge von Microsoft-Software zu erkennen. Man wolle sich nun stärker auf Benutzerfreundlichkeit und Sicherheit konzentrieren, kündigte Microsoft-Chef Bill Gates 2003 an.

Zeitsparlösungen boomen

Der jahrzehntelange Erfolg zeitsparender Lösungen wie etwa Buchzusammenfassungen (zum Beispiel www.getabstract.com), elektronische Ausschnittdienste (zum Beispiel Google Alerts) oder Englischunterricht in der S-Bahn setzt sich beschleunigt fort.

Zunehmender Schlafmangel

In den letzten zwanzig Jahren hat die Schlafenszeit in der westlichen Welt je Erwachsener um eine Stunde abgenommen. Das Zeitbudget wird hoffnungslos überfüllt.

Zeithaben wird zum Statussymbol

Zeugte keine Zeit zu haben früher und auch heute noch überwiegend von Erfolg und Anerkennungswürdigkeit, könnte in Zukunft Ruhe und Muße zum Luxus gehören, den sich nur die wirklich Erfolgreichen gönnen.

Entschleunigung als Gegentrend

Angesichts der von vielen als unmenschlich empfundenen Beschleunigung wächst das Bedürfnis nach Entschleunigung und Langsamkeit. Die Slow-Food-Bewegung und diverse Entschleunigungsinitiativen sind Manifestationen dieser Gegenbewegung.

Früher galt derjenige als erfolgreicher Zeitmanager, der möglichst viele Aktivitäten in einen Tag, eine Woche und ein Leben packen konnte. Obschon das Produktivitätsparadigma für eine Mehrheit nach wie vor gilt, hat sich das moderne Zeitmanagement unmerklich hin zum zeitsouveränen Life-Leadership entwickelt, wie führende Experten auf diesem Gebiet wie Covey und Seiwert es propagieren (Seiwert, 1998).

5.6.17 Zunehmende Komplexität

Die durch das Zusammenwirken der vielen Zukunftsfaktoren erzeugte Komplexität und Dynamik ist ihrerseits selbst ein mächtiger Zukunftsfaktor geworden. Komplexität ist das Ergebnis der Interaktion dynamischer und offener soziologischer und ökologischer Systeme. Insbesondere die Verquickung aus Wissenswachstum, Informatisierung, Beschleunigung und Flexibilisierung lassen das persönliche und gesellschaftliche Umfeld immer komplexer und unübersichtlicher werden. Die Beurteilung von Sachverhalten, in denen der Einzelne nicht selbst Experte ist, wird schwieriger. In solchen Bereichen steigt das Bedürfnis nach professioneller Beratung. Zugleich wächst die Sehnsucht nach Einfachheit, Transparenz, Stabilität und Überblick. Schnell und einfach zu verstehende Produkte und Dienstleistungen können oft einen Wettbewerbsvorteil bieten.

Zunehmender Zeitmangel

Für etwa ein Drittel der Deutschen ist Zeitmangel der größte Stressfaktor am Arbeitsplatz (innovations-report, 2002). Bereits jetzt wird der überwiegende Teil innerbetrieblicher Kommunikation nicht mehr gelesen. Die Überforderung der menschlichen Informationsverarbeitungskapazität und der durch globalisierte Märkte zunehmende Leistungsdruck führen vermehrt zur Erschöpfung und zum Anstieg gesundheitlicher Probleme. Wo die Beschleunigung der Zeit an ihre Grenzen stößt, wird auch der Trend zur Vergleichzeitigung bzw. Zeitverdichtung stark geschwächt. Der Wirtschaftspädagoge Karlheinz Geißler sieht die Ursache in einem Wirtschaftssystem, das Zeit in Geld verrechnet. Zugleich sei aber die Freiheit, über Zeit zu entscheiden, nie so groß gewesen wie heute – allerdings müssten die Menschen lernen, nicht alles konsumieren und erleben zu müssen. (Süddeutsche, 2004)

Verschmelzung von Lebens- und Arbeitswelt
Was für die einen willkommene Flexibilisierung ist, empfindet ein anderer Teil der Menschen als Stress verursachende Komplexität. Privataktivitäten müssen während der Arbeit erledigt werden, während die Arbeit – vor allem durch die modernen Telekommunikationsmedien – überallhin folgt, auch in die einstige Freizeit.

Komplexe multimediale Alleskönner
Mobiltelefone werden aufgrund der Zunahme multimedialer Anwendungen immer komplexer in der Bedienung. MP3-Player, TV-Gerät, E-Mail-Konto, Internet-Zugang, Digitalkamera und vieles mehr – die Bedienungsanleitung im Buchformat wird zu einer Art Intelligenztest. Dabei gibt es auch Kunden, die nur eines wollen: telefonieren. Bei einer Umfrage des Verbands der deutschen Internetwirtschaft *eco Forum e.V.* gaben neunzig Prozent der Fachleute an, dass die Kunden eine leichtere Bedienbarkeit der Geräte erwarten. (heise online, 2005) Zunehmend unübersichtlich gestaltet sich auch der Tarifdschungel. Billige Einheitstarife (zum Beispiel *Simyo*) und Flatrates (zum Beispiel *BASE*) erweisen sich daher schon jetzt als die Erfolgskonzepte der Zukunft. (Magenheim, 2005).

»Televised Intelligence« – Fernsehen wird immer komplexer
Der amerikanische Journalist und Buchautor Steven Johnson vertritt die These, dass Fernsehen immer komplexer und kognitiv anspruchsvoller wird. Im Vergleich zu den 1980er-Jahren hätten Fernsehserien wie *The Sopranos* oder *24* kompliziertere Plots und ein umfassenderes Personal, zugleich müsse der Zuschauer versteckte Bezüge auf frühere Folgen erkennen und mehrere Handlungsstränge parallel verfolgen. (Pany, 2005; Staun, 2005) Allerdings sprechen andere Experten von einer zunehmenden Verflachung des Mediums.

Lähmende Bürokratie
Die Bürokratisierung lähmt die Wirtschaft – betroffen sind vor allem die mittelständischen Unternehmen. 2200 Gesetze und 47 000 Verwaltungsvorschriften verursachen in Deutschland nach einer Untersuchung des Instituts für Mittelstandsforschung jährliche Kosten von 46 Milliarden Euro – das sind etwa fünfzig Prozent mehr als Mitte der 1990er Jahre. Allein in der Legislatur-

periode 1998 bis 2002 kamen netto 254 Gesetze und Verwaltungsvorschriften hinzu. In einer Umfrage der Arbeitsgemeinschaft Selbstständiger Unternehmer e.V. (ASU) geben 29 Prozent der Befragten an, dass drei bis sechs Prozent ihres Personals mit Bürokratiediensten für den Staat beschäftigt sind, bei etwa zwanzig Prozent sind es sechs bis zehn Prozent, bei 17 Prozent sogar mehr als zehn Prozent. Nach einer Weltbank-Studie braucht ein deutscher Unternehmer 45 Tage, um seine Firma registrieren zu lassen – in England sind es 18 Tage und in den USA sogar nur vier Tage. (Weckbach-Mara, 2004; ASU, 2003)

Zunehmendes Orientierungsbedürfnis
Je komplexer und unüberschaubarer das persönliche Umfeld, desto größer wird die Sehnsucht nach Einfachheit, Transparenz und Überblick. Die Nachfrage nach professioneller Beratung im Privat- und im Berufsleben steigt: Ob Laufbahnberatung oder Standortbestimmung – immer mehr Menschen nehmen bei wesentlichen Weichenstellungen oder akuten Krisen die Hilfe so genannter Coachs in Anspruch. (Schlatter, 2005)

Steigender Beratungsbedarf bei Unternehmen
Etwa zwei Drittel der deutschen Unternehmen lassen sich in den verschiedensten Fragestellungen beraten. 2004 legte die Beraterbranche erstmals seit 2000 wieder zu – mit einem Umsatzplus von einem Prozent auf 12,34 Milliarden Euro. Für 2005 wird ein Wachstum von drei Prozent erwartet, für die nächsten Jahre sogar eines von fünf bis sechs Prozent. (Handelsblatt, 2005)

Reduktion der Kommunikationsflut
Menschen werden in Unternehmen mit einer Flut von Nachrichten versorgt, die sie kaum noch bewältigen können. Eine Sparkasse in England (Birmingham Midshires, askbm.co.uk) versucht dem abzuhelfen. Sie definiert Zeit als Raum, der nur begrenzt Botschaften aufnehmen kann. Ein Kommunikations-Lotse regelt das Aufkommen der Nachrichten. Sie werden nach Priorität sortiert, zu Paketen zusammengefasst und in verlängerten Abständen verschickt. So sollen die Mitarbeiter nur so viele Nachrichten erhalten, wie sie auch sicher aufnehmen können. (Financial Times, 2002)

5.6.18 Salutogenese und Life-Balancing

Globalisierung, Flexibilisierung, Beschleunigung, wachsende Komplexität: Der Anpassungs- und Veränderungsdruck auf den Einzelnen ist hoch. Vielfach entstehen Unzufriedenheit, Stress und Burn-out-Zustände. Es verbreitet sich das Bewusstsein, dass ein erfülltes Leben eine Balance aus Arbeit, Sinn, Gesundheit und Beziehungen braucht. Das Interesse an gesundheitsfördernden Lebens- und Verhaltensweisen wächst. Life-Balancing, verstanden als Fähigkeit, äußere Anforderungen mit den eigenen Lebenszielen in Einklang zu bringen, wird immer wichtiger. Die Auswirkungen des Life-Balancing sind in einem veränderten Arbeits- und Konsumverhalten spürbar. Wie entsteht Gesundheit? Mit dieser Frage entwickelte Aaron Antonovsky (1997) das Konzept der Salutogenese. Sie ist das Gegenteil der krankheitsorientierten Schulmedizin, der Pathogenese, und fragt nach den Ursachen der guten Gesundheit. Menschen gestalten Lebensumfeld, Nahrung, Einstellung und Lebensgewohnheiten zunehmend gesünder und folgen damit dem Wissen vom Gesundsein. Präventive Gesundheitsfürsorge wird als höhere Lebensqualität erlebt. Wirtschaftliche Produktivität wird zunehmend eine Funktion der körperlichen und psychischen Gesundheit. Produkte und Dienstleistungen rund um das Thema Gesundheit und Wohlbefinden bilden in den nächsten Jahrzehnten einen wichtigen Wachstumsmarkt.

Stressempfinden

In Deutschland empfindet fast ein Drittel aller Angestellten seine Arbeit als zu anstrengend. Zu diesem Ergebnis kommt eine Studie von Kelly Services unter 19 000 Angestellten in zwölf europäischen Ländern. Das Stressempfinden steigt mit zunehmendem Alter an. Von den 15- bis 24-Jährigen fühlen sich 22 Prozent überlastet, bei den über 45-Jährigen sind es 45 Prozent. Während ein gewisses Maß an Stress unvermeidbar und sogar förderlich sei, führe starker und anhaltender Druck allerdings zu niedrigerer Produktivität der Mitarbeiter bis hin zu physischen und psychischen Krankheiten, so der Personaldienstleister in einem Kommentar (Kelly, 2005).

Life-Balance wird wichtiger

Ungesunde Lebensweisen wie Rauchen, Übergewicht und eine stressvolle Lebensführung ohne Erholungsphasen werden immer weniger akzeptiert und als Ausdruck mangelnder Selbstkompetenz betrachtet (Horizons 2020, 2004). Die Delphi-Studie der Gesellschaft für Innovative Marktforschung (GIM) aus dem Jahr 2001 belegt eine Verschiebung in den Wertvorstellungen unserer Gesellschaft. Für immer mehr Menschen steht nicht mehr entweder der Beruf oder die Familie im Vordergrund, sondern die Vereinbarkeit von beidem. Wichtig ist vor allem der Wunsch nach Selbstentfaltung: Ein »evolutionäres Persönlichkeitsideal« fordert von sich selbst und anderen Selbstbestimmung, Flexibilität, lebenslange Weiterbildung und Verantwortung ein. (Obermeier, 2002) Auch der Freizeitforscher Horst W. Opaschowski identifiziert unter Jugendlichen eine neue Gleichgewichtsethik, bei der stärker als bisher ein Ausgleich zwischen materiellen und immateriellen Lebenszielen angestrebt wird (Uni-Hamburg.de). Die Feng-Shui-Welle und die Begeisterung vieler Prominenter für den Buddhismus sind deutliche Signale (GIM, 2001).

Der 6. Kondratjev ist salutogenetisch

Leo Nefiodow misst der Salutogenese in seinem Buch *Der 6. Kondratjev* große Bedeutung bei. Nach dem von der Informationstechnologie getragenen 5. Kondratjev, einem im Durchschnitt 53-jährigem Wirtschaftszyklus, wird die psychosoziale Gesundheit zum Grundideal und Träger der Wirtschaft. Nefiodow versteht die Gesundheit ganzheitlich, nicht nur im körperlichen, sondern auch im seelischen, geistigen, sozialen und ökologischen Sinne.

Gesundheit wird zentraler Aspekt vieler Märkte

Getrieben von der zunehmenden Gesundheitsorientierung der Konsumenten und verstärkt durch Initiativen von Verbraucherschützern rücken gesundheitsrelevante Aspekte in den Vordergrund. Die Diskussionen um Elektrosmog durch Mobilfunkstationen oder Rußpartikel im Dieseltreibstoff wie auch der Boom von Detox (Entgiftungsbehandlungen) und die Baubiologie sind Signale dieser Entwicklung.

Work-Life-Balance – Beispiele einiger Unternehmenskonzepte

(Vollmers, 2002)

- Boston Consulting Group: Die Unternehmensberatung ermöglicht ihren Mitarbeitern einen »Ausstieg auf Zeit« – sei es zur Weiterbildung, zur Kindererziehung oder für eine Weltreise.

- Robert Bosch GmbH: Das Unternehmen bietet seinen Mitarbeitern flexible Arbeitszeiten, Arbeitszeitkonten und individuelle Teilzeitarbeit an. Darüber hinaus werden im Bereich Familienservice Tagesmütter, Au-pair-Kräfte und Kinderkrippenplätze vermittelt.
- Brose: Bei dem Hersteller von Systemen für die Automobilindustrie bestimmen die Mitarbeiter projektbezogen Anfang und Ende des Arbeitstages – einschließlich der Pausen.
- Dresdner Bank: Der Finanzdienstleister bietet seinen Angestellten zum Beispiel (alternierend) Telearbeit, Jobsharing, Sabbaticals und Jahresarbeitszeit an. Regionale Sportgemeinschaften werden gefördert, es gibt Einkaufsrabatte und kulturelle Angebote.
- Infineon: Der neue Standort bei Unterhaching bietet den Mitarbeitern des Unternehmens nicht nur eine Umgebung mit Campus-Charakter mit Grünanlage und See, das Gelände stellt darüber hinaus ein vielfältiges Angebot an Sport-, Einkaufs-, und Freizeitmöglichkeiten bereit. (vgl. Infineon, 2005)

5.6.19 Spiritualisierung

> Die zunehmende Komplexität und Optionsvielfalt der Welt verstärkt die Sinnsuche der Menschen. In der aufgeklärten Gesellschaft ist die frühere Fortschrittsgläubigkeit einer tiefen Skepsis gegenüber den Verheißungen des technologisch-wissenschaftlichen Zeitalters gewichen. Mit einer Hinwendung zum Spirituellen und Esoterischen loten viele Menschen in den Industrieländern einen Ausweg aus der Sinn- und Orientierungskrise aus. Die neue Innerlichkeit ist ein stiller Protest gegen rationalistische Weltbilder. Ausdruck dieser Entwicklung ist der Zuwachs an Glaubensformen außerhalb der traditionellen abendländischen Religionen. Das Interesse an fernöstlichen Religionen nimmt zu. Der Markt für esoterische Produkte und Dienstleistungen wächst weiterhin.

Renaissance der Religion

Auch wenn die Entkirchlichung in den westlichen Gesellschaften weiter voranschreitet (der Anteil der in Deutschland konfessionell Gebundenen – evangelische und katholische Kirche – ist in der zweiten Hälfte des 20. Jahrhunderts von 95,8 Prozent 1950 auf 65,6 Prozent 1999 gesunken [ZUMA]), die Konfrontation mit dem Islam, religiösem Fundamentalismus, aber auch mit ethischen Fragestellungen, die die moderne Medizin und Wissenschaft aufwerfen, stärkt das Bedürfnis nach einem verlässlichen Wertekanon. »Aussteiger-Religionen«, die sich vor allem an den Bedürfnissen des Individuums orientieren, vermögen diesen gesellschaftspolitischen Raum nicht allein zu füllen. Experten machen geltend, dass auch wieder zunehmend religiöse Argumente in den öffentlichen und politischen Raum dringen. Diskursiv gefasst wird dieser neue Trend als »postsäkulare Gesellschaft«. (Nolte, 2004)

Psycho-Spiritualisierung

Psychotherapeuten diagnostizieren immer häufiger »spirituelle oder religiöse Probleme« ihrer Patienten. Mittlerweile wurde diese Kategorie sogar in das Verzeichnis psychiatrischer Erkrankungen aufgenommen (Utsch, 2001). Zugleich findet eine Verschiebung psychologischer Behandlungsansätze hin zu einer spirituellen Heilsvermittlung statt. Die alternative Psychoszene boomt. Ganzheitliche Therapien gewinnen den Charakter von Ersatzreligionen und bieten Möglichkeiten der Sinnstiftung in der allgemeinen Orientierungskrise. (Utsch, 2000)

Spiritualisierung der Medizin

Während die konventionelle Schul- und Apparatemedizin bei der Behandlung chronischer und anderer komplexer Krankheitsbilder an ihre Grenzen stößt, stehen »ganzheitliche Verfahren« wie die Anthroposophie und die Homöopathie hoch im Kurs.

Steigendes Interesse an Horoskopen

Das Allensbach-Institut ermittelte im Jahr 2001 in einer Umfrage, dass das Interesse an Horoskopen deutlich gestiegen ist. Während 1982 circa fünfzig Prozent der westdeutschen Bevölkerung zugaben, regelmäßig oder hin und wieder in Zeitungen und Zeitschriften Horoskope zu lesen, ist die Zahl inzwischen auf 77 Prozent in Westdeutschland und 78 Prozent in Ostdeutschland angestiegen. Einen tatsächlichen Aussagewert schreiben der Astrologie allerdings nur 26 Prozent der Frauen und 11 Prozent der Männer zu. (Allensbach-Institut, 2001)

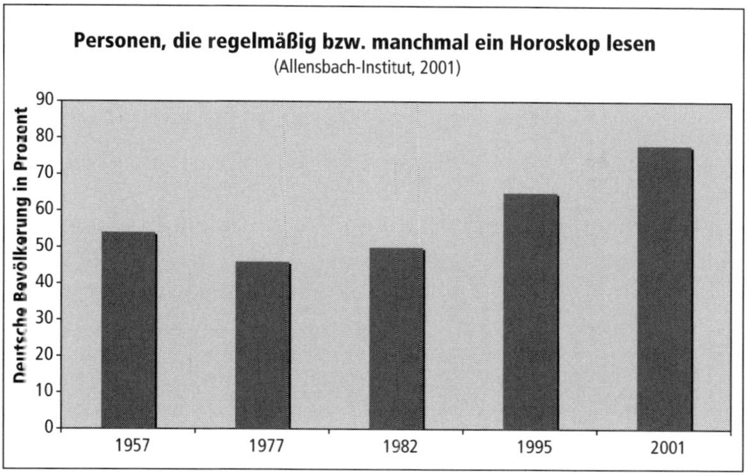

Abb. 26: Horoskopleser

Wirtschaftsfaktor Esoterik

In den letzten Jahren hat sich die Esoterik-Branche mehr und mehr zu einem wichtigen Wirtschaftssektor entwickelt. Etwa neun Milliarden Euro pro Jahr lassen sich die Deutschen die Sinnsuche kosten. Davon profitieren vor allem der Buch- und der Musikhandel, das Verlagswesen und das Kunsthandwerk. Der Esoterik-Markt wird vor allem von Kleinstunternehmen beherrscht. Obwohl die Verkaufszahlen im Buchhandel stagnieren, ist der Umsatz mit Esoterik-Büchern in den 1990er-Jahren um den Faktor 2,5 auf sechzig Millionen Euro pro Jahr gestiegen. Der Anteil bei den Neuerscheinungen liegt bei circa einem Prozent. Das entspricht in etwa dem Anteil der Bücher aus dem Segment Naturwissenschaft und Technik. (Dresdner Bank, 2004) Die rund 10 000 in Deutschland praktizierenden Wahrsager, Handaufleger und ähnliche Berufsgruppen setzen circa 250 Millionen Euro im Jahr um – meistens bar und unversteuert (Späth, 2004). Der Boom des Esoterik-Marktes liegt nicht zuletzt in dessen Vielfalt begründet. Hier herrschen weniger Dogmen als die Qual der Wahl.

5.7 Die überraschende Zukunft

Obschon wir die obigen Zukunftsfaktoren mit Bedacht gewählt und zusammengestellt haben, ist es offensichtlich, dass kein Katalog vollständig sein kann. Vieles haben wir entweder aus Platzgründen oder wegen geringer Priorität für den allgemeinen praktischen Bedarf zurückgestellt. Dazu gehören durchaus bedeutende Themen wie die folgenden:

- künstliches Leben und digitales Bewusstsein,
- nichttödliche Waffen,
- Kryptographie,
- unterirdisches »Pharming«,
- Teledoing, Teleworking und Telepräsenz,
- Massenmigration nach Europa,
- selbstreplizierende Mikro- und Nanoroboter,
- Wasserreinigung mit Diamantelektroden und anderen Verfahren,
- Datenschutzprobleme und vieles mehr.

Fühlen Sie sich ermutigt, selbst Ausschau nach bedeutenden Zukunftsfaktoren für Ihren Markt, Ihr Leben oder gar für die Menschheit zu halten.

Kein Katalog der Zukunftsfaktoren kann jemals vollständig sein.

Ähnlich verhält es sich mit der wilden, unberechenbaren und überraschenden Zukunft. Zwar werden wir uns im Kapitel »Ihr ZukunftsRadar« mit überraschenden Ereignissen und Entwicklungen befassen, aber eine umfassende Behandlung der »roten Brille« für die Zukunft (siehe Seite 31) würde mehr als ein Buch füllen. So wäre es beispielsweise interessant, über potenzielle Überraschungen wie die folgenden nachzudenken:

- nukleare Kriege und Terroranschläge,
- Entdeckung außerirdischen Lebens,
- Bedrohung der Erde durch Asteroiden,
- Zusammenbruch von Dollar und Euro,
- neue Militärdiktaturen in Russland oder China,

- neue Ölkrisen,
- Klimaumschwung durch unterseeischen Methan-ausbruch,
- massenhafte Unfruchtbarkeit,
- Umsprung des Magnetfeldes der Erde,
- Versiegen des Golfstroms,
- hundert Meter hohe Tsunami-Wellen,
- Heilung für AIDS oder Krebs und vieles mehr.

Zu überraschenden Zukünften empfehlen wir die folgenden beiden sehr nützlichen Bücher mit vielen Beispielen für so genannte Wild Cards:

- Karlheinz und Angela Steinmüller: *Ungezähmte Zukunft. Wild Cards und die Grenzen der Berechenbarkeit* (Gerling Akademie Verlag, München 2003)
- John L. Petersen: *Out of the Blue* (Madison Books, Lanham 1999)

6 Ihr ZukunftsRadar

In den bisherigen Kapiteln haben Sie ein grundlegendes Verständnis fürs Zukunftsmanagement entwickelt, die Erklärungsmodelle des Wandels aus 5000 Jahren kennen gelernt und einen Überblick über wesentliche Zukunftsfaktoren als Treiber aktueller und zukünftiger Veränderungen gewonnen.

Anleitung für die Praxis

Dieses Kapitel gibt Ihnen nun eine praktische Anleitung zur Entwicklung eines auf Ihre Bedürfnisse zugeschnittenen ZukunftsRadars. Dieses soll Sie in die Lage versetzen, die Zukunftsfaktoren zur Verbesserung Ihrer Strategie zu nutzen. Wir konzentrieren uns hier auf das ZukunftsRadar als System zur Erfassung von Umfeldsignalen. Eine Anleitung für Ihr gesamtes Zukunftsmanagement würde den Rahmen dieses Buches bei weitem sprengen. Im späteren Abschnitt zur Entwicklung Ihrer Zukunftsstrategie geben wir Ihnen zu diesem Thema einen kurzen Überblick und Empfehlungen zu weiterführender Literatur.

6.1 Wem gilt Ihr ZukunftsRadar?

In der Praxis werden explizite ZukunftsRadar-Systeme meist von recht großen Unternehmen betrieben. Der Grund ist, dass diese aufgrund ihrer Komplexität Systeme und Fachabteilungen für Aufgaben einrichten, die von kleinen Organisationen meist intuitiv erfüllt werden können. Das hier beschriebene ZukunftsRadar-System ist sowohl in großen wie auch in kleinen Organisationen anwendbar. Im Prinzip kann es in seinen Grundstrukturen auch von Einzelpersonen genutzt werden. Je nachdem, in welcher Situation Sie sich befinden, ob Sie Ihre persönliche Zukunft planen oder Manager eines kleinen Unternehmens oder Strategieexperte in einem größeren Unternehmen sind, können Sie die hier beschriebenen Schritte in abgestuften Detaillierungsgraden nachvollziehen. Als Einzelperson sollten Sie sich auf das Wesentliche konzentrieren und beispielsweise nur wenige Zukunftsfragen stellen und eine eng begrenzte Zahl von Sensoren integrieren. Für ein großes Unternehmen werden Sie Ihre Zukunftsfragen viel feiner strukturieren, ein umfassendes Netz von Sensoren einsetzen und die Analyse-Schritte erheblich spezifischer durchführen, als es in der hier möglichen, kompakten Form beschrieben werden kann.

6.2 Zwischen Scheitern und Gelingen

Gesetzlich vorgeschriebenes Radar

Ein ZukunftsRadar ist in Deutschland seit 1998 sogar gesetzliche Pflicht, zumindest ein Teil davon. Paragraf 91 Absatz 2 des Aktiengesetzes schreibt vor, dass der Vorstand einer Aktiengesellschaft und analog ausstrahlend auch die Geschäftsleitung anderer Unternehmen geeignete Maßnahmen zu treffen und insbesondere ein Überwachungssystem einzurichten hat, um den Fortbestand des Unternehmens gefährdende Entwicklungen früh erkennen zu können. Solche Überwachungssysteme konzentrieren sich jedoch hauptsächlich auf recht kurzfristige finanzielle Risiken. Die Risiken der zukünftigen Entwicklung sollen im Lagebericht dargestellt werden, da sich Liquiditätskrisen und Unternehmenszusammenbrüche Jahre vorher in nicht erkannten oder – noch häufiger – in erkannten, aber ignorierten oder unterschätzten Umfeldveränderungen abzeichnen. Darauf beziehen sich die vorgeschriebenen Überwachungssysteme jedoch nicht. Dass Unternehmensexistenzen und -erfolge erst mit früh erkannten und genutzten Zukunftschancen beginnen und bestehen und die Risiken nur ein Nebenphänomen genutzter oder nicht genutzter Chancen sind, wird erst recht nicht berücksichtigt.

Seit Aguilar 1967 sein Buch *Scanning the Business Environment* veröffentlicht hat, ist eine vielfältige Literatur zu ZukunftsRadar-Systemen entstanden. Unter Begriffen wie Frühwarnsystem, Früherkennungssystem, Frühaufklärungssystem und vielen anderen werden Konzepte vorgeschlagen, mit denen Unternehmen in die Lage versetzt werden sollten, positive wie negative Umfeldveränderungen schon im Ansatz zu erkennen und in Chancen umzusetzen. Besondere Bedeutung hat dabei die Theorie der »schwachen Signale« von Ansoff (1976) erlangt, die insbesondere im deutschen Sprachraum eine Flut von Konzepten nach sich zog.

Unzählige Versuche zur Installation eines ZukunftsRadars sind in der Praxis gescheitert.

Allein, die Praxis zeigt ein ernüchterndes Bild. Viele Male wurden wir erst im Nachhinein hinzugezogen, um noch eine positive Wende zu versuchen. Dabei haben wir seit 1991 rund vierzig Gründe des Scheiterns identifiziert, von denen wir hier die wichtigsten erörtern und jeweils eine prägnante Empfehlung aussprechen wollen:

Empfehlungen für ein sinnvolles ZukunftsRadar

ZukunftsRadar-Systeme in der Praxis: Unterschiede zwischen Scheitern und Gelingen

Ursachen des Scheiterns	Empfehlungen fürs Gelingen
Die Zielsetzung war unklar. Kaum ein Konzept legte zu Beginn klar fest, welche Art von ZukunftsRadar mit welcher Zielsetzung aufgebaut werden sollte.	Klären Sie vorab, ob Sie ein »Prognose-Radar«, ein »Chancen-Radar« oder ein »Überraschungs-Radar« haben wollen.
Der Nutzen wurde unterschätzt. Mangelnde Erfolge in Benchmark-Unternehmen resultierten in der Ansicht, ein ZukunftsRadar sei eine akademische Übung ohne praktischen Wert.	Machen Sie in Ihrem Unternehmen deutlich, dass die Früherkennung von Chancen und Bedrohungen für den größten Teil des Betriebsergebnisses existenziell wichtig ist.
Die Position der System-Eigner war zu schwach. Die Entwicklung von ZukunftsRadar-Systemen ist eine beliebte Einsteiger-Aufgabe für Hochschulabsolventen, die sich meistens zwischen Stab, Geschäftsleitung und Linienmanagern aufreiben.	Verankern Sie Ihr ZukunftsRadar in der Geschäftsleitung oder zumindest in ihrer Nähe. Beauftragen Sie einen »Radar-Manager« bzw. »Zukunfts-Manager«, der eine gute Reputation bei der Geschäftsleitung genießt.

Die gelieferten Inhalte waren den Nutzern nicht attraktiv genug. Häufig resultierten die Früherkennungssysteme in einem besseren Ausschnittdienst. Man ging davon aus, dass schon das Signal bzw. der Trend den Wert ausmacht. Die Nutzer hatten das meiste aber schon in den Fachzeitschriften gelesen.	Holen Sie sich frühzeitig die von den potenziellen Nutzern Ihres ZukunftsRadars wirklich gestellten Zukunftsfragen und Strategiefragen, zu denen Sie in Ihrem existenziellen Interesse Antworten suchen. Das ZukunftsRadar muss das ohnehin stattfindende Experten-Networking des Topmanagements effizienter machen. Dies ist ein entlastender Nutzen, der meist unterschätzt wird.
Die Informationsmenge war nicht zu bewältigen. Häufig stürzte man sich allzu schnell in die Recherche nach »schwachen Signalen«, um dann in einer überwältigenden Informationsflut zu ertrinken. Durch das Internet hat sich die Bedeutung dieses Problems noch potenziert.	Orientieren Sie sich strikt an den von den Nutzern gestellten Zukunftsfragen und Strategiefragen und fassen Sie Ihre Ergebnisse zu einer überschaubaren Zahl von Zukunftsfaktoren, Projektionen, potenziellen Überraschungen und Chancen zusammen. Liefern Sie kurze, prägnante und möglichst visualisierte Analysen.
Die Methodenvielfalt ließ viele Versuche im Ansatz scheitern. Ohne lange praktische Erfahrung mit ZukunftsRadar-Systemen können die vielfältigen publizierten und meist theoretischen Ansätze kaum in ihrer Praktikabilität eingeschätzt und zu einem zielführenden System kombiniert werden.	Das Wesentliche ist immer einfach. Konstruieren Sie Ihr ZukunftsRadar nach der hier gegebenen Anleitung oder engagieren Sie einen Spezialisten. Sehen Sie von eigenem langwierigem Fachliteraturstudium ab.
Man suchte nach einem System, das wie ein echtes Radar funktioniert. Die Radar-Metapher führte oftmals unbewusst zur Vorstellung von einem selbstständig auf Chancen und Bedrohungen hinweisenden System, das mit wenig menschlicher Aktivität auskommt.	Stellen Sie sicher, dass Ihr ZukunftsRadar vor allem als ein durch Menschen betriebener Wahrnehmungs-, Erkenntnis- und Kommunikationsprozess verstanden wird.
Die Definitionen der Begriffe waren uneinheitlich. Begriffe wie Trend, Chance, Szenario, Signal und andere werden unvorstellbar oft verwechselt und falsch verstanden. Die Folge sind unüberwindliche Kommunikations- und Verständnisprobleme.	Verwenden Sie die im Eltviller Modell vorgeschlagene Terminologie und stellen Sie sicher, dass diese Begriffe einheitlich verstanden werden. Prüfen Sie Ihr ZukunftsRadar immer wieder auf verborgene Informations- und Wahrnehmungsfilter.

Das System umfasste zu viele verschiedene Geschäftseinheiten. Häufig wurde auf der Holding-Ebene angesetzt, sodass die Informationen für die Geschäftseinheit zu allgemein wurden.	Fangen Sie im Kleinen an und bauen Sie Ihr ZukunftsRadar schrittweise aus. Beginnen Sie mit nur einer überschaubaren Geschäftseinheit. Entwickeln Sie für jede Geschäftseinheit ein kleines Teilsystem.
Die Sensoren hatten Wichtigeres zu tun als Signale einzugeben. Viele Konzepte verlangten von den Mitarbeitern eine umfangreiche Eingabearbeit mit gleichzeitiger Analyse der aus den Signalen resultierenden Konsequenzen bis hin zur Abschätzung der Auswirkung auf den zukünftigen Deckungsbeitrag (!).	Machen Sie den Sensoren die Eingabe von Signalen so einfach wie möglich. Fragen Sie die Signale strukturiert und aktiv bei ihnen ab. Erwarten Sie keine selbstständigen Aktivitäten der Sensoren. Das Scanning braucht immer wieder Aktivierung und Energie-Input.
Der Informationsegoismus wurde unterschätzt. Die interessantesten Signale wurden von den Sensoren häufig zurückgehalten, um mit ihnen bei besserer Gelegenheit glänzen zu können.	Stellen Sie sicher, dass die Sensoren einen persönlichen Nutzen haben. Machen Sie die Sensoren zu »Eignern« ihrer Signale und bezahlen Sie sie nötigenfalls dafür, vor allem die externen.
Der Fokus lag auf harten Fakten statt auf Signalen. Da sich das Topmanagement meist lieber auf Zahlen, Daten und Fakten stützt, wurden unstrukturierte und unscharfe Signale als unbrauchbar verworfen.	Machen Sie sich und den Nutzern klar, dass frühe Signale zwangsläufig unscharf, schwach und unsicher sind. Wenn es erst harte Fakten sind, ist der Zeitvorteil meist nicht mehr gegeben.

6.3 Bestimmen Sie die Ziele Ihres ZukunftsRadars

Die Gestaltung sämtlicher Elemente Ihres ZukunftsRadars hängt davon ab, welches Hauptziel Sie damit verfolgen. Möchten Sie mit Ihrem ZukunftsRadar Planungsgrundlagen schaffen? Dann benötigen Sie vor allem ein Prognose-Radar, mit dem Sie die von Ihnen als wahrscheinlich angenommene Zukunft abschätzen können. Oder geht es Ihnen vor allem darum, die Chancen für neue Geschäftsfelder und Erfolg versprechende Strategien vor der Konkurrenz zu erkennen? Dann benötigen Sie ein Chancen-Radar. Wollen Sie mögliche blinde Flecken in Ihrer Umfeldwahrnehmung identifizieren, um sich vor strategischen Überraschungen

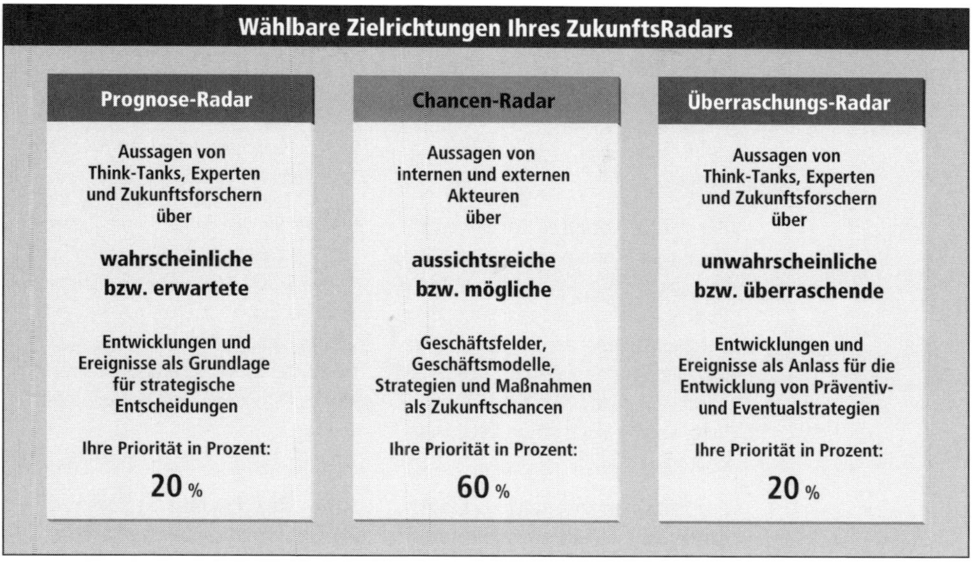

Abb. 27: Zielrichtungen des ZukunftsRadars

zu schützen? Dann sollten Sie Ihr ZukunftsRadar als Überraschungs-Radar konzipieren.

Setzen Sie einen Schwerpunkt

Es ist unglaublich, wie häufig genau diese Weichenstellung außer Acht gelassen wird und die entsprechenden Ziele unausgesprochen bleiben. Die drei grundsätzlichen Zielrichtungen können zwar nicht ganz eindeutig voneinander getrennt werden, aber einen Schwerpunkt sollten Sie unbedingt setzen. Legen Sie sich wie in der Abbildung fest und verteilen Sie hundert Prozent der von Ihrem ZukunftsRadar erwarteten Zielsetzung auf die drei Zielrichtungen.

Die meisten unserer Klienten legen den Schwerpunkt ihres ZukunftsRadars auf das Chancen-Radar, sodass wir uns im Folgenden überwiegend an einer Zielpriorisierung von zwanzig Prozent (Prognose), sechzig Prozent (Chancen) und zwanzig Prozent (Überraschungen) orientieren werden. Sehen Sie dies auch als eine gewisse Empfehlung für die Zielsetzung Ihres ZukunftsRadars. Ein ZukunftsRadar hat grundsätzlich immer alle drei Charaktere in unterschiedlicher Intensität und ein Chancen-Radar erfüllt die anderen beiden Zielrichtungen zu einem wesentlichen Teil mit.

6.4 Bestimmen Sie Ihre wichtigsten Zukunftsfragen

Zukunftsfragen sind ein natürlicher und motivierender Zugang zur unternehmerischen Zukunftsforschung. Wegen der grundlegend unterschiedlichen Charakteristik von Prognose-, Chancen- und Überraschungs-Radar müssen die Zukunftsfragen je nach Zielsetzung differenziert gestellt werden.

Zukunftsfragen im Prognose-Radar

Denkspiel: Was würden Sie Zukunftsexperten fragen?

Stellen Sie sich vor, es gäbe einmal im Jahr eine Konferenz der weltweit besten Zukunftsforscher auf Ihrem Gebiet. Diese Zukunftsforscher würden schon seit vielen Jahren sehr treffsichere Prognosen abgeben. Die Zukunftsforscher würden sehr viel Geld für ihre Antworten verlangen, denn schließlich können ihre Klienten Entscheidungen mit viel weniger Risiko und viel größeren Chancen treffen und dabei enorme Beträge erwirtschaften.

Welche fünf Zukunftsfragen würden Sie prognosesicheren Zukunftsforschern für je 100 000 Euro stellen?

Die Zukunftsforscher könnten Ihnen nicht sagen, was Sie tun sollen, um erfolgreich zu sein. Sie wüssten einzig und allein, wie sich bestimmte Faktoren in Ihrem Umfeld in der Zukunft entwickeln werden. Nehmen wir an, jede Antwort kostete 100 000 Euro und Sie hätten von Ihrem Unternehmen ein Budget von 500 000 Euro erhalten. Welche fünf Zukunftsfragen würden Sie stellen?

Folgende Denkfragen können Ihnen bei der Bestimmung Ihrer Zukunftsfragen helfen:

1. Von der Richtigkeit welcher Annahmen hängt unsere zukünftige Existenz ab?
2. Mit Antworten auf welche Fragen können wir greifbare Wettbewerbsvorteile erzielen?
3. Was müssen wir über die zukünftige Entwicklung unseres Umfelds wissen, um heute zukunftsrobuste Entscheidungen treffen zu können? Es geht um
   - das zukünftige Verhalten unserer Kunden,
   - die zukünftige Veränderung relevanter Technologien,
   - die zukünftige Entwicklung des Marktes,
   - die zukünftige Veränderung des Rechts.

Beispielfragen zum Prognose-Radar

Beispielhafte Zukunftsfragen im Prognose-Radar	
Branche	**Zukunftsfrage**
Flugzeuge (1990er)	Wird es in Zukunft um Flugpreise (und damit große Flugzeuge) oder um Flugzeiten (und damit kleine schnelle Flugzeuge) gehen?
Strom-erzeuger	Wie viel Prozent des benötigten Stroms werden in Zukunft von den Verbrauchern in dezentralen Kleinkraftwerken selbst erzeugt?
Banken	Welcher Anteil der Finanzdienstleistungen wird in Zukunft fallabschließend im Wege von E-Banking gekauft?
Elektrohandel	Wie stark werden die Hersteller in den Direktverkauf einsteigen?
Lebensmittel	Welche Bedeutung wird die Veränderung der von der Forschung an der Harvard School of Public Health untersuchten Ernährungspyramide von der fettreduzierten zur kohlehydratreduzierten Ernährung haben?
Zahntechnik	Wird die verstärkte Selbstverantwortung zu dramatischen Umsatzeinbrüchen führen oder Dental-Wellness zum Massenmarkt machen?
Geschäfts-reisen	Wird die zunehmende Videofonie- und Videokonferenztechnik zu einer deutlichen Verminderung der Geschäftsreisetätigkeit führen?
Getränke	Welchen Anteil werden die investitionsintensiven PET-Flaschen am Gesamtmarkt haben?
Bau	Wie marktbedeutend wird das »intelligente Haus« wirklich sein?
Immobilien	Wie wird sich das Preisniveau in Deutschland entwickeln, wenn heute im Ausland nur vier bis fünf Jahresgehälter und in Deutschland acht bis neun Jahresgehälter für ein Haus bezahlt werden?
Baustoffe	Wie stark werden Baustoff-Fachhandel und Baumarkt ähnlich dem US-Markt zusammenwachsen?
Tankstellen	Wie stark werden die Verbraucher die neuen amerikanischen Convenience-Läden annehmen?
Alle	Wie könnte sich unser Markt unter dem Einfluss dieses Zukunftsfaktors in den wichtigsten Beobachtungsfeldern entwickeln und verändern? Die Standard-Beobachtungsfelder sind • Kunden- und Bedarfsfelder, • Markt und Mitbewerber, • Technologien und Methoden, • Gesetze und Regularien.

Zukunftsfragen im Überraschungs-Radar

Im Überraschungs-Radar sind die Fragen wie im nachfolgenden Chancen-Radar eher standardisierbar und branchenübergreifend. Es geht dabei vor allem um die Identifikation überraschender und meist bedrohlicher Entwicklungen wie auch blinder Flecken in der Aufmerksamkeit des Managements. Gerade die Zukunftsannahmen der Unternehmensführung müssen im Überraschungs-Radar immer wieder konsequent infrage gestellt werden, auch wenn alle dazu tendieren, die Behandlung von »Unwahrscheinlichkeiten« im Interesse einer falschen Pragmatik zurückzustellen. Wenn die Existenz bedroht ist, kann eine solche Art von Pragmatik geradezu tödlich sein.

Zum Begriff der Überraschung

Unter der Bezeichnung »Überraschung« fassen wir viele Begriffe zusammen, die in der Fachwelt verwendet werden, etwa Wild-Card-Event, Wild-Card-Development, Blind Spot, Diskontinuität, Emerging Issue, Gegentrend, Was-wenn-Situation, Durchbruch, Paradigmensprung, Tipping-Point und Disruption.

Beispielfragen zum Überraschungs-Radar

Beispielhafte Zukunftsfragen im Überraschungs-Radar
Welche Veränderungen unseres Marktumfelds haben wir bisher nicht erkannt? Beispiel Kreditgeschäft: Könnte ein »eBay für Kapital« große Bedeutung am Markt erlangen? Beispielsweise hat der britische Start-up Zopa genau dies begonnen, ist allerdings noch ganz am Anfang der S-Kurve.
Welche überraschenden Ereignisse und Entwicklungen könnte ein bestimmter Zukunftsfaktor in unserem Markt auslösen? Beispiel Computerindustrie: Könnte es passieren, dass die Quantencomputer schneller kommen? Die Quantencomputer, die von den meisten für eine langfristige Vision gehalten werden, könnten bereits in Kürze als erste Prototypen erscheinen.
Welche neuen Technologien könnten in Zukunft die unsrigen bedrohen? Beispiel Rasierer: Was könnte die Rasierklinge ersetzen? Beispielsweise könnten dies Laserrasierer sein, die in wenigen Minuten eine lang anhaltende Haarentfernung ermöglichen.
Wie könnten Konkurrenten aus anderen Feldern oder Start-ups unser Geschäftsmodell gefährden? Beispiel Zahlungsverkehr: Große Softwareunternehmen wie Microsoft oder die von Voice over IP bedrohten Telekommunikationsunternehmen könnten ernsthaft und massiv in das Zahlungsverkehrsgeschäft einsteigen.

Welche der von uns als unwahrscheinlich angenommenen Entwicklungen könnten doch eintreten?
Beispiel Reifengeschäft: Die in unserer Region für selbstverständlich gehaltene Regel des Wechselns von Sommer- und Winterreifen könnte ein Anbieter brechen, indem er den an Convenience und am Sparen interessierten Autofahrern erfolgreich einen tauglichen und hochwertigen Ganzjahresreifen verkauft.

Welche der von uns als wahrscheinlich angenommenen Entwicklungen könnte doch nicht eintreten?
Beispiel Pkw: Das von uns angenommene hohe Wachstum des Fahrzeugbestands in China könnte aufgrund einer Rezession, die einer wirtschaftlichen Überhitzung folgt (wie in Japan), nicht stattfinden.

Zukunftsfragen im Chancen-Radar

Im Chancen-Radar gestalten sich die Zukunftsfragen an sich einfach, beziehen sich dabei jedoch auf komplexe Bereiche. Zudem sind die Fragen im Chancen-Radar meist branchenübergreifend. Je nach Zielsetzung und Zeitbudget können Sie Ihre Zukunftsfragen hier nur auf Ihre Zukunftsfaktoren konzentrieren oder aber vorher Projektionen und Szenarien sowie Überraschungen erarbeiten und diese dann als Chancenquelle in die Chancenentwicklung einbeziehen. Im Chancen-Radar müssen Fragen wie die folgenden gestellt werden:

Beispielfragen zum Chancen-Radar

Beispielhafte Zukunftsfragen im Chancen-Radar

Chancenquelle	Zukunftsfragen
Chancen aus Projektionen und Szenarien	• Wie können wir die mit dieser Projektion als wahrscheinlich bzw. mit diesem Szenario als möglich anzunehmende Entwicklung in unseren wichtigsten Beobachtungsfedern (s. o.) zu unserem Vorteil nutzen?
Chancen aus Überraschungen	• Mit welchen Präventivstrategien können wir uns gegen diese potenzielle Überraschung immunisieren? • Mit welchen Akutstrategien können wir uns für den Fall des Eintritts der potenziellen Überraschung immunisieren? • Wie können wir das mit dieser Überraschung als möglich (wenn auch als unwahrscheinlich) anzunehmende Ereignis bzw. die Entwicklung zu unserem Vorteil nutzen?

Chancen aus Zukunftsfaktoren für bestehende Geschäftsfelder	**Von Zukunftsfaktoren ausgehende generelle Fragen:** • Wie können wir das vom Zukunftsfaktor unterstützte Geschäftsfeld stärker ausbauen? • Wie können wir das durch diesen Zukunftsfaktor vom Niedergang bedrohte Geschäftsfeld retten bzw. wieder beleben? • Wie können wir uns früher als andere aus dem vom Niedergang bedrohten Geschäftsfeld verabschieden? • Wie können wir uns mit diesem Zukunftsfaktor als einzigartig positionieren? • Wie können wir mit diesem Zukunftsfaktor ... – ... unser Marketing wirksamer gestalten? – ... unseren Vertrieb bzw. unsere Akquisition erfolgreicher machen? – ... unsere Produkte, Dienstleistungen und Lösungen verbessern? – ... unsere Unternehmenskultur weiterentwickeln? – ... unsere Arbeit erleichtern? – ...unsere Systeme und Prozesse effizienter machen? – ... unsere Zusammenarbeit mit Partnern und Lieferanten verbessern? – ... unsere Finanzierung rentabler und sicherer machen?
	Von der Strategie ausgehende Fragen: • Welche neuen Technologien können wir nutzen? (Beispiel Bau: Wie lassen sich die Kosten eines Einfamilienhauses durch neue Verfahren und Technologien um zwanzig Prozent reduzieren?) • Mit welchen anderen Technologien und Methoden lassen sich die von uns gelieferten Lösungen alternativ erbringen? (Beispiel Chemie: Welche Alternativen setzen sich in Zukunft als Ersatz für Rohöl-basierte Grundstoffe chemischer Erzeugnisse durch?) • Welche Lösungen können wir für das zukünftige Verhalten der Kunden anbieten? (Beispiel Reifenhandel: Wie können wir zukünftig die Vorteile von Internetverkauf und Vor-Ort-Montage verbinden?)

Chancen aus Zukunfts-faktoren für neue Geschäfts-felder	• Welche fremden Geschäftsfelder im Umfeld unserer bisherigen gewinnen an Bedeutung? • Welche Geschäftsfelder werden im Umfeld unserer Kompetenzen interessant? • Welche neuen Geschäftsfelder können wir auf der Grundlage dieses Zukunftsfaktors erschließen bzw. aufbauen? – Welche neuen regionalen Märkte werden für uns bedeutsam? – Welche neuen Zielgruppen werden für uns wichtig? – Welche neuen Lösungen werden für uns interessant? – Welche neuen Technologien und Methoden gewinnen für uns an Bedeutung?

Welche Zukunftsfragen stellen Sie sich nun?

6.5 Wählen Sie die relevanten Zukunftsfaktoren

In diesem Buch sind zwar aus einer allgemeinen Sicht die wesentlichen Zukunftsfaktoren porträtiert, doch kann es für Ihren speziellen Markt noch eine Vielzahl weiterer Faktoren geben. Wollten Sie alle Zukunftsfaktoren in gleicher Intensität bearbeiten, würde dies höchstwahrscheinlich Ihr Zeitbudget sprengen. Das Ziel dieses Arbeitsschrittes soll es daher sein, die für Sie bzw. Ihr Unternehmen in Ihrer spezifischen Situation am stärksten relevanten Zukunftsfaktoren zu identifizieren. Relevanz setzen wir hier gleich mit der Stärke der Auswirkungen auf Ihren Markt.

Finden Sie sich in der praktischen Arbeit damit ab, dass Ihre Einschätzung der Relevanz von Zukunftsfaktoren immer subjektiv und fehlerhaft bleiben wird. Alles andere ist Illusion.

Die wichtigsten Zukunftsfaktoren sollten Sie nach dem in der folgenden Bewertungsmatrix dargestellten Priorisierungsmodell auswählen.

Bewertungsmatrix für Zukunftsfaktoren							
Zukunftsfaktoren	Relevanzkriterien			Qualitätskriterien			
	Sachliche Relevanz	Angemessener Detaillierungsgrad	Relevanz	Dauerhaftigkeit	Früherkennungspotenzial	Empirische Fundierung	Qualität
Zukunftsfaktor 1							
Zukunftsfaktor 2							
Zukunftsfaktor n							
Erfüllung des Kriteriums: 1 = schwach 2 = mittel 3 = stark							
Zusammengefasste Priorität: P = primär S = sekundär T = tertiär							

Abb. 28: Bewertungsmatrix für Zukunftsfaktoren

Bewerten Sie Ihre Zukunftsfaktoren

Verfahren zur Auswahl Ihrer Zukunftsfaktoren

Angesichts der Komplexität der Umwelt ist und bleibt jede Einschätzung der Zukunftsfaktoren natürlich relativ und subjektiv. Es hängt vom Betrachter ab, wie er die Zukunftsfaktoren priorisiert, hierarchisiert und vernetzt. Wir empfehlen einen pragmatischen Ansatz.

Legen Sie sich für die Bewertung und Auswahl Ihrer Zukunftsfaktoren eine Excel-Tabelle mit der Struktur der oben dargestellten Matrix an. Wenden Sie dann das in der Prozessgrafik (siehe Seite 322) dargestellte Verfahren an, um die für Sie wichtigsten Zukunftsfaktoren auszuwählen. Wir haben darin die Relevanz- und Qualitätskriterien verwendet, die sich in unseren Projekten bewährt haben. Auf den nächsten Seiten stellen wir diese Kriterien kurz vor. Nehmen Sie lieber einige Zukunftsfaktoren mehr in Ihre Analyse auf. Das ist weniger schlimm, als Zukunftsfaktoren zu übersehen.

Sachliche Relevanz des Zukunftsfaktors

Ein Zukunftsfaktor ist sachlich relevant, wenn er einen deutlichen Einfluss auf die Beantwortung einer oder mehrerer Ihrer Zukunftsfragen hat. Jeder Zukunftsfaktor ist immer Teil eines

Netzes oder, einfacher betrachtet, einer kausalen Hierarchie von Zukunftsfaktoren. Manche Zukunftsfaktoren beeinflussen mehr andere Faktoren, als dass sie von ihnen beeinflusst werden. Daher wären sie in einer Hierarchie höher anzusiedeln. Nun könnte man versucht sein, eine mathematische Vernetzungsanalyse durchzuführen, um zu sehen, wie welcher Zukunftsfaktor auf alle anderen wirkt und wie er von allen anderen beeinflusst wird. Dafür gibt es sehr schöne, aber leider naive Verfahren, deren Ergebnis dann zeigt, welcher Zukunftsfaktor aktiv, welcher passiv und welcher puffernd oder indifferent ist. Wenn wir uns an den Abschnitt über die Chaosforschung erinnern, stellen wir dieses Ansinnen in der Praxis besser zurück, denn noch nicht einmal die Begriffsdefinitionen sind exakt beschreibbar, geschweige denn das komplexe Wirkungsgefüge. Wir werden niemals alle Ursachen, alle Wirkungszusammenhänge und alle Folgen aller Zukunftsfaktoren gut abschätzen können. Erst recht nicht in der praktisch immer knappen Zeit. Das Ergebnis solcher Übungen sieht zwar sehr genau aus und befreit uns vermeintlich von der Verantwortung für unsere Einschätzung, aber es wird dadurch nicht richtiger. Es sei noch einmal betont: Die Einschätzung der Zukunft können Sie nicht delegieren, auch nicht an ein Modell!

Sachliche Relevanz – Einfluss auf wichtige Zukunftsfragen

Ein Zukunftsfaktor ist sachlich relevant, wenn er einen klar erkennbaren Einfluss auf die Beantwortung einer oder mehrerer Ihrer Zukunftsfragen hat.

Ob ein Zukunftsfaktor wie Feminisierung für Sie relevant ist, hängt von Ihren Annahmen ab. Genauer, von Ihren Gegenwartsannahmen darüber, wie Ihr Markt funktioniert, und von Ihren Zukunftsannahmen darüber, wie sich Ihr Markt weiterentwickeln könnte. Für eine Bank könnte Feminisierung relevant sein, da sich hier grundlegende Veränderungen im Kundenverhalten andeuten. Wenn Sie hingegen davon ausgehen, dass Frauen keine von denen der Männer verschiedenen Bedürfnisse bei Finanzprodukten und Finanzberatung haben (bei der zweiten Annahme würden wir zur Überprüfung raten), wird Feminisierung für Sie keine Rolle spielen. Für die Chefin einer Frauenbewegung ist Feminisierung geradezu die Lebensgrundlage, sodass man diesen Faktor möglicherweise nur in einer viel feineren Untergliederung verwenden sollte. Für ein chauvinistisch geprägtes »Boys

Network« könnte Feminisierung, je nach Annahmen-Universum, sowohl die Existenzgrundlage wie auch völlig irrelevant sein. Der Produzent hochwertiger Medizintechnik wird über den Zukunftsfaktor Medizininnovationen nur müde lächeln können, während sich der Logistik-Dienstleister mit diesem Zukunftsfaktor weit jenseits seines üblichen Denkhorizontes bewegt.

Abb. 29: Verfahren zur Auswahl von Zukunftsfaktoren

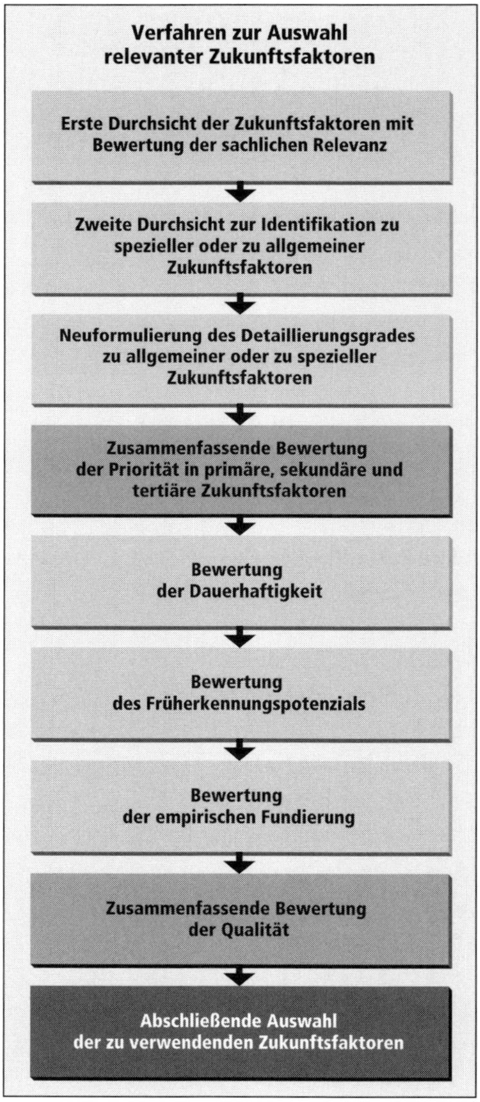

Abb. 30: Einteilung der Zukunftsfaktoren

Priorisierung der Zukunftsfaktoren nach deren Relevanz

1. **Primäre Zukunftsfaktoren** *werden* Ihr Geschäft unmittelbar beeinflussen. Die Zukunft Ihres Marktes kann nicht ohne diese primären Zukunftsfaktoren erklärt werden. Für eine Bank gehören beispielsweise Biometrie, Polarisierung des Wohlstands und Mobilisierung zu den primären Zukunftsfaktoren. Sie sind zwingende Bestandteile ihres Zukunftsmanagements, weil sie für alle drei Zielrichtungen ihres ZukunftsRadars essenziell sind.

2. **Sekundäre Zukunftsfaktoren** *könnten* Ihr Geschäft unmittelbar beeinflussen. Zwar kann die Zukunft Ihres Marktes ohne diese Faktoren erklärt werden, jedoch ist nicht auszuschließen, dass sie eine Rolle spielen werden. Aus Sicht eines Softwarelieferanten würden hierzu etwa Mass-Customization, Polarisierung der Arbeitswelt oder Netzwerkwirtschaft gehören. Diese Zukunftsfaktoren können insbesondere im Chancen-Radar und im Überraschungs-Radar wertvolle Hinweise und Ideen liefern.

3. **Tertiäre Zukunftsfaktoren** bezeichnen alle anderen Zukunftsfaktoren, bei denen Sie und Ihr Team sich kaum einen Zusammenhang zu Ihrem Geschäft vorstellen können. Für einen Pkw-Produzenten trifft dies möglicherweise auf die Meereswirtschaft, die schrumpfende Biodiversität oder die Ökonomisierung des Staates zu.

Sicher haben Sie beim Lesen dieser Beispiele gleich nach Kombinationsmöglichkeiten gesucht, die *doch* einen Zusammenhang mit dem Pkw-Produzenten nahe legen. Tertiäre Zukunftsfaktoren können für eine breitere Chancensuche, aber auch für eine intensivere Analyse möglicher Trendbrüche und Überraschungen durchaus sinnvoll sein, wenn es das Zeitbudget erlaubt. Tertiäre Zukunftsfaktoren können zu einem sehr kreativen Blick auf die Zukunft und damit zu sehr innovativen Ideen führen. Sie sind also keineswegs unbrauchbar.

Empfehlung: Wählen Sie diejenigen Zukunftsfaktoren zur tieferen Analyse, von denen Sie *zurzeit* annehmen, dass sie eine starke Wirkung auf Ihren Markt haben, weil entweder die Akteure oder deren Verhalten von diesem Zukunftsfaktor betroffen sind. Mit der Zeit werden Sie in weiteren Radar-Zyklen Ihre Annahmen über die Relevanz von Zukunftsfaktoren immer wieder überprüfen und verbessern können. Daher sollten Sie die Auswahl vor jedem Radar-Zyklus neu vornehmen.

Angemessener Detaillierungsgrad des Zukunftsfaktors

Der Konkretisierungsgrad hängt von Ihrer Branche ab

Neben der kausalen Hierarchie der Zukunftsfaktoren gibt es seine Spezifizierungshierarchie. Aus Sicht eines auf Facility-Management spezialisierten Unternehmens könnte ein Trend »sinkendes Marktvolumen für Energie« durch den Zukunftsfaktor Energieinnovationen bedingt sein. Doch ist auch die Energiespartechnik ihrerseits durch Zukunftsfaktoren beeinflusst, so etwa durch Materialinnovationen wie Supraleiter. Für das betrachtende Bauunternehmen wäre jedoch der Zukunftsfaktor Supraleiter in der Regel zu weit entfernt vom geschäftlichen Fokus und von der Kompetenz, wodurch seine Nützlichkeit trotz fraglos höherer Konkretisierung unter derjenigen des Faktors Energieinnovationen läge. Für einen Produzenten von Energieanlagen könnte ein Zukunftsfaktor Supraleiter jedoch die genau richtige »Körnung« bedeuten. So können Zukunftsfaktoren je nach Standpunkt wie mit einem Schieberegler spezifiziert und wieder verallgemeinert werden. Mit einer stärkeren Spezifizierung eines Zukunftsfaktors wächst zunächst dessen Nützlichkeit, um nach Erreichen eines Höhepunkts durch zu starke Detaillierung wieder zu sinken.

Empfehlung: Wir Menschen tendieren zu einem einfachen Ursache-Wirkung-Denken, das leider weit von der komplexen (überraschenden) Funktionsweise unserer Welt entfernt ist. Sie sollten Ihre Zukunftsfaktoren daher mit einem mittleren Konkretisierungsgrad bestimmen, um sich dem Maximum ihrer Nützlichkeit zu nähern. Zu diesem Zweck werden Sie einige der Zukunftsfaktoren aus diesem Buch neu formulieren müssen.

Dauerhaftigkeit des Zukunftsfaktors

Wir haben die Zukunftsfaktoren in diesem Buch so ausgewählt, dass sie unseres Erachtens in den nächsten zwei Jahrzehnten noch Bestand haben werden. Dennoch können und werden im Rahmen Ihres ZukunftsRadars weitere Zukunftsfaktoren auftauchen. Sehen Sie bitte davon ab, sich kurzfristige »Trends« nach Art des populären Verständnisses als Zukunftsfaktoren zu wählen. Sie sind in der Regel vergänglich. Es wird sich in zehn Jahren kaum jemand an diese »Trends« erinnern, sie werden nicht wichtig sein. Natürlich ist die Dauerhaftigkeit eines Trends nie garantiert. Irgendwann gehen die meisten Trends zu Ende, das legt die S-Kurve als archetypischer Verlauf nahe.

Empfehlung: Wählen Sie nur solche Zukunftsfaktoren für Ihr ZukunftsRadar, von denen Sie überzeugt sind, dass Sie mindestens zehn Jahre wirksam bleiben werden.

Früherkennungspotenzial des Zukunftsfaktors

Wählen Sie Faktoren in einer frühen Phase auf der S-Kurve

Keiner der hier porträtierten Zukunftsfaktoren ist neu für die Welt. Die Tiefe und Breite der Zukunftsfaktoren birgt jedoch unendlich viel Neues für Sie. Im Abschnitt »Die Zukunft ist schon da …« wurde deutlich, dass es weniger darum geht, neue Zukunftsfaktoren zu entdecken, als vielmehr die zukünftigen Wirkungen der relevanten Faktoren zu erkennen und für die eigene Zukunftsstrategie zu nutzen. Der Wert eines Zukunftsfaktors ist umso höher, je früher die Phase, in der er sich im Lebenszyklus befindet. In diesem Stadium ist er für Sie und Ihre Kollegen und Mitarbeiter noch eher lehrreich und inspirierend als in späteren Phasen, wo er praktisch zum täglichen Sprachgebrauch gehört. Ihre Zukunftsfaktoren sollten die Wirklichkeitswahrnehmung Ihres Teams deutlich verändern und damit einen Vorsprung durch Unterscheidung von Wettbewerbern bringen können.

Empfehlung: Wählen Sie bevorzugt Zukunftsfaktoren, die sich noch in einer frühen Phase ihres Lebenszyklus in Ihrer Branche befinden. Dies gilt insbesondere für Ihr Chancen-Radar und Ihr Überraschungs-Radar.

Empirische Fundierung des Zukunftsfaktors

Je besser Sie die Existenz und Wirksamkeit eines Zukunftsfaktors durch Zahlen und Fakten belegen können, desto leichter werden Sie es in der praktischen Arbeit haben, nicht zuletzt wegen der höheren Glaubwürdigkeit. Wir dürfen jedoch nicht vergessen, dass die meisten Zukunftsfaktoren in ihrem frühesten Stadium geradezu zwangsläufig nur unscharf und ungenau wahrgenommen werden können. Somit haben wir einen klassischen Zielkonflikt zwischen der Anforderung der empirischen Fundierung und derjenigen, dass ein Zukunftsfaktor Früherkennungseignung haben muss. Zukunftsfaktoren können heuristischen Charakter haben, also mehr einem Erkenntnisziel als der letzten Wahrheit dienen. Zukunftsfaktoren müssen nicht in jeder Hinsicht wahr und beweisbar sein, um ihre Funktionen zu erfüllen. Es reicht für die Praxis aus, wenn sie im Wesentlichen wahr sind. Zukunftsfaktoren sind das gedankliche Hilfsmittel für die Erarbeitung von Zukunftsprojektionen (Voraussagen), Zukunftschancen (Handlungsmöglichkeiten) und Überraschungen. Da diese drei Denkgegenstände als solche einer systematischen Kritik und Beurteilung unterzogen werden, muss nicht schon der Zukunftsfaktor selbst hundertprozentig beweisbar sein.

Empfehlung: Wenn Sie Ihr ZukunftsRadar als Prognose-Radar gestalten, sollten Ihre Zukunftsfaktoren eine möglichst gute empirische Basis haben, ihre Existenz also objektiv beweisbar sein. Wenn es Ihnen mehr um ein Chancen-Radar und/oder ein Überraschungs-Radar geht, ist dieses Kriterium weniger wichtig. Wenn Sie ein Zukunftsfaktor auf eine Idee bringt, hat er seine Wirkung erfüllt, ob der zugrunde liegende Faktor nun empirisch beobachtbar ist oder nicht. Ob die Chance dann wirklich eine reale Chance ist, lässt sich durch Analyse und praktische Tests ermitteln. Analog verhält es sich mit Zukunftsfaktoren im Überraschungs-Radar.

6.6 Installieren Sie ein Netz von Sensoren

Die hier porträtierten Zukunftsfaktoren sind mit allgemeinen Signalen und Fakten untermauert. Für Ihr eigenes ZukunftsRadar benötigen Sie jedoch Zukunftsfaktoren sowie Signale und Fakten, die auf Ihren Beruf und Ihre Branche spezifiziert sind. Der Kern Ihres ZukunftsRadars ist ein Netz von Menschen, in der Regel Ihre Kollegen und Mitarbeiter, die als so genannte Sensoren Signale und Fakten zu Ihren Zukunftsfaktoren erkennen und gegebenenfalls auch neue Zukunftsfaktoren identifizieren.

Sensoren scannen die Umwelt

Diese Menschen sammeln Mosaiksteine für die Antworten auf Ihre Zukunftsfragen, die Sie in Ihre Entscheidungs- und Gestaltungsprozesse einbringen können. Das Wort Sensor soll darauf hindeuten, dass es dabei nicht nur um das Lesen von Fachzeitschriften geht. Vielmehr gilt es, die Umwelt mit allen Sinnen auf frühe Signale in allen denkbaren Erscheinungsformen abzutasten.

Abb. 31: Das Sensoren-Netz

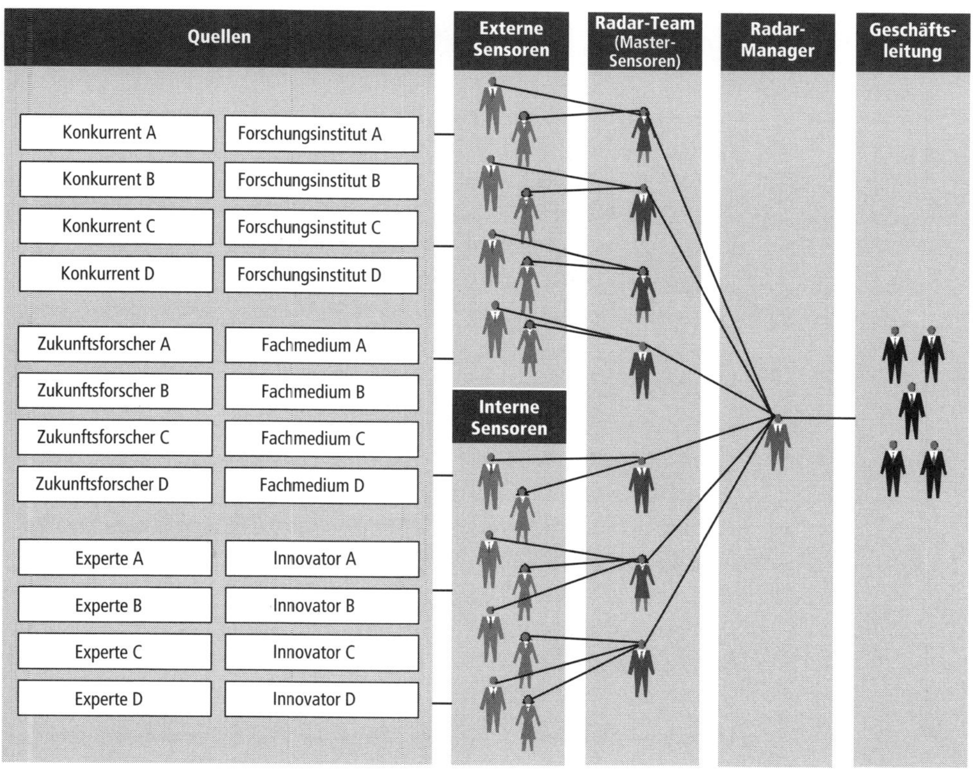

In einem mittleren oder großen Unternehmen sollten Sie ein Radar-Team einrichten. In einer kleinen Organisation wird dieses Radar-Team aus praktisch allen Mitarbeitern bestehen. Aus Gründen der Effizienz und Effektivität sehen Sie besser von einer Primärdatenerhebung durch die Radar-Team-Mitglieder ab. Nutzen Sie stattdessen das Wissen und die Intuition von Fachleuten unter Ihren Kollegen und Mitarbeitern, die sich im Rahmen ihrer gewöhnlichen Tätigkeit genau mit den von Ihnen gestellten Zukunftsfragen auseinandersetzen und im Zuge dessen sowohl primäre wie auch sekundäre Quellen analytisch und intuitiv auswerten. Diese sind dann die eigentlichen Sensoren für Ihr ZukunftsRadar. Dies hat im Wesentlichen zwei Vorteile: Sie nutzen die normale Arbeitsmotivation, das Scanning von Zukunftssignalen erscheint nicht als lästige Zusatzaufgabe, sondern ergibt sich aus dem Arbeitsprozess. Die andernfalls hohen Kosten reduzieren sich durch Nutzung vorhandener Kapazitäten praktisch auf ein Minimum. Nur im Falle von externen Sensoren bzw. Experten werden Sie ohne eine Honorarzahlung oder andere Gegenleistungen nicht auskommen. Die Sensoren werden von den Mitgliedern des Radar-Teams geführt, welche die Rolle von Master-Sensoren wahrnehmen. Ein Radar-Manager sollte der leitende »Eigner« Ihres ZukunftsRadars sein. Er managt das System, die Tools und die Inhalte.

Abb. 32: Sensoren-Matrix zur Zuordnung von Zukunftsfragen

Sensoren-Matrix

		Master-Sensoren							Interne Sensoren							Externe Sensoren						
	Beobachtungsfelder und Zukunftsfragen	M-Sensor-1	M-Sensor-2	M-Sensor-3	M-Sensor-4	M-Sensor-5	M-Sensor-n	**Anzahl**	I-Sensor-1	I-Sensor-2	I-Sensor-3	I-Sensor-4	I-Sensor-5	I-Sensor-n	**Anzahl**	E-Sensor-1	E-Sensor-2	E-Sensor-3	E-Sensor-4	E-Sensor-5	E-Sensor-n	**Anzahl**
Zukunftsfragen	**A) Kunden & Bedarfsfelder**																					
	Frage-A-1																					
	Frage-A-2																					
	Frage-A-n																					
	B) Markt & Mitbewerber																					
	Frage-B-1																					
	Frage-B-2																					
	Frage-B-n																					
	C) Technologie & Methoden																					
	Frage-C-1																					
	Frage-C-2																					
	Frage-C-n																					
	D) Gesetze & Regularien																					
	Frage-D-1																					
	Frage-D-2																					
	Frage-D-n																					
	Anzahl																					

Ordnen Sie jedem Sensor idealerweise eine einzige Zukunftsfrage zu, auf jeden Fall nur wenige, damit er seine Aufmerksamkeit konzentrieren kann. Stellen Sie sicher, dass Sie zu wichtigen Zukunftsfragen möglichst mindestens zwei interne und zwei externe Sensoren haben. Die internen und externen Sensoren bedienen sich jeweils ihrer speziellen Informationsquellen. Seien dies nun Fachzeitschriften, Fachkongresse, Austausch unter Kollegen, interdisziplinäre Studien oder die vielfältigen Think-Tanks und Zukunftsforscher.

Wir können aus mehreren Gründen an dieser Stelle nicht auf alle Einzelheiten des Aufbaus eines Sensor-Systems eingehen. Diese Grundstruktur gibt Ihnen jedoch eine gute Leitlinie. In einer einfachen Version werden Sie nur ein kleines Team von Mitarbeitern mit einer kurzen und intensiven Recherche zu den gestellten Zukunftsfragen in Verbindung mit den gewählten Zukunftsfaktoren beauftragen.

6.7 Führen Sie einen FutureScan durch

Setzen Sie nun im nächsten Schritt Ihr Sensoren-System ein, um spezifische Signale und Fakten zu den gewählten Zukunftsfaktoren zu erfassen und gegebenenfalls neue Zukunftsfaktoren zu erkennen. Gliedern Sie das Wissen zu Ihren Zukunftsfaktoren wie in der folgenden Übersicht dargestellt.

Was Ihre Sensoren wie sammeln sollten

Strukturelemente Ihrer Zukunftsfaktoren	
Name	Kurze, prägnante und möglichst leicht zu merkende Bezeichnung
Kurzbeschreibung	Wesentliche Charakteristika des Zukunftsfaktors in wenigen Zeilen
Spezielle Fakten	Sammlung von Zahlen, Daten und Fakten aus Ihrem Markt oder Lebensumfeld, welche die Existenz und Wirksamkeit des Zukunftsfaktors untermauern
Spezielle Signale	Sammlung von frühen Signalen, die auf mögliche, aber in ihren Details noch nicht absehbare Veränderungen im Zusammenhang mit dem Zukunftsfaktor hinweisen

Definition »schwacher« oder »früher« Signale

Der Name, die Kurzbeschreibung und auch die speziellen Fakten sind in der Regel unproblematisch. Die Erfassung und Verarbeitung von Signalen ist hingegen weitaus herausfordernder. Der amerikanische Mathematiker und Managementtheoretiker Igor Ansoff löste mit seinem Artikel *Managing Strategic Surprise by Response to Weak Signals* aus dem Jahr 1975 eine breite Diskussion darüber aus, was denn nun diese »schwachen Signale« wirklich sind. Er hat sie selbst leider nie eindeutig definiert. Allen daraufhin von anderen vorgenommenen Definitionen ist die Annahme gemein, dass sich Ereignisse und Entwicklungen lange vor ihrem Eintreten durch wahrnehmbare Signale ankündigen. Wir definieren die »frühen Signale« als »Information über ein mögliches Ereignis oder eine mögliche Entwicklung in der Zukunft« und vertreten damit ein absichtlich recht breites Verständnis. Auf das Attribut »schwach« verzichten wir, da es vor allem um den zeitigen Hinweis auf etwas zukünftig Mögliches geht. Frühe Signale können in verschiedensten Formen auftreten, nämlich als:

- Ereignisse,
- Nachrichten,
- Meinungsäußerungen,
- Spannungen,
- Gerüchte,
- Beobachtungsberichte,
- Ergebnisse der Sozialforschung,
- Ergebnisse naturwissenschaftlicher Experimente,
- Ideen,
- Vorahnungen,
- Verhaltensänderungen usw.

Beispiele früher Signale

Einige, zum Teil fiktive, Beispiele für solche Signale sind:

- *Zukunftsfaktor Trinkwasserknappheit:* Die Leistungsfähigkeit von Großanlagen für Umkehrosmose stößt laut Bericht des Instituts A bis Ende des Jahrzehnts an ihre Grenzen.
- *Zukunftsfaktor Internationale Kooperation:* Kim Jong Il ist seit zwölf Wochen nicht mehr in der Öffentlichkeit gesehen worden.
- *Zukunftsfaktor Bevölkerungswachstum und Urbanisierung in Entwicklungsländern:* Die Urbanisierungsgeschwindigkeit hat sich insbesondere in Asien drastisch erhöht.
- *Zukunftsfaktor Finanzprobleme der Staaten:* Der ehemalige

belgische Zentralbanker Bernard Lietaer propagiert das Konzept einer an Commoditys gebundenen Weltwährung »Terra« mit inversen Zinsen.
- *Zukunftsfaktor Energieinnovationen:* Ein neues Verfahren für die solare Elektrolyse ermöglicht eine vielfach höhere Effizienz.

Die Identifikation früher Signale hat schon so manchen Stabsmitarbeiter zum Wahnsinn getrieben. So einleuchtend und faszinierend die Idee ist, so vielfältig und tückisch sind die Fallstricke.

Im Nachhinein lassen sich für jede überraschende Entwicklung sehr leicht die auf sie hindeutenden Signale finden. Vor dem Eintritt einer Überraschung hingegen stellt sich die Suche nach Veränderungssignalen häufig als akademische Übung ohne greifbaren praktischen Wert dar, wenn nicht folgende Grundsätze beachtet werden:

1. Konzentrieren Sie Ihre Suche nach Signalen auf die für Sie relevanten Zukunftsfaktoren und ordnen Sie die Signale nach diesen. Formulieren Sie nötigenfalls neue Zukunftsfaktoren. So haben Sie immer eine gewisse Ordnung und Übersicht. Es versteht sich von selbst, dass Sie dabei den Preis der Unvollständigkeit zahlen. Dieser ist jedoch weitaus niedriger als der Preis des Scheiterns, den Sie geradezu zwangsläufig mit dem Versuch einer vollständigen Erfassung aller irgendwie relevanten Signale entrichten werden.

2. Suchen Sie nicht nach objektiven Beweisen für den nahenden Eintritt der signalisierten Veränderung. Die Zukunft ist weder beweisbar noch widerlegbar. Sie können daher nicht mehr tun als eine Argumentenbilanz aufzustellen, welche die Diskussion über die Möglichkeit der zukünftigen Veränderung nach sachlichen und gewichteten Argumenten strukturiert und ein intuitives Urteil über die Notwendigkeit eines gezielten Handelns erleichtert. Stellen Sie sicher, dass Ihre Mitarbeiter und Vorgesetzten zu Beginn verstehen, dass ein Signal insbesondere in der frühen Phase wertvoll ist, wenn es

per Definition noch unstrukturiert, schwach und verschwommen ist.

3. Stufen Sie das Spektrum der Reaktionsmöglichkeiten ab, wie es Ansoff empfohlen hat. Wenn nicht mehr als das Gefühl einer möglichen Veränderung vorhanden ist, ist auch nicht mehr als erhöhte Aufmerksamkeit angebracht. Wenn es hingegen starke Argumente für den Eintritt der kommenden Veränderung gibt, kann es sinnvoll sein, die Strategie zu ändern bzw. durch Präventiv- und Akutstrategien zu ergänzen.

Die Morphologie der Signale Die Morphologie der Signale vermittelt einen Eindruck von ihrer Gestalt und ihrem Charakter.

Morphologie der Signale

Verbreitung	Ursprung	Minimal	Schnell wachsend	Langsam wachsend	Maximal
Zahl der Träger	einer oder wenige	wenige	zunehmend viele	abnehmend viele	alle
Stärke des Signals	sehr schwach	schwach	mittel	stark	sehr stark
Klarheit des Signals	sehr niedrig	niedrig	mittel	hoch	sehr hoch
Wahrnehmbarkeit	sehr schwierig	schwierig	mittel	leicht	sehr leicht
Mentaler Herausforderungsgrad	sehr hoch, inkompatibel mit dem Mainstream	hoch	mittel	niedrig	sehr niedrig, kompatibel mit dem Mainstream
Akteure	Innovatoren, Forscher	Forscher, Experten	Berater, Experten	Politiker, Manager	Öffentlichkeit
Medien	Science-Fiction, Weblogs	wissenschaftliche Journale	anspruchsvolle Medien	populäre Medien	populäres Fernsehen
Reaktionsaufwand	sehr niedrig	niedrig	mittel	hoch	sehr hoch

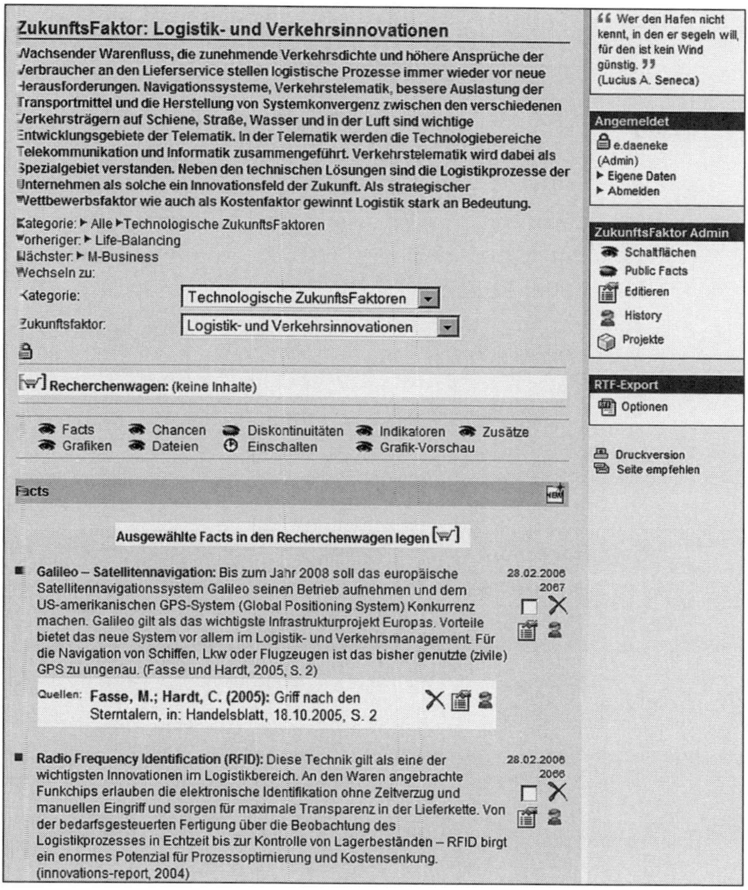

Abb. 33: Beispiel einer Datenbank für Zukunftsfaktoren

Es ist ratsam, die Zukunftsfaktoren mit den Fakten und Signalen in einer Datenbank zu verwalten. So wird ein laufendes Monitoring wesentlich erleichtert. Bei der FutureManagementGroup AG verwenden wir dazu unsere projektübergreifende »FutureBase«. Sie können zu diesem Zweck eine einfache Standard-Datenbank (Access o. Ä.) einsetzen oder, mit etwas mehr Aufwand und Nutzen, eine spezifische Datenbank auf der Basis eines webbasierten Content-Management-Systems erstellen.

6.8 Erkennen Sie Ihre Chancen

Die für Sie bzw. Ihr Unternehmen relevanten Zukunftsfaktoren sind nun definiert und mit Fakten sowie Signalen untermauert. Sie können jetzt die aus den Zukunftsfaktoren resultierenden Chancen ermitteln.

Abb. 34: Analyse der Zukunftsfaktoren

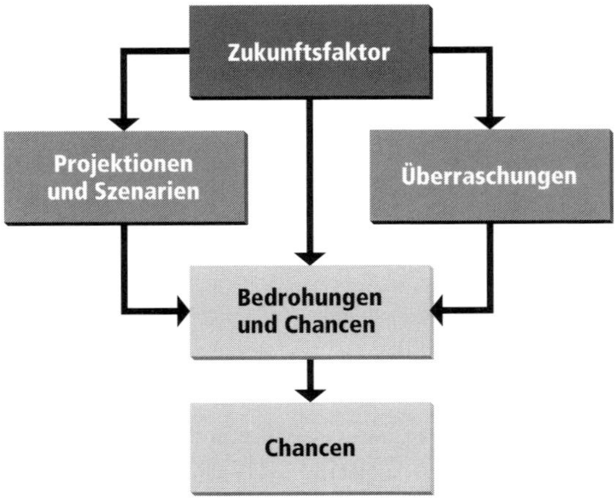

Verschiedene Analyse-Schwerpunkte

Entscheidend sind die Zukunftschancen

Je nachdem, wie Sie die Zielrichtungen Ihres ZukunftsRadars gewichtet haben, sollten Sie die Analyse der Zukunftsfaktoren entsprechend ausrichten. Die Projektionen, Szenarien und Überraschungen sind im Grunde nur ein Zwischenergebnis. Es kommt darauf an, welche Zukunftschancen Sie daraus erkennen. Zudem ergeben sich Zukunftschancen aus den Zukunftsfaktoren selbst. Als Ergebnis Ihrer Analyse werden Sie nicht etwa separate Bedrohungen und Chancen auflisten, wie es in SWOT-Analysen und ähnlichen Instrumenten empfohlen wird. Aus jedem Zukunftsfaktor, jeder Projektion wie auch jeder Überraschung ergeben sich sowohl Bedrohungen wie auch Chancen. Letztlich besteht der Wert der Bedrohungen jedoch nur darin, Chancen zu finden, wie man sie abwenden, ihre Wirkung verringern oder sogar die darin liegenden Kräfte zum eigenen Vorteil nutzen kann. Am Ende Ihrer Analyse stehen also vor allem die Zukunftschancen, die sich nur hinsichtlich ihrer Entstehungsgrundlage unterscheiden.

Die folgende Tabelle gibt hier einen systematischen Überblick über die Formen Ihrer Analyseergebnisse.

Ergebnisse aus der Analyse von Zukunftsfaktoren		
Art des Radars	**Ergebnis**	**Beschreibung**
Prognose-Radar	Projektionen und Szenarien	Antworten auf die Zukunftsfragen im Prognose-Radar machen Aussagen über den wahrscheinlichen oder möglichen zukünftigen Zustand bestimmter Beobachtungsobjekte zu einem Zeitpunkt in der Zukunft. Projektionen oder Szenarien (Projektionsgruppen) sind die beiden sinnvollen Erscheinungsformen.
Überraschungs-Radar	Überraschungen	Antworten auf die Zukunftsfragen im Überraschungs-Radar treffen Aussagen über überraschende, unwahrscheinliche, aber bedeutsame Ereignisse und Entwicklungen, die im Zusammenhang mit dem Zukunftsfaktor eintreten können (so genannte Wild Cards).
Chancen-Radar	Chancen aus Projektionen und Szenarien	Es ergeben sich Aussagen über mögliche sinnvolle Handlungen (Chancen) zur Nutzung von in den Projektionen und Szenarien ausgedrückten wahrscheinlichen oder möglichen Entwicklungen.
	Chancen aus Überraschungen	Hier treffen Sie Aussagen über mögliche sinnvolle Handlungen als Reaktion auf in den Überraschungen ausgedrückte mögliche Ereignisse und Entwicklungen.
	Chancen aus Zukunftsfaktoren	Sie machen Aussagen über mögliche sinnvolle Handlungen zur Nutzung der in den Zukunftsfaktoren beschriebenen treibenden Kräfte.

Entwicklung von Projektionen und Szenarien aus Zukunftsfaktoren

Wir wollen uns hier auf die direkte Ableitung von Zukunftschancen aus Zukunftsfaktoren konzentrieren. Eine ausführliche Darstellung der Erarbeitung von Projektionen, Szenarien und Überraschungen würde den Rahmen dieser kompakten Anleitung bei weitem sprengen. In anderen Publikationen haben wir die dazu nötigen Arbeitsschritte ausführlich beschrieben (siehe Quellen und Ressourcen). Mit der hier vorgeschlagenen Prognose-Matrix haben Sie jedoch eine Denkstruktur, die für einen pragmatischen Start Ihres ZukunftsRadars gute Dienste leisten kann. Sie vernetzt Ihre Zukunftsfaktoren mit den von Ihnen eingangs gestellten Zukunftsfragen im Prognose-Radar. An den Kreuzungspunkten entstehen die gesuchten Antworten. Im Rahmen dieser kompakten Anleitung möchten wir keinen besonderen Unterschied zwischen Projektionen und Szenarien machen. Projektionen sind, wie

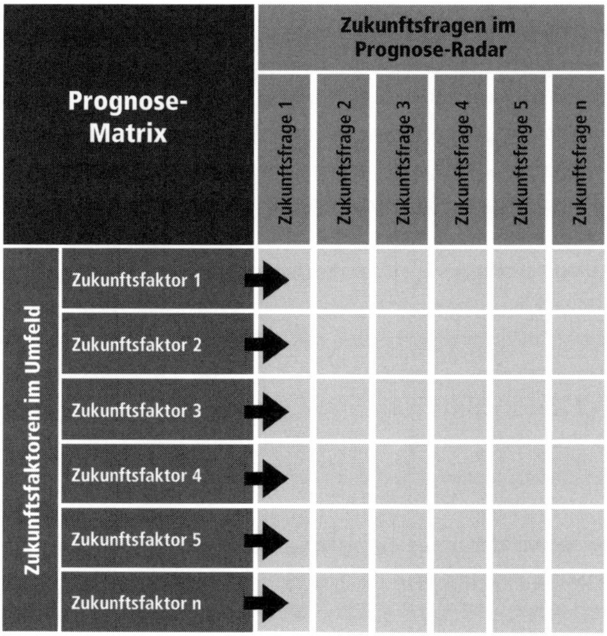

Abb. 35:
Prognose-Matrix

oben dargestellt, einfache Aussagen über den wahrscheinlichen oder möglichen Zustand eines Beobachtungsobjekts zu einem bestimmten Zeitpunkt in der Zukunft, während Szenarien eher komplexe Bilder sind, die den Zustand mehrerer Beobachtungsobjekte wie zum Beispiel eines gesamten Marktes in der Zukunft beschreiben. Für den Anfang sollten Sie sich auf Projektionen konzentrieren, da diese in der Regel einfacher zu erarbeiten wie auch zu analysieren sind. Stellen Sie Ihre Projektionen am besten nach der abgebildeten tabellarischen Struktur auf:

Aufbau von Projektionen

Beobachtungsobjekt	Entwicklung	Zeithorizont	Erwartungswahrscheinlichkeit
quantitativer oder qualitativer Indikator, Zielgruppe, Technologie usw.	steigend, konstant, fallend	kurz, mittel, lang	gering, mittel, hoch

Es hat sich der Einfachheit und Übersichtlichkeit halber bewährt, den Zeithorizont Ihrer Projektionen zu standardisieren, also einen singulären Zeithorizont zu wählen. Als Daumenregel gilt, dass Ihr Zeithorizont doppelt so lang sein sollte, wie es in Ihrer Branche üblicherweise dauert, ein neues Geschäftsfeld von der Idee bis zu den ersten Deckungsbeiträgen zu bringen.

Entwicklung potenzieller Überraschungen aus Zukunftsfaktoren

Die Entwicklung potenzieller Überraschungen erfolgt analog zu derjenigen der Projektionen, sodass wir hier auf eine ausführliche Darstellung verzichten. Sowohl die Überraschungsmatrix wie auch der syntaktische Aufbau der Überraschung sind gleich wie im Prognose-Radar, nur dass die Ergebnisse durchweg eine geringe Erwartungswahrscheinlichkeit haben.

Chancenentwicklung aus Zukunftsfaktoren

Die meisten Erfolge von Menschen wie von Unternehmen lassen sich unter anderem auf die Mitwirkung – und Berücksichtigung – von Zukunftsfaktoren zurückführen, wie bereits dargelegt wurde. Die auf der folgenden Seite abgebildete Chancen-Matrix zeigt das grundsätzliche Denkmodell der Chancenentwicklung aus Zukunftsfaktoren. Sie vernetzt die Faktoren in den externen Beobachtungsfeldern, die Projektionen und die Überraschungen mit den internen Gestaltungsbereichen. Die Gestaltungsbereiche müssen nach Geschäftsfeldern gegliedert werden, wobei es einen separaten Abschnitt für die Identifikation von Chancen für neue Geschäftsfelder geben sollte. An den Kreuzungspunkten der Matrix stehen die Zukunftsfragen im Chancen-Radar sowie die Chancen als Antworten auf die Zukunftsfragen.

Die Analyse erfolgt in drei Phasen, die sich durch die Grundlage der Chancenentwicklung unterscheiden: Zukunftsfaktoren, Projektionen oder Überraschungen. Die möglichen Reihenfolgen sind jeweils mit Vor- und Nachteilen verbunden. In der Chancen-Matrix auf Seite 338 sind die Zukunftsfaktoren in den oberen Zeilen genannt, weil sie die Quelle der Projektionen und Überraschungen sind. Wir empfehlen dennoch, mit den Projektionen zu beginnen, dann die Zukunftsfaktoren zu analysieren und schließlich die Überraschungen. Wenn Sie sich bereits vorher aus Zeit- oder Komplexitätsgründen ausschließlich auf die Zukunfts-

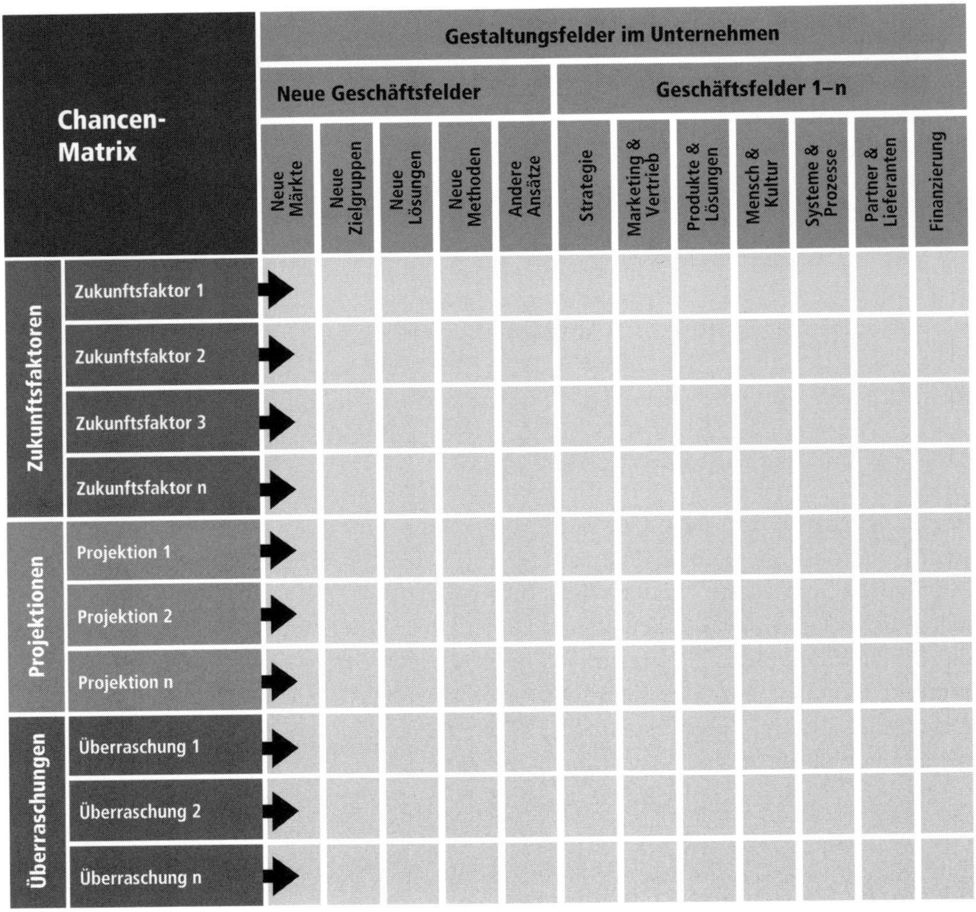

Abb. 36:
Chancen-Matrix

faktoren konzentriert haben, erübrigen sich die anderen beiden Chancenquellen ohnehin.

Erfassen Sie Ihre Chancen am besten in einer Datenbank oder Tabelle mit der auf Seite 339 dargestellten Struktur.

Kombinatorische Analyse der Zukunftsfaktoren

Im Grunde ist die Analyse einzelner Zukunftsfaktoren natürlich zu einfach, um die Komplexität der (zukünftigen) Welt zu erfassen, aber sie ist ein erster Schritt. Wenn Sie noch etwas von Ihrem Zeitbudget übrig haben, können Sie sich der kombinatorischen Analyse von Zukunftsfaktoren zuwenden. Wählen Sie Kombina-

Aufbau von Chancen					
Quelle	Akteur	Gestaltungsfeld	Aktion	Art	Autor
Zukunftsfaktor, Projektion, Überraschung, Sonstiges	wir, ich	Strategie, Marketing & Vertrieb, Produkte & Lösungen, Mensch & Kultur, Systeme & Prozesse, Partner & Lieferanten, Finanzierung usw.	schaffen, verändern, verbessern, beenden, eliminieren, integrieren, einführen, kopieren, wählen, multiplizieren usw.	Mittel, Tools, Leitlinien, Strategien	Name

tionen von zwei, drei oder vier Zukunftsfaktoren und analysieren Sie die darin liegenden Chancen. So hat Adidas im Frühjahr 2005 einen Sportschuh lanciert, dessen integrierter Chip ihn bei jedem Schritt in Millisekunden an den Laufstil des Läufers und an die Beschaffenheit des Untergrunds anpasst *(Adidas One)*. Dieses Produkt basierte ganz offensichtlich und leicht nachvollziehbar gleichzeitig auf drei Zukunftsfaktoren, nämlich der Salutogenese, der Individualisierung und der Informatisierung.

6.9 Lassen Sie sich einfach inspirieren

Zukunftsfaktoren als Kreativtechnik

Angesichts der bisher geschilderten Methodik könnte man den Eindruck gewinnen, die Arbeit mit Zukunftsfaktoren sei eine schwierige und anstrengende. Wenn es Ihnen vor allem darum geht, sich von den Trends, Technologien und Themen der Zukunft inspirieren zu lassen, können Sie sich all dies sparen und die Zukunftsfaktoren einfach als Kreativtechnik verwenden. Sie kommen dabei auf besonders fantasievolle Gedanken und Ideen, wenn Sie nicht nur die relevanten Zukunftsfaktoren, sondern auch diejenigen mit einem weniger direkten Bezug zu Ihrer Branche einbeziehen.

6.10 Institutionalisieren Sie Ihr ZukunftsRadar

Das Radar eines Schiffes muss permanent eingeschaltet sein, um eine sichere Navigation zu ermöglichen. So sollten Sie auch Ihr ZukunftsRadar zu einem regelmäßig laufenden System machen. Mit der Durchführung des ersten Zyklus haben Sie bereits alle nötigen Elemente eines permanenten ZukunftsRadars entwickelt und installiert. Nur ist der FutureScan, den Ihre Sensoren durchführen, dann nicht mehr ein einmaliges Recherche-Projekt, sondern ein laufender Monitoring-Prozess mit der Möglichkeit zu Ad-hoc-Meldungen und schnellen (Re-)Aktionen. Alle anderen Schritte werden Sie je nach Unternehmensgröße nur ein- bis viermal im Jahr durchführen. Erstellen Sie für jedes Jahr eine Roadmap Ihrer ZukunftsRadar-Aktivitäten inklusive aller Kommunikationsanlässe wie Workshops, Präsentationen und Meetings und vereinbaren Sie die Termine verbindlich mit den Akteuren.

7 Ihre Zukunftsstrategie

Mit der Entwicklung und Durchführung Ihres ZukunftsRadars haben Sie eine ideale Grundlage zur Verbesserung oder Neuentwicklung Ihrer Zukunftsstrategie geschaffen. Entwickeln oder verbessern Sie nun Ihre Zukunftsstrategie nach dem oben beschriebenen Eltviller Modell (siehe Seite 30). Ausführlichere Anleitungen und Werkzeuge finden Sie in folgenden Quellen:

- Micic, Pero: *Der ZukunftsManager – wie Sie Marktchancen vor Ihren Mitbewerbern erkennen und nutzen* (Haufe, Planegg 2003)
- Micic, Pero: *Die Bank von morgen denken und gestalten* (auch für andere Branchen verwendbar) (ADG, 2004)
- Micic, Pero: *30 Minuten für Zukunftsforschung und Zukunftsmanagement* (GABAL, Offenbach 2005)
- FutureManagementGroup AG, www.FutureManagementGroup.com

Have a bright future!

Danke!

Während die Kapitel zur Methodik und zu den historisch-philosophischen Hintergründen in den wenigen stillen Zeitinseln zwischen Projekten, Workshops, Seminaren und Vorträgen entstanden, durfte ich bei der Erarbeitung des umfangreichen Katalogs der Zukunftsfaktoren die Unterstützung anderer genießen. Hierfür danke ich vor allem meiner Frau Claudia Schramm, die mit ihrem Überblick und ihrem kritischen wie treffenden Urteil die Rohdaten komponiert hat. Ich danke zudem meinen Mitarbeitern und Kollegen bei der FutureManagementGroup AG, insbesondere Andreas Bummel, Marc Dominick, Andrea Krause, Stephan Meyer und Stefan Schnack für ihre Recherchen zu den Zukunftsfaktoren sowie Enno Däneke, Carsten Hinze, Axel Liebetrau, Martin Ruesch und Michelle Ruesch für ihre Gedanken und Analysen, die sie aus vielen Projekten in unsere FutureBase eingebracht haben.

Peter Bishop von der University of Houston und Jeff Gold von der Leeds Metropolitan University danke ich für inspirierende Diskussionen über die Geschichte und Philosophie des Wandels.

Quellen und Ressourcen

Weitere Informationen finden Sie in diesen Quellen:

Bücher:

- Bullinger, Hans-Jörg, Hrsg.(2004): *Trendbarometer Technik*. Hanser, München
- Glenn, Jerome / Gordon, Theodore (2005): *2005 State of the Future*. United Nations University, New York
- Horx, Matthias (2005): *Wie wir leben werden*. Campus, Frankfurt / New York
- Opaschowski, Horst (2004): *Deutschland 2020*. VS Verlag für Sozialwissenschaften
- Pearson, Ian (1998): *Atlas of the Future*. Macmillan Publishing, New York (veraltet, aber interessant)
- Petersen, John L. (1999): *Out of the Blue*. Madison Books, Lanham
- Steinmüller, Karlheinz und Angela (2003): *Ungezähmte Zukunft. Wild Cards und die Grenzen der Berechenbarkeit*. Gerling Akademie Verlag, München
- TNS Infratest (2004): *Horizons 2020*. TNS Infratest, München
- Zolli, Andrew, Hrsg. (2003): *Catalog of Tomorrow*. Que Publishing, Indianapolis, USA
- Weitere Bücher unter www.FutureManagementGroup.com

Zeitschriften und Newsletter:

- FutureSurvey, www.wfs.org/fsurv.htm
- Futurist, www.wfs.org/futurist.htm

- ProZukunft, www.jungk-bibliothek.at/prozukunft/inhalt.htm
- Swissfuture, www.swissfuture.ch
- Trendletter, www.trendletter.de
- Zukunftsletter, www.zukunftsletter.de

Websites:

- www.FutureManagementGroup.com, Tools und Tipps von der FutureManagementGroup AG
- Shaping Tomorrow, das größte Internet-Portal für Zukunftsforschung (www.FutureManagementGroup.com/st)
- Unter www.FutureManagementGroup.com finden Sie in der *Knowledge-Base* eine aktuelle Liste von Internet-Links zu Websites aus der Welt der Zukunftsforschung und des Zukunftsmanagements.
- Den viermal jährlich erscheinenden Newsletter »FutureManager-update« erhalten Sie kostenfrei unter folgender Internet-Adresse: www.FutureManagement-Group.com/books/zukunftsradar

Quellenverzeichnis zu den methodischen Kapiteln

Kurzbeschreibung	**Quellenangabe**
Ansoff, 1975	Ansoff, Igor (1975): Managing Strategic Surprise by Response to Weak Signals
Armstrong, 2001	Armstrong, J. Scott (2001): Principles of Forecasting: A Handbook for Researchers and Practitioners
Aunger, 2002	Aunger, Robert (2002): The Electric Meme, A New Theory of How We Think
Bacon, 1605	Bacon, Francis (1605): The Advancement of Learning, De Dignitate et Augmentis Scientiarum (Über die Würde und den Fortgang der Wissenschaften)
Bailey, 1998	Bailey, James (1998): »The Leonardo Loop: Science Returns to Art.« TECHNOS Quarterly 7.1.; 22. Sept. 1998 www.technos.net/journal/volume7/1bailey.htm
Baumann, 1992	Bauman, Z. (1992): Intimations of postmodernity
Becker, 1993	Becker, Gary S. (1993): Ökonomische Erklärung menschlichen Verhaltens, 3. Auflage

Bishop, 2002	Bishop, Peter (2002): Course in Social Change at the University of Houston Clear Lake
Coates et al., 1997	Coates, Joe; Mahaffie, John; Hines, Andy (1997): 2025, Scenarios of US and Global Society Reshaped by Science and Technology
Coates, 1986	Coates, Joseph (1986): Issues Management: How You Can Plan, Organize and Manage for the Future
Comte, 1851	Comte, Auguste (1851–1854): Système de politique positive, ou traité de sociologie (mehrere Bände)
Condorcet, 1795	Condorcet, Marie (1795): Entwurf einer historischen Darstellung der Fortschritte des menschlichen Geistes
Dawkins, 1976	Dawkins, Richard (1976): The Selfish Gene
Dieckmann und Law, 1996	Dieckmann; Law (1996): The dynamical theory of coevolution, a derivation from stochastic ecological processes
Drosnin, 1997	Drosnin, Michael (1997): Der Bibel-Code
Eldredge und Gould, 1972	Eldredge, Niles; Gould, Stephen Jay (1972): Punctuated equilibria – an alternative to phyletic gradualism, in: T. Schopf (Hrsg.), Models in Paleobiology, S. 82–115
Engels, 1878	Engels, Friedrich (1878–1934): Herrn Eugen Dührings Umwälzung der Wissenschaft, besser bekannt als Anti-Dühring
Forrester, 1968	Forrester, Jay Wright (1968): Principles of Systems
Fuchs und Huber, 2002	Fuchs, Helmut; Huber, Andreas (2002): Die 16 Lebensmotive, was uns wirklich antreibt
Galtung und Inayatullah, 1997	Galtung, Johan; Inayatullah, Sohail (1997): Macrohistory and Macrohistorians, Perspectives on Individual, Social and Civilizational Change
Gell-Mann, 1994	Gell-Mann, Murray (1994): The Quark and the Jaguar, Adventures in the Simple and Complex
Germain, 1833	Sophie Germain (1833): Considérations générales sur l'état des sciences et des lettres
Gleick, 1987	Gleick, James (1987): Chaos – Making a New Science, S. 11–31
Glenn und Gordon, 2005	Glenn, Jerome; Gordon, Theodore (2005): 2005 State of the Future, United Nations University
Gould, 1977	Gould, Stephen (1977): Ever Since Darwin
Gutjahr, 2005	Gutjahr, Gert (2005): Trends – top oder flop, Vortrag von Prof. Dr. Gert Gutjahr, IFM MANNHEIM – Institut für Marktpsychologie
Hegel,1833	Hegel, Georg Wilhelm Friedrich (1833–36; posthum veröffentlicht): In seinen Vorlesungen über die Geschichte der Philosophie (Lectures on the History of Philosophy, 1892–96)

Holland, 1998	Holland, John H. (1998): Emergence – From Chaos to Order
Horx, 1993	Horx, Matthias (1993): Trendbuch – Der erste große deutsche Trendreport
Horx, 1996	Horx, Matthias (1996): Was ist Trendforschung?
Horx, 2000	Horx, Matthias (2000): Die acht Sphären der Zukunft
Inglehart, 2003	Inglehart, Ronald (2003): Human Values and Social Change, Findings from the Values Surveys
Jacques, 2004	Jacques, Tony (2004): Issue definition – the neglected foundation of effective issue management
Jonas, 1968	Jonas, Friedrich (1968): in: Jonas '68,1:239: A. Comte, Soziologie, ed. H. Wentig, 1907, I. Bd., S. 185
Kahn und Briggs, 1972	Kahn, Herman; Briggs, B. (1972): The Multifold Trend in the Seventies and Eighties – The Macro-historical Perspective, Things to Come, Thinking about the Seventies and Eighties
Kant, 1781	Kant, Immanuel (1781): Kritik der reinen Vernunft
Kant, 1784	Kant, Immanuel (1784): Berlinische Monatsschrift
Kuhn, 1962	Kuhn, Thomas (1962): The Structure of Scientific Revolutions
Laplace, 1814	Laplace, Pierre-Simon (1814): Essai philosophique sur les probabilités
Leuschel und Vogt, 2004	Leuschel, Roland; Vogt, Claus (2004): Das Greenspan Dossier
Liebl, 2000	Liebl, Franz (2000): Der Schock des Neuen – Entstehung und Management von Issues und Trends, München
Liebl, 2001	Liebl, Franz (2001): Vom Trend zum Issue – Die Matrix des Neuen, in: Rolf Gerling, Otto-Peter Obermeier & Mathias Schulz (Hrsg.), Trends – Issues – Kommunikation, Unternehmensstrategien im Umgang mit Neuem (S. 11–42)
Lorenz, 1963	Lorenz, Edward Norton (1963): Deterministic nonperiodic flow, Journal of Atmospheric Sciences, Vol. 20, S. 130–141
Mandelbrot, 2004	Mandelbrot, Benoit B. (2004): Fractals and Chaos
Martino, 1993	Martino, Joseph P. (1993): Technological forecasting for decision making, 3rd ed.
Marx, 1867	Marx, Karl (1867): Das Kapital. Kritik der politischen Ökonomie
Matathia und Salzmann, 1998	Matathia Ira; Salzman, Marian (1998): Next, wie sieht die Zukunft aus?
McKay, 1841	McKay, Charles (1841): Memoirs of Extraordinary Popular Delusions (Neuer Titel: Extraordinary Popular Delusions and the Madness of Crowds)
McLuhan, 1962	McLuhan, Marshall (1962): The Gutenberg Galaxy
Meadows, 1972	Meadows, Dennis et al. (1972): Die Grenzen des Wachstums – Berichte des Club of Rome zur Lage der Menschheit

Meadows, 2004	Meadows, Dennis et al. (2004): Limits to Growth: The 30-Year Update
Meinert und Baumann, 1996	Meinert, Baumann (05/1996): Trendforschung als angewandte Gegenwartskunde, in: Planung & Analyse, S. 12–18
Mewes, 1991	Mewes, Wolfgang (1991): EKS, die engpasskonzentrierte Strategie (Lehrgang)
Mićić, 1993	Mićić, Pero (41/1993): Strategische Früherkennung statt »Management by Rückspiegel«, in: Office Management, Nr. 10, S. 76–83
Mićić, 2003	Mićić, Pero (2003): Der ZukunftsManager. Wie Sie Marktchancen vor Ihren Mitbewerbern erkennen und nutzen
Mićić, 2004	Mićić, Pero (2004): Die Bank von morgen denken und gestalten
Mićić, 2005	Mićić, Pero (2005): 30 Minuten für Zukunftsforschung und Zukunftsmanagement
Moore, 1965	Moore, Gordon (04/1965): Cramming more components onto integrated circuits; Electronics, Volume 38, Number 8
Mumford, 1934	Mumford, Lewis (1934): The Monastery and the Clock, Technics and Civilization, S. 12–18
Nefiodow, 2001	Nefiodow, Leo A. (2001): Der sechste Kondratieff, 5. Auflage
Opaschowski, 2004	Opaschowski, Horst W. (2004): Deutschland 2020 – wie wir morgen leben – Prognosen der Wissenschaft
Petersen, 1999	Petersen, John L. (1999): Out of the Blue. How to anticipate Big Future Surprises
Popcorn, 1991	Popcorn, Faith (1991): The Popcorn Report
Popper, 1962	Popper, Karl (1962): Conjectures and Refutations: The Growth of Scientific Knowledge, New York, S. 316
Reiss, 1998	Reiss, Steven (10/1998): Toward a comprehensive assessment of fundamental motivation – Factor structure of the Reiss profiles, in: Psychological Assessment, S. 97–106
Reiss, 2002	Reiss, Steven (2002): Who Am I? The 16 Basic Desires That Motivate Our Actions and Define Our Personalities
Rips und Rosenberg, 1994	Rips, Eliyahu; Rosenberg, Yoav; Witztum, Doron (1994): Equidistant Letter Sequences in the Book of Genesis, in: Statistical Science, No. 3, S. 429–438
Ruthen, 1993	Ruthen, Russel (1993): Trends in nonlinear dynamics – adapting to complexity, in: Scientific American, S. 130–135, 268
Schumpeter, 1942	Schumpeter, Joseph (1942): Capitalism, Socialism and Democracy
Smelser, 1970	Smelser, Neil J. (1970): Mechanisms of Change and Adjustment to Change – Industrialization and Society, Ed. Bert F. Hoselitz und Wilbert E. Moore, S. 32–54
Sorokin, 1957	Sorokin, Pitirim (1957): Social and Cultural Dynamics: A Study of Change in Major Systems of Art, Truth, Ethics, Law, and Social Relationships
Spencer, 1876–1896	Spencer, Herbert (1876–1896): Principles of Sociology

Spengler, 1918	Spengler, Oswald (1918–1922): Der Untergang des Abendlandes, 2 Bde.
Stearns, 1996	Stearns, Peter N. (1996): Millennium III, Century XXI: A Retrospective on the Future
Steinmüller und Steinmüller, 2003	Steinmüller, Karlheinz; Steinmüller, Angela (2003): Ungezähmte Zukunft – Wild Cards und die Grenzen der Berechenbarkeit
Thom, 1989	Thom, René (1989): Structural Stability and Morphogenesis – An Outline of a General Theory of Models
Toffler, 1980	Toffler, Alvin (1980): The Third Wave
Tönnies, 1887	Tönnies, Ferdinand (1887): Gemeinschaft und Gesellschaft
von Baranov, 2003	von Baranov, Eric (2003): Kondratyev Wave Theory, Letters by Eric von Baranov, www.kondratyev.com/reference/theory_explained.htm
Weber, 1919	Weber, Max (1919): Die protestantische Ethik und der Geist des Kapitalismus

Das Literatur- und Quellenverzeichnis zu den Zukunftsfaktoren umfasst mehr als 700 zum Teil sehr lange Verweise. Sie sind zu umfangreich für einen Abdruck, können jedoch unter folgender Adresse als PDF-Datei heruntergeladen werden:
www.FutureManagementGroup.com/books/zukunftsradar

Register